資產評估學

（第三版）

主編 ○ 潘學模

資產評估，顧名思義，就是對資產進行評估。
因此，學習資產評估有必要掌握資產的含義。
資產是現代社會經濟生活中使用頻率很高的詞彙之一，
但界定這個概念的內涵卻比較困難，這是因為人們對資產這個概念有不同的理解。
有人們約定俗成的理解（如把資產理解為錢和物），
有某些法規的界定（如《企業會計準則》中對資產的定義），
有某些理論的界定（如經濟學、資產評估學、法學等對資產的認識和界定）等。
為便於討論，本書僅從會計的角度和評估的角度來認識資產的含義。

財經錢線

第三版前言

對於資產評估，可以從工作和學科兩個方面去認識。作為工作，它是一項面向社會的仲介服務工作；作為學科，它具有相對獨立的研究對象和研究領域。無論是工作，還是學科，其存在的基本前提都是必須具有一套相對完整的基本理論和基本方法。這些基本理論和基本方法是人們從事資產評估工作和從事資產評估學科建設的基礎，也是該項工作和該門學科進一步改進和發展的基本前提和動力。為了方便學生學習和掌握資產評估的基本原理和操作方法，也為了與資產評估理論界和實際工作人員等共同研究資產評估有關問題，我們編寫了本教材。

本教材編寫的基本原則是新、精、適用。新是指教材內容要反應資產評估發展的最新狀況；精是指要反應比較成熟的理論、方法與觀點；適用是指理論與實際相結合，對實際工作有較強的指導與參考作用。

本教材是幾位作者在借鑑國內外相關文獻的基礎上，根據自身多年的教學經驗和資產評估實際操作經驗等共同編寫的。本教材撰寫的特點是：既借鑑了現有的研究成果，又考慮了教學規律和特點，同時又有實務經驗的總結（比如第十章資產評估項目組織與管理）。

本教材由潘學模擔任主編，教材共十章，編寫分工如下：
第一章（潘學模）、第二章（潘學模）、第三章（馬鬆青）、第四章（蔣小林、文智勇）、第五章（唐敏）、第六章（唐敏）、第七章（陳旭東）、第八章（陳旭東）、第九

章（馬鬆青）、第十章（饒潔）。

　　本書既可作為大專院校教材、資產評估人員等的職業培訓教材，也可作為實際工作者的參考書。

　　本書作者對 2012 年版本的相關內容進行了修改完善，特此說明。

　　限於作者水平，書中難免有不完善之處，誠望讀者指正。

編　者

目　錄

第一章　總論 …………………………………………………… (1)
　第一節　資產評估的基本概念 ……………………………………… (1)
　第二節　資產評估主體和對象 ……………………………………… (5)
　第三節　資產評估目的 ……………………………………………… (7)
　第四節　資產評估假設和原則 ……………………………………… (10)
　第五節　資產評估價值類型 ………………………………………… (14)
　第六節　資產評估依據和程序 ……………………………………… (17)
　第七節　資產評估行業及其發展 …………………………………… (20)
　第八節　中國資產評估行業的法律規範體系 ……………………… (21)
　第九節　中國資產評估準則體系 …………………………………… (24)
　第十節　註冊資產評估師職業道德規範 …………………………… (26)

第二章　資產評估的基本方法 ………………………………… (31)
　第一節　市場法 ……………………………………………………… (31)
　第二節　成本法 ……………………………………………………… (36)
　第三節　收益法 ……………………………………………………… (47)
　第四節　應用資產評估方法需注意的問題 ………………………… (51)

第三章　機器設備評估 ………………………………………… (53)
　第一節　機器設備概述 ……………………………………………… (53)
　第二節　成本法在機器設備中的應用 ……………………………… (58)
　第三節　市場法在機器設備中的應用 ……………………………… (79)
　第四節　收益法在機器設備評估中的應用 ………………………… (85)
　第五節　機器設備評估的特殊問題研究 …………………………… (86)

第四章　房地產評估 ....（96）
　　第一節　土地使用權評估 ....（96）
　　第二節　建築物評估 ....（133）
　　第三節　房地產評估 ....（147）
　　第四節　在建工程評估 ....（164）
　　第五節　農用地價格評估 ....（169）

第五章　流動資產評估 ....（182）
　　第一節　流動資產評估概述 ....（182）
　　第二節　實物類流動資產的評估 ....（186）
　　第三節　貨幣類流動資產評估 ....（197）
　　第四節　債權類流動資產評估 ....（198）
　　第五節　其他流動資產評估 ....（202）

第六章　長期投資性資產的評估 ....（204）
　　第一節　長期投資性資產評估的特點與程序 ....（204）
　　第二節　長期債權投資的評估 ....（206）
　　第三節　長期股權投資的評估 ....（209）
　　第四節　其他長期性資產的評估 ....（215）

第七章　無形資產評估 ....（217）
　　第一節　無形資產評估概述 ....（217）
　　第二節　收益法在無形資產評估中的應用 ....（222）
　　第三節　成本法在無形資產評估中的應用 ....（228）
　　第四節　市場法在無形資產評估中的應用 ....（233）
　　第五節　專利資產和專有技術評估 ....（236）
　　第六節　商標資產評估 ....（242）
　　第七節　著作權評估 ....（246）
　　第八節　商譽的評估 ....（250）

第八章　企業價值評估 ....（254）
　　第一節　企業價值評估概述 ....（254）
　　第二節　企業價值評估的基本方法 ....（259）

  第三節 企業價值評估應用舉例 …………………………………（280）

第九章 資產評估報告 ……………………………………………（285）
  第一節 資產評估報告的基本要素 …………………………………（285）
  第二節 資產評估報告的編制 ……………………………………（292）
  第三節 資產評估報告的利用 ……………………………………（294）
  第四節 資產評估報告實例 ………………………………………（296）

第十章 資產評估項目組織與管理 ……………………………………（313）
  第一節 資產評估項目組織與管理的主要內容與一般要求 …………（313）
  第二節 準備階段的組織與管理 …………………………………（316）
  第三節 現場工作階段的組織與管理 ……………………………（331）
  第四節 評估程序計劃的編制 ……………………………………（333）
  第五節 資產評估報告形成階段的組織與管理 …………………（336）
  第六節 資產評估工作底稿及項目小結 …………………………（338）

附錄一 資產評估匯總表 ……………………………………………（343）

附錄二 複利系數公式和複利系數表 …………………………………（349）

第一章

總　論

第一節　資產評估的基本概念

一、資產的基本概念

資產評估,顧名思義,就是對資產進行評估。因此,學習資產評估有必要掌握資產的含義。

資產是現代社會經濟生活中使用頻率很高的詞彙之一,但界定這個概念的內涵卻比較困難,這是因為人們對資產這個概念有不同的理解——有人們約定俗成的理解(如把資產理解為錢和物),有某些法規的界定(如《企業會計準則》中對資產的定義),有某些理論的界定(如經濟學、資產評估學、法學等對資產的認識和界定)等。為便於討論,本書僅從會計的角度和評估的角度來認識資產的含義。

(一)會計學中的資產概念

財政部頒布的《企業會計準則——基本準則》(2006)中對資產所下的定義是:「資產是指企業過去的交易或者事項形成的、由企業擁有或者控製的、預期會給企業帶來經濟利益的資源。」

這個定義具有以下幾個特點:

1. 資產是由過去的交易或者事項形成的

這就是說,資產是過去已經發生的交易或事項所產生的結果,具有客觀性、現實性,對於未來可能發生的交易或事項將產生的結果,則不視作資產。

2. 資產是由企業擁有或者控制的資源

企業將一項資源確認為自己的資產,前提是必須擁有該資源的所有權。但對於一些特殊方式形成的資產,企業雖然對其暫不擁有所有權,但實際能夠控制(如融資租入固定資產),按照實質重於形式原則的要求,也可以將其作為企業的資產予以確認。

3. 資產預期會給企業帶來經濟利益

某東西之所以被視為資產,在於該東西能夠給企業帶來未來收益。不能給企業帶來未來收益的東西不能稱為資產。

上述資產定義是國內外會計界對資產含義的基本理解,但都有一個前提,即僅限於「企業」這個特定的主體,而未涉及對非企業性質的各種組織以及個人等擁有的經濟資源的界定。因此,可以認為,會計學中對資產的定義是狹義的資產定義。

(二)評估學中的資產概念

1. 與資產相關的名詞概念

要正確理解資產評估中的資產概念,還有必要對與資產相關的概念加以認識。

(1)財產

財產的一般意義是指金錢、財物及民事權利義務的總和。財產既是一個經濟概念(如金錢、財物),又是一個法律概念(如民事權利義務的總和)。財產如果具有帶來預期經濟利益的功能,則財產可以成為資產的同義語;但現實中並非所有的財產都具有這種功能,如行政機關的財產、慈善機構的財產等。

(2)財富

財富是指「具有價值的東西,如自然財富和物質財富」[①]。與財產相比,財富的含義更抽象一些——既可指有形的實物,也可指無形的權利;既可指物質的領域,也可指精神的領域。由此可見,財富的含義十分廣泛。財富與資產的關係是:經過條件的轉化,有的財富可以成為資產(如某些有形的財富),有的財富則不能成為資產(某些精神的財富如文化思想等)。

(3)資源

資源有多種解釋。一般來講,可以從廣義和狹義兩個方面去理解。廣義的資源,包括自然資源、經濟資源和人文社會資源等;狹義的資源,則僅指自然資源。

一般來說,資源都會給人類帶來預期經濟利益,從這點來看,資源與資產的含義相同。但如果有的資源的使用價值尚未被發現,或發現後尚不能被當時的科學技術所開發利用,那麼,這些資源便不能稱為資產,因為它們還不能被確定可以在較短的未來時期內給人類帶來預期經濟利益。

---

① 夏徵農.辭海[M].上海:上海辭書出版社,2000.

2. 評估學中的資產概念

從對上述與資產相關的名詞的分析來看，要對評估學中的資產下一個定義是很困難的。為了使評估學中的資產定義既能符合資產本身的含義，又能對未來不斷發展的資產評估活動起到指導作用，我們將評估學中的資產定義從廣義和狹義兩個方面去加以界定。

(1) 評估學中廣義的資產定義

該定義是：資產是具有一定稀缺性、目前能夠被開發利用的資源以及相關的權利。該定義具有以下幾個特點：

第一，具有一定的稀缺性。一項資源之所以有價值，必然是稀缺資源。如果某項資源取之不盡、用之不竭，那麼，也就沒有價值可言了（如空氣、陽光等）。一般而言，越稀缺的資源其價值越高。

第二，目前能夠被開發利用。資源的價值在於能夠被開發利用。不能被開發利用的資源，則暫時還不能給人類帶來預期經濟利益，故不能視作資產。

第三，相關的權利。權利是資產的重要組成部分。資源分為有形資源和無形資源。無形資源通常代表一種權利（如經濟資源中的債權、專利權、特許經營權等）。比如，礦藏是一項有形資源，相應地就有採礦權這樣一項無形的權利；旅遊景點是一項有形資源，相應地就有特許經營權或收費權這樣的無形的權利。

以上評估學中廣義資產的定義適用於國家、經濟實體（包括企業和非企業組織）、個人三大主體所擁有的資源，適用範圍很廣。

(2) 評估學中狹義的資產定義

該定義是：資產是實體或個人所擁有或控製的、能以貨幣計量的、能夠帶來預期經濟利益的資源。該定義具有以下幾個特點：

第一，採用了「實體」的概念。這裡的「實體」泛指社會中的所有經濟組織（包括企業和非企業組織等），範圍極廣。

第二，採用了「個人」的概念。在社會中，個人所擁有的財產在社會資源中佔有很大的比重，這也是資產評估的重要對象。

第三，能以貨幣計量。如果一項資源的價值不能以貨幣計量，則不能進行評估，例如某些自然資源、文化財富等。

第四，能夠帶來預期經濟利益。

評估學中狹義資產的定義適用於實體和個人兩大主體所擁有的資源，適用範圍小於評估學中廣義資產的定義。

從以上可見，評估學中資產概念的含義比會計學中資產概念的含義要廣得多，會計學中的資產概念目前僅限於經濟實體中企業組織所擁有的資源。

二、資產評估的基本概念

資產評估的基本概念可以從資產評估的定義、資產評估的基本要素、資產評估的特點三個方面去加以認識。

(一)資產評估的定義

財政部頒布的《資產評估準則——基本準則》(2004)中對資產評估所下的定義是:「本準則所稱資產評估,是指註冊資產評估師依據相關法律、法規和資產評估準則,對評估對象在評估基準日特定目的下的價值進行分析、估算並發表專業意見的行為和過程。」

該定義包括以下幾方面的內容:

1. 評估主體

該定義將評估主體界定為註冊資產評估師,而不是泛指任何評估人員。

2. 相關法律、法規和資產評估準則

該定義中所指的「相關法律、法規」,是指與資產評估工作有關的法律、法規,如《中華人民共和國公司法》《中華人民共和國證券法》《中華人民共和國刑法》以及《國有資產評估管理辦法》等;該定義中所指的「資產評估準則」,是泛指資產評估準則體系,包括資產評估基本準則、資產評估具體準則、資產評估指南和資產評估指導意見四個層次。

3. 對評估對象價值進行分析和估算

明確界定是對評估對象的價值(而不是其他內容,如評估對象的技術性、安全性等)進行分析和估算。「分析和估算」幾個字,含有主觀分析判斷的意思,這說明資產評估是一種定性與定量相結合的綜合行為。

4. 發表專業意見

這是指註冊資產評估師要對評估對象的價值給予明確界定並按有關規定出具評估報告。

(二)資產評估的基本要素

要素是構成事物的必要因素。資產評估是一項仲介服務工作,要履行若干程序,這些程序必然涉及基本的評估要素。這些評估要素構成了資產評估工作的有機整體,也是從事資產評估工作的必要前提。它們包括:評估主體、評估對象、評估目的、評估假設、評估原則、評估價值類型、評估依據、評估程序、評估方法和評估基準日等。這些要素將在後面的內容中加以闡述。

(三)資產評估的特點

資產評估是一項社會性的仲介服務工作。作為一項特定的社會經濟活動,它具有一些區別於其他社會經濟活動的特點。

1. 市場性

市場性是指資產評估工作是以市場競爭活動為假設前提來進行的。資產評估的市場性可以從兩個方面去理解：

(1) 資產評估是市場經濟的產物。在社會經濟生活中，只有納入市場競爭活動的東西才有必要作為評估對象，而某些帶有壟斷性、計劃性的東西，則無必要納入評估範疇。

(2) 資產評估以市場信息為依據。這裡的市場信息，包括資產的供求信息、價格信息等。

2. 公正性

公正性是指資產評估行為要以有關的法律、法規以及資產評估準則等作為執業準繩，而不能偏袒當事人的任何一方。公正性是資產評估工作賴以存在的最重要的前提條件之一。

3. 專業性

專業性是指資產評估工作必須由專門的機構和專門的人員來進行。所謂專門的機構，是指依法取得資產評估資格的機構。所謂專門的人員，是指依法取得資產評估資格的人員(即註冊資產評估師)。除此以外的機構或人員所從事的資產評估活動，都不具有法律效力。

4. 諮詢性

諮詢性是指資產評估結論是為資產業務提供專業化估價意見，該意見本身並無強制執行的效力，評估師只對結論本身合乎職業規範要求負責，而不對資產業務定價決策負責。

第二節 資產評估主體和對象

一、資產評估主體

資產評估主體是指從事資產評估工作的機構和註冊資產評估師。

(一) 資產評估機構

資產評估機構是指具備一定條件、經過申報和主管部門批准、依法取得資產評估資格證書的仲介機構。

(二) 註冊資產評估師

註冊資產評估師是指經過國家統一考試或認定，取得執業資格並依法註冊的資產評估專業人員。

二、資產評估對象
(一)資產評估對象的基本概念
資產評估對象又稱為資產評估客體,它是指被評估的資產。整個資產評估工作就是對評估對象的價值進行估算,只有確定了資產評估的對象,才能清晰地界定資產評估範圍。
(二)資產評估對象的種類
為了合理有效地開展資產評估工作,有必要對資產評估對象按不同的標準進行分類。
1. 按資產存在的形態劃分,可以分為有形資產和無形資產
有形資產是指那些具有實物形態的資產,如房屋、機器設備、存貨等。無形資產是指那些沒有實物形態,但以某種權利、技術或知識等形態存在並發揮作用的資產,如專利權、商標權、特許經營權等。
2. 按資產是否具有綜合獲利能力劃分,可以分為單項資產和整體資產
綜合獲利能力是指評估對象獨立獲取經濟利益的能力。單項資產是指單件、單臺的資產;整體資產是指由若干單項資產組成的具有獨立獲利能力的資產綜合體,它可以是一個組織內的全部資產,也可以是具有獨立獲利能力的部分資產,如企業的一條生產線、一個封閉式生產車間等。

評估一項資產的價值基於該項資產能繼續使用並能帶來預期經濟收益。同樣是一項資產,有的可以單獨帶來預期經濟收益,如一輛營運性質的汽車,這類資產在評估時可視同整體資產;有的則必須依附於其他資產或要素才能產生收益,如一臺車床,這類資產在評估時界定為單項資產。

由此可見,單項資產的評估價值之和,並不等於整體資產評估價值。整體資產的評估價值可能還包括了全部被評估資產的綜合生產能力以及企業的管理水平、人員的素質等因素。

3. 按資產能否獨立存在劃分,可以分為可確指資產和不可確指資產
可確指資產是指不需依附於其他載體而獨立存在的資產。所有的有形資產和除商譽以外的無形資產都是可確指資產。不可確指資產是指必須依附於某些載體才能存在的資產,如企業的商譽。企業存在,講商譽才有意義;企業不存在了,商譽也就消失了。
4. 按資產與生產經營過程的關係劃分,可以分為經營性資產和非經營性資產
經營性資產是指處於生產過程或經營過程中的資產,如企業中的生產廠房、生產用機器設備等。經營性資產可以為資產擁有者帶來直接的預期經濟收益。

非經營性資產是指不處於生產過程或經營過程中的資產,如企業中的醫院、幼兒園、學校等占用的資產。非經營性資產通常不能為資產擁有者帶來直接的預期經濟收益。

第三節 資產評估目的

一、資產評估目的的概念

資產評估目的是指評估委託人要求對評估對象的價值進行評估後所要從事的行為。評估目的要解決的是為什麼要進行資產評估,這是資產評估工作進入實質性階段後首先要考慮的重要因素,因為評估目的不同,會對資產評估的其他要素,如評估依據、評估價值類型以及評估方法的確定等產生影響。

二、資產評估目的的類型

資產評估目的可以分為一般目的和具體目的兩大類。

(一)資產評估的一般目的

資產評估的一般目的是指委託進行資產評估的任何當事人的共同目的。資產評估的一般目的是取得資產在評估基準日的公允價值。人們進行資產評估的具體目的雖然各種各樣,但總體來說,就是要取得被評估資產的價值,而且這個價值是公允的,也就是說,是評估人員遵守相關的法律、法規、資產評估準則等進行評估的、評估各方當事人都可以接受的價值。這個價值既符合評估當事人的利益,也不會損害其他人的利益。

(二)資產評估的具體目的

資產評估的具體目的是指評估當事人委託進行資產評估的特定目的。按不同的標準劃分,可以分為以下幾種類型:

1. 資產交易

資產交易包括資產轉讓和資產置換。

(1)資產轉讓

資產轉讓是指資產的買賣,即資產擁有者將其擁有的資產有償轉讓給他人,通常是指轉讓非整體性資產的經濟行為。

(2)資產置換

資產置換是指採用非貨幣性交易的方式進行的資產交換。存貨、固定資產、無形資產、股權投資以及不準備持有到期的債券投資等,都可以成為資產置換的對象。

2. 股權變動

(1)公司合併

公司合併是指公司產權交易後只存在單一的經濟主體和法律主體,包括吸收合併和

新設合併兩種形式。一個公司吸收其他公司為吸收合併，被吸收的公司解散；兩個以上公司合併設立一個新的公司為新設合併，合併各方解散。

（2）股權變更

股權變更是指公司股東擁有的股權新增加或轉讓而引起的變更。

（3）股份經營

股份經營是指擁有資產的法人實體，按照有關法律、法規實施股份制經營方式的行為。例如國有企業改制為股份制企業。

（4）其他股權投資

其他股權投資是指某個經濟實體以貨幣資金、有形資產和無形資產直接投入到其他經濟實體的行為，也可以是若干經濟實體共同投入資產組建新的經濟實體的行為。

（5）債務重組

債務重組是指在債務人發生財務困難的情況下，債權人按照其與債務人達成的協議或者法院的裁定作出讓步的事項。債務重組的方式有多種，包括以資產清償債務、將債務轉為資本、修改其他債務條件等。

3. 企業清算

企業清算是指企業因解散或破產而履行清理債權債務、分配剩餘財產等法定程序的總稱。

4. 融資服務

（1）抵押

抵押是指債務人或者第三人轉移對財產的佔有而將該財產作為債權的擔保。

（2）租賃

租賃是指出租人將財產交承租人使用並獲取收益，承租人向出租人支付租金的行為。租賃包括整體資產租賃（即企業租賃）和部分資產租賃。

（3）典當

典當是財產所有人以其擁有的動產作質押，從而從發放貸款的機構取得款項的經濟行為。

5. 納稅服務

單位或個人進行資產交易，需要按規定繳納相應的稅費，這就需要對被交易的資產的價值進行評估，從而計算出應納稅額。

6. 諮詢服務

諮詢服務是指專門的機構或個人接受企事業單位、團體或個人的委託，為其提供專門知識的智力服務。這類服務的類型較多，以下是幾種常見的類型：

(1)業績評價

業績評價通常是指對某一組織的負責人在其任職期間的業績所進行的綜合評價,其中涉及有關資產的保值、增值的評價等,這就需要對相關資產進行評估。

(2)以財務報告為目的的評估

以財務報告為目的的評估是指註冊資產評估師基於企業會計準則或相關會計核算、披露要求,運用評估技術,對財務報告中各類資產和負債的公允價值或特定價值進行分析、估算,並發表專業意見的行為和過程。

(3)訴訟

訴訟是司法機關在當事人和其他訴訟參與人參加下,依法定程序為處理案件而進行的活動。在涉及財產賠償的訴訟時,當事人需要對相關資產進行評估,以便為自己的請求提供依據。法院判決時,也往往需要依據專業評估人員對相關資產的評估結果。

(4)取得資產的現實價值

經濟實體或個人往往需要掌握或提供一些有關資產現實價值的資料,例如企業向潛在投資人提供本企業資產的現實價值等。

三、確定資產評估目的的作用

在資產評估工作中,確定資產評估目的是非常重要的一個環節。從理論上來講,任何資產都具有一定的使用價值,從而具有交換價值。如果我們對某項資產進行評估,無疑是可以評估出該項資產的價值的。但這裡需要考慮一個問題,即該項資產的使用價值是在什麼條件下產生的。如果為了發揮其使用價值而發生了大量的成本,發生的成本超過該項資產繼續使用所帶來的預期收益,那麼,從評估的角度看,該項資產實際上是沒有價值的。因此,在對被評估資產進行評估時,首先要明確被評估資產的目的。目的不同,用途也就不同,資產在使用時所需具備的條件也就不相同,其產生的預期收益也會不同。上述這些不同,就會影響到評估方法的運用。評估方法不同,評估結果也就不同。因而,從這個角度講,不同的資產評估目的,會導致不同的資產評估結果。不同的資產評估結果,會對評估事項當事人的經濟利益產生影響。這就是確定資產評估目的的重要性。

第四節　資產評估假設和原則

一、資產評估假設

(一)資產評估假設的類型

假設是認識和研究事物發展規律的前提,是建立一門學科的理論體系和方法體系的基礎。資產評估假設是對評估對象所處的時間和空間狀況等所作的合理設定。評估對象所處的時間和空間狀況是千變萬化的,未來的用途也難測定。如果沒有一定的假設,資產評估工作就無法開展。《資產評估準則——基本準則》(2004)第十七條規定:「註冊資產評估師執行資產評估業務,應當科學合理使用評估假設,並在評估報告中披露評估假設及其對評估結論的影響。」從理論上講,評估人員可以根據評估對象的具體情況作出多種不同的評估假設。但是,從資產評估的實踐來看,在資產評估的眾多假設中,被抽象出三個最基本的假設,即:公開市場假設、繼續使用假設和清算假設。

1. 公開市場假設

市場有公開市場和非公開市場之分。公開市場是指一個自由競爭的市場,在這個市場中,交易雙方進行交易的目的都是最大限度地追求經濟利益,並掌握有必要的市場信息,有較充分的時間考慮,對交易對象具有必要的專業知識,交易雙方的交易行為都是自願的,交易條件公開並不受限制。由此可見,公開市場指的是充分發達與完善的市場,是一種完美的、理想的市場。在這樣的市場條件下進行交易的商品或服務的價格,是最理想和最合理的價格。但是,現實中的市場並非都能達到上述公開市場的完善程度,而資產評估又必須對評估對象的價值進行合理估算,並提供給當事人。在這種情況下,資產評估必須作出一個重要的假設,即公開市場假設。在此條件下,模擬出在一種完美理想的市場條件下的評估對象的價值。

非公開市場是指不符合公開市場定義的其他市場。非公開市場的商品或服務的交易往往帶有壟斷性和強制性,交易的價格並不能真正體現商品或服務的合理的價格,因而,資產評估在這種條件下發揮的作用是非常有限的。

2. 繼續使用假設

繼續使用假設是指對評估對象未來所處狀態的一種假設。一項資產,既可以繼續使用,也可以不繼續使用。如果一項資產繼續使用,在正常情況下,該項資產可以給資產擁有者帶來一定的經濟利益;不繼續使用,該項資產就不能給資產擁有者帶來經濟利益(或者最多有一些變現收入)。由此可見,一項資產是否繼續使用,其評估價值是不相同的。

在實際生活中，由於情況的複雜性，人們不可能對一項資產是否繼續使用作出十分肯定的決斷，因此，在進行資產評估時，就有必要根據評估對象的現實狀態以及對未來因素的估計，對其是否繼續使用作出一種設定。這就是繼續使用假設。

需要注意的是，在對企業價值進行評估時，繼續使用假設需要修改為持續經營假設。因為企業是一項特殊的資產，企業不能「繼續使用」，而只是持續經營。

單項資產的繼續使用一般可以分為三種情況：

(1) 在用續用

這這是指被評估資產在評估目的實現後，仍按評估基準日時的用途繼續使用。這部分資產既可以是動產，也可以是不動產。

(2) 轉用續用

這是指被評估資產在評估目的實現後，在原地轉換用途繼續使用。這部分資產可以是動產，也可以是不動產。

(3) 移用續用

這是指被評估資產在評估目的實現後，將易地繼續使用。易地使用的資產只能是動產。

資產的繼續使用是要受到一定條件限制的。有的資產要進行維修後才能繼續使用，有的資產在環境發生變化後其發生的作用也可能會發生變化等。但在評估時，通常是按被評估資產在現有狀態下繼續使用進行假設的，也就是將時間確定在評估基準日，將空間確定在資產目前所處的環境來進行評估的。

繼續使用假設是資產評估中的一個非常重要的假設，除了部分評估事項涉及不能繼續使用的資產外，絕大多數資產評估涉及的都是假設能夠繼續使用的資產，因此，對繼續使用假設必須給以充分的重視。

3. 清算假設

清算假設是指對與被評估對象有關的經濟實體未來所處狀態的一種假設。這裡的經濟實體，既可以指企業，也可以指非企業組織。由於解散或破產等原因，經濟實體會實施清算，其中包括對資產進行處置、對剩餘資產進行分配等。這都會涉及對資產價值的評估。由於要對資產進行處置和對剩餘資產進行分配，因此，要求對被評估資產進行強制出售或快速變現。這種特定狀況會出現兩種情況：一是時間短，即交易事項被要求限制在較短的時間內完成；二是交易雙方的地位不平等，賣方是非自願地被迫出售，而買方人數又可能很少。基於這兩種情況，清算假設下的被評估資產的評估價值，往往要低於繼續使用假設下同樣資產的評估價值。

清算假設是資產評估中的一種特殊假設。由於被評估資產需要強制出售或快速變現，因此，在評估時不能再採用繼續使用假設。又由於在這種狀態下交易雙方的地位不平等，因此，又不能再採用公開市場假設。由此可見，清算假設是一種特殊情況下的特殊

假設。

(二)資產評估假設的作用

資產評估假設的作用可以從以下幾個方面去認識:

1. 資產評估假設將被評估資產置於一個特定的環境

從市場的劃分來看,有公開市場和非公開市場。從資產的使用來看,有繼續使用和非繼續使用。從前面的分析來看,必須通過假設對被評估資產給定一個特定的條件,資產評估工作才能正常進行。

2. 資產評估假設是實現資產評估特定目的的必要條件

資產評估特定目的確定了資產評估工作的起點和目標(終點)。為實現資產評估特定目的,需要建立一些基本的前提,對某些因素加以設定,才能合理實現資產評估的特定目的。

3. 資產評估假設是確定評估方法的前提條件

任何方法的運用都有一定的前提條件,資產評估也是如此。不同的假設條件下,適用的評估方法會不相同,從而導致評估結論也不相同。例如,同一資產在繼續使用假設和清算假設條件下,採用的評估方法會不相同,其評估價值也會不相同——比如在繼續使用假設下,評估方法可以採用收益法;而在清算假設下,評估方法就不能採用收益法了。

二、資產評估原則

原則是指觀察問題、處理問題的準繩。資產評估是一項社會性仲介服務工作,要做到客觀、公正,取信於社會,就必須遵循一定的原則。資產評估原則分為兩大類:資產評估工作原則和資產評估技術原則。

(一)資產評估工作原則

資產評估工作原則是指資產評估工作的行為規範。工作原則是每個評估人員在從事任何評估事項時都必須遵守的規範。資產評估工作原則包括客觀性原則、公正性原則、科學性原則、可行性原則。

1. 客觀性原則

客觀性是指不帶個人偏見,按照事物本來的面目去認識事物。資產評估中的客觀性至少包含三層含義:一是指評估對象的客觀存在;二是指評估中所採用的數據和指標等是客觀的,即有一定的依據和來源;三是指評估結論經得起檢驗。

2. 公正性原則

公正性是指人們要按照一定的標準去認識問題和處理問題,或按一定的標準去對待相同情況的人或事。資產評估中的公正性,要求資產評估提供的仲介服務必須堅持公正立場,一切按標準行事,不偏向評估當事人的任何一方。

3. 科學性原則

資產評估的科學性是指資產評估運用的原理、概念和方法等能反應資產評估工作的本質和規律。在資產評估實踐中,表現為要根據資產評估的特定目的,作出適當的評估假設,恰當確定評估對象,選擇適用的價值類型和評估方法,目標是使評估結果公正合理。簡言之,資產評估的科學性就是要充分考慮評估目的、評估假設、價值類型、評估對象、評估方法等各要素的特點及其相互之間的關係,加以合理匹配,從而得出合理的結果。

4. 可行性原則

資產評估的可行性是指在不違背執業標準的前提下,結合考慮資產評估的技術和經濟等方面的因素,採用適當簡化的、可操作的評估方法進行評估。可行性原則要求資產評估工作既要力求評估結果公正合理,又要盡量提高工作效率,滿足評估當事人的要求。可行性原則要求把資產評估工作的有效性、評估結果的合理性、評估成本的經濟性等幾方面有機地加以考慮。例如,對一些數量多、價值低的機器設備進行逐臺質量檢測,就會增大評估成本,並且耗費的時間很多,因而,在評估實踐中,可以採用其他可行的、能提高工作效率的評估方法。

(二)資產評估技術原則

資產評估的技術原則是對資產評估工作的技術規範,包括預測原則、替代原則、貢獻原則、評估基準日原則等。

1. 預測原則

預測是指對資產的未來收益進行預測。一項資產之所以具有價值,是因為其可以帶來未來收益,而未來收益又只有通過預測來加以確定。因此,在資產評估中,預測是一種基本的評估方法,也是一項基本的評估原則。

2. 替代原則

替代是指在資產評估中選擇替代物的行為。採用市場法進行評估時,如果在市場上沒有與評估對象完全相同的資產,則可以選擇類似的資產作為參照物來進行評估。被選擇的類似資產,就稱為替代物。

3. 貢獻原則

資產評估中的貢獻是指某一資產在整體資產中的重要性。

在資產評估中,遵循貢獻原則,就是指對某一資產價值的確定取決於它相對於其他相關的單項資產或整體資產的價值貢獻,或者根據當缺少它時對整體資產價值的影響程度來衡量確定。例如,一雙新買的皮鞋價值 300 元,丟失了一隻,則損失的不是 150 元,而是 300 元。

4. 評估基準日原則

評估基準日是指為評估資產的價值而確定的一個時點。在現實生活中,市場是不斷

變化的，資產的價值也會不斷發生變化。為使被評估資產的價值具有合理性和可驗證性，在進行資產評估時，有必要將市場各種因素固定在某一時點，這一時點就是評估基準日。評估人員提供的資產評估價值，只是在這一時點上的價值。評估基準日原則告訴我們，資產評估價值是一個時點價值，而不是一個時期價值。被評估資產的價值會隨著時間和市場條件的變化而發生改變。

第五節　資產評估價值類型

一、資產評估中的價值的基本含義

資產評估就是對資產的價值進行評定估算，那麼，應該怎樣理解資產評估中的價值概念呢？

（一）資產評估中的價值不是凝結在商品中的一般的無差別的人類勞動

按照馬克思的勞動價值論觀點，價值的經濟學含義是指凝結在商品中的一般的無差別的人類勞動或抽象的人類勞動，價值量的大小取決於社會必要勞動時間。由此可見，價值的經濟學含義只是一種理論上的抽象，人們在現實中看見的是隨著市場供求關係變化的商品的價格，也就是商品的交換價值。商品的交換價值已不完全受社會必要勞動時間的限定，而要受到眾多市場因素的影響。因此，資產評估中的價值不是凝結在商品中的抽象勞動。

（二）資產評估中的價值不完全是市場價格

資產的市場價格產生於公開市場。應當說，產生於公開市場的資產價格是合理的價格。但資產評估中的價值不完全是市場價格，其理由在於有的資產沒有市場價格，如某些在產品、自製設備、構築物等。

（三）資產評估中的價值反應的是一種公允價值

公允價值的一般含義是指在公平交易中熟悉情況的交易雙方自願進行資產交換或債務清償的金額。它包括了繼續使用假設下的資產價值，又包含了非繼續使用假設下的資產價值。

在繼續使用假設下，需要對被評估資產帶來的預期收益進行估計，從而估算出被評估資產的價值。在非繼續使用假設下，需要對被評估資產強制出售或快速變現的價格進行估計，從而估算出被評估資產的價值。評估人員在進行這些估算時，既要考慮市場價格因素，又要考慮評估當事人的接受程度。因此，這樣估算出來的資產價值只能是一個在特定假設條件下評估各方當事人都可以接受的價值，即公允價值。

二、資產評估價值類型的基本概念及類別

(一)資產評估價值類型的基本概念

資產評估價值類型是指資產評估結果的價值屬性,也就是被評估資產價值的性質。

(二)資產評估價值類型的類別

中國資產評估協會發布的《資產評估價值類型指導意見》(2007)第二條中規定:「本指導意見所稱資產評估價值類型包括市場價值和市場價值以外的價值類型。」

1. 市場價值

市場價值是指自願買方和自願賣方在各自理性行事且未受任何強迫的情況下,評估對象在評估基準日進行正常公平交易的價值估計數額。

當註冊資產評估師所執行的資產評估業務對市場條件和評估對象的使用等並無特別限制和要求時,註冊資產評估師通常應當選擇市場價值作為評估結論的價值類型。

2. 市場價值以外的價值類型

凡是不符合市場價值定義條件的資產價值類型,都屬於市場價值以外的價值。在資產評估中使用較多的市場價值以外的價值類型主要有投資價值、在用價值、清算價值、殘餘價值等。

(1)投資價值

投資價值是指評估對象對於具有明確投資目標的特定投資者或者某一類投資者所具有的價值估計數額,亦稱特定投資者價值。

註冊資產評估師執行資產評估業務,當評估業務針對的是特定投資者或者某一類投資者,並在評估業務執行過程中充分考慮並使用了僅適用於特定投資者或者某一類投資者的特定評估資料和經濟技術參數時,註冊資產評估師通常應當選擇投資價值作為評估結論的價值類型。

(2)在用價值

在用價值是指將評估對象作為企業組成部分或者要素資產按其正在使用的方式和程度及其對所屬企業的貢獻的價值估計數額。

註冊資產評估師執行資產評估業務,評估對象是企業或者整體資產中的要素資產,並在評估業務執行過程中只考慮了該要素資產正在使用的方式和貢獻程度,沒有考慮該資產作為獨立資產所具有的效用及在公開市場上交易等對評估結論的影響,註冊資產評估師通常應當選擇在用價值作為評估結論的價值類型。

(3)清算價值

清算價值是指在評估對象處於被迫出售、快速變現等非正常市場條件下的價值估計數額。

註冊資產評估師執行資產評估業務,當評估對象面臨被迫出售、快速變現或者評估對象具有潛在被迫出售、快速變現等情況時,註冊資產評估師通常應當選擇清算價值作為評估結論的價值類型。

　　(4)殘餘價值

　　殘餘價值是指機器設備、房屋建築物或者其他有形資產等的拆零變現價值估計數額。

　　註冊資產評估師執行資產評估業務,當評估對象無法或者不宜整體使用時,註冊資產評估師通常應當考慮評估對象的拆零變現,並選擇殘餘價值作為評估結論的價值類型。

　　(三)價值類型運用中的一些特殊考慮

　　某些特定評估業務中評估結論的價值類型可能會受到相關法律、法規或者契約的約束,這些評估業務的評估結論應當按照相關法律、法規或者契約等的規定選擇評估結論的價值類型;相關法律、法規或者契約沒有規定的,可以根據實際情況選擇市場價值或者市場價值以外的價值類型,並予以定義。

　　特定評估業務包括以抵(質)押為目的的評估業務、以稅收為目的的評估業務、以保險為目的的評估業務、以財務報告為目的的評估業務等。

　　1. 以抵(質)押為目的的評估業務

　　註冊資產評估師執行以抵(質)押為目的的資產評估業務,應當根據擔保法等相關法律、法規及金融監管機關的規定選擇評估結論的價值類型;相關法律、法規及金融監管機關沒有規定的,可以根據實際情況選擇市場價值或者市場價值以外的價值類型作為抵(質)押物評估結論的價值類型。

　　2. 以稅收為目的的評估業務

　　註冊資產評估師執行以稅收為目的的資產評估業務,應當根據稅法等相關法律、法規的規定選擇評估結論的價值類型;相關法律、法規沒有規定的,可以根據實際情況選擇市場價值或者市場價值以外的價值類型作為課稅對象評估結論的價值類型。

　　3. 以保險為目的的評估業務

　　註冊資產評估師執行以保險為目的的資產評估業務,應當根據保險法等相關法律、法規和契約的規定選擇評估結論的價值類型;相關法律、法規或者契約沒有規定的,可以根據實際情況選擇市場價值或者市場價值以外的價值類型作為保險標的物評估結論的價值類型。

　　4. 以財務報告為目的的評估業務

　　註冊資產評估師執行以財務報告為目的的資產評估業務,應當根據會計準則等相關規範關於會計計量的基本概念和要求,恰當選擇市場價值或者市場價值以外的價值類型作為評估結論的價值類型。

三、明確資產評估價值類型的意義

在資產評估工作中,明確價值類型具有重要的意義。

(一)價值類型表明了被評估資產價值的性質

價值類型說明的是資產評估價值的內涵,是對資產評估價值質的規定性。之所以需要有這種質的規定性,是因為同樣的一項資產,在不同條件下,其價值是不一樣的。例如,在繼續使用條件下和非繼續使用條件下,其價值就會不一樣。這是資產評估中的價值含義的特殊性。因此,在進行資產評估時,有必要根據資產評估特定目的和特定假設,確定被評估資產價值的性質,為確定資產評估的思路和方法提供前提條件。

(二)明確價值類型有利於評估結果的正確使用

資產評估結果的使用人可能是多方面的——既可以是評估委托人,也可以是與評估事項相關的其他當事人。明確價值類型,就明確地界定了評估結果的價值含義,有利於評估結果使用人對評估結果的理解,從而避免濫用資產評估結果。

第六節　資產評估依據和程序

一、資產評估的依據

資產評估的依據是指資產評估工作所遵循的法律、法規、經濟行為文件、重大合同協議以及取費標準和其他參考依據等。資產評估是為評估當事人提供仲介服務的一項工作。提供的評估結果必須客觀、公正,因此,資產評估依據顯得十分重要。

評估事項不同,所需的評估依據也不相同。多年的評估實踐表明,資產評估依據雖然多種多樣,但大致可以劃分為四大類:行為依據、法規依據、產權依據和取價依據。[①]

(一)行為依據

行為依據是指評估委托人和評估人員據以從事資產評估活動的依據,如公司董事會關於進行資產評估的決議、評估委托人與評估機構簽訂的《資產評估業務約定書》、有關部門(如法院)對評估機構的資產評估委托書等。資產評估機構或評估人員只有在取得資產評估行為依據後,才能正式開展資產評估工作。

(二)法規依據

法規依據是指從事資產評估工作應遵循的有關法律、法規依據(如《中華人民共和國

---

① 中華人民共和國財政部.資產評估報告基本內容與格式的暫行規定[S].北京:經濟科學出版社,1999.

公司法》、國務院頒發的《國有資產評估管理辦法》等），以及財政部與中國資產評估協會頒發的評估準則、評估指南、評估指導意見等。

（三）產權依據

產權依據是指能證明被評估資產權屬的依據，如國有土地使用證、房屋所有權證等。在資產評估中，被評估的資產通常是資產占用方擁有或控製的資產，這就要求評估委托人應當提供、評估人員必須收集被評估資產的產權依據。

（四）取價依據

取價依據是指評估人員確定被評估資產價值的依據，這類依據包括兩部分：一部分是由評估委托人提供的相關資料（如會計核算資料、工程結算資料等）；另一部分是由評估人員收集的市場價格資料、統計資料、技術標準資料以及其他參數資料等。

以上是從事一般資產評估工作的依據。如從事特殊類型的資產評估，還可能涉及評估項目中採用的特殊依據，這要視具體情況而定，評估人員應在評估報告中加以披露。

二、資產評估的程序

資產評估程序是指註冊資產評估師執行資產評估業務所履行的系統性工作步驟。資產評估程序可以從廣義和狹義兩個方面去加以理解。廣義的資產評估程序開始於資產評估業務前的明確資產評估業務基本事項，終止於資產評估報告提交後的資產評估文件歸檔管理；狹義的資產評估程序則開始於資產評估機構和人員接受委托，終止於向委托人或相關當事人提交資產評估報告。《資產評估準則——評估程序》（2007）則是從廣義的角度對評估程序加以規範的。

註冊資產評估師執行資產評估業務，通常執行下列基本評估程序：

（一）明確評估業務基本事項

這一程序包括明確評估業務的委托方和資產佔有方及其相互關係、明確評估目的、確定評估範圍和對象、明確評估基準日、瞭解評估委托方有關資產評估的決議、評估人員對評估事項進行風險評價等。

（二）簽訂業務約定書

資產評估中所指的業務約定書，是指評估機構與委托方簽訂的，明確評估業務基本事項，約定評估機構和委托方權利、義務、違約責任和爭議解決等內容的書面合同。

業務約定書應當包括下列基本內容：

（1）評估機構和委托方的名稱、住所；

（2）評估目的；

（3）評估對象和評估範圍；

（4）評估基準日；

(5)評估報告使用者;
(6)評估報告提交期限和方式;
(7)評估服務費總額、支付時間和方式;
(8)評估機構和委託方的其他權利和義務;
(9)違約責任和爭議解決;
(10)簽約時間。

(三)編制評估計劃

評估計劃是指註冊資產評估師為履行業務約定書而擬訂的評估工作思路和實施方案。評估計劃的內容要涵蓋現場調查、收集評估資料、評定估算、編制和提交評估報告等評估業務實施全過程。評估計劃的具體內容通常包括評估的具體步驟、時間進度、人員安排和技術方案等內容。註冊資產評估師可以根據評估業務具體情況確定評估計劃的繁簡程度。

(四)現場調查

現場調查是指對被評估資產進行現場查勘。資產評估的現實性特點決定了評估人員必須親臨現場查勘資產,這是資產評估中不可缺少的甚至也不能以其他方式替代的一個重要程序。

註冊資產評估師應當通過詢問、函證、核對、監盤、勘查、檢查等方式進行調查,獲取評估業務需要的基礎資料,瞭解評估對象現狀,關注評估對象法律權屬。

(五)收集評估資料

評估資料是從事資產評估的重要依據。註冊資產評估師應當根據評估業務具體情況收集評估資料,並根據評估業務需要和評估業務實施過程中的情況變化及時補充收集評估資料。

收集的評估資料包括直接從市場等渠道獨立獲取的資料,從委託方、產權持有者等相關當事方獲取的資料,以及從政府部門、各類專業機構和其他相關部門獲取的資料。

評估資料包括查詢記錄、詢價結果、檢查記錄、行業資訊、分析資料、鑒定報告、專業報告及政府文件等。

註冊資產評估師應當根據評估業務具體情況對收集的評估資料進行必要的分析、歸納和整理,形成評定估算的依據。

(六)評定估算

註冊資產評估師應當根據評估對象、價值類型、評估資料收集情況等相關條件,分析市場法、收益法和成本法等資產評估方法的適用性,恰當選擇評估方法。

註冊資產評估師根據所採用的評估方法,選取相應的公式和參數進行分析、計算和判斷,形成初步評估結論,然後對初步評估結論進行綜合分析,形成最終評估結論。

對同一評估對象需要同時採用多種評估方法的，應當對採用各種方法評估形成的初步評估結論進行分析比較，確定最終評估結論。

(七)編制和提交評估報告

註冊資產評估師應當在執行評定估算程序後，根據法律、法規和資產評估準則的要求編制評估報告。

(八)工作底稿歸檔

工作底稿是指註冊資產評估師執行評估業務形成的，反應評估程序實施情況、支持評估結論的工作記錄和相關資料。

註冊資產評估師在提交評估報告後，應當按照法律、法規和資產評估準則的要求對工作底稿進行整理，與評估報告一起及時形成評估檔案。

第七節　資產評估行業及其發展

資產評估是市場經濟的產物。應當說，哪裡有市場經濟，哪裡就有資產評估。資產評估作為一種有組織、有理論指導的專業服務活動，起始於19世紀中後期。第二次世界大戰以後，隨著世界經濟的發展，資產評估也在一些經濟發展較快的國家得到較大發展。20世紀80年代以來，世界各國的資產評估活動開始趨於規範化和國際化，其標誌是在1981年國際評估準則委員會的成立。

中國的資產評估是在改革開放和發展社會主義市場經濟的過程中逐漸形成和發展起來的。首先是適應維護國有資產、加強國有資產管理的要求而產生的。20世紀70年代末中國實施改革開放政策以後，國有企業對外合資、合作、承包、租賃、兼併、破產等產權變動行為日益增多。為了確定合理的產權轉讓價格，維護經濟活動交易各方的合法權益，同時，也為了防止國有資產流失，在20世紀80年代末期，出現了資產評估活動。但這時資產評估的對象主要是國有資產。1989年，原國家國有資產管理局頒發了《關於國有資產產權變動時必須進行資產評估的若干暫行規定》，這標誌著在中國資產評估被正式確認為合法的社會仲介服務活動。1990年，國家國有資產管理局批准組建了資產評估中心，負責全國的國有資產評估工作。1991年11月，國務院頒布了91號令《國有資產評估管理辦法》。該項法規是中國國有資產評估制度基本形成的重要標誌。1993年12月，中國資產評估協會正式成立，它表明中國資產評估行業已成為一個獨立的、被社會承認的社會仲介行業，並且逐步從政府直接管理向行業自律管理過渡。通過一段時期的發展，資產評估的評估對象由主要是國有資產的評估逐步轉向對各類所有制性質的資產進行評估，包括

集體資產的評估和私人財產的評估等。1995年3月,中國資產評估協會加入國際評估準則委員會,標誌著中國資產評估活動融入了國際資產評估活動之中,中國的資產評估活動與行業組織管理逐漸與國際評估活動和組織管理相協調。1995年5月,中國建立了註冊資產評估師制度。1999年10月,在北京國際評估準則委員會年會上,中國成為國際評估準則委員會常務理事國。2001年,財政部頒發了《資產評估準則——無形資產》,這是中國資產評估行業的第一個執業具體準則。它的頒布與實施,標誌著中國資產評估又向規範化和法制化邁出了重要的一步。2004年2月25日,財政部發布了《資產評估準則——基本準則》和《資產評估職業道德準則——基本準則》。

2007年11月28日,中國資產評估協會發布了《資產評估準則——評估報告》《資產評估準則——評估程序》《資產評估準則——業務約定書》《資產評估準則——工作底稿》《資產評估準則——機器設備》《資產評估準則——不動產》和《資產評估價值類型指導意見》7項資產評估準則。這7項資產評估準則的發布,連同以前發布的有關評估準則及評估行業規範,初步形成了中國資產評估準則體系的基本框架。

2011年12月30日,中國資產評估協會發布了《商標資產評估指導意見》《實物期權評估指導意見(試行)》和《資產評估準則——企業價值》。

2012年12月28日,中國資產評估協會發布了三項新準則和兩項專家提示,具體包括:《資產評估準則——利用專家工作》《資產評估準則——森林資源資產》《資產評估職業道德準則——獨立性》《資產評估操作專家提示——上市公司重大資產重組評估報告披露》和《資產評估操作專家提示——中小評估機構業務質量控製》。

2016年3月30日,中國資產評估協會發布了《文化企業無形資產評估指導意見》。

至此,中國已經初步建立起了一個具有中國特色、適應社會主義市場經濟發展要求並與國際協調的資產評估行業體系。隨著中國經濟的不斷發展和世界經濟的發展,中國的資產評估事業還會有一個更快的發展時期。

第八節 中國資產評估行業的法律規範體系

資產評估是一項社會仲介服務活動,其公信力來源於必須嚴格按照相關的法律、法規從事資產評估活動,因此,建立與資產評估相關的法律規範體系,是從事資產評估活動的必要前提。中國資產評估行業的法律規範體系包括法律、行政法規及部門規章三個層次。

一、資產評估的專門法律與相關法律

按照中國的法律規定,法律是由全國人民代表大會或其常委會通過,以國家主席令的方式發布的。

(一)資產評估的專門法律

資產評估的專門法律是《中華人民共和國資產評估法》(2016)。在2005年12月16日,第十屆全國人民代表大會常務委員會第四十次委員長會議把評估法列入了全國人大常委會立法計劃,並在2006年正式啟動了評估立法工作。這標誌著中國評估立法工作取得了重大進展,表明了中國的評估法制定進入了立法程序。這是中國評估業界的一個重大事件,評估立法的啟動極大地促進了中國資產評估事業的發展。2012年2月27日,第十一屆全國人大常委會第二十五次會議初次審議了《中華人民共和國資產評估法(草案)》。2016年7月2日,第十二屆全國人大常委會第二十一次會議審議通過了《中華人民共和國資產評估法》,於2016年12月1日起施行。全國人大常委會審議通過的《資產評估法》,首次確立了資產評估行業的法律地位,對資產評估行業發展具有十分重要的意義。

(二)資產評估的相關法律

資產評估的相關法律是指涉及資產評估的法律。這些法律雖然不是關於資產評估的專門法律,但都包含了有關資產評估的規定,分別從不同的角度規範資產評估工作。這些法律也是資產評估行業必須遵守的法律規範,主要包括:《中華人民共和國公司法》《中華人民共和國證券法》《中華人民共和國合夥企業法》《中華人民共和國拍賣法》《中華人民共和國刑法》等。其主要從兩個方面涉及資產評估工作:一是在什麼情況下需要進行資產評估;二是對資產評估機構或評估人員違反法律規定的罰則進行了規範。如中國《公司法》(2013年12月修訂本)第二十七條規定:「對作為出資的非貨幣財產應當評估作價,核實財產,不得高估或者低估作價。法律、行政法規對評估作價有規定的,從其規定。」

二、資產評估的行政法規

按照中國的法律規定,行政法規是由國務院發布的。國務院於1991年11月16日發布了國務院91號令《國有資產評估管理辦法》。這是中國第一部關於資產評估的行政法規,它標誌著中國的資產評估工作被正式納入法制化的軌道,也標誌著中國資產評估基本制度的初步形成,同時,也是制定與資產評估相關的其他法規和規章制度等的重要依據。《國有資產評估管理辦法》對國有資產評估的目的、組織管理、評估程序、評估方法、法律責任等內容進行了規範。該項法規同時還規定:「境外的國有資產的評估,不適用本辦法」;「有關國有自然資源有償使用、開採的評估辦法,由國務院另行規定。」

三、資產評估的部門規章

按照中國的法律規定,部門規章是由政府有關部門發布的。在中國,資產評估行業先後分別由兩個政府部門(原國家國有資產管理局和財政部)進行管理。因此,凡是由這兩個政府部門發布的有關資產評估工作的文件都是部門規章。部門規章是法規性文件,資產評估機構或人員必須強制執行。資產評估的部門規章包括綜合管理、資格考試、註冊管理、機構管理、後續教育、執業規範、評估收費等方面的內容。下面介紹一些主要的部門規章:

1. 原國家國有資產管理局於1992年7月18日下達的關於印發《國有資產評估管理辦法施行細則》的通知

該項法規是對國務院1991年頒發的91號令《國有資產評估管理辦法》的具體實施的詳細規定,較之《國有資產評估管理辦法》更為具體化,更具有操作性。

2. 中華人民共和國人事部、原國家國有資產管理局於1995年5月10日頒發的《註冊資產評估師執業資格制度暫行規定》及《註冊資產評估師執業資格考試實施辦法》

《註冊資產評估師執業資格制度暫行規定》規定:「國家對資產評估人員實行註冊登記管理制度。凡按本規定通過考試取得中華人民共和國註冊資產評估師(執業資格證書)並經註冊登記的人員,方可從事資產評估業務。」同時規定:「註冊資產評估師執業資格實行全國統一大綱、統一命題、統一組織的考試製度,每年舉行一次。」這兩個法規的頒布,標誌著在中國的資產評估行業中正式實施註冊資產評估師執業資格制度。

3. 原國家國有資產管理局於1996年5月7日下達的關於轉發《資產評估操作規範意見(試行)的通知》(以下簡稱《規範意見》)

該《規範意見》對資產評估的基本原則和基本方法、資產評估操作程序、流動資產和其他資產的評估、長期投資的評估、機器設備的評估、在建工程的評估、建築物的評估、土地使用權的評估、無形資產的評估、負債的評估、資源性資產的評估、整體企業評估、資產評估報告書及送審專用材料、資產評估工作底稿和項目檔案等內容進行了規範。該《規範意見》的頒布,對於規範資產評估的實際工作起到了十分重要的作用(註:該《規範意見》已由中國資產評估協會於2011年10月14日發文宣布予以廢止)。

4. 財政部於1999年3月2日頒發的《關於印發〈資產評估報告基本內容與格式的暫行規定〉的通知》(以下簡稱《暫行規定》)

《暫行規定》對資產評估報告書的撰寫內容及格式、評估說明的撰寫內容及格式以及資產評估明細表的基本內容及樣表等,都進行了詳盡的規範。該《暫行規定》的頒布,對於進一步促進中國資產評估工作的發展、提高資產評估行業的執業水平、規範資產評估行

為、完善資產評估工作程序和審核標準等,都具有十分重要的作用。[1]

5. 財政部於 2001 年 12 月 31 日頒發的第 14 號令《國有資產評估管理若干問題的規定》以及相應制發的《國有資產評估項目核准管理辦法》《國有資產評估項目備案管理辦法》。

以上法規對原有的國有資產評估的立項和確認制度進行了較大的改革,規定:國有資產評估項目實行核准制和備案制。經國務院批准實施的重大經濟事項涉及的資產評估事項,由財政部負責核准;經省級(含計劃單列市)人民政府批准實施的重大經濟事項涉及的資產評估項目,由省級財政部門(或國有資產管理部門)負責核准。對除上述項目以外的其他國有資產評估項目,實行備案制。

此外,資產評估的部門規章還包括由財政部發布的資產評估準則等內容。這部分內容在本章第九節講述。

第九節 中國資產評估準則體系

所謂準則,就是規範人的行為的準繩、衡量一項工作質量的標準。資產評估是一項社會仲介服務工作,必須有一套提供服務的標準體系,以供評估人員執行,供客戶及社會對資產評估的服務質量進行評價。因此,資產評估準則體系的建立與完善十分重要,它在一定程度上反應了一個國家或地區評估業發展的綜合水平。

一、中國資產評估準則體系的基本框架

中國資產評估準則制定的啟動工作始於 20 世紀 90 年代中期。經過多年的研究討論,在借鑑國外或境外地區資產評估準則的基礎上,初步形成了具有中國特色的資產評估準則的基本框架。

中國資產評估準則體系包括職業道德準則和業務準則兩部分。職業道德準則分為基本準則和具體準則兩個部分。業務準則分為基本準則、具體準則、評估指南、指導意見四個層次。

業務準則中的四個層次各自具有不同的作用。基本準則是評估師針對各種資產類型、對各種評估業務進行評估的基本規範。具體準則包括體現過程控制的程序性準則和體現不同資產類型、不同評估要求的實體性準則。評估指南是對特定目的評估業務以及

---

[1] 在《企業國有資產評估報告指南》(2008)於 2009 年 7 月 1 日施行後,該《暫行規定》即予廢止。

某些重要事項的規範。指導意見是針對評估業務中的某些具體問題的指導性文件。

資產評估基本準則由財政部以規範性文件形式發布。《資產評估準則——基本準則》規定,中國資產評估協會可以根據基本準則發布資產評估具體準則、資產評估指南和資產評估指導意見。

鑒於此,中國資產評估準則體系包括兩個層次:一是由財政部頒布的準則;二是由中國資產評估協會發布的準則。

二、中國資產評估準則體系的特點

中國資產評估準則體系具有以下一些特點:

(一)綜合性

這是指資產評估準則要包括不動產、動產、企業、無形資產、珠寶首飾等各類不同性質資產的評估準則。

(二)多樣性

這是指資產評估準則既要包括程序性準則(如評估報告準則、工作底稿準則等),又要包括實體性準則(如機器設備評估準則、不動產評估準則等);既要包括業務準則,又要包括職業道德準則。

(三)層次性

這是指資產評估準則體系由多層次構成。資產評估職業道德準則由職業道德基本準則和具體準則兩個層次構成;資產評估業務準則則由資產評估基本準則、資產評估具體準則、資產評估指南、資產評估指導意見四個層次構成。

三、資產評估準則體系的具體內容

自2000年以來,至2016年3月30日,中國資產評估項目已達27項,除《資產評估準則——基本準則》(2004)和《資產評估職業道德準則——基本準則》(2004)是由財政部頒布的以外,其餘都是由中國資產評估協會頒布的。這27項的具體內容如下:

(一)基本準則(2項)

1.《資產評估準則——基本準則》(2004)

2.《資產評估職業道德準則——基本準則》(2004)

(二)具體準則(12項)

1.《資產評估準則——評估報告》(2007發布,2011修訂)

2.《資產評估準則——評估程序》(2007)

3.《資產評估準則——業務約定書》(2007發布,2011修訂)

4.《資產評估準則——工作底稿》(2007)

5.《資產評估準則——機器設備》(2007)
6.《資產評估準則——不動產》(2007)
7.《資產評估準則——無形資產》(2008)
8.《資產評估準則——珠寶首飾》(2009)
9.《資產評估準則——企業價值》(2011)
10.《資產評估準則——利用專家工作》(2012)
11.《資產評估準則——森林資源資產》(2012)
12.《資產評估準則——職業道德準則》(2012)

(三)評估指南(4項)
1.《以財務報告為目的的評估指南(試行)》(2007)
2.《企業國有資產評估報告指南》(2008發布,2011修訂)
3.《評估機構業務質量控製指南》(2010)
4.《金融企業國有資產評估報告指南》(2010發布,2011修訂)

(四)指導意見(9項)
1.《註冊資產評估師關注評估對象法律權屬指導意見》(2003)
2.《金融不良資產評估指導意見(試行)》(2005)
3.《資產評估價值類型指導意見》(2007)
4.《專利資產評估指導意見》(2008)
5.《投資性房地產評估指導意見(試行)》(2009)
6.《著作權資產評估指導意見》(2010)
7.《商標資產評估指導意見》(2011)
8.《實物期權評估指導意見(試行)》(2011)
9.《文化企業無形資產評估指導意見》(2016)

第十節　註冊資產評估師職業道德規範

一、註冊資產評估師職業道德的基本概念

註冊資產評估師職業道德是指註冊資產評估師從事資產評估工作應當遵守的執業品德、執業紀律、專業勝任能力等的職業行為規範。

職業道德是指在一定職業活動中應遵循的、體現一定職業特徵的、調整一定職業關係的職業行為準則和規範。職業道德既是從業人員在進行職業活動時應遵循的行為規範,

同時又是從業人員對社會所應承擔的道德責任和義務。不同職業的人員,在特定的職業活動中形成了特殊的職業關係、職業利益、職業活動範圍和方式,由此形成了不同職業人員的道德規範。

註冊資產評估師是經過國家統一考試或認定,取得執業資格並依法註冊的資產評估專業人員。註冊資產評估師為社會提供資產評估仲介服務,因此,註冊資產評估師行業必須建立一套特有的職業道德規範體系,以規範註冊資產評估師的執業行為,從而取信於社會。註冊資產評估師必須遵循職業道德規範,這是註冊資產評估師立足於社會、取信於社會的根本前提。

二、註冊資產評估師職業道德規範的基本內容

1999年中國資產評估師協會發布了《中國註冊資產評估師職業道德規範》,財政部又於2004年2月25日發布了《資產評估職業道德準則——基本準則》。《資產評估職業道德準則——基本準則》的內容包括:基本要求、專業勝任能力、與委託方和相關當事方的關係、與其他註冊資產評估師的關係等。這兩個文件的發布,標誌著中國註冊資產評估師職業道德體系的初步建立。隨著社會的不斷進步和發展,中國註冊資產評估師職業道德規範的基本內容還會不斷豐富和發展。就目前頒布的《資產評估職業道德準則——基本準則》中的內容,初步可歸納成基本職業道德規範和具體職業道德規範兩個部分。

(一)基本職業道德規範

註冊資產評估師基本職業道德規範是指註冊資產評估師應當遵循的貫穿於整個資產評估業務全過程的基本行為規範,具體包括以下內容:

1. 註冊資產評估師執行資產評估業務,應當遵守相關法律、法規和資產評估準則

法律是國家立法機關根據統治階級的意志制定的、由國家權力機關保證執行的行為規則。對註冊資產評估師來說,如果沒有遵守相關的法律法規,註冊資產評估師所從事的工作將不具有法律效力,而且註冊資產評估師還會因此承擔相應的法律責任;資產評估準則是資產評估行業的行為準繩,是執業質量的衡量標準。對註冊資產評估師來說,如果沒有遵守資產評估準則,那麼,註冊資產評估師的執業質量就會受到影響,從而影響資產評估作為仲介服務工作在社會上的信譽度。

2. 註冊資產評估師應當誠實正直,勤勉盡責,恪守獨立、客觀、公正的原則

資產評估工作是社會仲介服務工作,因此,誠實正直、勤勉盡責是註冊資產評估師的基本執業態度;獨立、客觀、公正是註冊資產評估師的基本執業要求。

獨立是指註冊資產評估師在執業過程中,應當獨立於與該項資產評估工作有關的外部組織及服務對象。獨立包括實質上的獨立和形式上的獨立。實質上的獨立是指註冊資產評估師與服務對象之間沒有利害關係;形式上的獨立是指註冊資產評估師在為委託人

提供服務時所表現的、在社會公眾或第三者面前呈現的一種獨立於委托人的形象。需要注意的是，所謂獨立，並不是指註冊資產評估師不與委托方或外部相關各方接觸。正確的理解應當是，在廣泛與委托方或外部相關各方接觸和自己深入瞭解和掌握情況的基礎上，充分聽取他們的意見，經過全面分析和思考後，獨立地對評估業務作出判斷和結論。

客觀是指註冊資產評估師在執業過程中，應當以客觀事實為依據，盡可能地排除人為的主觀因素，真實地反應、分析、判斷和處理資產評估業務。客觀性原則在資產評估中具體表現為以下一些方面：被評估資產應當是客觀現實存在的；被評估資產的未來收益是可以預測的，並且預測的數據是有依據的；被評估資產的產權依據是完善的；被評估資產的作價依據是充分的；等等。

公正是指註冊資產評估師在執業時應當公平正直地對待評估各方當事人，不以犧牲一方利益而使另一方受益。

3. 註冊資產評估師應當經過專門教育和培訓，具備相應的專業知識和經驗，能夠勝任所執行的評估業務

具備相應的專業知識和經驗，也就是指註冊資產評估師在執業過程中應當具備執業勝任能力，從而保證評估業務中的承攬、接受、執行和完成任務的各個環節都能順利進行。

註冊資產評估師具備執業勝任能力，包括三個方面的內容：一是從事資產評估業務的人員應當首先經過專門的教育和培訓，獲取評估方面的專業知識、專業訓練，具備對資產評估業務的分析、判斷能力，才能進入評估行業從事評估活動；二是指已進入資產評估行業從事資產評估業務的註冊資產評估師，在承攬、接受和進行資產評估業務時，只能在其專業技能和時空安排等方面能夠勝任的範圍內開展工作，對於超越其專業技能和時空安排等不能勝任的業務，應當放棄或拒絕；三是註冊資產評估師要按規定接受後續教育，不斷地充實和更新知識。

在判斷註冊資產評估師是否具備相應的執業能力時，要把握以下幾個方面：一是在承接業務時，應當向委托人介紹評估機構及註冊資產評估師的實際業務能力和專業技術服務範圍，不得隱瞞執業能力，不得承接超出執業能力範圍的評估業務；二是不具備執業能力的註冊資產評估師不得執行評估業務，更不得在資產評估報告上簽字，同時，具備評估執業能力的註冊資產評估師，也不應在未參加評估的資產評估報告書上簽字；三是在涉及同時含有註冊資產評估師能勝任和不能勝任的資產評估業務時，應該聘請相關註冊資產評估師或其他相關專業的專家和技術人員，由他們對負責該項目的資產評估師不能勝任的業務部分進行評估或提供專業判斷意見，並在此基礎上進行相關評估工作；四是對雖具備執業勝任能力，但由於時間、人力安排等原因而不能在正常所需的工作時間內完成的評估業務，也應視為不能勝任的評估業務；五是註冊資產評估師應當熟悉和遵守國家有關法律與行業管理制度，正確理解和執行資產評估操作規範，合理運用有關的技術標準進行專

業判斷。

(二)具體職業道德規範

註冊資產評估師具體職業道德規範是指註冊資產評估師應當遵循的、分別單獨體現在資產評估工作各個具體環節方面的道德規範。具體職業道德規範是對基本職業道德規範的進一步補充和延伸。具體職業道德規範大致包括以下內容：

1. 註冊資產評估師在承接業務過程中的具體職業道德規範

第一，註冊資產評估師應當在評估機構執業，不得以個人名義執業，也不得同時在兩家或兩家以上評估機構執業。

第二，註冊資產評估師不得採用詐欺、利誘、強迫等不正當手段招攬業務。

第三，註冊資產評估師不得以惡意降低服務費等不正當的手段與其他註冊資產評估師爭攬業務。

第四，註冊資產評估師應當如實聲明其具有的專業勝任能力和執業經驗，不得對其專業勝任能力和執業經驗進行誇張、虛假和誤導性宣傳。

第五，註冊資產評估師與委托方或相關當事方之間存在可能影響註冊資產評估師公正執業的利害關係時，應當予以迴避。這些利害關係包括：曾在委托單位任職且離職後未滿兩年的；持有客戶的股票、債券或與客戶有其他經濟利益關係的；與客戶的負責人或委托事項的當事人有利害關係的；其他可能直接或間接影響執業的利害關係。

2. 註冊資產評估師在評定價值過程中的具體職業道德規範

第一，註冊資產評估師執行資產評估業務，應當獨立進行分析、估算並形成專業意見，不受委托方或相關當事方的影響，不得以預先設定的價值作為評估結論。

第二，註冊資產評估師執行資產評估業務，應當合理使用評估假設，並在評估報告中披露評估假設及其對評估結論的影響。

3. 註冊資產評估師在出具報告方面的具體職業道德

第一，註冊資產評估師不得出具含有虛假、不實、有偏見或具有誤導性的分析或結論的評估報告。

第二，註冊資產評估師應當在評估報告中提供必要信息，使評估報告使用者能夠合理理解評估結論。

第三，註冊資產評估師不得簽署本人未參與項目的評估報告，也不得允許他人以本人名義簽署評估報告。

4. 註冊資產評估師在公共關係方面的具體職業道德

第一，註冊資產評估師執行資產評估業務，不得對委托方和相關當事方進行誤導和詐欺。

第二，註冊資產評估師應當履行業務約定書中規定的義務，竭誠為委托方服務。

第三，註冊資產評估師應當遵守保密原則，除法律、法規另有規定外，未經委托方書面許可，不得對外提供執業過程中獲知的商業秘密和業務資料。

第四，註冊資產評估師不得向委托方或相關當事方索取約定服務費之外的不正當利益。

第五，註冊資產評估師應當與委托方進行必要溝通，提示評估報告使用者合理理解並恰當使用評估報告，並聲明不承擔相關當事人決策的責任。

第六，註冊資產評估師在執行資產評估業務過程中，應當與其他註冊資產評估師保持良好的工作關係。

第七，註冊資產評估師不得貶損或詆毀其他註冊資產評估師。

2012年12月28日中國資產評估協會發布了《資產評估職業道德準則——獨立性》。這是繼財政部於2004年2月25日頒布《資產評估職業道德準則——基本準則》以後，中國資產評估協會發布的第一個職業道德具體準則。

《資產評估職業道德準則——獨立性》所稱獨立性，是指評估機構和註冊資產評估師在執業過程中不受利害關係影響、不受外界干擾的執業原則。評估機構和註冊資產評估師執行資產評估業務應當遵守該準則。

第二章

資產評估的基本方法

　　資產評估方法是實施資產評估工作的技術手段。資產評估是對資產價值的評定估算,這項工作既有客觀性,即要考慮資產客觀存在的現時狀況,又有主觀性,即評估人員對評估對象的現狀及其獲利能力的分析判斷。這種客觀性與主觀性的結合,要求資產評估具有一套與其他工作或學科不同的特定方法。在多年的資產評估實踐中,形成了資產評估的三種基本方法,即市場法、成本法、收益法。在運用基本方法時,可能會根據不同情況和每種基本方法的基本原理,加以適當變通,從而派生出多種多樣的具體的評估方法。

第一節　市場法

一、市場的基本含義

　　市場的一般含義是指商品買賣的場所。在這個場所中,商品和服務進行交易。

　　市場按地域性劃分,可以分為地方市場、國內市場和國際市場。這種劃分又進一步說明市場的成立是有條件的。資產評估中所指的市場,通常是指地方市場,也就是被評估對象所在地區的市場。比如,一項資產,在其出產地或所在地的價格,與其在國際交易市場上的價格,可能相差比較大。理解市場的基本含義,對於理解資產評估的市場法具有重要的意義。

二、市場法的基本含義

市場法是指在市場上選擇若干與被評估資產相同或類似的資產作為參照物,將被評估資產與參照物進行比較,根據其差異對參照物的市場交易價格進行調整,據以估算被評估資產價值的一種資產評估方法。

市場法的基本思路是:一項資產是否具有價值或具有多少價值,需要通過市場來檢驗。因此,市場上與被評估資產相同或類似資產的交易價格,可以作為估算被評估資產價值的參照物。如果存在對價值影響的因素,則需要對選擇的參照物的交易價格進行調整,並據以確定被評估資產的價值。

三、市場法運用的前提

運用市場法進行資產評估,需要具備一定的前提條件。

(一)市場上存在參照物

參照物是指與被評估資產相同或類似的資產。相同或類似是指在使用功能、成交地域、成交時間等方面相同或相似(註:在成新度上可以不要求一致)。市場上存在與被評估資產相同或類似的資產,是運用市場法的最基本的前提。

(二)參照物的交易是在公開市場條件下進行的

公開市場意味著交易雙方是在平等的條件下進行交易的,交易價格具有合理性,能夠作為估算被評估資產價值的依據。交易價格是指在公開市場上參照物的成交價或標價。成交價是市場上與評估基準日最為接近的時間的參照物的已經實現的價格。這個價格是最合理的參照物價格。標價是指在公開市場上標出的參照物的售價,或者可以說是商品的出售方或勞務的提供方單方面劃定的價格,這個價格並未得到商品或勞務的受讓方的認同。由於這個售價不是成交價,因此,不能說明是市場的實際交易價格。

在收集交易價格時,最好收集成交價,如果沒有成交價,可以收集標價,但要慎重,並進行綜合分析。

(三)價格影響因素明確,並且可以量化

這裡的價格是指參照物的價格。價格影響因素包括功能差異、時間差異和地域差異等。功能差異是指參照物與被評估資產在性能、用途、外觀等方面存在的差異。時間差異是指參照物的成交時間與評估基準日之間的時間間隔差異。由於評估價值是被評估資產在評估基準日的時點價值,因此,參照物的成交時間應盡量與評估基準日相同或接近。如果時間相差過長,在這段時間差異內,物價、匯率、利率等因素都可能發生變動,從而對物價帶來影響,因此,需要對由時間差異所帶來的影響進行調整。地域差異是指參照物的成交價與被評估資產所處地域之間的差異。就動產而言,如果參照物的成交地在異地,則會

與被評估資產存在運輸費、途中保險費及其他費用等之間的差異；就不動產而言，不同地域或地段的資產的價格是大不相同的，因此，就更需要對參照物價格進行地域差異的調整。

四、市場法應用的基本程序
(一)選擇參照物
選擇參照物要注意以下幾點：
1. 具有可比性
可比性是指被選擇的參照物與被評估資產在功能、市場條件、成交地域與時間等方面可以相互比照。
2. 數量方面的要求
參照物應選擇三個以上，這是因為參照物的交易價格受多種因素的影響。為了避免評估人員受到偶然因素的影響，在選擇參照物時，應盡可能選擇多個參照物，並對多個交易價格進行分析，從中確定一個較為理想的參照物及其所代表的價格。
(二)差異調整
一般來講，要在市場上找到與被評估資產在成交時間、成交地域、功能、使用條件等方面都完全相同的參照物，是十分困難的，因此，參照物與被評估資產通常存在差異(包括功能差異、時間差異和地域差異等)。運用市場法時，需要對這些差異進行分析，加以量化，確定一個差異調整係數。
(三)確定評估價值
根據選定的參照物的價格和已經計算出的差異調整係數，確定被評估資產的價值。

五、市場法應用的具體模式
市場法是資產評估的一種基本方法。在這種基本方法的基礎上，針對不同的評估對象，還需要運用不同的具體評估方法。這些具體的評估方法就是本書所稱的具體模式。
(一)直接比較法
直接比較法是指在參照物與被評估資產在功能、外觀、用途、使用條件以及成交時間與評估基準日的時間(以下簡稱時間條件)等方面相同的情況下所採用的一種評估方法。
這種方法通常適用於動產(如機器設備、存貨等)，而一般不適用於不動產(如房地產、構築物等)。因為不動產具有不可移動性，因此，不會存在兩個條件完全相同的不動產。
直接比較法可以運用於兩種情況：
1. 被評估的舊資產與市場上的舊資產(參照物)完全相同
被評估的舊資產是指評估對象。之所以被稱為舊資產，是因為無論被評估資產是否

被投入使用,都會發生一定損耗(有形的或無形的),因此,從這個意義上講,不存在全新的被評估資產;所謂完全相同,是指被評估資產與參照物不僅在功能、外觀、用途、使用條件、時間條件等方面相同,同時,在成新度上也完全相同。當被評估的舊資產與市場上的舊資產(即參照物)完全相同時,參照物的價格可以直接作為被評估資產的價值,而不需要作任何調整。

例如,被評估資產為一輛 A 型汽車,成新率為 70%。現選擇一 A 型汽車參照物,成新率也為 70%,則參照物的成交價格(假如以 10 萬元計)可以直接作為被評估的 A 型汽車的評估值。

這種情況下的評估計算公式為:

被評估資產評估價值＝參照物交易價格

2. 被評估的舊資產與市場上的全新資產(參照物)完全相同

這種情況與上一種情況的區別僅在於參照物為全新資產。在這種情況下,只需要進行成新率調整即可。

這種情況下的評估計算公式為:

被評估資產評估價值＝參照物交易價格×被評估資產成新率

例如,被評估資產為一輛 A 型汽車,成新率為 70%。現選擇一 A 型汽車參照物,交易價格為 15 萬元,成新率為 100%。則:

被評估資產評估價值＝參照物交易價格 × 被評估資產成新率 ＝ 15 × 70% ＝ 10.5(萬元)

(交易稅、費等視評估目的另行考慮)

(二)類比調整法

類比調整法是指在參照物與被評估資產在功能、外觀、用途、使用條件、時間條件等方面類似的情況下所採用的一種評估方法。這種評估方法適用於所有資產(包括動產與不動產)的評估,因為不論是動產還是不動產,都可以在市場上找到類似的參照物。

類比調整法可以運用於兩種情況:

1. 被評估的舊資產與市場上的舊資產(參照物)類似

此處所謂類似,是指被評估資產與參照物不僅在功能、外觀、用途、使用條件、時間條件等方面類似,而且成新度也類似。在這種情況下,進行以下幾個步驟:

(1)取得參照物的交易價格;

(2)將被評估資產與參照物在功能、外觀、用途、使用條件、時間條件等方面進行對比,取得綜合調整系數;

(3)根據被評估資產與參照物各自的成新度,計算出成新度調整系數;

(4)根據參照物的交易價格、綜合調整系數以及成新度調整系數,估算被評估資產的

價值。

這種情況下的評估計算公式為：

被評估資產評估價值＝參照物交易價格×（1±綜合調整系數）×（1±成新度調整系數）

例如，被評估資產為一輛 A 型汽車，成新度為 70%。現選擇類似的全新 B 型汽車作為參照物，交易價格為 30 萬元。經分析，B 型汽車在功能、外觀、用途和使用條件等方面優於 A 型汽車，因此，綜合調整系數取 10%，B 型汽車成新度比 A 型汽車略高 5%。則：

A 型汽車評估值＝B 型汽車交易價格×（1－綜合調整系數）×（1－成新度調整系數）＝30×（1－10%）×（1－5%）＝25.65（萬元）

（註：交易稅、費等因素視評估目的另行考慮）

2. 被評估的舊資產與市場上的全新資產（參照物）類似

這種情況與上一種情況的區別僅在於參照物為全新資產。

這種情況下的評估計算公式為：

被評估資產評估價值＝參照物交易價格×（1±綜合調整系數）×被評估資產成新率

例如，被評估資產為一輛 A 型汽車，成新率為 70%。現選擇類似的全新 B 型汽車作為參照物，交易價格為 30 萬元。經分析，B 型汽車在功能、外觀、用途和使用條件等方面優於 A 型汽車。經測算，綜合調整系數為 10%，則：

A 型汽車評估值＝B 型汽車交易價格×（1－綜合調整系數）×被評估資產成新率＝30×（1－10%）×70%＝18.9（萬元）

（註：交易稅、費等因素視評估目的另行考慮）

六、對市場法適用範圍的評價

市場法的優點是直觀、簡單、合理。採用市場法評估的數據直接從市場獲取，以市場交易價格作為估算評估對象價值的基礎，使評估價值具有客觀性和公允性，評估結果易於被評估當事各方理解和接受。因此，在評估實踐中，凡是能運用市場法評估的，都盡量運用市場法。

但市場法的運用範圍也受到一定限制。市場法不適用於以下幾種情況：

1. 找不到或難以找到可比參照物的資產

如某些構築物、自製設備、某些專門定制的設備和絕大部分無形資產等，這些資產在市場上找不到或很難找到可比參照物。

2. 沒有市價的資產

如某些在產品、構築物、自製設備、管網等。對這些資產，就不能採用市場法評估，而要採用其他評估方法加以評估。

第二節　成本法

一、成本概述

(一)成本的基本含義

成本這個概念,在不同的學科或不同學科的不同分支中,有著不同的理解。

(1)在經濟學中,成本是指商品價值中已經耗費的需要在產品銷售收入中獲得補償的那部分價值,即已經消耗的生產資料的轉移價值和活勞動價值。經濟學中強調的成本是指產品的成本。

(2)在會計學中,成本則是指企業為了取得某項資產所遭受的價值犧牲。會計學中的成本可能是以犧牲另一項資產而產生(如以現金購買機器設備),也可能因產生某項負債而導致將來的價值犧牲而產生(如以賒購方式購入機器設備)。無論哪種情況,會計學中的成本概念都是一個資產價值的概念。

(3)在成本會計中,成本是指對企業生產經營過程中各種經濟資源價值犧牲進行對象化計算的數額。成本會計中強調的成本是產品的成本,尤其是產品的單位成本。

資產評估中的成本概念與會計學中的成本概念相似,強調的是資產的價值,而不是強調產品的成本。

(二)成本的類型

成本可以按不同的標準劃分成若干類型,但與資產評估有關的成本主要有兩種:歷史成本和重置成本。

1. 歷史成本

歷史成本是指過去發生的成本,它又分成兩種類型:

(1)原始成本

原始成本是指資產取得時實際所發生的成本,這部分資料可以從會計核算資料中取得。

(2)國家統一清產核資時的評估成本

由於物價變動等原因,為了真實地反應企業資產的價值,國家會根據情況,統一組織全國性的清產核資工作,規定企業對某些資產(主要是固定資產和土地使用權等)的帳面價值按一定的比例進行調整。這是對資產的一種特殊的價值評估,故本書稱為評估成本。評估成本的特點是在原始成本基礎上經過調整的成本。

這樣,在企業的帳面資料中,有的資產的價值表現為原始成本,有的資產的價值表現

為評估成本。在評估基準日,由於這些成本都已經在會計帳簿上有了反應,都是過去發生的成本,因此,被統稱為歷史成本。

2. 重置成本

重置成本是指重新購置或建造同樣功能的資產所要花費的全部支出。

與歷史成本不同的是,重置成本不是已經發生的成本,而是未來可能發生的成本。因此,重置成本與會計核算沒有多大關係,但在資產評估中這個概念卻非常重要。

二、成本法的基本含義

成本法是指通過估算被評估資產的重置成本,並扣減其各項貶值,從而確定被評估資產價值的一種資產評估方法。

如前所述,從會計學的角度來看,成本是經濟實體為了取得某項資產所遭受的價值犧牲。從時間上看,這種價值犧牲有兩種情況:一種是已經發生的價值犧牲,這被稱為原始成本;另一種是未來可能發生的價值犧牲,被稱為重置成本。從市場的角度看,資產的買方所願支付的價格,不會超過重新購置或建造該項資產所耗費的現行成本,也就是重置成本。如果是全新資產,重置成本便成了確定資產評估價值的參考數據之一。如果不是全新資產,那麼,還需要從重置成本中扣除各種貶值因素。這就是成本法的基本思路。該評估思路可以通過以下兩個計算式加以概括:

第一個計算式:

資產評估價值 = 重置成本 - 實體性貶值 - 功能性貶值 - 經濟性貶值

該計算式有以下幾個特點:

第一,計算式的表達方式與成本法定義的表達方式基本一致;

第二,公式中的各個因素都以金額反應,即只有絕對數,沒有相對數;

第三,計算式是成本法評估思路的基本表達。

在評估實踐中,要對每項資產都採用這樣的表達式進行評估是比較困難的,因為每個因素都要以金額來反應,而這在現實中是很難做到的,所以,本書將這個公式稱為理論公式。

第二個計算式:

資產評估價值 = 重置成本 × 成新率

該計算式有以下幾個特點:

第一,被評估資產的各種貶值因素是通過成新率(即相對數)來反應的;

第二,以成新率這樣的相對數來估測資產的價值,在評估實踐中比較方便,具有可操作性,也容易理解。

在評估實踐中,第二個計算式由於操作性較強而被大量採用,因而,本書將這個公式

稱為操作公式。

三、成本法的應用前提
(一)被評估資產能夠繼續使用
被評估資產能夠繼續使用,說明能為其所有者或控製者帶來預期收益,這樣,用資產的重置成本作為估算被評估資產的價值,才具有意義,也易為他人理解和接受。
(二)某些情況下需要借助於歷史成本資料
由於成本法主要是採用重置成本來估算資產的價值,因此,一般來講,成本法與歷史成本無關。但在某些情況下,如採用物價指數法評估資產價值時,則需要借助於歷史成本資料。

四、成本法應用的基本程序
(1)收集與被評估資產有關的重置成本資料和歷史成本資料;
(2)確定被評估資產的重置成本;
(3)估算被評估資產的各種貶值;
(4)確定被評估資產的成新率;
(5)確定被評估資產的價值。

五、成本法中各項指標的估算
如前所述,運用成本法評估資產時,可以運用兩個計算式來估算資產的價值。在這兩個計算式中,涉及重置成本、實體性貶值、功能性貶值、經濟性貶值、成新率等指標。下面就這五個指標的估算加以簡要說明:
(一)重置成本的估算
重置成本的一般含義是指在現行市場條件下重新購置和建造與被評估資產相同的資產所需支付的全部貨幣總額。
1. 重置成本的類型
重置成本可以分為復原重置成本和更新重置成本兩類。
(1)復原重置成本
復原重置成本是指運用與被評估資產相同的材料、技術標準等在現行市場條件下重新購建該項全新資產所需發生的支出。
(2)更新重置成本
更新重置成本是指在採用新型材料、現行技術標準和現行市場價格的條件下,重新購建具有與被評估資產相同功能的資產所需發生的支出。

隨著科學技術的不斷進步、社會勞動生產率的不斷提高,與購建資產相關的材料及技術標準等也會不斷更新,因此,選擇重置成本時,雖然可以任意選擇復原重置成本和更新重置成本,但事實上,選擇更新重置成本更具有現實意義。

2. 重置成本的估算方法

根據評估對象的特點以及資料收集情況,重置成本有不同的估算方法。

(1) 重置核算法

重置核算法又稱為細節分析法,它是利用成本核算的原理,根據重新購建資產所應發生的成本項目逐項計算並加以匯總,從而估算出資產的重置成本的一種評估方法。

重置核算法一般適用於對建築物、大中型機器設備等的評估,因為建築物的特點是市場上參照物較少,大中型機器設備的特點是有較多的附屬及配套設施,這些因素都導致不便於採用市場法評估,而採用成本法對這些資產進行評估較為適宜。

如果資產是採用購買方式重置,則其重置成本包括買價、運雜費、安裝調試費以及其他必要的費用等。將這些因素按現行市價測算,便可估算出資產的重置成本。

如果資產是採用自行建造方式重置,則其重置成本包括重新建造資產所應消耗的料、工、費等的全部支出。將這些支出逐項加總,便可估算出資產的重置成本。

例如,對建築物評估時,要根據建築物的前期費用以及基礎、結構、材料、安裝、裝修等情況,分成若干類型,分別進行價值測算;對機器設備進行評估時,含有附屬及配套設施的,則對機器設備本身採用購買方式重置成本的估算方法,而對附屬及配套設施則採用自行建造方式重置成本的估算方法,兩項加總,構成機器設備的重置成本。

採用重置核算法時需要注意兩點:

一是在自建方式下資產的重置成本中,還應包括建造方的合理收益,這是因為資產的評估價值是資產的市場交易價格的反應,正常情況下,交易價格應含有建造者的合理收益;

二是重置核算的關鍵是劃分細節,即將被評估資產按成本歸集的原理劃分出若干成本項目,按現行市場條件對每個成本項目的金額進行估算。

[例2-1] 一臺含有附屬及配套設施的機器設備,現行市場價格為100萬元,運雜費5萬元,安裝調試費20萬元,附屬及配套設施估算成本為:設計費2萬元,材料費6萬元,人工費4萬元,其他雜費1萬元。該機器設備的重置成本為:

重置成本 = 100 + 5 + 20 + 2 + 6 + 4 + 1 = 138(萬元)

(2) 物價指數法

物價指數是反應各個時期商品價格水準變動情況的指數。根據物價指數估算資產重置成本的具體評估方法稱為物價指數法。物價指數法的一般計算式為:

重置成本 = 被評估資產的帳面原值 × 適用的物價變動指數

物價變動指數包括定基物價指數和環比物價指數。

①定基物價指數下的物價指數法計算公式

定基物價指數是以某一年份的物價為基數確定的物價指數。

被評估資產重置成本 = 被評估資產帳面原值 × (評估基準日的物價指數/資產購建時的物價指數)

[例 2 - 2] 機器設備一臺,購置於 2015 年,帳面原值 10 萬元。該類資產適用的物價指數:2015 年為 100% ,評估基準日為 150% ,則:

$$被評估資產重置成本 = 10 \times \frac{150\%}{100\%} = 15(萬元)$$

②環比物價指數下的物價指數法計算公式

環比物價指數是指逐年與前一年相比的物價指數。

被評估資產重置成本 = 被評估資產帳面原值 × 環比物價變動指數

式中:

環比物價變動指數 = $(1 + a_1) \times (1 + a_2) \times (1 + a_3) \cdots (1 + a_n) \times 100\%$

式中:

a_n——第 n 年環比物價指數

$n = 1,2,3,\cdots$

[例 2 - 3] 機器設備一臺,帳面原值 100,000 元,購置於 2010 年,2016 年進行評估。該資產適用的環比物價指數分別為:2011 年 2.9% ,2012 年 3.1% ,2013 年 4.3% ,2014 年 3.7% ,2015 年 5.8% ,2016 年 4.7%。則:

被評估資產重置成本 = 100,000 × (1 + 2.9%) × (1 + 3.1%) × (1 + 4.3%) × (1 + 3.7%) × (1 + 5.8%) × (1 + 4.7%) = 127,107(元)

運用物價指數法時要注意以下問題:

①物價指數範圍的選用

物價指數可以劃分為綜合的、分類的和個別的物價指數。評估時,選用的物價指數所涉及的範圍應盡可能小,即與被評估資產相關的分類物價指數或個別物價指數盡可能接近。

②物價指數時點的確定

購建時的物價指數是指購建當年的物價指數。評估基準日的物價指數應盡可能選擇靠近評估基準日的物價指數。

③物價指數法的適用範圍

物價指數法僅適用於數量多、價值低的大宗資產(如機器設備等)的評估,而且還是在其他評估方法(如市場法)難以採用的情況下使用。

物價指數法下資產的重置成本是以帳面原值為基礎計算的,因此,確定的是資產的復原重置成本。

(3)功能成本法

功能成本法是指尋找一個與被評估資產相同或類似的參照物,根據功能與成本之間的關係,推算被評估資產重置成本的一種具體評估方法。

這種評估方法假定資產的功能表現為生產能力。資產的生產能力與購建成本存在一種比例關係,即資產具有的功能越大,其購建成本也越大。確定重置成本的目的並不一定是重置外觀相同或類似的資產的成本,而是要重置功能相同的或相似的資產的成本,因此,其基本思路不是重置資產,而是重置功能。

功能成本法的運用分兩種情況:

①假設資產的功能與成本成線性關係

在這種情況下其計算公式為:

$$被評估資產重置成本 = 參照物重置成本 \times \frac{被評估資產年產量}{參照物年產量}$$

[例2-4]某被評估生產設備的年產量為8,000件。現查知,市場上全新參照物的價格為120,000元,年產量為10,000件。由此可確定被評估資產的重置成本為:

$$被評估資產重置成本 = 120,000 \times \frac{8,000}{10,000} = 96,000(元)$$

②假設資產的功能與成本成非線性關係

在這種情況下其計算公式為:

$$被評估資產重置成本 = 參照物重置成本 \times (\frac{被評估資產年產量}{參照物年產量})^x$$

上式中 x 通常被稱為規模經濟效益指數,在資產的功能與成本成非線性關係的條件下,通過這個指數來調整資產的功能與成本之間的關係。因此,當資產的功能與成本成非線性關係時,功能成本法又被稱為規模經濟效益指數法。x 是一個經驗數據,視不同行業或情況,一般可在 0.4~1 範圍內取值。

功能成本法是一種較為粗略的評估方法,對單項資產評估時要慎用。在進行整體資產評估時,可採用這種方法進行初步評估。但如要獲取比較準確的評估數值,最好還是與其他評估方法配合使用為好。

(二)實體性貶值的估算

1. 實體性貶值的基本概念

實體性貶值又稱為有形損耗,是指資產使用磨損或受自然力影響而導致的價值損失。

實體性貶值可以用絕對數即實體性貶值額和相對數即實體性貶值率等兩種方式加以表示。

2. 實體性貶值的估算方法

實體性貶值的估算方法很多，下面介紹常用的兩種：

(1) 觀察法

觀察法是指由評估人員現場察看資產，按照有關規定或標準，結合經驗判斷，從而確定被評估資產實體性貶值的一種具體評估方法。

觀察法是資產評估的一種十分重要的方法，它要求評估人員必須對被評估資產進行現場勘查。但觀察法又存在不足，那就是現場察看資產的實體性貶值只是評估人員的一種主觀的、經驗的判斷，而資產的貶損程度有時需要通過技術鑒定手段來確定，但在評估現實中，又不可能廣泛使用技術鑒定手段。鑒於此，觀察法最好與其他評估方法（如使用年限法）結合使用。

(2) 使用年限法

使用年限法是指通過確定被評估資產的已使用年限與總使用年限來估算其實體性貶值程度的一種具體評估方法。其計算公式為：

$$實體性貶值額 = 重置成本 \times \frac{已使用年限}{總使用年限}$$

式中：

① 已使用年限

已使用年限又分為名義已使用年限和實際已使用年限。名義已使用年限是指從被評估資產投入使用之日起到評估基準日所經歷的年限；實際已使用年限是考慮了資產利用率後的使用年限。

以機器設備為例。一天運轉 8 小時和一天運轉 16 小時的機器設備的利用率是不同的，因此，在確定實際已使用年限時，要考慮資產利用率。資產利用率的計算公式為：

資產利用率 = 截至評估基準日資產累計實際利用時間 ÷ 截至評估基準日資產累計標準工作時間

實際已使用年限 = 名義已使用年限 × 資產利用率

[例 2-5] 某項資產於 2011 年 12 月 31 日投入使用，評估基準日為 2016 年 12 月 31 日。按照該項資產的技術指標規定，該項資產每天正常工作時間為 8 小時。但據瞭解，該項資產實際每天工作時間為 12 小時。試計算其實際已使用年限（每年按 360 天計算）。

$$實際已使用年限 = 5 \text{ 年} \times \frac{360 \text{ 天} \times 12 \text{ 小時}}{360 \text{ 天} \times 8 \text{ 小時}} = 7.5 \text{ 年}$$

②總使用年限

總使用年限是指已使用年限與尚可使用年限之和。其計算公式為：

總使用年限＝已使用年限＋尚可使用年限

③尚可使用年限

資產的尚可使用年限有兩種含義：一種是僅根據資產的有形損耗因素預計的尚可使用年限；另一種是綜合考慮了資產的有形損耗和無形損耗以及其他因素後預計的尚可使用年限。評估實踐中，通常採用後一種方式。

(三)功能性貶值的估算

1. 功能性貶值的基本概念

功能性貶值是指由於新型資產的出現以致原有資產的功能相對過時而產生的價值損失。它是由技術進步引起的原有資產的價值損耗，是一種無形損耗。在科學技術不斷發展的今天，資產的功能性貶值日顯突出。

2. 功能性貶值的估算方法

功能性貶值可以用功能性貶值額和功能性貶值率兩種方式加以表示。

(1)功能性貶值額的估算

資產的功能性貶值額可以通過測算超額營運成本和超額投資成本等來加以測算。

①超額營運成本

超額營運成本是指新型資產的營運成本低於原有資產的營運成本之間的差額。

資產的營運成本包括人工耗費、物料耗費、能源耗費等。新型資產的投入使用，將使各種耗費降低，從而導致原有資產的相對價值貶值。這種貶值實際上是原有資產的營運成本超過新型資產的營運成本的差額部分，這個差額被稱為超額營運成本。

被評估資產由於超額營運成本而形成的貶值額的計算公式為：

被評估資產功能性貶值額 ＝ $\sum$ 被評估資產超額營運成本 × 折現系數

[例2-6]某企業擁有一種A型機器設備，原有設備需配備工人10人，新型設備只需配備工人7名。已知工人每人每月工資為1,000元，新型設備年物耗降低額5,000元，年能耗降低額3,000元，設備尚可使用年限為8年。功能性貶值額計算結果如表2-1所示。

表 2-1　　　　　　　　　　功能性貶值額計算表

項目	新型設備	原有設備
每月工資成本	1,000 元 × 7 人 = 7,000 元	1,000 元 × 10 人 = 10,000 元
每月工資成本差異		10,000 元 - 7,000 元 = 3,000 元
年工資超支額		3,000 元 × 12 = 36,000 元
年物耗降低額		5,000 元
年能耗降低額		3,000 元
貶值額小計		44,000 元
減:所得稅(25%)		11,000 元
稅後貶值額		33,000 元
設備尚可使用年限		8 年
年金折現系數(折現率5%)		6.4632
功能性貶值額		213,286 元

表 2-1 中有關項目的說明:

第一,功能性貶值額。

使用新設備後減少的工人工資、物耗和能耗等,都被視為舊設備的功能性貶值額。

第二,稅後貶值額。

使用新設備後減少了營運成本,會導致利潤總額增加,從而多交所得稅,這是使用新設備的一項支出,反過來思考,這也是使用舊設備可以節約的金額。因此,需要在舊設備的營運成本中扣除,扣除該項支出後的餘額為稅後貶值額。

②超額投資成本

超額投資成本是指由於技術進步和採用新型材料等原因,具有同等功能的新資產的製造成本低於原有資產的製造成本而形成的原有資產的價值貶值額。

由此可見,超額投資成本實質上是復原重置成本(舊資產的製造成本)與更新重置成本(新資產的製造成本)之間的差額。

(2) 功能性貶值率的計算

$$功能性貶值率 = \frac{功能性貶值額}{重置成本}$$

(四)經濟性貶值的估算

1. 經濟性貶值的基本概念

經濟性貶值是指由於客觀環境變化的影響而產生的資產的貶值。客觀環境的變化較多,例如,宏觀政策及市場的變化、新的法律法規的出抬以及其他社會經濟因素等。這些

因素的變化，都可能造成產品銷售困難、資產利用率下降、資產閒置、資產的營運收益減少等，從而導致資產的貶值。

例如，由於城市的交通管制的改變以致某些商場所在區域的繁華程度降低；由於環保或人們消費觀念的變化以致生產某些產品的機器設備或生產線的利用率下降甚至閒置等。

2. 經濟性貶值的估算方法

評估人員首先要判斷分析被評估資產是否存在經濟性貶值，如認為確實存在經濟性貶值，則可以估算被評估資產的經濟性貶值。經濟性貶值可以用相對數即經濟性貶值率和絕對數即經濟性貶值額兩種方式加以表示。

（1）經濟性貶值率

$$經濟性貶值率 = [1 - (\frac{資產在評估時點的生產能力}{資產的設計生產能力})^x] \times 100\%$$

式中：x 為生產規模效益指數。當存在經濟性貶值時，其指數應小於 1，具體取值應視情況而定。

（2）經濟性貶值額

經濟性貶值額可以通過以下兩個公式加以計算：

經濟性貶值額 = 重置成本 × 經濟性貶值率

註：這個公式是在估算重置成本時未反應經濟性貶值的情況下使用。如確定重置成本時已經考慮了經濟性貶值，則這個公式就不再適用。

或：

$$經濟性貶值額 = \sum 被評估資產年收益損失額 \times (1 - 所得稅率) \times 折現系數$$

在評估實踐中，要比較準確地直接計算出資產的經濟性貶值額，通常比較困難，因此，通過估算經濟性貶值率來確定經濟性貶值額較為可行。

［例 2-7］某企業一條被評估生產線，設計年生產能力為 100,000 件 A 產品。因市場需求變化，評估基準日的年產量為 70,000 件 A 產品。生產規模效益指數取 0.6。試計算該生產線的經濟性貶值率。

$$經濟性貶值率 = [1 - (\frac{70,000}{100,000})^{0.6}] \times 100\% = 19\%$$

［例 2-8］承上例。設該生產線尚可使用 5 年，每年的產量分別為 88,000 件、86,000 件、84,000 件、82,000 件、80,000 件。產品的單位稅前利潤分別為 100 元、95 元、90 元、85 元、80 元，所得稅率為 25%，折現率為 5%。

試計算該資產的經濟性貶值額。

計算結果見表 2-2。

表2-2　　　　　　各年產量、利潤變化、折現系數及貶值額表

年份	各年減少的產量(件)	各年減少的稅前利潤(元)	各年減少的稅後利潤(元)	折現系數	各年貶值額(元)
1	12,000	1,200,000	900,000	0.9524	857,160
2	14,000	1,330,000	997,500	0.9070	904,733
3	16,000	1,440,000	1,080,000	0.8638	932,904
4	18,000	1,530,000	1,147,500	0.8227	944,048
5	20,000	1,600,000	1,200,000	0.7835	940,200
合計		7,100,000	5,325,000		4,579,045

(五)成新率的估算

1. 成新率的基本概念

成新率是反應評估對象的現行價值與其全新狀態下重置成本之間的關係的比率。它是綜合考慮了資產的有形損耗和無形損耗以後的比率。其計算公式為：

$$成新率 = \frac{資產的現行價值}{重置成本}$$

或：

$$成新率 = 1 - 實體性貶值率 - 功能性貶值率 - 經濟性貶值率$$

2. 成新率的估算方法

成新率的估算方法有以下幾種：

(1)觀察法

觀察法是指由評估人員對被評估資產進行現場察看，按照有關規定或標準，綜合考慮各種貶值因素，從而判定被評估資產成新率的一種評估方法。

在分析估算中，要充分注意資產的設計、製造、實際使用、維修、大修理改造等情況，以及設計使用年限、物理壽命、現有性能、運行狀態和技術進步等因素。

鑒於觀察法具有一定的主觀性，因此，觀察法最好與其他評估方法結合使用。

(2)使用年限法

使用年限法是根據資產與使用年限有關的指標來確定成新率的一種評估方法，其計算公式為：

$$成新率 = \frac{預計尚可使用年限}{預計尚可使用年限 + 已使用年限}$$

公式中預計尚可使用年限是綜合考慮了資產的有形損耗和無形損耗後預計的資產可繼續使用年限，具體來說，就是要根據資產的性質、使用情況、維護保養情況、功能性貶值、

經濟性貶值、有關資產使用方面的法律法規或類似的限制等因素加以綜合確定。

(3)修復費用法

修復費用法是指通過估算將資產恢復到原有功能所需的修復費用來確定成新率的一種具體評估方法。其計算公式為：

$$成新率 = \left[1 - \frac{修復費用}{重置成本}\right] \times 100\%$$

修復費用法通常適用於某些預計使用年限難以估測的資產，如水庫、大壩等。

六、對成本法適用範圍的評價

成本法是在某項資產既不能採用市場法又不能採用收益法的情況下而採用的一種評估方法。從這個意義上看，成本法實際上是彌補了市場法和收益法的不足。

成本法的不足之處在於不能充分考慮被評估資產的未來獲利能力。

第三節　收益法

一、收益的基本概念

收益的基本含義是一定期間內收入超過費用的部分。但是在理解資產評估中的收益含義時，要注意以下幾點：

第一，從資產種類上去認識。

如果將企業整體視作一項資產，則收益可以是企業的淨利潤或企業的淨現金流量。如果是單項資產(如一幢建築)，則收益表現為該項資產單獨帶來的淨利潤。

第二，從時間上去認識。

資產評估中的收益是指資產的未來預期收益，而不是歷史收益。所謂未來，既可以是有限期的，也可以是無限期的。

第三，從主、客觀去認識。

資產評估中的收益指的是資產的客觀收益，而不是資產目前的實際收益。客觀收益是指排除了實際收益中的某些特殊的、偶然的因素後所能取得的正常收益。實際收益則是在目前各種因素條件下實際取得的收益，它受到一些主觀因素的影響(例如，經營者個人的能力大小、資本的多少等)，故又稱為主觀收益。

第四，從繼續使用假設去認識。

收益只有在資產繼續使用的前提下才會產生。

二、收益法的基本含義

收益法是指通過估測被評估資產未來預期收益,並折算成現值,以確定被評估資產價值的一種資產評估方法。

一般來講,資產的購買者總是假定被交易的資產能給自己帶來預期收益,並且只有當資產的成交價不會超過被成交資產所帶來的未來收益的折現值時,購買者才願意購買該項資產。因此,通過對資產未來收益進行估測,並折算成現值,據以確定資產價值,具有一定的合理性,易於被資產交易各方理解和接受。

三、收益法的應用前提

運用收益法需要具備以下前提條件:

第一,被評估資產能夠繼續使用。資產只有在繼續使用中才能帶來預期收益。

第二,資產的未來收益可以單獨測算。在正常情況下,投入使用中的資產總是會給所有者或控製者帶來收益的。但是,有的資產可以單獨產生收益,收益易於測算,如一輛營運中的客運汽車;而有的資產卻必須與其他資產結合使用才能產生收益,收益不易於測算,如一臺普通機床。因此,採用收益法時,要考慮被評估資產的未來收益是否可以單獨進行測算。

第三,資產的預期獲利年限是可以預測的。資產的預期獲利年限是指資產在使用中可以產生收益的年限。

第四,資產擁有者獲得預期收益所承擔的風險是可以預測的。所謂風險,通俗地講,就是遭受損失的可能性。許多因素都可能對資產的獲利能力產生負面影響,這種負面影響就是風險。風險的大小會直接影響到資產的預期收益。

四、收益法應用的基本程序

收益法應用的基本程序如下:

第一,收益預測。收益預測是指對被評估資產未來預期收益進行預測。未來預期收益可以是有限期的收益,也可以是無限期的收益,在預測時要做一定的假設。

第二,確定折現率或本金化率。折現率或本金化率是將未來預期收益折算成現值所採用的比率,是運用收益法時不可缺少的一個指標。在資產評估中,折現率與本金化率有相同之處,即它們本質上都是一種預期投資報酬率;也有不同之處,折現率通常適用於有限期,即指將未來有限期預期收益折算成現值的比率。本金化率通常適用於無限期,即指將未來無限期預期收益折算成現值的比率。

第三,將被評估資產的未來收益通過折現率或本金化率折算成現值,該現值即為被評

估資產的評估價值。

第四,確定評估結論,並對評估結論加以分析說明。

五、收益法應用的基本形式

運用收益法時,確定收益額十分重要,而收益額又與未來期限相關。在實際中,收益額與未來期限存在以下四種情況:

(1)每年收益相同,未來年期無限;
(2)每年收益相同,未來年期有限;
(3)每年收益不同,未來年期無限;
(4)每年收益不同,未來年期有限。

需要說明的是,任何一項資產或一個企業,都不可能無限期地使用或經營。但是在探討收益法的應用的基本形式時,只能先做一些假設,形成一些基本公式,在運用時可根據不同情況加以變通處理。

(一)每年收益相同,未來年期無限

在這種假設情況下,基本計算公式為:

$$被評估資產評估價值 = \frac{每年收益額}{本金化率}$$

即:

$$P = \frac{A}{r}$$

其推導過程為:

假設未來每年預期收益額分別為 R_1、R_2、$\cdots$、R_n,本金化率為 r,則:

$$P = \frac{R_1}{(1+r)} + \frac{R_2}{(1+r)^2} + \cdots + \frac{R_n}{(1+r)^n}$$

當 $R_1 = R_2 = \cdots = R_n = A$ 時

$$P = A \times \left[\frac{1}{(1+r)} + \frac{1}{(1+r)^2} + \cdots + \frac{1}{(1+r)^n} \right]$$

$$= A \times \frac{(1+r)^n - 1}{r} \times (1+r)^{-n}$$

$$= A \times \left[\frac{1 - \frac{1}{(1+r)^n}}{r} \right]$$

當 $n \to \infty$ 時

$\frac{1}{(1+r)^n} \to 0$，則：

$P = \frac{A}{r}$

[例 2-9] 設某企業可以無限期持續經營，每年預期收益額為 100 萬元，確定本金化率為 10%。要求：試確定該企業持續經營下的評估值。

被評估企業評估價值 = $\frac{100}{10\%}$ = 1,000（萬元）

(二) 每年收益相同，未來年期有限

在這種假設情況下，基本計算公式為：

資產評估價值 = 每年收益額 × 年金折現系數

[例 2-10] 設某企業尚可持續經營 6 年，每年預期收益額為 10 萬元，確定折現率為 8%。要求：試確定該企業在有限期經營假設下的評估值。

企業評估價值 = 10 × 4.6229(P/A,8%,6 年) = 46.229（萬元）

(三) 每年收益不同，未來年期無限

在假設未來年期無限的情況下，測算每年不同的收益額，實際上是做不到的。因此，通常採用一種變通的方法——分段法，來對未來收益進行預測。所謂分段，是指先對未來若干有限年內的各年收益額進行預測，然後假設從該有限年期的最後一年起，以後各年的預期收益額均相同，對這兩部分收益額分別進行折現。基本計算公式為：

資產評估價值 = $\sum$ 前若干年各年收益額 × 各年折現系數 +（以後每年收益額 / 本金化率）× 前若干年最後一年折現系數

[例 2-11] 設某企業無限期持續經營，未來 5 年的收益額分別為 50 萬元、60 萬元、55 萬元、68 萬元、70 萬元。假定從第六年開始，以後每年收益額均為 70 萬元，確定的折現率為 4%，本金化率為 5%。要求：試確定該企業的評估價值。

評估步驟為：

第一，確定未來 5 年收益額現值。

未來 5 年收益額現值 = $\frac{50}{(1+4\%)} + \frac{60}{(1+4\%)^2} + \frac{55}{(1+4\%)^3} + \frac{68}{(1+4\%)^4} + \frac{70}{(1+4\%)^5}$

= 50 × 0.9615 + 60 × 0.9246 + 55 × 0.8890 + 68 × 0.8548 + 70 × 0.8219

= 48.075 + 55.476 + 48.895 + 58.126 + 57.533

= 268.105（萬元）

第二，確定第 6 年以後各年收益額的現值。

第6年以後各年收益額現值 $= \dfrac{70}{5\%} \times 0.8219(P/A,4\%,5) = 1,150.66$(萬元)

第三,確定該企業的評估值。

企業評估價值 $= 268.105 + 1,150.66 = 1,418.765$(萬元)

(四)每年收益不同,未來年期有限

在這種假設情況下,基本計算公式為:

資產評估價值 $= \sum$ 每年收益額 × 折現系數

[例2-12]設某企業尚可經營5年,每年預期收益額分別為160萬元、140萬元、135萬元、120萬元和110萬元,確定折現率為6%。要求:試確定該企業的評估價值。

$$\text{企業評估價值} = \dfrac{160}{(1+6\%)} + \dfrac{140}{(1+6\%)^2} + \dfrac{135}{(1+6\%)^3} + \dfrac{120}{(1+6\%)^4} + \dfrac{110}{(1+6\%)^5}$$

$= 160 \times 0.9434 + 140 \times 0.8900 + 135 \times 0.8396 + 120 \times 0.7921 + 110 \times 0.7473$

$= 150.944 + 124.6 + 113.346 + 95.052 + 82.203$

$= 566.145$(萬元)

六、對收益法適用範圍的評價

收益法的優點是:通過預測資產的未來收益,來折算資產的價值,其思路是清晰的,方法是可行的,評估結果是合理的,易於被評估結果使用者理解和接受。

但在採用收益法時,需要注意以下幾個問題:

第一,在評估數據的採用方面,主觀分析判斷的比重較大。收益法使用的都是未來預期數據,在運用收益法時,要做一些基本假設。比如,收益預測的假設、資產使用年期的假設等。這些都要通過評估人員主觀的分析判斷得出。因此,相對於市場法和成本法,收益法的主觀判斷的比重要大一些,這對評估人員的素質要求更高。

第二,對於一些不能較為準確地估算其收益的資產,不能採用收益法。例如,一臺機器設備、一幢房屋或構築物等,單項資產的未來收益是很難單獨計算的,在這種情況下,難以採用收益法。

第四節 應用資產評估方法需注意的問題

應用資產評估方法需要注意兩點:一是資產評估方法的選擇;二是資產評估方法之間的關係。

一、資產評估方法的選擇

選擇資產評估方法時要考慮以下一些因素：

(一)資產評估目的

確定資產評估目的，就是要解決為什麼要進行資產評估的問題。這是在進行資產評估時首先要考慮的問題。一般來說，資產評估目的的確定會影響到評估假設、評估對象和評估範圍的確定，從而影響到評估方法的確定。所以，資產評估目的制約著資產評估方法的選擇。

(二)資產評估假設

資產評估假設是對被評估資產所處的時間和空間狀況等所作的合理設定。被評估資產可能會有多種用途或處置辦法，在進行評估時，必須設定一種用途或處置辦法，據此選擇相適應的評估方法。所以，資產評估假設，一方面受到評估目的的制約，另一方面它又制約著資產評估方法的選擇。

(三)資產評估對象

資產評估對象的確定，要受到評估目的和評估假設的制約。這是因為，評估目的和評估假設不同，評估對象也就會不相同。同時，評估對象也制約著評估方法的選擇。不同類型的資產，要求採用不同的評估方法。例如，對購置的通用設備可以採用市場法評估，而對自製的專用設備則通常採用成本法評估等。

綜上所述，資產評估方法要受到評估目的、評估假設、評估對象的制約。評估人員要根據不同情況，選擇適合的評估方法。

二、資產評估方法之間的關係

資產評估方法之間的關係是指資產評估方法之間的替代性問題，也就是說，對某項評估對象能否採用兩種及兩種以上的方法同時進行評估。

由於資產評估方法受到評估目的、評估假設和評估對象等的制約，因此，當評估目的、評估假設、評估對象一經確定，選擇評估方法的思路也就基本確定了。即使有多種評估方法可供選擇，也只有一種是相對最合理的評估方法。通過這種評估方法評估出來的結果，理論上是最為合理的評估結果。但由於每種評估方法都有其局限性，因此，不排除可以運用其他的評估方法加以評估，這樣，就會出現兩個或兩個以上的評估結果。評估人員也可根據情況，通過對這些評估結果進行分析，最後確定一個相對合理的評估結果。

第三章

機器設備評估

第一節 機器設備概述

一、機器設備的定義

機器設備的定義可以從技術、會計、資產評估等三個方面去加以認識。

從技術的角度看,機器設備是指利用機械原理以及其他科學原理製造的裝置,並由零件、部件組成的獨立或成套裝置。這些裝置能夠完成生產、加工、化學反應、運行和改善環境等功能和效用。

從會計的角度看,機器設備是指符合固定資產條件(即「使用年限超過一年,單位價值在規定標準以上,並且在使用過程中保持原有物質形態」)的機器、設備、裝置、儀器、工具或器皿等。

《資產評估準則——機器設備》(2007)中,對機器設備所下的定義是:「本準則所稱機器設備是指人類利用機械原理以及其他科學原理製造的、被特定主體擁有或者控制的有形資產,包括機器、儀器、器械、裝置、附屬的特殊建築物等。」該定義中,其他科學原理是指電子、電工、化工、光學等各種科學原理。機器設備是一個組合名詞,其中,設備是包括機器和儀器以及特殊性非永久性建築物等在內的組合資產;機器是指由具有特定功能結構組成的、用以完成一定工作的、使用或運用機械動力的器械裝置。

機器設備除以上定義外,在實際評估工作中,還要根據具體情況,將機器設備與其他有關資產(如房屋、構築物等)進行區別,劃定其分界線,做到不重評、不漏評。例如,採用

成本法進行評估時,如果房屋建築物中含有附屬設備,在確定房屋建築物的評估價值未包括附屬設備的價值時,其附屬設備可以歸入機器設備進行評估;對於在建工程中的機器設備,如果該設備已經投入使用,無論是否辦理決算,都應歸入機器設備進行評估。

二、機器設備評估的特點

下面分別就機器設備的特點和機器設備評估的特點加以討論。

(一)機器設備的特點

這主要是從資產評估的角度來看機器設備的特點:

(1)計量單位的多樣性。通常以單臺(件)作為數量單位,但有時也以成套、生產線等為數量單位。

(2)移動後使用方面的複雜性。相對於不可移動的房地產來說,機器設備多具有可移動的特點,但這種可移動性又可分為兩類:移動後能繼續使用和移動後不能繼續使用。

(3)有形資產與無形資產的混雜性。機器設備本身是有形資產,但機器設備的價值中又常常含有無形資產的價值,如軟件、技術服務、技術資料和專利等無形資產。

(二)機器設備評估的特點

機器設備在評估時,也具有自身的一些特點:

1. 某些因素較難確定

這裡所說的某些因素包括尚可使用年限、成新率以及市場價值等。由於機器設備在企業生產經營中長期發揮作用,多次反覆地進入生產過程,實體狀態和功能都在發生變化,因此,影響評估價值的尚可使用年限、成新率等因素都較難確定。另外,某些大型、專用、高精尖等類型的設備的公開交易不多,在價值評估時較難獲得公開的市場價值。

2. 評估時要綜合考慮機器設備與無形資產之間的關係

一般而言,機器設備具有多種功能,有相當的技術含量,而這些技術通常又表現為專利權、專有技術等無形資產,也就是說無形資產的價值常常寓於機器設備價值之中。因此,評估人員在評估機器設備時,必須把握這一特點,在評估機器設備的價值時,要考慮是否存在無形資產的問題,這樣,評估結果才會更準確。

3. 需採用多種估價標準,評估結果差異較大

對機器設備進行評估,出於不同的評估目的,需採用不同的估價標準。如為了確定按現價計提折舊、保險與索賠、拆遷補償以及在整體資產評估中分項評估各類資產的評估價值,就要採用重置成本標準;又如機器設備轉讓或抵押,就要採用變現價值標準。採用不同的評估標準,評估出來的數據往往差異很大,究其原因:一是因為價值構成要素不同。重置成本包括機器設備主體及其附件的採購價、運雜費、安裝費、配套設施費、調試費以及各項間接費用等,所以,重置成本因構成要素的追加可以大大高於其採購價。變現價值則

是設備市場現值扣除設備拆遷和變現費用的餘額,這不僅不包括除採購價之外的其他費用,而且還要把變現需要發生的各項費用如拆遷、運輸等費用扣除掉,所以,在數額上變現價值會大大低於按重置成本標準評估的評估價值。二是因為市場條件差異大。由於機器設備專用性強,變現市場交易並不十分活躍,因而變現風險較大。即便是通用機器設備,也有一定的變現風險。所以,這就決定了變現價值很難達到正常的市場價格。此外,在續用條件下採用重置成本標準時,排除了市場風險,所以評估機器設備的重置成本中,不包括風險折扣因素。一般說來,一個企業的資產是一個體系,除了機器設備外,還有其他類型的資產,如廠房、土地、流動資產、無形資產等。機器設備的續用價值只有在具備其他資產的條件下方可實現。如果將一臺或幾臺機器設備與整體資產分割開,其所能實現的價值可能只是變現價值。

4. 必須通過現場鑒定來確定機器設備的損耗程度

機器設備的價值補償和實物補償不是同時進行的。機器設備屬於固定資產,其價值補償是基於管理上的需要和會計上配比原則的要求,通過分期提取折舊來實現;而實物補償則是在設備壽命終結更換新設備或通過對原有設備改造、翻新來實現。因此,在評估中,不能單純依靠設備價值的轉移程度來確定成新率,還應該注意機器設備的維護及使用情況,實際評估中往往要通過實地鑒定(必要時要採用技術檢測手段)來確定其損耗程度。

5. 機器設備的價值受多因素的影響

機器設備的價值在很大程度上還要受到所依存資源的有限性、所生產產品的市場壽命、所依附的土地和房屋及構築物的使用期限、國家相關的法律法規以及環境保護和能源產業政策等若干因素的影響。

機器設備和機器設備評估的上述特點,給評估工作提出了較高的要求,即要在機器設備存在的實物狀態和參照帳面原值的基礎上,充分考慮機器設備的技術特點、價值特點以及影響因素,合理地評估機器設備的價值。

三、機器設備的分類

機器設備種類繁多,出於設計、製造、使用、管理和改善環境等不同需要,有不同的分類標準和方法。從機器設備評估的角度考慮,應瞭解以下一些分類方式:

(一)按固定資產分類標準劃分

根據國家技術監督局在 1994 年 1 月 24 日頒布的《固定資產分類標準與代碼》(GB/T14885-94),機器設備可分為通用設備、專用設備、交通運輸設備、電氣設備、電子及通信設備、儀器儀表、計量標準器具及工具、衡器。

(二)按有關會計制度劃分

按有關會計制度劃分,機器設備可以分為生產經營用、非生產經營用、租出、未使用、

不需用和融資租入機器設備六種類型。

(三)按機器設備的取得方式和渠道劃分

按取得方式和渠道劃分,機器設備可分為外購機器設備和自製機器設備兩種,外購機器設備中又有國內購置和國外進口之分。

(四)按評估對象分類

根據《資產評估準則——機器設備》(2007),按機器設備的評估對象分為單臺機器設備和機器設備組合。單臺機器設備是指以獨立形態存在、可以單獨發揮作用或者以單臺的形式進行銷售的機器設備。機器設備組合是指為了實現特定功能,由若干機器設備組成的有機整體。機器設備組合的價值不必然等於單臺機器設備價值的簡單相加。

此外,根據《企業國有資產評估報告指南》(2011 修訂版),在實際操作中,將作為固定資產組成部分的設備類資產分為機器設備、運輸車輛及電子設備三類。

機器設備還有其他一些分類方式,在此不一一列舉。在評估實務中,對機器設備的分類應注意兩點:一是評估的具體情況不同,分類的粗細要求也不同。上面的分類僅僅是對機器設備類型進行大致的劃分,有時根據評估的具體情況和具體要求,還需要對大類設備進行細分。二是可以根據實際情況,將上述幾種分類方法結合起來使用,相互包含,相互補充。例如,單臺設備中,可能有通用設備,也可能有專用設備,或兩者均有。資產評估中可以根據委托單位的生產技術特點、設備管理體系、評估目的、評估方法等,按不同分類進行操作,最後按評估結果匯總要求進行統計。

四、機器設備評估的程序

機器設備評估的程序是指機器設備評估的過程或步驟。一般而言,機器設備評估大致有以下幾個程序:

(一)評估準備

評估人員需要做好以下準備工作:

1. 指導委托方或資產占用方做好機器設備評估的基礎工作

這包括填寫機器設備明細表、對機器設備進行自查、對盤盈及盤虧事項進行帳務處理、準備機器設備的產權資料及有關經濟技術資料等。

2. 收集評估所需的資料

這主要包括:

(1)設備的產權資料,如購置發票、合同、報關單等。此外,對於有無抵押、擔保、租賃及訴訟情況等也要關注。對產權受到某種限制(如該設備已被抵押或已被查封)的設備,應另行造冊,並在評估報告中進行披露。

(2)設備使用情況資料,如機器設備的生產廠家、規格型號、購置時間、利用率、產品

產量、產品質量、大修及技術改造情況。

(3)設備實存數量的資料。通過清查盤點及審核固定資產明細帳和設備卡片,核實設備實存數量。

(4)價格資料,包括設備原值、折舊、淨值、現行市價、可比參照物價格以及有關價格的文件和價格指數等。

3. 對委托方或資產占用方提供的機器設備的相關資料進行分析

明確評估範圍和評估重點,制訂評估工作的總體計劃,組織評估人員,設計評估思路及選擇評估方法。

(二)現場評估

機器設備評估中的重點在現場評估工作。現場評估工作是指在核實評估對象的基礎上,對機器設備進行技術等級鑒定,瞭解設備的運行情況,判斷設備的成新率以及損耗情況等的評估工作。工作內容包括:

1. 清查核實待評估的機器設備

這是機器設備評估現場工作的基礎性工作。一般應對評估範圍內的機器設備逐臺核實,以確保評估對象真實可靠。若被評估單位的設備管理制度健全,管理狀況良好,對設備數量大、單價較低或數量較多的同型號設備,也可以採用重點清查、抽樣檢查等辦法,核實評估對象。

2. 按機器設備評估的重要性,對設備進行分類

一種分類方法是 ABC 分類法,把價值大、關鍵重要的設備作為 A 類;把價值小且數量多的設備作為 C 類;把介於 A 類與 C 類之間的設備作為 B 類。根據評估計劃的安排,對 A、B、C 三類設備採用不同的方法進行評估。對 A 類設備需逐項鑒定和評估。另一種分類方法是按設備的性質分為通用設備和專用設備,進口設備和國產設備,外購設備和自製設備等,以便有效地收集數據資料,合理地配備評估人員。

3. 設備鑒定

對機器設備進行鑒定是現場工作的重點。對機器設備的鑒定應是分層次的。

(1)對機器設備所在的整個生產系統、生產環境和生產強度進行鑒定和評價。這包括:

其一,對設備技術狀況的鑒定,主要是對設備滿足產品生產工藝的程度、生產精度和廢品率,以及各種消耗和污染情況的鑒定,判斷設備是否存在技術過時和功能落後的情況。

其二,對設備使用情況鑒定,主要是瞭解設備是否處於在用狀態或閒置狀態、在用設備的運行參數、運行班次、故障率、零配件保證率等;閒置設備閒置的原因、閒置期間的維護情況等。

其三,對設備質量的鑒定,主要應瞭解設備的製造質量、設備所處環境對設備質量的影響、設備的完整性、外觀和內部結構情況等。

其四,對設備損耗程度的鑒定,主要是判斷設備的有形磨損和無形損耗。有形磨損包括銹蝕、損傷、精度下降;無形損耗包括功能不足和功能過剩。

(2)瞭解機器設備的相關輔助設施,如基座、連接的工藝管道、自動控制裝置等的價值是否包含在機器設備價值中。

現場工作要有完整的工作記錄,特別是設備的鑒定工作更要有詳細的鑒定記錄。這些記錄將是機器設備價值評估的重要數據來源,也是評估工作底稿的重要組成內容。

(三)評定估算

(1)根據評估目的、評估價值類型的要求以及評估時的各種條件,選擇適宜的評估方法;

(2)評估人員查閱有關的可行性分析報告、設計報告、概預算報告、竣工報告、技術改造報告、重大設備運行和檢驗記錄等,與設備管理和操作人員進行溝通,充分瞭解設備的歷史和現狀,廣泛收集資料;

(3)評估人員查閱有關法律法規,如設備進口環節的稅收政策、環境保護法規、運輸工具的報廢標準等,以便在設備評估中考慮法律法規對評估價值的影響;

(4)對產權受到某種限制的設備,包括已抵押或作為擔保物等的設備,根據實際情況確定評估價值,無法確定評估價值的應在報告書進行披露;

(5)在整體評估中,評估人員還應與其他專業評估人員交流,及時處理設備與房屋建築物、無形資產和存貨等之間的界限問題,防止重評和漏評;

(6)選擇合適的參數和科學的評估方法進行評定估算。

(四)撰寫評估說明及評估報告

在評定估算過程結束後,整理評估工作底稿,對評估結果進行分析評價,及時撰寫評估說明及評估報告。

(五)評估報告的審核和報出

評估報告完成以後,要進行必要的審核,包括設備專業負責人的初核、項目負責人的復核、復核人的審核和評估機構法定代表人的簽發等。在多級審核確認後,再將評估報告送達委托方(在某些情況下,還應將評估報告遞交有關管理部門)。

第二節　成本法在機器設備評估中的應用

機器設備評估的成本法是根據被評估機器設備全新狀態下的重置成本,扣減實體性貶值、功能性貶值和經濟性貶值,將所得差額作為機器設備評估值的一種評估方法。其基本公式如下:

機器設備評估價值＝重置成本－實體性貶值－功能性貶值－經濟性貶值

由於成本法全面考慮了資產的重置成本,又較充分地考慮了被評估資產已存在的各種貶值因素,所以,在機器設備評估中得到廣泛的應用。下面將計算公式中重置成本和各種貶值的估算方法分述如下。

一、重置成本的確定
(一)由各種費用組成重置成本

這是指分別估算機器設備各部分價值並對其求和後得到重置成本的方法。由於機器設備有購入和自製之分,國產和進口之分,單臺與成套設備之分,所以下面分別按不同情況說明其應用。

1. 外購單臺不需安裝的國內設備重置成本

對於不需安裝的一般設備,若為小型、單價不高的設備,可將評估基準日有效的市場購置價作為其重置成本,若為體積大的設備,則應考慮運雜費。其計算公式如下。

重置成本＝全新設備基準日有效的公開市場價格＋運雜費

或　重置成本＝全新設備基準日有效的公開市場價格×(1＋運雜費率)

[例3－1]某建築工程公司有一臺砼輸送泵,型號為 HBT50C,砼輸送量 $37m^3 \sim 60m^3/h$,輸送距離水平為700m,垂直180m。市場上同型號設備售價為 535,000 元,運雜費率確定為5%,則:

重置成本＝535,000×(1＋5%)＝561,750(元)

2. 外購單臺需安裝的國內設備重置成本

對於需要安裝的一般設備,應在購置價的基礎上,加上運雜費和安裝調試費再確定其重置成本。其計算公式為:

重置成本＝全新設備基準日有效的公開市場價格＋運雜費＋安裝調試費

或　重置成本＝全新設備基準日有效的公開市場價格×(1＋運雜費率＋安裝調試費率)

[例3－2]某機械廠有一臺搖臂鑽床,型號 Z3080×25。市場上同型號設備售價為 151,000 元,確定運雜費率為2.5%,安裝調試費率為6%。則:

重置成本＝151,000×(1＋2.5%＋6%)＝163,835(元)

3. 外購單臺需安裝的進口設備重置成本

可直接查詢與該進口設備相同的設備在國外的現價,或取得原始進價(離岸價 FOB 或到岸價 CIF),在此基礎上,瞭解同類設備價格變化情況,再比較近期進口的類似設備的 FOB 價或 CIF 價,考慮匯率變動、關稅、增值稅、銀行及外貿手續費、保險費、運雜費、安裝調試費、資金成本等有關費用確定其重置成本。其計算公式為:

重置成本 =（FOB 價格 + 國外運雜費 + 途中保險費）× 基準日外匯匯率
　　　　　+ 進口關稅 + 增值稅 + 海關監管手續費 + 銀行及外貿手續費
　　　　　+ 國內運雜費 + 安裝調試費 + 資金成本

或　重置成本 = CIF 價格 × 基準日外匯匯率 + 進口關稅 + 增值稅 + 海關監管手續費
　　　　　+ 銀行及外貿手續費 + 國內運雜費 + 安裝調試費 + 資金成本

其中 FOB 價格為離岸價，指設備裝運港船上交貨價格；CIF 為到岸價，指離岸價加國外運雜費和途中保險費。

4. 外購成套需安裝設備重置成本

外購成套設備是指由多臺設備組成的、具有相對獨立的生產能力和一定收益能力的生產裝置。對於這種成套設備，重置成本可採用一般單臺設備重置成本的估算方法，即先評估各單臺設備的重置成本，再計算求和。但是，在實際操作中，也存在一定問題，即一些屬於整體性的費用就不一定能夠合理地計入到單臺設備的成本中，如整體的安裝調試費、資金成本等。如果是大型連續生產系統，包括的機器設備數量大，品種多，情況各異，加之本身整體費用十分複雜，那麼，在評估實務中，通常將其作為一個完整的生產系統，以整體方式估算成套設備的重置成本。其計算公式為：

重置成本 = 成套設備購置價 + 運雜費 + 安裝調試費 + 資金成本 + 其他費用

式中：其他費用視具體情況可能包括勘察設計費、建設單位管理費、聯合試運轉費等。

[例 3 - 3] 某評估機構受託對某公司的卷菸紙生產線進行評估，這條生產線系引進法國 Allimand 公司的卷菸紙生產設備和生產技術，其技術檔次屬 20 世紀 90 年代後期國際先進水平。其先進性具體表現在以下幾個方面：

整體系統是採用世界上最先進的卷菸紙生產工藝，原料採用全部進口漂白木漿，並運用了各種提高成紙質量的化學助劑。全流程的漿、水、氣管均採用不銹鋼製作，避免了紙漿污染，整個工藝流程實現全自動控製，最大限度回收造紙白水，並採取措施進行纖維回收。

電氣部分：採用 ABB 公司先進的變壓器，所有高壓櫃均採用西門子真空斷路器真空接觸器，低壓屏採用 ABB 空氣斷路器。

控製部分：採用 Honeywell 公司最新的 ALCONT 3000DCS（集數控製系統），使生產線所有設備能在預定的程序下可靠地全自動運行。

質量檢測：採用 ALCONT　QCS（質量控製系統），能對紙張的定量、水分、灰分指標進行在線連續檢測並控製，採用 ABB 公司 ULMA 孔眼探測系統和 Honeywell 公司的連續透氣度測定儀，能對紙張的外觀質量及透氣度進行在線監測。

PM2 生產線的進口設備有：28」雙盤磨（含減速器）、TA340 水力碎解機、210 型疏解

機、短循環及除砂系統、紙機網部及水印輥、備漿、短循環、真空及損紙控製、中央油潤系統、紙機氣罩及排風系統、蒸汽及冷凝水系統、備漿短循環控製系統(DCS)、水分、灰分,定量漿網速比在線測控製系統 QCS、ULMA 孔眼探測系統等。

PM2 生產線的國內配套設備有:真空泵、清水泵、園網濃縮機、電機、螺旋推進器、各種電纜及橋架、造紙機底軌、不銹鋼管件及雜件、紙機支架等。

經現場勘查,該生產線自 1998 年 9 月投產以來,可以確認:PM2 紙機生產線流程設計總體說來是成功的,設備製造質量是良好的,設備安裝工作質量是良好的,PM2 紙機生產線可以在 200 米/分車速下生產出卷菸紙。

(1) 進口設備重置成本計算

PM2 生產線的進口設備部分是法國 Allimand 公司根據委托方的需求定制的,市場沒有相同的產品。評估人員對生產線的設計、裝備水平、技術性能、工藝特點、產品質量等進行了調查瞭解及綜合比較分析,並考慮同類造紙設備價格因素,確定評估基準日離岸價(FOB 價)為 15,169,000 美元,國外運雜費率為 5%,途中保險費率為 0.4%。

①到岸價(CIF) A 的計算:國外運雜費 = 15,169,000 × 5% = 758,450(美元)

途中保險費 = (15,169,000 + 758,450) × 0.4% = 63,710(美元)

則:A = 15,169,000 + 758,450 + 63,710 = 15,991,160(美元)

②基準日美元對人民幣匯率:100 : 827.67

③CIF 價(人民幣)C:

C = A × 8.2767 = 132,354,034(元)

④海關關稅 D:根據關稅稅則,關稅率為 CIF 的 12%,得:

D = 132,354,034 × 12% = 15,882,484(元)

⑤增值稅 E:設增值稅率為 17%,則:

E = (132,354,034 + 15,882,484) × 17% = 25,200,208(元)

⑥銀行手續費 F:F = C × 0.5% = 661,770(元)

⑦外貿手續費 G:G = C × 1.5% = 1,985,311(元)

⑧海關監管手續費 H:H = C × 0.3% = 397,062(元)

⑨國內運雜費 I:I = C × 3% + C × 0.3% = 4,367,683(元)

進口設備重置成本 = C + D + E + F + G + H + I
= 132,354,034 + 15,882,484 + 25,200,208 + 661,770
+ 1,985,311 + 397,062 + 4,367,683
= 180,848,552(元)

（2）國內配套設備重置成本計算

①經市場調查，輔助設備中的國內設備購置價 A＝6,907,800（元）

②運雜費：B＝A×7%＝483,546（元）

國內設備重置成本＝A＋B＝6,907,800＋483,546＝7,391,346（元）

（3）卷菸紙生產線重置成本

在國外國內設備價值之和的基礎上，綜合考慮整套設備的安裝調試費、資金成本及其他費用，得：

卷菸紙生產線重置成本＝進口設備重置成本＋國內設備重置成本＋安裝調試費
＋資金成本＋其他費用

其中，根據造紙行業標準，取安裝調試費率為8%，其他費用率為3%（其中：勘察設計費率取1.8%、建設單位管理費率取0.4%、聯合試運轉費率取0.8%），資金成本按評估基準日銀行貸款年利率5.49%，該生產線合理建設工期為兩年，並以資金平均投入計算，得：

卷菸紙生產線重置成本＝(180,848,552＋7,391,346)×(1＋8%＋3%)
×(1＋5.49%×2/2)＝220,417,438（元）

5. 車輛重置成本

車輛重置成本的確定，主要是根據市場上同類型車輛的現行價格，在此基礎上，加上車輛的購置附加稅及牌照費等費用組成。計算公式為：

車輛重置成本＝車輛市場價格＋購置附加稅＋牌照費及其他費用

[例3-4]某公司的大型專用油罐車，同型號車在市場上售價為106,000.00元（含稅價），購置附加稅為10%，牌照費、驗車費等為300元，則：

車輛重置成本＝106,000＋(106,000÷1.17)×10%＋300＝115,360（元）

6. 自製通用設備重置成本

自製通用設備重置成本應參考專業生產廠家的通用設備價格，在充分考慮自製設備和通用設備質量因素的前提下，運用替代原則合理確定。

7. 非標準設備重置成本

非標準設備是指設備中不定型、不成系列、需先進行設計再進行單臺或小批量製造的設備。

（1）非標準設備的重置成本構成。非標準設備的重置成本構成包括以下內容：①直接材料，包括設備製造所消耗的主輔材料、外購件；②燃料和動力，指直接用於設備製造的外購和自製的燃料和動力費；③直接人工，指設備製造所直接消耗的人工工資和福利費；④製造費用，包括生產單位管理人員工資和福利費、折舊、辦公費、水電費、物料消耗、勞動

保護、專用模具、專用工具費等；⑤期間費用分攤，包括管理費用、財務費用、銷售費用等；⑥利潤和稅金；⑦非標準設備設計費；⑧對製造、安裝調試週期較長的，需考慮占用資金的資金成本。

(2) 非標準設備重置成本計算方法。根據非標準設備的設計總裝圖紙和主要部件圖紙，可得到主要材料消耗量和主要外購件消耗量，以主要材料為基礎，根據其與成本費用的關係指標估算出相應成本，考慮一定的利潤、稅金和設計費，從而求得非標準設備重置成本。其計算公式為：

$$P = (C_{m1} \div K_m + C_{m2}) \times (1 + K_p) \times (1 + K_t) \times (1 + K_d \div n)$$

式中：P——非標準設備重置成本

C_{m1}——主材費（不含主要外購件費）

K_m——不含主要外購件費的成本主材費率

C_{m2}——主要外購件費

K_p——成本利潤率

K_t——流轉稅率

K_d——非標準設備設計費率

n——非標準設備產量

其中主要材料是根據設備的具體構造、物理組成以及在設備重量或價值中的比重所確定的一種或幾種主材，主材費 C_{m1} 由工藝設備專業人員提出或按圖紙估算出主要材料的淨消耗量（如：重量、面積、體積、個數等），根據各種主要材料的利用率求出各種材料的總消耗量，然後按照評估基準日材料市場價格（不含稅價）計算主要材料費用。其費用計算公式為：

$$C_{m1} = \sum [(某主材淨消耗量 \div 該主材利用率) \times 含稅市場價格 \div (1 + 增值稅率)]$$

主要外購件主要依據其構成及在設備價格中的比重確定。價格比重很小者，已綜合在 K_m 係數中考慮，不再單列為主要外購件。外購件的價格按不含稅的市場價格計算。主要外購件費可按下列公式進行計算：

$$C_{m2} = \sum [某主要外購件數量 \times 含稅市場價格 \div (1 + 增值稅率)]$$

流轉稅率 K_t 指增值稅、營業稅及相應的城市維護建設稅和教育費附加。對於一般銷售的非標準設備，其 K_t 為增值稅、城市維護建設稅和教育費附加，對於承包建設的爐窯等非標準設備則為營業稅、城市維護建設稅和教育費附加。

[例 3-5] 某廠#2 尿素合成塔，生產廠家：西南化機公司，設備內徑：φ1,200 毫米，高：21,805 毫米，經查圖紙，該設備使用主要鋼材為碳鋼、低合金鋼及不銹鋼，主要品種有 15MnVR、20MnMo、16MR、0Cr18Ni9Ti 等。總耗碳鋼及低合金鋼 6.1 噸，不銹鋼 8 噸。評

估時不含稅的市場價碳鋼及低合金鋼材為 4,800 元/噸,不銹鋼為 45,000 元/噸,設備所需主要外購件(泵、閥等)不含稅的費用為 21,800 元。現行增值稅率為 17%,城市維護建設稅率為 7%,教育費附加費為 3%,查流轉稅率 K_t = 18.7%,其主材利用率為 85%,成本主材費率 K_m 取 44%,成本利潤率 K_p 取 18%,設計費率 K_d 取 13%,產量 1 臺,n = 1,則:

主材費 C_{m1} = (6.1 ÷ 85% × 4,800 + 8 ÷ 85% × 45,000) = 457,976(元)

$P = (C_{m1} ÷ K_m + C_{m2}) × (1 + K_p) × (1 + K_t) × (1 + K_d ÷ n)$

= [457,976 ÷ 44% + 21,800] × (1 + 0.18) × (1 + 0.187) × (1 + 0.13 ÷ 1)

= 1,681,912(元)

因生產廠家在同一省,則設備運雜費率為 2%;對於大型化工設備取安裝調試費率為 35%(含直接費、二次搬運費、大型機械租用費、臨時設施費和必要的工藝管線、金屬結構等安裝材料等);調試及聯合試運轉耗費率 2%;另外,取其他費用率 4%(含建設單位管理費、工程設計費、工程監理費、招投標管理費、質量監督費等);因化工設備建設項目週期較長,需考慮資金成本,根據實際情況,該化工設備建設的合理工期應為兩年,按銀行貸款年利率 5.49%(一年期)計為資金成本率,則:

重置成本 = 1,681,912 × (1 + 0.02 + 0.35 + 0.02 + 0.04)(1 + 2 × 0.0549/2)

= 1,681,912 × 1.43 × 1.0549 ≈ 2,537,176(元)

8. 大型複雜的自製設備

對大型複雜的自建工程項目的設備,如系統成套設備、生產線等,可通過收集項目的決算資料,根據各行業機械設備工程定額和各地取費標準,採用概算方法估算重置成本。

以上介紹的各種重置成本的估算方法,是強調對機器設備價值的構成分析,有利於判斷和確定對重置成本影響較大的因素,但以上方法的使用要受到評估人員的工作時間和所收集到的信息資料多寡的制約。

(二)由物價指數推算重置成本

由物價指數推算重置成本就是以設備的原始購買價格為基礎,根據同類設備的價格漲跌指數來確定機器設備的重置成本。采用物價指數法的兩個基本要素是設備的歷史成本和物價指數。設備的歷史成本是指設備最初使用者的帳面原值,而非當前設備使用者的購置成本。物價指數可分為定基物價指數和環比物價指數。

1. 採用定基物價指數和環比物價指數確定重置成本的計算公式

設備重置成本 = 設備帳面原值 × (評估基準日定基物價指數 ÷ 設備購建時定基物價指數)

設備重置成本 = 設備帳面原值 × $\prod_{t=t_1+1}^{t_2}$ 環比物價指數

式中：t_1——資產購置年

t_2——資產評估年

表 3-1 為某類設備的定基物價指數：

表 3-1　　　　　　　　某類設備的定基物價指數

年　　份	定基物價指數
2006	100
2007	103
2008	106
2009	108
2010	110
2011	112
2012	115

[例 3-6]某設備 2007 年購置，帳面原值為 38,000 元，2012 年的定基物價指數為 115,2007 年的定基物價指數為 103。要求：試計算該設備 2012 年的重置成本。得：

該設備的重置成本 = 38,000×(115÷103) = 42,427(元)

環比物價指數是以上期為基期的指數。如果環比期以年為單位，則環比物價指數表示某類產品當年比上年的價格變動的幅度。如表 3-1 的定基物價指數用環比物價指數可如表 3-2 所示：

表 3-2　　　　　　　　某類設備的環比物價指數

年　　份	環比物價指數
2006	—
2007	103
2008	102.9
2009	101.9
2010	101.9
2011	101.8
2012	102.7

[例 3-7]某設備 2009 年購置，歷史成本為 60,000 元，環比物價指數如表 3-2，計算 2012 年該設備的重置成本，則：

重置成本 = 60,000×(101.9%×101.8%×102.7%) = 63,921(元)

2. 應注意的問題

用物價指數計算重置成本,是機器設備評估中經常採用的方法,特別是對於一些難以獲得市場價格的機器設備。使用時,應注意以下問題:

(1)物價指數的選取。選取的物價指數應與評估對象相配比,一般採用某一類產品的物價指數(如:機電產品物價指數),而非綜合物價指數(如:全國零售商品物價指數)。如果評估的是單臺設備,該設備的價格變動指數與這類產品的綜合物價指數之間可能存在一定的差異。因而,評估的該類設備數量越多,樣本數量越大,整體誤差將越小。

(2)歷史成本的確定。設備的歷史成本是計算設備重置成本的基礎。評估人員應注意審查歷史成本的真實性,因為在設備使用過程中,帳面歷史成本可能進行了調整,即企業的帳面價值已不能反應設備真實的歷史成本。另外,企業帳面的設備歷史成本一般還包括運雜費、安裝費、基礎費以及其他費用,上述費用的物價變動指數與設備價格變動指數往往是不同的,應分別計算。特別是鍋爐、化工設備等,運雜費、安裝費、基礎費所占比例很大,有的可能超過設備本身的價格,應特別注意。

(3)通過物價指數確定的重置成本是復原重置成本,而不是更新重置成本,也不能成為衡量復原重置成本和更新重置成本差異的手段。

(4)對於購買時間較長以及在高通貨膨脹時期購置的設備採用物價指數法評估時,應盡可能採用其他方法加以驗證。

(5)用物價指數法計算進口設備的重置成本,應使用設備生產國的分類物價指數。

(三)通過規模經濟效益指數計算重置成本

某些特定的設備,如化工設備、石油設備等,同一系列不同生產能力設備的價格變化與生產能力變化呈某種指數關係,這種指數叫做規模經濟效益指數。

$$P_1/P_2 = (A_1/A_2)^X$$

式中:A_1, A_2——不同設備的生產能力

P_1, P_2——相應設備的價格

X——規模經濟效益指數

如果已經知道一個系列產品中幾種生產能力設備的價格,並且這些數據表明,生產能力設備的價格變化與生產能力變化呈指數關係,就可以利用這種關係確定未知的價格。

[例3-8]某被評估的化工設備,生產能力為月產20噸某化工產品,現在,市場上已沒有相同生產能力的設備。生產能力為月產30噸的同類型設備,市場售價150萬元。經測算,該類型設備的規模經濟效益指數為0.65。要求計算該設備的重置成本。得:

被評估設備重置成本 = (被評估設備的能力/參照物的能力)$^{0.65}$ × 參照物重置成本

$= (20/30)^{0.65} \times 150 = 115$(萬元)

1. 適用條件

規模經濟效益指數法是在1947年由美國的威廉‧威廉斯(*William Williams*)提出的。起初,威廉斯研究了六種設備價格的指數,得出這六種設備的指數分佈為0.48~0.87,平均值為0.6。因此,這種方法在國外又被稱為「0.6分割法」。

這種方法並非適用於所有機器設備,對於某些特定的加工設備可能比較適合,如化工設備、石油設備等。但用它來評估諸如機床、汽車類的設備一般不適合。使用這種方法的前提條件是:設備的生產能力與價格存在一定的比例關係。

通過對不同類型設備的大量的統計數據進行分析,發現有些設備的生產能力與設備價格的對應關係非常明顯,X值的離散性很小,對這類設備,用規模經濟效益指數計算設備價格是比較可靠的。

有些設備的X隨生產能力的變化而變化,如:某種鍋爐,生產能力在5蒸發噸/小時~20蒸發噸/小時,X為0.6;在20蒸發噸/小時~50蒸發噸/小時,X為0.65;在50蒸發噸/小時~75蒸發噸/小時,X為0.72。使用時應選擇生產能力與評估對象比較接近的參照物計算指數X。

有些機器設備,生產能力與設備價格的對應關係不明確,X的離散性很大,對於這類設備就不宜採用規模經濟效益指數法進行評估。

2. X的確定

規模經濟效益指數X是一個重要參數。目前,中國比較缺乏這方面的統計資料。據國外的一些參考資料介紹,X的取值一般在0.4~1.2之間。比如:圓錐壓碎機為0.85,顎式破碎機為1.2,餘熱鍋爐為0.75,而快裝鍋爐為0.65。

在確定X值時,可通過該類設備價格資料分析測算。對公式兩邊取對數,則:

$\ln(P_1/P_2) = X\ln(A_1/A_2)$

$X = [\ln(P_1/P_2)]/\ln(A_1/A_2)$

[例3-9] 某系列化工設備,各種生產能力的設備市場售價如表3-3所示,求它的規模經濟效益指數X。

表3-3　　　　　　　　　各種生產能力的設備市場售價

序號i	生產能力A_i(萬噸/月)	售價P_i(萬元)
1	20	115
2	30	150
3	40	182
4	50	212

表3-3(續)

序號 i	生產能力 A_i（萬噸/月）	售價 P_i（萬元）
5	60	241
6	70	269
7	80	297
8	90	326

解：計算該設備的規模經濟效益指數 X，見表3-4：

表3-4　　　　　該設備的規模經濟效益指數

序號	生產能力 A_i（萬噸/月）	售價 P_i（萬元）	$\ln(A_i/A_{i-1})$	$\ln(P_i/P_{i-1})$	X
1	20	115			
2	30	150	0.4055	0.2657	0.655
3	40	182	0.2877	0.1934	0.672
4	50	212	0.2231	0.1526	0.684
5	60	241	0.1823	0.1282	0.703
6	70	269	0.1542	0.1099	0.713
7	80	297	0.1335	0.0990	0.742
8	90	326	0.1178	0.0932	0.791

規模經濟效益指數法也可以用於企業整體機器設備的價值估算。比如，根據企業的整體生產能力，來估算整體機器設備的價值。

當 $X=1$，被評估的機器設備的價格與生產能力呈線性關係；當 $X>1$，被評估設備的生產能力與被評估設備價格呈非線性關係，被評估設備的價格上漲速度大於被評估設備生產能力上漲速度；當 $X<1$，被評估設備的生產能力與被評估設備價格呈非線性關係時，被評估設備的價格上漲速度小於被評估設備生產能力上漲速度。

二、實體性貶值的估算

設備在使用過程中，零部件受到摩擦、衝擊、振動或交變載荷的作用，使得零件或部件產生磨損、疲勞等破壞，導致零部件的幾何尺寸發生變化，精度降低，壽命縮短等；設備在閒置過程中，由於受自然界中的有害氣體、雨水、射線、高溫、低溫等的侵蝕，也會出現腐蝕、老化、生鏽、變質等現象。設備在使用過程中和閒置存放過程中所產生的上述磨損稱為有形磨損，前者稱為第Ⅰ種有形磨損，後者稱為第Ⅱ種有形磨損。與第Ⅰ種有形磨損和

第Ⅱ種有形磨損相對應,分別稱為第Ⅰ種實體性損耗和第Ⅱ種實體性損耗。

設備實體性貶值的程度可以利用設備的價值損失與重置成本之比來反應,稱為實體性貶值率。即:

實體性貶值＝設備重置成本×實體性貶值率

全新設備的實體性貶值率為零,完全報廢設備的實體性貶值率為100%。評估人員需根據設備的具體情況,來判斷貶值程度。判斷實體性貶值的常用方法有觀察法和比率法。

(一)觀察法

該方法是指評估人員在現場對設備進行技術檢測和觀察,結合設備的使用時間、實際技術狀況、負荷程度、製造質量等經濟技術參數,綜合分析估測機器設備的貶值率或成新率的一種評估方法。在用觀察法評估時要觀察和收集以下方面的信息:①設備的現時技術狀況;②設備的實際已使用時間;③設備的正常負荷率;④設備的維修保養狀況;⑤設備的原始製造質量;⑥設備重大故障經歷;⑦設備大修技改情況;⑧設備工作環境和條件;⑨設備的外觀和完整性。

除此之外,在實際判斷機器設備實體性貶值率時,評估人員還必須與操作人員、維修人員、設備管理人員溝通,聽取他們的介紹和評價,加深對設備的瞭解。對所獲得的有關設備狀況的信息進行分析、歸納、綜合,依據經驗判斷設備的磨損程度及貶值率。有時也使用一些簡單的檢測手段獲取精度等方面的指標,但是,這些指標一般並不能直接表示設備損耗量的大小,只能作為判斷貶值的參考。表3－5是實體性貶值率的參考表。

表3－5　　　　　　　　　實體性貶值率的參考表

設備等級	設備狀態	貶值率%	成新率%
全新	全新,剛剛安裝,尚未使用,資產狀態極佳	0	100
		5	95
很好	很新,只輕微使用過,無須更換任何部件或進行任何修理	10	90
		15	85
良好	半新資產,但經過維修或更新,處於極佳狀態	20	80
		25	75
		30	70
		35	65

表3-5(續)

設備等級	設備狀態	貶值率%	成新率%
一般	舊資產,需要進行某些修理或更換一些零部件	40	60
		45	55
		50	50
		55	45
		60	40
尚可使用	處於可運行狀態的舊資產,需要大量維修或更換零部件	65	35
		70	30
		75	25
		80	20
不良	需要進行大修理的舊資產,如更換運動機件或主要結構件	85	15
		90	10
報廢	除了基本材料的廢品回收價值外,沒有希望以其他方式出售	97.5	2.5
		100	0

通過對設備的簡單觀察來判斷設備的狀態及貶值率往往不夠準確,為了提高判斷的準確性,對重點大型設備可採用專家判斷法、德爾菲法等。

1. 專家判斷法

專家判斷法是一種簡單的直接觀察法,主要通過信號指標、專家感覺(視覺、聽覺、觸覺)檢查,或借助少量的檢測工具,憑藉經驗對鑒定對象的狀態、損耗程度等作出判斷。在不具備測試條件的情況下,常使用這種方法。

2. 德爾菲法

德爾菲法是在個人判斷和專家會議的基礎上形成的另一種直觀判斷方法。它是採用匿名方式徵求專家的意見,並將他們的意見進行綜合、歸納、整理,然後反饋給各個專家,作為下一輪分析判斷的依據,通過幾輪反饋,直到專家的意見逐步趨向於一致為止。

(二)比率法

這種方法主要根據對一臺設備的使用情況或壽命進行分析,綜合設備已完成的工作量(或已使用年限)和還能完成的工作量(或尚可使用年限),通過計算比率,確定實體性貶值率。在實際操作中,通常又分為工作量比率法和年限法兩種方法。

1. 工作量比率法

由於設備的使用情況和實體性貶值有密切的關係,所以設備的實體性貶值率可通過以下兩個公式計算。

實體性貶值率＝已完成工作量÷可完成工作總量

或　實體性貶值率＝已完成工作量÷(已完成工作量＋尚可完成工作量)

[**例3－10**]某施工設備預計可進行5,000臺班的施工,現在已運行了3,000臺班,則：

該設備的實體性貶值率＝3,000÷5,000×100%＝60%

如果此設備已運行了5,000臺班,但因為維護良好或因為進行過大修,各種損耗已得到補償,預計可再進行2,000臺班的生產,這樣實體性貶值率為：

該設備的實體性貶值率＝5,000÷(5,000＋2,000)×100%＝71%

2. 年限法

採用年限法評估機器設備的貶值率,是建立在假設機器設備在整個壽命期內,實體性損耗是隨時間線性遞增的,設備價值的降低與其損耗大小成正比。其數學公式為：

實體性貶值率＝已使用年限÷(已使用年限＋尚可使用年限)

或　成新率＝尚可使用年限÷(已使用年限＋尚可使用年限)

由上面的數學公式可知,要計算設備的實體性貶值率,關鍵要取得兩個參數,即設備的已使用年限和尚可使用年限。

已使用年限與尚可使用年限之和為設備的總使用年限,即設備的使用壽命。機器設備的使用壽命通常可以分為物理壽命、技術壽命和經濟壽命。設備的物理壽命是指機器設備從開始使用到報廢為止經歷的時間。機器設備物理壽命的長短,主要取決於機器設備的自身質量、運行過程中的使用、保養和正常維修情況。機器設備的技術壽命是指機器設備從開始使用到技術過時經歷的時間。機器設備的技術壽命在很大程度上取決於社會技術進步和技術更新的速度和週期。機器設備的經濟壽命是指機器設備從開始使用到因經濟上不合算而停止使用所經歷的時間。所謂經濟上不合算,是指維持機器設備的繼續使用所需要的維持費用大於機器設備繼續使用所帶來的收益。

下面就以機器設備的投資是否一次完成為例,將年限法分為簡單年限法和綜合年限法來介紹這兩個參數的確定方法。

(1)簡單年限法

簡單年限法是假設機器設備的投資是一次完成的,沒有更新改造和追加投資等情況發生。

①確定已使用年限。它是指機器設備實際服役的年限,而不是簡單地按照資產購建到評估基準日的日曆時間來計算,因為有一個實際使用時間和使用強度的問題,所以已使用年限是代表設備運行量或工作量的一種計量。這種計量是以設備的正常使用為前提的,包括正常的使用時間和正常的使用強度,這就要求在運用已使用年限參數時,應充分

注意設備的實際已使用時間和實際使用強度。

在對機器設備進行評估時,設備的申報資料往往是以財務數據為準,在利用會計折舊年限計算已使用年限時應注意,折舊年限是國家財務會計制度以法規的形式規定的機器設備計提折舊的時間跨度,它綜合考慮了機器設備的經濟壽命、物理壽命、技術進步、企業的承受能力以及國家稅收狀況等因素,旨在促進企業加強經濟核算,適時地實施機器設備技術更新。已提折舊年限並不完全等同於估測實體性貶值率中的設備已使用年限,所以,在使用已提折舊年限為設備的已使用年限求貶值率時,一定要注意已提折舊年限與設備的實體損耗程度和評估的總體思路是否吻合,並注意使用前提和使用條件。

總之,確定使用年限,既要看購建時間,又要看折舊年限,重要的還要看設備的運行資料。

②尚可使用年限。尚可使用年限受已使用年限、使用狀況、維修保養狀況等因素影響。已使用年限與尚可使用年限是此長彼短的關係,即:

尚可使用年限＝經濟壽命－已使用年限

採用該公式的前提是:假設在機器設備的各種壽命(如物理壽命、技術壽命和經濟壽命)中,採用經濟壽命來確定機器設備的使用年限更為合理。

機器設備的使用狀況對尚可使用年限也有明顯的影響,如一個實行 24 小時三班運轉的機器設備,比實行 8 小時工作制的機器設備的損耗當然要快得多,在其他因素相同的條件下,尚可使用年限也會短些。此外,一臺精心維護、修理及時的設備比超負荷運行的設備擁有更長的尚可使用年限。還有就是設備運行環境也影響到尚可使用年限。這些因素都是評估人員在確定機器設備剩餘壽命時應考慮到的。

定量地確定尚可使用年限有以下幾種方法:

a. 折舊年限法。折舊年限法是指企業依據《企業會計準則》,按照各自所處行業和自身情況確定的折舊年限。這是一種用折舊年限計算剩餘壽命的方法,其基本計算公式為:

尚可使用年限＝折舊年限－已使用年限(已服役年限)

運用此方法應注意:第一,折舊年限法一般用於評估目的是為了機器設備計提折舊時的情形;第二,只有在企業折舊年限基本上體現經濟壽命,並經設備服役、退役的實際情況證明是基本符合實際時,才能運用。

b. 退役年限法。此方法是根據企業的設備實際退役年限記錄,由經驗數據統計分析確定機器設備週期壽命,扣除服役年限後即獲得剩餘壽命的一種方法。

[例 3－11] 對某企業評估時,需要確定一臺金屬切削機床的成新率,該機床已服役了 6 年,查閱近 3 年的設備退役記錄,共報廢該類機床 10 臺,其中服役期 15 年的 3 臺,16 年的 4 臺,17 年的 2 臺,20 年的 1 臺。

分析:該機床屬於通用設備,企業具有該類設備報廢情況的完好記錄,可根據這些數

據,按加權法確定平均實際服役年限,計算過程如下。

平均實際服役年限 = 15×3/10 + 16×4/10 + 17×2/10 + 20×1/10 = 16.3(年)

評估人員對該機床的實體狀況和使用環境進行了觀察,發現情況均較正常,於是取壽命週期為 16.3 年,已知服役年限為 6 年。則:

成新率 = (1 - 6/16.3) × 100% = 63.2%

c. 預期年限法。此方法要求運用工程技術手段現場檢測設備的各項性能指標,確定設備的磨損程度,並向現場操作人員和設備管理人員調查,憑專業知識判斷確定尚可使用年限。在進行專業判斷時,往往需要用到一些設備技術鑒定理論,如磨損理論、疲勞壽命理論、高溫蠕變壽命理論等。此處介紹一下利用磨損理論計算剩餘壽命的方法。

在磨損理論中,計算剩餘壽命的公式為:

$T_s = (\triangle S_{max} - \triangle S)/\text{tg}\alpha$

其中:$\text{tg}\alpha = \triangle S/\triangle T$,表示磨損強度;$\triangle S$ 為實際磨損量;$\triangle T$ 為已運行時間;$\triangle S_{max}$ 為最大磨損允許極限,它一般根據設備某一部件的報廢標準而得。

[例 3-12]某起重機卷筒主要損耗形式是鋼絲繩與卷筒摩擦對卷筒的磨損。該卷筒原始壁厚 20mm,現在壁厚 18.5mm,根據起重機卷筒的報廢標準,卷筒的最大磨損允許極限是原筒厚度的 20%,該起重機的已運行時間為 4 年。要求:試計算該卷筒的尚可使用年限。

解:利用磨損壽命理論的計算公式,確定該卷筒的極限磨損。

$\triangle S_{max} = 20 × 20\% = 4(\text{mm})$

該卷筒的實際磨損量 $\triangle S = 20 - 18.5 = 1.5(\text{mm})$

磨損強度 $\text{tg}\alpha = \triangle S/\triangle T = (20 - 18.5)/4 = 0.375(\text{mm}/年)$

則尚可使用年限 T_s 為:

$T_s = (\triangle S_{max} - \triangle S)/\text{tg}\alpha = (4 - 1.5)/0.375 = 6.67(年)$

所以,卷筒的尚可使用年限為 6.67 年。

其他的機器設備技術鑒定的有關基礎理論可以查閱相關書籍得到,這裡不再一一列舉。以上的方法在實踐中要配合運用,相互驗證,並對差異進行分析,找出原因,確定較為客觀的結論。

(2)綜合年限法

綜合年限法與簡單年限法所使用的原理一樣,不同的是,前者考慮了機器設備投資可能是分次完成的,也可能進行了更新和追加投資,同時還考慮了設備的不同構成部分的剩餘壽命可能不相同等情況。

①綜合已使用年限

一臺機器設備不同部件的已使用年限不同，其原因可能是由於分次購建、邊購建邊營運，也可能是因為更新改造。這時，確定綜合已使用年限要按各部件重置成本的構成作權重，對參差不齊的已使用年限進行加權平均，確定綜合服役年限。其他應該考慮的因素與簡單年限法相同。

[例3-13]某企業2007年年末購入一臺機床，入帳總成本為5萬元，2009年年末投資3萬元對其進行技術改造，2010年年末又投資1萬元對其進行局部改造並拆除原值5,000元的部件，2012年年末投資5,000元改進功能。要求：試評估到2013年年末設備的綜合服役年限。

評估分析及計算過程如下：因為各部分服役期長短不一，因此，要求出綜合服役年限，計算方法是以2013年年末各部分的加權投資之和除以各部分在2013年年末的重置成本之和。數學表達式為：

$$綜合已使用年限 = \frac{\sum(每次投資在評估時點的重置成本 \times 對應的已投資年限)}{\sum 每次投資在評估時點的重置成本}$$

依據有關的資料，2007年、2009年、2010年、2012年各年末投入的成本在2013年年末的重置成本分別為10.31萬元、4.86萬元、1.37萬元、0.53萬元。

先計算各年的加權投資，分別為：61.86（10.31×6）萬元，19.44（4.86×4）萬元，4.11（1.37×3）萬元，0.53（0.53×1）萬元，因此綜合服役年限為：

(61.86 + 19.44 + 4.11 + 0.53)/(10.31 + 4.86 + 1.37 + 0.53)

= 85.94/17.07

= 5.03(年)

②綜合剩餘壽命

與服役年限可能長短不同一樣，剩餘壽命也可能有長有短。一臺機床的動力裝置可能使用5年就需要更新，而該機床的主體部件也許使用15年後才需要更新，此種情況在現實中很多。這樣，評估人員就需要計算綜合剩餘壽命，並按重置成本對各種不同的剩餘壽命進行加權平均，每部分剩餘壽命的評估方法同簡單年限法一樣，這裡不再重複介紹。

(三)修復費用法

這種方法是利用恢復機器設備功能所支出的費用來直接估算設備實體性貶值的一種方法。所謂修復費用，是指在機器設備主要零部件的更換或修復、改造、停工損失等方面發生的費用支出。這種方法的基本原理是：如果機器設備可以通過修復來恢復到其全新狀態，那麼，可以認為設備實體性損耗等於其修復費用。

機器設備的實體性損耗可分為可修復和不可修復兩種。在采用修復費用時，要盡量把實體性貶值中的可修復和不可修復部分區別開來。可修復的實體性損耗是指可以通過

技術修理恢復其功能,且經濟上是合理的,而不可修復的實體性損耗是指通過技術修理不能恢復其功能,或者是經濟上不劃算的。因此,操作中通過區分這兩種損耗,把機器設備分成兩部分來分析。對可修復的實體性損耗以修復費用直接作為實體性貶值;對不可修復實體性損耗採用前述方法確定實體性貶值。這兩部分之和就是被評估設備的全部實體性貶值。計算公式如下:

實體性貶值率 = (可修復部分實體貶值 + 不可修復部分實體貶值)/設備復原重置成本

[例3-14]一化工設備——冷凝器,已建成並使用了8年,預計將來還能再使用16年。該冷凝器評估時正在維修,其原因是原冷凝器因受到腐蝕,底部已出現裂紋,發生滲漏,必須更換才能使用。整個維修計劃費用為450,000元,其中包括冷凝器停止使用造成的經濟損失、清理、布置安全工作環境、拆卸並更換被腐蝕底部的全部費用。該冷凝器的復原重置成本為3,000,000元,現在用修復費用法估測冷凝器的實體性貶值率。

解:可修復部分實體性貶值:450,000元

不可修復部分實體性貶值率:$8/(8+16) \times 100\% = 33.33\%$

不可修復部分復原重置成本:$3,000,000 - 450,000 = 2,550,000$元

不可修復部分實體性貶值:$2,550,000 \times 33.33\% = 849,915$元

冷凝器全部實體性貶值率:$(450,000 + 849,915)/3,000,000 = 43.33\%$

修復費用法適用於那些特定結構部件經常被磨損但能夠以經濟上可行的辦法加以修復的資產,如需定期更換部分系統的機組、成套設備、生產線。

以上介紹的測算機器設備實體性貶值的三種方法簡單易行,可操作性強,在機器設備評估中得到了廣泛應用。

在估算機器設備實體性貶值(或成新率)時還應注意以下問題:

第一,在採用觀察法、比率法和修復費用法估算實體性貶值時,具體選用哪種方法,應根據實際情況,以獲取支撐每種方法的信息資料的多少以及評估人員的專業知識和經驗等來加以選取。

第二,在估算實體性貶值時,要注意實體性貶值是否包含功能性貶值或其他貶值的因素,不要將已經考慮了的功能性貶值和其他貶值再重複計算。例如,用觀察法確定實體性貶值(或成新率)時,評估人員主觀上可能綜合考慮了功能性貶值;用比率法確定實體性貶值時,對那些已經進行了大修或技改的設備,也可能涉及功能性貶值因素。

三、功能性貶值的估算

技術進步引起的資產價值的損失稱為功能性貶值。設備的功能性貶值主要體現在超

額投資成本和超額營運成本兩個方面。

(一)超額投資成本形成的功能性貶值的估算

科學技術的不斷進步，新技術、新材料、新工藝的不斷出現，使製造與原相同功能設備的成本降低，投資新設備比投資原相同功能設備的投資額減少，從而形成原有設備的功能性貶值。

超額投資成本的確定一般是以設備的復原重置成本與更新重置成本之間的差額估算。即：

設備超額投資成本＝設備復原重置成本—設備更新重置成本

在基本功能相同的情況下，由於技術進步，設備的更新重置成本應該小於其復原重置成本。在評估中，如果使用的是復原重置成本，則應該考慮是否存在超額投資成本引起的功能性貶值；如果使用的是更新重置成本，這種貶值因素則已經考慮了。

對於大部分設備，重置成本一般根據現行市場價格確定，這個價格中已包括了超額投資成本造成的功能性貶值。

(二)超額營運成本形成的功能性貶值的估算

由於科學技術的進步，新製造的設備能耗低、效能高，在人力、物力等方面的消耗都比原有設備更為節省，致使原有的設備在營運成本上比新設備營運成本高，從而引起原有設備的功能性貶值。具體表現為原有設備與新設備在完成相同生產任務時，前者消耗高於後者，形成了一部分超額的營運成本。

一般情況下，超額營運性功能性貶值就是設備在未來使用過程中超額營運成本的現值。通常可按下例步驟估算：

[例 3－15] 某一食品生產線，日生產食品 200 箱，其能耗為 500 元，正常運行需 36 名操作人員。目前同類新式生產線，同樣生產 200 箱食品，其能耗為 400 元，所需的操作人員為 24 名。假定在營運成本的其他項目支出方面大致相同，操作人員每人平均年工資福利費約為 8,000 元，試估算該生產線的功能性貶值。

分析與計算：

①計算被評估生產線的年超額營運成本額。一年以 300 天計工作日，得：

能耗年超額營運成本＝(500－400)×300＝30,000(元)

人力年超額營運成本＝(36－24)×8,000＝96,000(元)

②按企業適用的所得稅率 25%，計算被評估生產線超額營運成本抵減所得稅後的年超額營運成本淨額。

年超額營運成本淨額＝(30,000＋96,000)×(1－25%)＝94,500(元)

③根據生產線實際情況，預計該生產線尚可使用 3 年，適用的折現率為 10%。由此，估算其功能性貶值額：

功能性貶值額 = 94,500 × (P/A,10%,3) = 94,500 × 2.4869 ≈ 235,012(元)

(三)功能性貶值估算中應注意的幾個因素

在機器設備評估中,估算功能性貶值主要是在成本法中應用,因為在市場法和收益法中,功能性貶值因素已被綜合考慮了。但是,在使用成本法時,功能性貶值的估算也應注意以下幾點:

(1)如果在評估時採用的是復原重置成本,一般應考慮功能性貶值。例如,下列兩種情況均需單獨估算功能性貶值:

①通過物價指數調整被評估機器設備的歷史成本來得到重置成本;

②通過細分求和法計算被評估設備所用的原材料、人工、能源消耗,以及固定成本和間接成本之和來計算重置成本。

(2)對採用了更新重置成本的設備,有時也要考慮其營運性的功能性貶值。這是因為現在許多新型設備,不僅購置價比同功能舊設備低,而且在營運時,操作成本也低,如電腦。

(3)功能性貶值的扣除問題。在評估機器設備時,功能性貶值可以有兩種扣除方式:

①若重置成本採用的是更新重置成本,則:

設備評估值 = 更新重置成本 − 實體性貶值 − 超額營運成本

或　設備評估值 = 更新重置成本 × 成新率 − 超額營運成本

②若重置成本採用的是復原重置成本,則:

設備評估值 = 復原重置成本 − 實體性貶值 − 超額投資成本與超額營運性成本的代數和

或　設備評估值 = 復原重置成本 × 成新率 − 超額投資成本與超額營運成本的代數和

(4)在評估實務中,被評估的設備可能已經停止生產,評估時只能參照其替代設備,而這些替代設備的特性和功能通常要比被評估設備更先進,其價格通常也會高於被評估設備的復原重置成本(例如用價格指數法調整得到的重置成本)。這樣一來,就可能會出現設備更新重置成本大於設備復原重置成本的情形,前述公式得出的結果就會是負值。但在一般情況下,更新重置成本大於復原重置成本的部分將在營運成本節約上得到抵償。但如果出現這種情況,評估師就要予以充分重視。

四、經濟性貶值及其估算

機器設備的經濟性貶值是由外部因素引起的貶值。這些因素包括:市場競爭的加劇,致使產品需求下降;產業結構調整導致的限產,生產能力相對過剩;原材料、能源等的提價,勞動力及其他費用上漲,但產品售價得不到相應提高;國家有關能源、環境保護等法律、法規的出抬,導致產品生產成本提高,或者使設備提前強制性報廢,縮短了設備的正常

使用壽命;等等。

(一)設備利用率下降造成的經濟性貶值的估算

當機器設備因外部因素影響出現開工不足、設備相對閒置,即實際生產能力顯著低於其額定生產能力,從而使最終收益減少時,便會出現經濟性貶值。其計算公式如下:

經濟性貶值率 = [1 − (實際使用生產能力/額定生產能力)^X] × 100%

式中:X為規模效益指數,實踐中多為經驗數據。對機器設備,X一般取0.6~0.7。

經濟性貶值額 = (重置成本 − 實體性貶值 − 功能性貶值) × 經濟性貶值率

造成經濟性貶值的原因很多,例如,整個行業的額定生產能力過剩,開工不足會造成整個行業特有的低效率。又如,企業管理不善,產品落後,市場上激烈的競爭等,使企業內的生產能力不能充分利用等。

[例3−16] 某彩電生產線,額定生產能力為10萬臺/年,在生產技術方面,此生產線為目前國內先進水平,目前狀態良好。但是由於市場競爭激烈,目前只能生產7.5萬臺/年。這類設備的規模經濟效益指數$X = 0.7$。試估算此生產線運行於7.5萬臺/年的經濟性貶值率。估算如下:

經濟性貶值率 = [1 − (7.5/10)$^{0.7}$] × 100% = 18.2%

應該看到,用經濟性貶值率計算得到的經濟性貶值額就是機器設備原來具有的額定生產能力或設計能力所需投資成本與實際使用生產能力所需投資成本之間的差額,即機器設備因生產能力閒置產生使用價值降低的經濟懲罰。由此可見,採用這種估算方法得到的貶值額有可能包含不同種類的貶值。如果機器設備生產能力閒置是外部因素引起的,那麼,估算出來的價值就是經濟性貶值;如果機器設備生產能力匹配不合理,造成某些設備生產能力不足,這樣估算出來的價值可能會是功能性貶值;如果機器設備因物理或化學磨損,造成原有生產能力降低,這時估算出來的價值就可能是實體性貶值的一部分。因此,評估時可以在不同場合,根據不同實際情況運用這種方法。

(二)收益減少造成的經濟性貶值的估算

如果設備由於外界因素變化,出現原材料漲價、能耗提高等造成生產成本提高並且得不到補償,或是競爭必須使產品降價出售,使設備創造的收益減少,使用價值降低,進而引起經濟性貶值,從而使造成的收益減少額能夠直接測算出來,那麼,可直接按設備繼續使用期間每年的收益損失額折現累加得到設備的經濟性貶值額。其計算公式為:

經濟性貶值額 = 設備年收益損失額 × (1 − 所得稅稅率) × ($P/A, r, n$)

(三)使用壽命縮短造成的經濟性貶值的估算

國家在有關能源、環境保護和產業政策等方面的法律、法規越來越嚴格,這使機器設備的使用價值受到了影響。近年來,由於環境保護方面的問題日益嚴重,國家對機器設備

的環保要求越來越高,對落後的、高能耗的機電產品施行強制淘汰制度,縮短了設備的正常使用年限。

[例3-17]某火電廠以2000年12月31日為基準日進行資產評估,其裝機容量為5萬千瓦,已使用了10年,按目前的技術狀態還可以正常使用10年,但根據國家有關規定,5萬千瓦以下的火電機組在2003年前必須淘汰。試計算因報廢政策引起的經濟性貶值。

解:按年限法計算,該機組的經濟性貶值率為:

經濟性貶值率 = (10－2)/(10＋10) ＝40%

國家有關政策不僅對產生污染和高能耗的設備的使用年限帶來了限制,從而造成經濟性貶值;而且,對產生污染的設備還處以罰金,或必須花費一筆費用對設備進行改造,這樣增加了營運成本,從而造成了經濟性貶值。

在實際評估工作中,機器設備的經濟性貶值和功能性貶值有時可以單獨估算,有時不能單獨估算,這主要取決於在設備的重置成本和成新率的測算中考慮了哪些因素。在具體運用重置成本法評估機器設備時,應注意這一點,避免重複扣減貶值因素或漏減貶值因素。

第三節 市場法在機器設備評估中的應用

市場法是指在市場上選擇若干相同或相似的機器設備作為參照物,針對各項價值影響因素,將被評估機器設備分別與參照物逐個進行價格差異的比較調整,再綜合分析各項調整結果,最後確定被評估機器設備評估價值的一種評估方法。

一、市場法的評估步驟

(一)鑒定被評估對象

考察被評估設備,並對機器設備的性能、結構、新舊程度等作必要的技術鑒定,以獲得被評估機器設備的基本經濟技術參數,為收集市場數據資料、選擇參照物提供依據。

(二)選擇參照物

選擇參照物應考慮評估的特定目的、被評估設備的有關技術參數,並遵循可比性原則進行,一般應選擇三個或三個以上的參照物。選擇參照物時,首先要考慮選擇市場上已成交的交易案例的機器設備作為參照物;若市場上沒有已成交的參照物,也可考慮有標價的或報價相同的設備作為參照物。

(三)對被評估設備和參照物之間的差異進行比較和調整

1. 銷售時間差異的比較和調整

在選擇參照物時,應盡可能選擇評估基準日的成交案例,以免對銷售時間差異進行調整。但一般說來,參照物的交易時間在評估基準日之前,這時可採用物價指數法對銷售時間差異進行調整。

2. 結構、性能、品牌差異的比較和調整

機器設備型號間及結構上的差異都會集中反應到設備間的功能和性能差異上,具體表現為生產能力、生產效率、營運成本等方面的差異;同時,不同的品牌,由於聲譽不同,市場價格也不一樣。對於前者,可以運用功能成本法等一些方法,將被評估設備與參照物在結構、型號等方面的差異進行調整;對於後者,主要是利用歷史數據資料輔以市場諮詢加以調整。

3. 新舊程度差異的比較和調整

被評估設備與參照物在新舊程度上不可能完全一樣,參照物通常是全新設備。這就要求評估人員對被評估設備與參照物的新舊程度作出基本判斷,取得被評估設備和參照物成新率數據後,以參照物的價格乘以被評估設備與參照物成新率之差得到兩個設備新舊程度的差異量。

4. 銷售數量、結算方式差異的比較和調整

銷售量的大小以及付款方式的不同等,均會對設備的成交價格產生影響。對於這兩個因素,要根據具體情況作出不同的調整處理。一般說來,付款方式差異主要體現為付款時間的差異,其調整方法是採用不同時期付款折現求和的方法。

(四)匯總各因素差異調整值,計算出評估值(略)

二、市場法評估機器設備的具體方法

(一)直接比較法

直接比較法是根據與評估對象相同的市場參照物,按照參照物的市場價格來直接確定評估對象價值的一種評估方法。這種方法適用於在二手設備交易市場上能夠找到與評估對象相同的參照物,包括製造商、型號、出廠年代、實體狀態、成新率等方面。在這種情況下,一般可以直接使用參照物的價格。直接比較法比較簡單,對市場的反應較為客觀,能較為準確地反應設備的市場價值。

大多數情況下,要找到完全相同的兩臺設備是很困難的,這就需要對評估對象與參照物之間的細微差異作出調整。需要注意的是,評估對象與參照物之間的差異必須是很小的,價值量的調整也應該很小且容易直接確定,否則不能使用直接比較法。

(二)相似比較法

相似比較法是以相似參照物的市場銷售價格為基礎,通過對效用、能力、質量、新舊程度等方面的比較,按一定的方法對其差異作出調整,從而確定評估對象價值的一種評估方

法。這種方法與直接比較法相比,主觀因素更大,因為需要做更多的調整。這種方法可用以下公式表示:

評估價值 = 參照物價格 ± 被評估設備與參照物差異的量化合計金額

為減少差異調整的工作量,減少調整時因主觀因素產生的誤差,應盡可能做到:在選擇對象上所選擇的參照物應盡可能與評估對象相似;在時間上,參照物的交易時間應盡可能接近評估基準日;在地域上,參照物與評估對象盡可能在同一地區。調整的因素和方法如下:

1. 製造商

不同生產廠家生產的相同產品,其價格往往是不同的,市場參照物應盡量選擇同廠家的產品。如果無法選擇到同廠家生產的設備作為參照物,則需要對該因素進行調整。可以將新設備的價格差異率作為舊設備的調整比率。

2. 生產能力

生產能力是影響價格的重要因素,如果參照物與評估對象的生產能力存在差異,需要作出調整。調整方法一般為兩種:一是按新設備的價格差異率調整;二是用規模經濟效益指數法調整。

3. 出廠日期和服役年齡調整

通過二手設備交易市場的成交價資料統計,設備的出廠日期是影響設備價格的主要因素。表3-6是不同出廠年代的某類型設備的統計數據,可以得知二手設備的交易價格與出廠年代之間的相關性是比較強的。

表3-6　　　　　　　　　　某類型設備的統計數據

序號	出廠年限(年)	二手設備售價/新設備價格
1	6	0.70
2	7	0.61
3	8	0.59
4	9	0.56
5	10	0.50
6	11	0.48
7	12	0.48
8	13	0.44
9	14	0.42

4. 銷售時間

從理論上講,參照物價格應該是評估基準日價格,當然這一點較難做到。如果獲取的

資料不是基準日價格,就應對其進行調整。

調整額＝參照物的售價×價格變動率

5. 地理位置

參照物與評估對象可能處於不同地域,這就形成地理位置差異,地理位置差異可能影響價格,因為評估對象需要發生部分拆卸和移動成本。

6. 安裝方式

安裝是影響價格的另一因素。如果參照物的價格是已拆卸完畢並在交易市場提貨的價格,而評估對象是安裝在原使用者所在的地點未進行拆卸的,則需要考慮該因素的影響,從參照物的價格中扣減拆卸設備所要發生的費用。

7. 附件

在設備市場上交易的設備,隨機附件、備件情況差異較大,有些設備的附件占整機價值量的比例很大,評估人員應對參照物和評估對象的附件情況進行比較。尤其是一些老設備的附件以及易損備件等也是要考慮的重要因素,因為這些備件可能在市場上難以買到,如果出售方沒有足夠的備件,設備的價格會大大降低。

8. 實體狀態

設備的實體狀態會影響價格。由於設備的使用環境、使用條件各不相同,因此,實體狀態一般都有差異,需要對評估對象和市場參照物進行比較調整。這是比較過程中最困難的部分。即使目標資產的狀況很清晰,參照物的狀態有時也很難取得。這就有必要對參照物的實體狀態進行實體調查取證。

9. 交易背景

評估人員應瞭解參照物的交易背景,以及可能對評估目標價值的影響,包括:①購買和出售的動機;②購買方和出售方是否存在關聯交易;③購買方是最終用戶還是經銷商;④出售商是原使用者還是經銷商;⑤交易的數量等。上述因素可能對交易價格產生影響,特別是大型設備。

10. 交易方式

設備的交易方式包括在設備交易市場公開出售、公開拍賣、買賣雙方的直接交易等。不同交易方式的價格是不同的,設備的拍賣價格一般會低於設備交易的價格。如果評估人員評估的是設備的正常交易價格,則應選擇設備交易市場作為參照物市場;如果評估的是快速變現價值,則應選擇拍賣市場作為參照物市場。

11. 市場

兩個不同地區的設備交易市場,設備的交易價格可能是不同的,在同一地區而在不同的市場上交易的設備的價格也可能是不同的,比如,同一個地區的設備交易市場和設備拍賣市場的價格就是不同的。評估時應選擇相同交易市場的參照物。如果評估對象與參照

物不在同一個市場,評估人員必須清楚兩個市場的價格差異,並且作出調整。

[例3-18]採用市場法對某車床進行評估。

解:第一步,評估人員對被評估對象進行鑑定。基本情況如下:

設備名稱:普通車床

規格型號:CA6140×1500

製造廠家:A機床廠

出廠日期:2001年2月

投入使用時間:2001年2月

安裝方式:未安裝

附件:齊全(包括仿形車削裝置、後刀架、快速換刀架、快速移動機構)

實體狀態:評估人員通過對車床的傳動系統、導軌、進給箱、溜板箱、刀架、尾座等部位進行檢查、打分,確定其綜合分值為61分。

第二步,評估人員對二手設備市場進行調研,確定三個與被評估對象較接近的市場參照物,見表3-7:

表3-7　　　　　三個與被評估對象接近的市場參照物

	評估對象	參照物A	參照物B	參照物C
名稱	普通車床	普通車床	普通車床	普通車床
規格型號	CA6140×1500	CA6140×1500	CA6140×1500	CA6140×1500
製造廠家	A機床廠	A機床廠	B機床廠	B機床廠
出廠日期/役齡	2001年/7年	2000年/8年	2001年/7年	2002年/6年
安裝方式	未安裝	未安裝	未安裝	未安裝
附件	仿形車削裝置、後刀架、快速換刀架、快速移動機構	仿形車削裝置、後刀架、快速換刀架、快速移動機構	仿形車削裝置、後刀架、快速換刀架、快速移動機構	仿形車削裝置、後刀架、快速換刀架、快速移動機構
狀況	良好	良好	良好	良好
實體狀態描述	傳動系統、導軌、進給箱、溜板箱、刀架、尾座等各部位工作正常,無過度磨損現象,狀態綜合分值為6.1分	傳動系統、導軌、進給箱、溜板箱、刀架、尾座等各部位工作正常,無過度磨損現象,狀態綜合分值為5.7分	傳動系統、導軌、進給箱、溜板箱、刀架、尾座等各部位工作正常,無過度磨損現象,狀態綜合分值為6.0分	傳動系統、導軌、進給箱、溜板箱、刀架、尾座等部位工作正常,無過度磨損現象,狀態綜合分值為6.6分

表3-7(續)

	評估對象	參照物 A	參照物 B	參照物 C
交易市場		評估對象所在地	評估對象所在地	評估對象所在地
市場狀況		二手設備市場	二手設備市場	二手設備市場
交易背景及動機	正常交易	正常交易	正常交易	正常交易
交易數量	單臺交易	單臺交易	單臺交易	單臺交易
交易日期	2008年3月31日	2008年2月10日	2008年1月25日	2008年3月10日
轉讓價格		23,000元	27,100元	32,300元

第三步,確定調整因素,進行差異調整。

(1)所選擇的三個參照物中,一個與評估對象的生產廠家相同,另外兩個為 B 廠家生產。在新設備交易市場 A、B 兩個製造商生產某相同產品的價格分別為 4.44 萬元和 4.0 萬元。

新設備的價格差異率 = (4.44 - 4.0) ÷ 4.0 × 100% = 11%,即 B 廠家生產的該產品市場價格比 A 廠家高 11%,以此作為被評估舊設備的調整比率。

(2)被評估對象出廠年限是 7 年,參照物 A、B、C 的出廠年限分別是 8 年、7 年和 6 年,根據市場同類設備交易價格的統計資料,調整比率見表 3-8:

表 3-8　　　　　　　　　　調整比率

參照物	調整比率(%)
A	4.9
B	0
C	-7.0

(3)實體狀態調整。

實體狀態調整,見表 3-9:

表 3-9　　　　　　　　　　實體狀態調整

參照物	實體狀態	調整比率(%)
A	傳動系統、導軌、進給箱、刀架、尾座等各部位工作正常,無過度磨損現象,狀態綜合分值5.7分	7
B	傳動系統、導軌、進給箱、刀架、尾座等各部位工作正常,無過度磨損現象,狀態綜合分值6.0分	2

參照物	實體狀態	調整比率(%)
C	傳動系統、導軌、進給箱、刀架、尾座等各部位工作正常，無過度磨損現象，狀態綜合分值6.6分	-8

第四步，計算評估值，見表3-10：

表3-10　　　　　　　　　　　計算評估值

	參照物 A	參照物 B	參照物 C
交易價格	23,000元	27,100元	32,300元
製造廠家因素調整	1.0	0.89	0.89
出廠年限因素調整	1.049	1.0	0.93
實體狀態因素調整	1.07	1.02	0.92
調整後結果	25,816元	24,601元	24,596元

被評估對象的評估值＝(25,816＋24,601＋24,596)÷3＝25,004(元)

第四節　收益法在機器設備評估中的應用

　　收益法是根據資產的獲利能力來確定資產價值的一種方法。在機器設備評估中，使用收益法的前提條件是：第一，機器設備必須具備獨立獲利能力並可以量化；第二，能確定合理的折現率。

　　在現實中，大多數機器設備都是單項機器設備，很難單獨計算出收益，因此，單項機器設備通常不採用收益法評估。某些生產線、成套化工裝置以及單獨進行營運的運輸設備（車輛、船舶、飛機等），可能具有獨立獲利能力，因此，可以採用收益法進行評估。

　　雖然在現實中採用收益法評估機器設備的情況不多，但如果能夠採用收益法，則盡可能採用，因為採用收益法評估的結果可以用來確定機器設備的功能性貶值和經濟性貶值，也可以用來分析企業是否存在無形資產。

　　例如，某企業的機器設備，用成本法評估的價值是500萬元，用收益法評估的價值是300萬元，低於成本法結果200萬元，這就表明在採用成本法評估機器設備時，可能有200萬元的貶值沒有考慮到。反之，如果收益法評估的價值是800萬元，高於成本法結果300萬元，則表明機器設備可能存在某種無形資產。

　　對於租賃設備，採用收益法進行評估也是比較合理的，投資者容易接受此評估價值。

[**例3-19**]如某有線網路公司有一條從A地到B地的光纖線路,某通信公司租賃該條光纖線路,租期為10年。要求:試估算該光纖線路的價值。

解:經調查,該光纖線路具有獨立獲利能力,因此,可以採用收益法進行評估。評估人員從租賃市場瞭解到該類線路年租金為80,000元左右,折現率確定為14.5%,根據下列公式:

$$PV = A \times \left[\frac{1 - \frac{1}{(1+r)^n}}{r} \right]$$

式中:PV——機器設備評估值
　　　A——被評機器設備的預測收益
　　　r——折現率
　　　n——機器設備的收益年限
則:該光纖線路的價值為
$PV = 80,000 \times [1 - 1/(1 + 14.5\%)^{10}]/14.5\% = 409,273(元)$

第五節　機器設備評估的特殊問題研究

　　機器設備評估所面臨的行業是多種多樣的,不僅有製造業、商業、服務業等,還涉及能源、環保、傳媒等諸多行業。這些行業中存在著一些具有特殊性質的機器設備。本節主要針對這些問題進行專門討論:

一、關於水輪機的評估

　　水輪機是水電站的主要設備,是針對不同河流、不同地理位置、不同水流量設計製造的專用設備。在對水輪機進行評估時,不能簡單按出廠價加各種費用的方法確定其重置成本,而應根據技術參數和運行狀態(如:立軸還是臥軸,軸流還是混流,設計水頭,額定轉速等),按工程量以及對應的各種費用計算評估值。下面就水輪機的評估進行實例分析討論。

　　[**例3-20**]某水輪機是安裝在牛欄江第六級水電站,距昭通市區約45km。壩址位於洪石岩村,水庫總庫容69.3萬m³,水庫正常蓄水位1,137.5m,發電死水位1,131m。發電廠房為引水式地面廠房,廠內裝有四臺水輪發電機組,單機容量20MW。水輪機型號:HLA551-LJ-220;水輪機轉輪方式:主軸;布置形式:立式;蝸殼包角及形式:345°,金屬

蝸殼；尾水管形式：彎肘形；轉輪公稱直徑：Φ2,200mm；水輪機俯視的旋轉方向：俯視順時針；額定轉速：273r/min；額定水頭52m；最大飛逸轉速（最大水頭時）：534r/min；水輪機補氣方式：自然補氣；水輪機總重量：196.5t。在設計水頭52m，額定轉速為273r/min運轉時，水輪機出力保證值不小於20,429kw。在全部運行範圍內，水輪機最高效率保證值為94.59%。

（一）計算重置成本

該水輪發電機組的重置全價由設備費、運雜費、安裝費、獨立費和資金成本四個部分組成，其四部分費用的定義、內容、標準是依據《水電工程設計概算費用標準》（2008）劃分的。即：

重置成本＝設備費＋運雜費＋安裝調試費＋工程建設其他費用＋資金成本

1. 設備費的確定

根據該水輪機的技術參數，其市場銷售價為5,568,000.00元。

2. 設備運雜費的確定

設備運雜費確定依據上述的概預算定額規定，由鐵路運雜費和公路運雜費兩部分組成。計算公式為：

（1）主設備運費＝主設備原價×（主設備鐵路運雜費率＋公路運雜費率）

表3-11　　　　　　　　　　主要設備運雜費率表　　　　　　　　　　單位：%

設備分類	鐵路 基本運距 1,000km	鐵路 每增運距 500km	公路 基本運距 50km	公路 每增運距 10km	公路直達基本費率
水輪發電機組	2.21	0.4	1.06	0.10	1.01
主閥、橋機	2.99	0.7	1.85	0.18	1.33
主變壓器					
120,000kVA及以上	3.5	0.56	2.8	0.25	1.2
120,000kVA以下	2.97	0.56	0.92	0.1	1.2

該水輪機組由設備生產廠家運到安裝地，其鐵路段運距：哈爾濱至市火車站約3,887km。其公路段運距：市火車站至建設地45 km。

水輪機運雜費率＝2.21%＋(3,887－1,000)/500×0.4%＋1.06%＝5.58%

（2）運輸保險費。國產設備運輸保險費按設備原價的0.4%計算。

（3）特大（重）件運輸增加費。特大（重）件運輸增加費按設備原價的1.5%計算。

（4）採購及保管費。採購及保管費按設備原價與設備運雜費之和的0.7%計算。

設備運雜費＝5,568,000.00×(5.58%＋0.4%＋1.5%)＋5,568,000.00

× (1 + 5.58% + 1.5%) × 0.7% = 458,221.9(元)

3. 設備安裝費

該水輪發電機整體重量為 196.5 噸,參照《水電設備安裝工程概算定額》和《水電工程設計概算費用標準》,計算其設備的安裝費,如表 3 – 12 所示:

表 3 – 12　　　　　　　　　水輪機安裝直接費計算表

定額單位:臺　　　　　　　　　　　　　　　　　　　　　　　　　　　金額單位:元

編號	名稱及規格	單位	數量	單價(元)	合計(元)
一	人工費				207,038.20
	高級熟練工	工時	1,505	10.41	15,667.05
	熟練工	工時	15,008	7.69	115,411.52
	半熟練工	工時	9,005	5.98	53,849.90
	普工	工時	4,503	4.91	22,109.73
二	材料費				117,468.41
	鋼板	kg	1,826	5.63	10,280.38
	型鋼	kg	6,846	5.11	34,983.06
	鋼管	kg	577	6.46	3,727.42
	銅材	kg	53	40.00	2,120.00
	電焊條	kg	1,220	7.00	8,540.00
	油漆	kg	456	18.00	8,208.00
	汽油	kg	606	8.06	4,884.36
	透平油	kg	47	13.50	634.50
	氧氣	m^3	1,571	3.50	5,498.50
	乙炔氣	m^3	680	15.00	10,200.00
	木材	m^2	2.77	1,660.27	4,598.95
	電	KW/h	15,284	0.61	9,323.24
	其他材料費	元	14,470	1	14,470.00

表3-12(續)

編號	名稱及規格	單位	數量	單價(元)	合計(元)
三	施工機械使用費				44,744.82
	橋式起重機	臺時	276	29.738	8,207.69
	電焊機20-30KV.A	臺時	1,085	11.96	12,976.60
	普通車床400-600	臺時	146	34.472	5,032.91
	牛頭刨床B650	臺時	117	28.252	3,305.48
	搖臂鑽床50	臺時	162	24.572	3,980.66
	壓力濾油機150型	臺時	85	32.888	2,795.48
	其他機械費	元	8,446	1	8,446.00

設備安裝直接工程費 = 207,038.20 + 117,468.41 + 44,744.82 = 369,251.43(元)

根據《水利水電建設機電安裝工程消耗量定額》(2007)計算安裝工程費見表3-13：

表3-13　　　　　　　　　水輪機安裝工程費計算表　　　　　　　　　金額單位：元

序號	費用項目	取費依據	取費基數	費率(%)	費用合計
一	直接工程費				401,007.05
(一)	直接費				369,251.43
1	人工費	預算定額	207,038.20	100	207,038.20
2	材料費	預算定額	117,468.41	100	117,468.41
3	機械使用費	預算定額	44,744.82	100	44,744.82
(二)	其他直接費				31,755.62
1	冬雨季施工增加費	直接費	369,251.43	1.50	5,538.77
2	夜間施工增加費	直接費	369,251.43	1.20	4,431.02
3	小型臨時設施攤銷費	直接費	369,251.43	2.00	7,385.03
4	安全文明施工措施費	直接費	369,251.43	1.50	5,538.77
5	其他	直接費	369,251.43	2.40	8,862.03
二	間接費	人工費	207,038.20	108.00	223,601.26
三	利潤	直接工程費 + 間接費	624,608.31	7.00	43,722.58
四	稅金	直接工程費 + 間接費 + 利潤	668,330.89	3.22	21,520.25
五	合計				689,851.14

安裝工程造價 = 689,851.14(元)

4. 工程建設其他費用

工程建設其他費用，即為獨立分攤費用。待分攤的獨立費主要包括項目建設管理費、生產準備費、科研勘察設計費及其他稅費。根據《水電工程設計概算編制規定》(2007)、《水電工程設計概算費用標準》(2007)中的相關規定，按下列公式求取獨立費分攤率：

獨立費分攤率 = 獨立費/(建築安裝工程造價 + 永久設備費)

= 90,230,664.75 /(441,727,617.59 + 128,223,277.04)

= 15.83%

該水電工程按照決算分為建築安裝工程、機電設備及安裝工程、獨立費、資金成本等幾個部分。其中建築工程、機電設備及安裝工程作為主體工程可以交付使用，獨立費和資金成本應分攤到發電設備和水工建築物中去，分攤原則是按價值量的大小進行分攤。其分攤公式為：

設備待分攤的獨立費 =（設備費 + 運雜費 + 安裝費）× 獨立費分攤率
= (5,568,000.00 + 458,221.90 + 689,851.14) × 15.83%
= 1,063,153.78（元）

5. 資金成本

根據相關規定,對於全部機組發電前的全部資金利息,可以計入固定資產;項目工程2005年年初開工,2008年2月開始發電。按該電站的生產規模,該工程的合理工期按三年計算,根據各年投資比例,按複利計算利息,利率按2009年12月31日執行的中國人民銀行公布的利率執行3年期固定資產貸款利率5.4%,按季計息的複利利率為5.51%。利息計算如表3-14所示:

表3-14　　　　　　　　　　利息計算表　　　　　　　　　　單位:%

項　　目	第1年	第2年	第3年	合計
投資比例	18	49	33	100
年名義利率	5.40	5.40	5.40	
年實際利率	5.51	5.51	5.51	
機組全部投產前利息系數	0.492	2.369	4.759	7.620

綜合利息系數 = 7.620%

資金成本 =（設備費 + 運雜費 + 安裝費 + 獨立費分攤）× 綜合利息系數
= (5,568,000.00 + 458,221.90 + 689,851.14 + 1,063,153.78) × 7.620%
= 592,777.08（元）

6. 重置成本的計算

重置成本 = 設備費 + 運雜費 + 安裝費 + 獨立費分攤 + 資金成本,計算匯總,如表3-15所示:

表3-15　　　　　HLA551-LJ-220水輪機重置全價計算表　　　　　金額單位:元

代碼	項目	計費費率	計算公式	計算結果
A	設備購置費			5,568,000.00
B	運輸、保險、採保（含稅）			458,221.90
C	安裝費		詳見安裝工程造價計算表	689,851.14
D	獨立費分攤	15.83%	(A+B+C)×費率	1,063,153.78
E	上述費用小計		A+B+C+D	7,779,226.82
F	資金成本	7.62%	E×費率	592,777.08
G	重置成本		E+F	8,372,003.90

該設備的重置成本確定為 8,372,003.90 元。

(二)成新率的確定

成新率採用理論成新率和現場勘察成新率加權平均得出。計算公式如下：

成新率 = 理論成新率 × 0.4 + 勘察成新率 × 0.6

1. 理論成新率

該水輪發電機組經濟使用年限為 30 年,於 2008 年 2 月 29 日正式投入使用,至評估基準日止,已使用年限為 1.84 年,則：

理論成新率 = (1 - 已使用年限 ÷ 經濟壽命年限) × 100% = 93.87%

2. 現場勘察成新率

根據現場瞭解,該水輪發電機組的轉輪出力可達到設計值,機組運行穩定。評估人員、水電設備專家、廠方設備管理人員、設備操作人員、設備維護人員等專業技術人員在現場對該設備進行了共同勘察評定。具體評分結果見表 3-16：

表 3-16　　　　　　　　　　評分結果

組成部分	主要技術狀態	標準分	評分
水導軸承	檢修報告反應、軸承間隙正常、水導軸各指標正常	20	19
轉輪及主軸	檢修報告反應、轉輪葉片未見有裂紋、變形和汽蝕	15	14.5
導水機構	壓緊行程、導葉間隙、導葉軸套端面等指標正常	15	14.5
油、水、風系統	管路去銹乾淨、閥門、壓力表、頂蓋等檢查正常	10	9
蝸殼	焊縫、裂紋、進人門、用風壓等檢查正常	10	9.5
尾水管	鋼板、排水閥、空蝕、進人門、蝸殼、尾管檢查正常	10	9.5
蝶閥及壓力鋼管	調整液壓系統、電氣及整體控製系統正常,液壓油已換	10	9.5
其他	水輪機在線檢測系統檢查、測試正常	10	9.5
合計		100	95

3. 成新率

成新率 = 理論成新率 × 0.4 + 現場勘察成新率 × 0.6

　　　 = 93.87% × 0.4 + 95% × 0.6

　　　 = 94.548%　取整 95%

(三)評估值的確定

評估值 = 重置成本 × 成新率

　　　 = 8,372,003.90 × 95%

　　　 = 7,953,403.71（元）

二、關於有線網路資產的評估

有線網路資產主要是指動力輸電網、通信和有線電視網路等通過埋設和架空電纜、光纜所形成的固定資產。有線網路資產在評估方面的特殊性表現在其與通常的機器設備不一樣,是一種對電力或信息進行傳輸的線路或裝置,這類資產主要分佈在野外,有的建設在山上,有的埋設在地下,並且覆蓋範圍廣,給核實清查帶來很大難度;在評估時,常常是根據網路資產實際竣工的工程量等有關資料,依據現行的定額標準,結合評估基準日人工價格及材料價格等確定這類資產的價值。

[例3-21]某網路公司擁有城域網,覆蓋範圍為全市,現有傳輸光纜800多公里,有線電視用戶298,148戶。網路公司的有線電視網路始建於1993年,主要從事有線電視節目和數據傳輸,目前傳輸模擬電視節目51套,採用750 MHz鄰頻傳輸(部分設備為860 MHz)。在1993年至1996年10月,網路公司主要採用MMDS微波傳輸有線電視信號。隨著光纖傳輸技術的推廣,從1996年10月起,傳輸網路逐漸改建為容量更大、傳輸信號更加穩定、更少受干擾、適用範圍更加廣泛的HFC網(即光纜—同軸電纜混合傳輸網路)。在網路公司傳輸的51套電視節目中,除當地電視節目外,其餘節目的信號均採用衛星信號,由網路公司自行接收並傳送。傳輸系統採用HFC網傳輸,在城域網已形成了「五環六線」的網路傳輸結構。

具體以4芯光纜幹線為例加以說明。該幹線始建於1997年5月,於1997年10月建成投入使用,由網路公司安裝隊施工建設。該幹線為架空4芯光纜,分佈於全市各2級站,全長229.69km,主要沿城市街道敷設,電桿借用電力公司的動力電桿。路經地形以城市道路為主,未跨大的江河,全程未經高山峽谷地區,無大跨距的塔、桿。幹線光纜為國產光纜,質量優良,能滿足信號傳輸的要求。

評估時主要以原廣播電影電視部《有線廣播電視系統安裝工程預算定額》(以下簡稱《工程預算定額》)規定的「有線廣播電視系統工程費用組成及計算原則」計算其工程費用,再加上其他費用、資金成本等構成重置成本,其中設備及主材以同類設備及主材在評估基準日的市場價格為取價基礎。

(一)重置成本的確定

以下公式中的有關數據來源省略,直接得出結果。

1. 安裝(含調試)工程費

安裝(含調試)工程費 = 工程直接費(1) + 間接費(2) + 遠地施工增加費(3) + 計劃利潤(4) + 稅金(5) = 2,409,758.20(元)

(1)工程直接費 = 直接費① + 其他直接費② + 現場經費③ = 1,914,051.13(元)

①直接費 = Ⅰ + Ⅱ + Ⅲ + Ⅳ = 1,682,055.82(元)

Ⅰ. 定額人工費 = 229.69 × (11.00 + 14.97 + 29.00) × 20.45 = 258,202.91(元)

根據《工程預算定額》，架空光纜線路勘測為 11.00 綜合工日/km，架設 7/2.2 - 6.6 吊線為 14.97 綜合工日/km，架設架空 4 芯光纜為 29.00 綜合工日/km。

Ⅱ. 材料費 = 1,423,852.91 元(查《工程預算定額》及價格資料計算)

其中光纜為 2,350.00 元/km，主、輔材費為 3,849.02 元/km。

Ⅲ. 機械臺班費 = 0.00(元)

Ⅳ. 儀器儀表臺班費 = 0.00(元)

② 其他直接費 = 定額人工費 × 其他直接費率 = 258,202.91 × 42.43% = 109,555.49(元)

③ 現場經費 = 定額人工費 × 現場經費費率 = 258,202.91 × 47.42% = 122,439.82(元)

(2) 間接費 = 定額人工費 × 間接費費率 = 258,202.91 × 81.47% = 210,357.91(元)

(3) 遠地施工增加費 = 定額人工費 × 規定費率 = 258,202.91 × 20% = 51,640.58(元)

(4) 計劃利潤 = 定額人工費 × 利潤費率 = 258,202.91 × 60% = 154,921.75(元)

(5) 稅金 = (工程直接費(1) + 間接費(2) + 遠地施工增加費(3) + 計劃利潤(4)) × 稅金費率 = 2,330,971.37 × 3.38% = 78,786.83(元)

2. 其他費用

其他費用 = 安裝工程費 × 4% = 2,409,758.20 × 4% = 96,390.33(元)

其他費用包括設計費、建設單位管理費等，費率取 4%。

3. 資金成本

資金成本 = (安裝工程費 + 其他費用) × 5.31%/2 = 66,538.24(元)

網路公司安裝工程的合理工期為一年，一年期貸款利率為 5.31%，以資金平均投入並簡化計算。

4. 重置成本

重置成本 = 安裝工程費 + 其他費用 + 資金成本 = 2,572,686.77(元)

(二) 成新率的確定

該幹線已使用 5.2 年，尚可使用 4.8 年，故

成新率 = 4.8/(5.2 + 4.8) × 100%

= 48%

(三) 評估價值的確定

該幹線評估價值 = 重置成本 × 成新率

$= 2,572,686.77 \times 48\%$
$= 1,234,889.65(元)$

第四章

房地產評估

第一節 土地使用權評估

一、土地概述

(一) 土地的概念

土地的概念可分為廣義和狹義兩種。廣義的土地是一個垂直剖面的概念，即土地是一個應當包括以地球表面為基點，上至大氣層、下至地心的廣闊領域。狹義的土地則是一個平面區域概念，即土地僅僅是指地球表面構成陸地部分的土壤層。本書所講的土地概念是狹義的土地概念。

現實中一宗土地的平面範圍通常是根據有坐標點的用地紅線圖，由城市規劃管理部門或土地管理部門在地塊各轉點釘樁、埋設混凝土界樁或界石來確定，面積大小依水平投影面積計算；一宗地的空間範圍通常通過規劃限制條件確定，如建築高度、建築後退紅線距離、建築密度、容積率、建築間距等限制指標。

(二) 土地的特性

土地的特性可分為土地的自然特性和土地的社會經濟特性兩個方面。

1. 土地的自然特性

土地的自然特性是指土地作為自然物體存在所具有的特殊性質。具體包括以下特性：

(1) 位置的不可移動性。土地是一種不可位移的物質，每一宗土地都有其固定的位

置,因而附屬於該位置的溫度、濕度、日光等均有一定的狀態,它們共同構成了土地的自然地理位置。

(2)數量的固定性。土地是自然的產物,不具有再生性,其數量是由地球的面積決定的。在一定時期,土地的數量是一個基本確定的量,它不受土地需求而變化,從總量上講,土地的供給是不具有彈性的。

(3)效用的持久性。土地作為一種自然資源,只要合理地加以利用,其使用價值是持久不失的。在沒有特別限制的條件下,土地可產生持久不斷的使用效應。

2. 土地的社會經濟特性

土地的社會經濟特性是指土地作為人類社會經濟資源所具有的特殊性質,具體包括以下特性:

(1)用途的多樣性。土地作為一種社會經濟資源,可以具有多種用途,如工業用地、商業用地、住宅用地、交通用地等用途。土地的用途不同,其價值也有差別,尤其是在市場經濟條件下,土地的用途直接影響其市場價格。

(2)經濟地理環境的可變性。土地作為自然資源,其自然地理位置是固定的。但是,土地作為社會經濟資源,其經濟地理環境卻是可變的。土地的經濟地理環境取決於土地的周邊環境、離商業服務中心的距離、交通條件等,而這些都是可變的。土地的經濟地理環境的變化對土地的價值影響極大。

(3)可壟斷性。通過一定的法律關係,特定主體可以將土地的所有權加以壟斷,以形成特定的土地制度。土地所有權的可壟斷性構成了土地使用權的市場價格的基礎,形成了與其他商品市場規律的差異特性。

(三)土地的分類

(1)以土地的經濟地理位置為標準,城市土地可劃分市中心區土地、一般市區土地、市區邊沿區土地、近郊區土地、遠郊區土地、邊遠區土地等類別。

(2)以土地的社會經濟作用為標準,城市土地可劃分為工業用地、商業用地、住宅用地、交通用地、公用事業用地等類別。

(3)以土地開發程度為標準,城市土地可分為熟地(已開發的土地)、生地(未開發的土地)、毛地(已部分開發的土地)和列入城鎮開發規劃的土地等類別。

(4)以所有權歸屬為標準,土地可以分為國家所有的土地和集體所有的土地。

從中國的實際情況出發,新修訂的《中華人民共和國土地管理法》(2004),根據土地利用總體規劃和土地用途,將中國土地分為三大類,即農用地、建設用地和未利用地。農用地是指直接用於農業生產的土地,包括耕地、林地、草地、農田水利用地、養殖水面等;建設用地是指建造建築物、構築物的土地,包括城鄉住宅和公共設施用地、工礦用地、交通水利設施用地、旅遊用地、軍事設施用地等;未利用地是指農用地和建設用地以外的土地。

二、土地使用權概述

(一)土地使用權的概念

土地使用權是從土地所有權衍生,並與土地所有權相分離,依照法律法規或合同約定而非自由發生的受限制的物權。土地使用權可以通過出讓、劃撥、轉讓、租賃等方式獲得。

(二)與土地使用權相關的法律規定

1. 國有土地使用權

《中華人民共和國土地管理法》(2004)第二條規定:「中華人民共和國實行土地的社會主義公有制,即全民所有制和勞動群眾集體所有制。」第八條規定:「城市市區的土地屬於國家所有。農村和城市郊區的土地,除由法律規定屬於國家所有的以外,屬於農民集體所有;宅基地和自留地、自留山,屬於農民集體所有。」第九條規定:「國有土地和農民集體所有的土地,可以依法確定給單位或者個人使用。」《中華人民共和國土地管理法實施條例》(1998)第二十九條規定:「國有土地有償使用的方式包括:(一)國有土地使用權出讓;(二)國有土地租賃;(三)國有土地使用權作價出資或者入股。」

由此可見,國有土地使用權可以通過劃撥、出讓、租賃、作價出資或者入股等方式獲得,由於依法取得的國有土地使用權可以依法轉讓,針對國有土地使用者而言,也可通過轉讓方式獲得國有土地使用權。

2. 集體所有土地的承包經營權

《中華人民共和國土地管理法》(2004)第十四條規定:「農民集體所有的土地由本集體經濟組織的成員承包經營,從事種植業、林業、畜牧業、漁業生產。土地承包經營期限為三十年。發包方和承包方應當訂立承包合同,約定雙方的權利和義務。承包經營土地的農民有保護和按照承包合同約定的用途合理利用土地的義務。農民的土地承包經營權受法律保護。在土地承包經營期限內,對個別承包經營者之間承包的土地進行適當調整的,必須經村民會議三分之二以上成員或者三分之二以上村民代表的同意,並報鄉(鎮)人民政府和縣級人民政府農業行政主管部門批准。」

由此可見,單位或個人可以通過土地承包經營方式取得集體所有土地的使用權。

我們在本章中以後提到的土地使用權,除非特別說明,均指國有土地使用權。

(三)土地使用權的特性

土地使用權的特性是指設定權益的特殊性質,主要包括:對土地使用權本身的限制及對土地使用的管制。

1. 對土地使用權本身的限制

任何單位或個人均可依法取得土地使用權,進行土地開發、利用、經營,但取得的土地使用權不包含該土地範圍內的地下資源、埋藏物和市政公用設施。《中華人民共和國民法

通則》(1986)第七十九條規定：「所有人不明的埋藏物、隱藏物歸國家所有。」《中華人民共和國城鎮國有土地使用權出讓和轉讓暫行條例》(1990)第二條規定：「國家按照所有權與使用權分離的原則，實行城鎮國有土地使用權出讓、轉讓制度，但地下資源、埋藏物和市政公用設施除外。」

2. 土地使用的管制

對城市國有土地使用權而言，其使用管制主要指針對它的城市規劃限制條件，包括：①土地用途；②建築高度；③容積率；④建築密度；⑤建築物後退紅線距離；⑥建築間距；⑦綠地率；⑧交通出入口方位；⑨停車泊位；⑩建築體量、體形、色彩；⑪地面標高；⑫其他要求，如規定規劃設計方案須符合環境保護、消防安全、文物保護、衛生防疫等有關法律法規的規定。

上述限制條件中，容積率是指一宗土地上建築物的總建築面積與該宗地土地總面積的比值；建築密度是指一宗土地上建築物的基底總面積與該宗地土地總面積的比值；綠地率是指用地紅線內綠化用地總面積與該宗土地總面積的比值；建築物後退紅線距離是指規定的建築物應離城市道路或用地紅線的距離。

(四)土地的權屬分類

土地的權屬類別較多，但主要可分為兩大類，即土地所有權和土地使用權，其他的權屬都是由這兩類權屬派生而形成的。

1. 土地所有權

土地所有權是指土地所有者在法律規定的範圍內佔有、使用和處分其土地，並從土地上獲得合法收益的權利。

2. 土地使用權

土地使用權是指土地使用者依法對土地進行使用或依法對其使用權進行出租、轉讓、抵押、投資的權利。

在中國，按土地使用者所取得的土地使用權性質可分為劃撥土地使用權、出讓土地使用權、租賃土地使用權三類。

(1)劃撥土地使用權

劃撥土地使用權是指土地使用者通過各種方式依法無償取得的土地使用權。

《中華人民共和國城市房地產管理法》(2007)第二十三條規定：「下列建設用地的土地使用權，確屬必需的，可以由縣級以上人民政府依法批准劃撥：(一)國家機關用地和軍事用地；(二)城市基礎設施用地和公益事業用地；(三)國家重點扶持的能源、交通、水利等項目用地；(四)法律、行政法規規定的其他用地。」《中華人民共和國土地管理法》(2004)第五十四條也有相同的規定。

原國家土地管理局《關於國有企業改革中劃撥土地使用權管理暫行規定》(1998)中

規定,國有企業改制中,下列四種情況經批准可保留劃撥土地使用權:①繼續作為城市基礎設施用地,公益事業用地和國有重點扶持的能源、交通、水利等項目用地,原土地用途不發生改變,但改造或改組為公司制企業的除外;②國有企業兼併國有企業、非國有企業及國有企業合併後的企業是國有工業企業的;③在國有企業兼併、合併中,一方屬於瀕臨破產企業的;④國有企業改造或改組為國有獨資公司的。其中②、③、④項保留劃撥土地方式的期限不超過 5 年。

(2) 出讓土地使用權

出讓土地使用權是指國家以土地所有者的身分將土地使用權在一定年限內讓與土地使用者,並由土地使用者向國家支付土地使用權出讓金的行為。土地使用者通過出讓方式取得的土地使用權為出讓土地使用權。

通過出讓方式取得的土地的使用權須受相應的法規限制。例如關於土地使用權的出讓年限,《中華人民共和國城鎮國有土地使用權出讓和轉讓暫行條例》(1990) 第十二條規定:「土地使用權出讓最高年限按下列用途確定:(一) 居住用地七十年;(二) 工業用地五十年;(三) 教育、科技、文化、衛生、體育用地五十年;(四) 商業、旅遊、娛樂用地四十年;(五) 綜合或其他用地五十年。」

(3) 租賃土地使用權

租賃土地使用權是指土地使用者通過租賃方式依法取得土地使用權的一種權利。承租人向出租人支付土地使用權租金。

(五) 土地使用權的價格類型

由於土地的多種特性以及土地使用權的特性,土地使用權的價格表現形式與其他資產不同,土地使用權價格有多種表現形式。

1. 基準地價

《城鎮土地估價規程》(GB/T 18508 – 2001) 關於基準地價的定義是:「基準地價是指在城鎮規劃區範圍內,對現狀利用條件下不同級別的土地或不同均質地域的土地,按照商業、居住、工業等用途,分別評估確定的某一估價期日上法定最高年期土地使用權區域平均價格。」從定義中可以看出,基準地價是一種按土地用途、級別或區段、用地條件相同或相近為依據估測出的一定時期的區域性土地使用權平均單價,基準地價由政府以公告形式發布。

2. 標定地價

《城鎮土地估價規程》(2001) 中對標定地價的定義為:「標定地價是政府根據管理需要,評估的某一宗地在正常土地市場條件下於某一估價期日的土地使用權價格。它是該類土地在該區域的標準指導。」《中華人民共和國城市房地產管理法》(2007) 第三十三條規定:「基準地價、標定地價和各類房屋重置價格應當定期確定並公布。」由此可見,標定

地價的特點是:在一定時期和一定條件下,能夠代表不同區位、不同用途地價水平的標誌性宗地的價格。

3. 出讓底價、出讓價格

出讓底價是政府根據土地用途、出讓年限、土地規劃條件、地產市場行情等因素確定的待出讓土地的底價,通常是由政府出讓土地確定的最低價格。出讓價格是由政府將土地出讓給土地使用者的成交價格。

4. 轉讓價格

轉讓價格是土地使用者將已取得的土地使用權再轉讓給第三者的交易價格,具體包括:買賣價格、租賃價格、徵用價格。

買賣價格是以買賣方式讓渡土地使用權所形成的土地使用權交易價格。租賃價格是指以租賃方式讓渡土地使用權所形成的土地使用權交易價格。徵用價格是指政府徵用土地而對土地使用者進行補償所形成的價格。《中華人民共和國土地管理法》第五十八條規定:「有下列情形之一的,由有關人民政府土地行政主管部門報經原批准用地的人民政府或者有批准權的人民政府批准,可以收回國有土地使用權:(一)為公共利益需要使用土地的;(二)為實施城市規劃進行舊城區改建,需要調整使用土地的;(三)土地出讓等有償使用合同約定的使用期限屆滿,土地使用者未申請續期或者申請續期未獲批准的;(四)因單位撤銷、遷移等原因,停止使用原劃撥的國有土地的;(五)公路、鐵路、機場、礦場等經核准報廢的。依照前款第(一)項、第(二)項的規定收回國有土地使用權的,對土地使用權人應當給予適當補償。」

5. 其他價格

其他價格主要包括抵押價格和課稅價格。

(1)抵押價格是指為融資而將土地使用權抵押所形成的價格。

(2)課稅價格是指按稅法規定,構成土地使用權課稅基礎的價格。

按國有土地使用權的壟斷程度,可劃分為政府壟斷的一級市場和競爭性的二級市場。土地使用權價格體系中的基準地價、標定地價、出讓底價和出讓價格,應屬於一級市場的價格範疇,轉讓價格和抵押價格等屬於二級市場的價格範疇。

(六)影響土地使用權價格的因素

影響土地使用權價格的因素包括一般因素、區域因素、個別因素等,參見圖 4-1。

1. 一般因素

一般因素主要包括人口因素、行政因素、經濟因素、社會因素、心理因素、國際因素六大方面。

(1)人口因素。土地、房地產的需要主體是人,人口狀態是最主要的社會經濟因素,人的密度、素質、構成等狀況對土地、房地產價格有很大的影響。

①人口密度。人口增加,則人地比率增大,人口密度提高,從而對土地的需求上升,導致地價上漲。但是,另一方面,人口密度過高會導致生活環境惡化,從而可能導致地價降低。

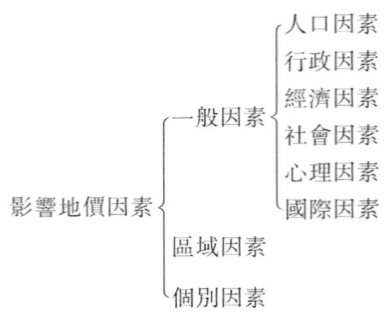

$$\text{影響地價因素}\begin{cases}\text{一般因素}\begin{cases}\text{人口因素}\\\text{行政因素}\\\text{經濟因素}\\\text{社會因素}\\\text{心理因素}\\\text{國際因素}\end{cases}\\\text{區域因素}\\\text{個別因素}\end{cases}$$

圖 4－1　影響土地使用權價格的因素

②人口素質。人們的文化教育水平、生活質量和文明程度,對土地價格也有影響。隨著經濟發展和文化的進步,人們必然要求公共設施日益完善,同時對居住環境也必然力求寬敞舒適。凡此種種,都會增加土地的需求,從而導致土地價格上漲。如果一個地區中居民的素質低、構成複雜、秩序欠佳,人們多不願在此居住、生活,土地價格必然低落。

③家庭人口規模。家庭人口規模指一個國家、一個地區或某一城市的家庭平均人口數。家庭人口規模發生變化,即使人口總數不變,也將引起居住單位數的變動和需用住宅數量的變化,導致土地需求的變化,從而影響土地價格。一般來說,隨著家庭人口規模小型化,即家庭平均人口數的下降,土地價格有上漲的趨勢。

（2）行政因素。行政因素主要是指國家對土地價格的干預。國家從全社會利益和宏觀經濟發展角度出發,或推動土地的轉移,或限制某類土地的利用等,從而達到提高土地總體利用效益的目的。這種干預,對土地價格的影響至關重要。

影響土地價格的主要行政因素有土地制度、住房制度、城市規劃、土地出讓方式、地價政策、稅收政策、交通管制和行政隸屬變更等。

（3）經濟因素。影響土地價格的經濟因素主要有經濟發展狀況、儲蓄和投資水平、財政收支與金融狀況、居民收入和消費水平、物價變動等因素。

（4）社會因素。影響地價的社會因素主要有政治安定狀況、社會治安狀況、房地產投機和城市化程度四個方面。

（5）心理因素。心理因素對土地、房地產價格的影響有時是不可忽視的。影響土地、房地產價格的心理因素主要有購買或出售的心態、個人偏好、時尚風氣、接近名家住宅心理、吉祥號碼等。

（6）國際因素。影響房地產、土地價格的國際因素主要有世界經濟狀況、軍事衝突狀況、政治對立狀況等。

2. 區域因素

影響土地價格的區域因素是指影響城鎮(市)內部區域之間地價水平的商業繁華程度以及該區域在城鎮(市)中的位置、交通條件、公用設施及基礎設施水平、區域環境條件、土地使用限制和自然條件等。

針對不同用途的土地而言,影響它們價格的區域因素是有差別的,同一因素對同一區域內不同用途的土地價格的影響程度是不一樣的,同時,同一因素對不同區域內同一用途的土地價格影響程度也可能是不一樣的。下面分別列出影響商業、住宅、工業用地的主要區域因素。

(1)影響商業用地價格的主要區域因素,見表4-1：

表4-1　　　　　　　　　影響商業用地價格的主要區域因素

序號	影響因素	影響因素分析的具體內容
01	區域自然因素	區域在城鎮(市)的位置等
02	區域社會因素	常住人口及流動人口數量、社會人文環境等
03	交通狀況	街道狀況、道路狀況與交通便捷程度等
04	基礎設施狀況	供水、排水、供電、供氣、通信等基礎設施與公用服務設施等
05	商業繁華程度	距離商業中心的距離、商務設施的種類、規模與聚集程度、經營類別、客流的數量與質量等
06	區域行政因素	區域經濟政策、土地規劃及城鎮規劃限制、交通管制等
07	區域環境因素	區域環境與景觀、噪音、空氣污染或污染源的臨近程度等

(2)影響住宅用地價格的主要區域因素,見表4-2：

表4-2　　　　　　　　　影響住宅用地價格的主要區域因素

序號	影響因素	影響因素分析的具體內容
01	區域自然因素	區域在城鎮(市)的位置、自然條件及發生自然災害的概率等
02	區域社會因素	社區規模、功能與安全保障、人口密度、鄰里的社會歸屬、文化程度及生活方式等
03	交通條件	距社會經濟活動中心的距離、道路狀況與交通便捷程度等
04	基礎設施狀況	供水、排水、供熱、供電、供氣、通信等基礎設施與公用服務設施狀況等
05	區域行政因素	區域經濟政策、土地規劃及城鎮(市)規劃限制
06	區域經濟發展水平	區域經濟發展規模及水平、居民收入水平等
07	區域環境因素	區域環境與景觀、噪音、空氣污染及與危險設施或污染源的臨近程度等

(3) 影響工業用地價格的主要區域因素，見表 4-3：

表 4-3　　　　　　　　影響工業用地價格的主要區域因素

序號	影響因素	影響因素分析的具體內容
01	交通狀況	對外交通便捷程度、交通管制、距貨物集散地(車站、碼頭、機場)的距離及貨物集散地的規模與檔次、道路體系、道路構造及檔次等
02	基礎設施狀況	供水、排水、供熱、供電、供氣等狀況
03	區域環境狀況	污染排放狀況及治理狀況、距離危險設施或污染源的臨近程度、自然條件等
04	工業區成熟度	相關產業的配套及集聚狀況、工業區的未來發展趨勢等
05	區域行政因素	規劃限制、政府的特殊政策、產業管制等

3. 個別因素

影響土地價格的個別因素是指該宗地自身的地價影響因素，包括宗地自身的自然條件、開發程度、形狀、長度、寬度、面積、土地使用限制和宗地臨街條件等。

針對不同用途的土地而言，影響其價格的個別因素是有差別的。同一因素對不同用途的土地價格的影響程度是不同的，同一因素對同一用途、不同宗地的價格影響程度也可能是不一樣的。

表 4-4 分別列出了影響商業、住宅、工業用地價格的主要個別因素：

表 4-4　　　　　　　　影響用地價格的主要個別因素

序號	土地用途	影響土地價格的主要個別因素
01	商業	宗地地形、地質、地勢、日照、通風、干濕、寬度、深度、面積、形狀、臨街狀況、鄰接道路等級、通達性、宗地利用狀況與商業中心的接近程度、與客流的適應性、相鄰不動產的使用狀況、規劃限制、地上建築物的成新度、土地權利狀況及使用年限等
02	住宅	宗地地形、地質、地勢、日照、通風、干濕、寬度、深度、面積、形狀、臨街狀況、鄰接道路等級、通達性、規劃限制、宗地利用狀況、地上建築物的成新度、土地權利狀況及使用、與交通設施的距離、與商業設施和公共設施及公益設施的接近程度、與危險設施及污染源的接近程度、相鄰土地利用等
03	工業	地形、地勢、地質、水文條件、面積、臨路狀況、位置、土地使用限制、土地開發程度、土地權利狀況及使用等

上述分析影響土地使用權的價格因素主要是從影響土地自身的一般因素、區域因素和個別因素等進行的，而土地使用權的土地使用者對土地的開發利用現狀也會影響土地

使用權的價格,如土地使用者閒置土地,國家會對土地使用者徵收土地閒置費或無償回收土地。

三、土地使用權評估的原則
(一)土地使用權評估的基本原則
1. 供需原則
供需原則是指土地評估要以市場供需決定土地價格為依據。

土地是一種特殊商品,它的價格與其他商品一樣,同樣由土地市場中供給與需求的相互關係而定。但土地又有別於一般商品,因為土地具有位置固定性、面積不增性、區位個別性等,從而形成它所特有的供求原則,即土地供給的稀缺性。土地供給的稀缺性是影響土地價格的一個重要因素。

2. 替代原則
替代原則是指土地評估應以相鄰地區或類似地區功能相同、條件相似的土地市場交易價格為依據,評估結果不得明顯偏離具有替代性質土地的正常價格。

3. 最有效利用原則(也叫最高最佳利用原則)
最有效利用原則是指土地評估應以評估對象的最有效利用為前提。

最有效利用是指法律上許可、技術上可能、經濟上可行,經過充分合理的論證,能使評估對象的價值達到最大的一種最有效的使用,具體包括三層含義:最佳用途、最佳規模、最佳集約度。

4. 預期原則
預期原則是指土地評估應以評估對象在最有效利用條件下的未來客觀的預期收益為依據。

土地評估在很大程度上以對將來收益預測為基礎,受預期收益形成因素的變動所左右。在土地評估時要分析影響土地價格變化的各種因素,並對將來的變動趨勢作客觀合理的預測。

(二)土地使用權價格評估的相關應用原則

土地評估不僅要遵循上述四條基本原則,還要考慮由此派生出來的一系列相關應用原則,它們是四條基本原則的具體應用,並從不同角度提出了土地評估時應注意的問題。

(1)與供求原則相關的應用原則有競爭原則,或叫競爭與超額利潤原則。競爭原則是自由競爭體制的一個原則,其基本含義是:超額利潤引起競爭,競爭使超額利潤減少以至消失。競爭關係的變化與市場供求關係的變化是密切相關的,可以說是供求關係的另一種表現。

(2)與預期原則相關的應用原則有預期收益原則、變化原則、變動原則、評估基準日

原則等。其中預期收益原則是指土地評估總是以將來的預期收益而不是過去的收益作為評估依據；變化原則是指分析影響土地收益因素的變化趨勢和可預見的後果；變動原則要求在土地評估中隨影響土地價格各種因果關係的變化而調整變動。評估基準日原則以土地價格隨時間變化為依據，設定評估基準日進行期日修正，作為比較替代的基礎。從內容上分析，這幾條原則都注意到了土地價格的波動性，即土地價格的形成是一動態過程，土地價格隨時間和影響土地價格因素的變化而變動。

（3）與最有效利用原則（最高最佳利用原則）相關的應用原則有貢獻原則、報酬遞增遞減原則、均衡原則等。貢獻原則是指土地上的總收益是由土地及其他生產要素共同作用的結果，土地的價格可以由土地對土地上的總收益的貢獻大小來決定，與之對應的有收益分配原則，即從生產費用理論的角度看，總收益是由土地、資金、勞動和經營四個生產要素共同創造，按各自所起的作用，分配各自的收益。報酬遞增遞減原則是指土地評估要考慮在技術上可行、法律上允許的條件下，土地純收益會隨著土地投資的增加而出現由遞增到遞減的規律。這與經濟學中的邊際收益遞減規則相聯繫。均衡原則是強調以土地內部構成因素的組合是否保持均衡來判定土地是否處於最有效利用狀態。

（三）土地使用權評估的基本原則、相關應用原則間的關係

土地評估中遵循的各項原則不是相互獨立的，而是相互影響、互為聯繫的，其相互關係見表4-5：

表4-5　　　　　　　　　土地評估原則的相互關係

基本原則	主要依據的經濟學原理	相關應用原則
供求原則	供求原理、稀缺原理	競爭原則、競爭與超額利潤原則
預期原則	預期原理	預期收益原則、變化原則、變動原則、評估基準日原則
最有效利用原則（最高最佳利用原則）	生產費用價值理論、邊際效益遞增遞減原理	貢獻原則、報酬遞增遞減原則、收益分配原則、均衡原則

四、土地使用權價格評估方法及其應用

（一）土地使用權價格評估方法

1. 評估方法

土地評估方法分為基本評估方法和應用評估方法。

通常認為，市場法、收益法、成本法為三大基本評估方法，剩餘法、基準地價系數修正法、路線價評估法等為應用評估方法。

三大基本評估方法通常被認為是三大相對獨立的評估方法,而應用評估方法則不是相對獨立的評估方法,是基本評估方法在評估實踐中組合應用而形成的評估方法。

2. 三大基本評估方法之間的關係

三大基本評估方法間的關係如圖4-2所示:

圖4-2 三大基本評估方法的相互關係

(二)土地使用權價格定義

土地使用權價格定義是指土地使用權評估結果的內涵,即在評估基準日、現狀利用或規劃利用條件下設定的開發程度與用途,法定最高年限內一定年期的土地使用權(包括其他內容)價格。

在實際評估過程中,必須明確土地使用權價格內涵,具體包括:

(1)土地使用權的性質。土地使用者所取得的土地使用權性質可分為劃撥土地使用權、出讓土地使用權、租賃土地使用權等。

(2)土地使用權的用途。說明評估對象實際用途和評估時所設定的用途,實際用途需以國有土地使用證登記用途為依據。

(3)土地使用權的權利狀況。說明評估對象是否設定了他項權利,如抵押權、租賃權、地役權、地上權、地下權等。

(4)開發程度。說明評估對象宗地內外實際開發程度和評估時設定的宗地內外實際開發程度,但土地開發程度的設定應與評估對象土地利用特點和評估目的相一致,分別界定宗地外圍或宗地內外「幾通」(指通路、通電、通上水、通下水、通氣、通暖、通信等)和宗地內場地平整。

(5)容積率。說明宗地實際容積率或規劃容積率和評估時設定的容積率。

(6)剩餘使用年限。根據土地使用權性質和評估目的,確定評估對象從評估基準日計算;剩餘使用年限,即評估對象的最高出讓年限減去已使用年限。

(三)成本法在土地使用權價格評估中的應用

1. 基本概念

成本法是資產評估的一種基本方法,在土地評估應用中,通常被稱為成本逼近法。成

本逼近法是以開發土地所耗費的各項客觀費用之和為主要依據,再加上一定的利潤、利息、應繳納的稅金和土地增值收益來確定土地價格的方法。由於該評估方法的基本原理是將構成土地價格的各項要素相加來求取土地使用權價格,故稱為「成本逼近法」。

2. 基本公式

$$V = (E_a + E_d + T + R_1 + R_2 + R_3) \times \sum K \times K_n$$
$$= (VE + R_3) \times \sum K$$

公式中:V——土地價格

E_a——土地取得費

E_d——土地開發費

T——稅費

R_1——利息

R_2——利潤

R_3——土地增值收益

VE——土地成本價格

$\sum K$——個別因素修正系數

K_n——使用年期修正系數

3. 適用範圍

一般適用於新開發土地,或土地市場欠發育、交易實例少的地區或區域的土地評估。

4. 評估程序

(1)判斷待估土地是否適用成本逼近法;

(2)收集與估價相關的成本費用、利息、利潤及土地增值收益等資料;

(3)通過直接或間接方式求取待估土地的土地取得費、土地開發費及相關的稅費、利息、利潤;

(4)確定土地開發後較開發前的價值增加額(土地增值收益);

(5)按公式求取待估土地的價格;

(6)對地價進行修正,確定待估土地的最終價格。

5. 操作步驟

(1)確定土地取得費。土地取得費按土地使用者為取得土地使用權而支付的各項客觀費用計算。

徵收農村集體土地時,土地取得費就是徵地費用,徵地過程中所發生的各項費用以待估宗地所在區域政府規定的標準或應當支付的客觀費用來確定。

城鎮國有土地的土地取得費可按拆遷安置費計算。拆遷安置費主要包括拆除房屋及

構築物的補償費用及拆遷安置補助費。拆遷安置費應根據當地政府規定的標準或應當支付的客觀費用來確定。

從市場購買土地時，土地取得費就是土地購買價格。

（2）確定土地開發費。土地開發費按該區域土地平均開發程度下需投入的各項客觀費用計算。

對於宗地紅線外的土地開發費用，要客觀計算道路費、基礎設施配套費、公用設施配套費和小區開發費；宗地紅線內的土地開發費一般有土地平整和小設施配套費，根據評估目的和投資主體不同，宗地紅線內的小設施配套費是否計入也不同。

按照待估宗地的條件、評估目的和實際已開發程度確定待估宗地的開發程度。屬建成區內已開發完成的土地，評估設定的開發程度最少應為紅線外「三通」、紅線內「場平」，即宗地紅線外通路、通上水、通電和宗地紅線內場地平整。開發程度最為完善的可達到「七通一平」，即通上水、通下水、通電、通信、通氣、通熱、通路和場地平整。「三通一平」只是最基本的條件，通常只有搞好「五通一平」，即通上水、通下水、通電、通信、通路和場地平整，土地上的投資項目才能正常運行。

（3）確定各項稅費。徵地過程中發生的稅費一般有：①占用耕地的耕地占用稅；②占用耕地的耕地開墾費；③占用菜地的新菜地開發建設基金；④徵地管理費；⑤政府規定的教育基金及其他有關稅費。房屋拆遷過程中發生的稅費一般有：①房屋拆遷管理費和房屋拆遷服務費；②政府規定的其他有關稅費。

（4）確定土地開發利息。按照設定的土地開發程度的正常開發週期、各項資本費用的投入期限和資本年利息率，分別估計各期投入的成本費用的利息。土地開發利息以土地取得費和土地開發費等作為計息基礎。計息期按開發期的一半計算。土地開發週期超過一年，利息按複利計算。

（5）確定土地開發利潤。土地開發總投資應計算合理的利潤。土地開發總投資包括土地取得費、土地開發費和各項稅費。按照開發性質和各地實際，確定投資的正常回報率，估算土地投資應取得的投資利潤。

（6）確定土地增值收益。對城市土地的投資開發，除獲得正常的投資回報外，往往還存在一個價值增加額，即土地增值權收益，該增加額歸土地所有者享有，土地所有者取得土地增值額。

土地增值收益按該區域土地因改變用途或進行土地開發，達到建設用地的某種利用條件（開發程度）而發生的價值增加額計算。實踐中，通常參照該區域土地使用權出讓金標準確定土地增值收益。

6. 價格修正與確定

（1）個別因素修正。根據待估宗地在區域內的位置和宗地條件，進行個別因素修正。

(2)年期修正。利用成本法求取有限年期的土地使用權價格時,應進行土地使用年期修正。其年期修正公式如下:

$$K_n = 1 - 1/(1+r)^n$$

公式中:K_n——年期修正系數

r——土地還原利率

n——土地使用年期

進行年期修正時要注意:①當土地增值收益是以有限年期的市場價格與成本價格的差額確定時,年期修正已在土地增值收益中體現,不再另行修正;②當土地增值收益是以無限年期的市場價格與成本價格的差額確定時,土地增值收益與成本價格一道進行年期修正;③待估宗地為已出讓土地時,應進行剩餘使用年期修正。

7. 舉例

[例4-1]待估宗地面積6,658.5平方米,為待開發用地,規劃用途為工業用地,至評估基準日時,剩餘使用年限為36.83年,土地實際開發程度為宗地外「六通」(通上水、通下水、通電、通氣、通訊、通路)、宗地內場地平整,規劃容積率為0.8。

(1)求取土地取得費及相關稅費,見表4-6:

表4-6　　　　　　　　土地取得費及相關稅費表

序號	項　目	計算依據	標準(元/平方米)	備　註
01	土地補償費	政府××號令	13.5	
02	勞動力安置費	政府××號令	15.0	
03	青苗補償費	政府××號文	1.8	
04	耕地合同稅	政府××號文	7.5	
05	土地管理費	政府××號文	1.6	
06	附著物賠償費	政府××號文	15.0	
07	耕地復墾費	政府××號文	15.0	
08	新增用地有償使用費	政府××號文	14.0	
09	不可預見費		8.3	取上述費用的10%
10	合　計		91.7	

該區域代徵地比例為5%,則土地取得費為97元/平方米[91.7÷(1-5%)]。

(2)求取土地開發費。條件如下:

①該區域宗地外「六通」的正常費用為50元/平方米;

②該區域宗地內場地平整的正常費用為15元/平方米。
則土地開發費為65元/平方米。
（3）計算利息。該宗地達宗地外「六通」要求、宗地內場地平整的正常開發週期為0.5年，利息率取年5.31%。
據該區域徵地慣例，土地取得費及相關稅費和土地開發費中的宗地外「六通」費用在辦理徵地手續時一併支付，然後進行場地平整和項目開發建設。則：

利息 = $(97+50) \times [(1+5.31\%)^{0.5} - 1] + 15 \times [(1+5.31\%)^{0.25} - 1]$
　　　= 4（元/平方米）

（4）計算利潤。該區域工業用地平均年投資利潤率為10%，則：
利潤 = $(97+50+15) \times 10\% \times 0.5 \approx 8$（元/平方米）
（5）確定土地增值收益。估價對象所在區域政府規定的土地出讓金標準為30元/平方米（50年期）。經分析，待估宗地為該區域中較優宗地，估算土地增值收益為38元/平方米。
（6）確定土地成本價格和熟地價格。其計算如下：
①土地成本價格（VE）= 97 + 65 + 4 + 8 = 174（元/平方米）
②熟地價格 = $VE + R_3$ = 174 + 38 = 212（元/平方米）
（7）個別因素等因素修正。主要有以下兩點：
①使用年期修正。其計算如下：

修正後熟地價格 = 土地成本價格 × $[1 - 1 \div (1+10\%)^{36.83}]$ + 土地所有權收益 ×
　　　　　　　　$[1 - 1 \div (1+10\%)^{36.83}] \div [1 - 1 \div (1+10\%)^{50}]$
　　　　　　　= 206（元/平方米）

則使用年期修正係數 K_n = 206/212 = 0.9717
②個別因素修正結果。經作個別因素修正，個別因素修正值為0.9960。
（8）確定土地價格。其計算如下：
土地價格 = 212 × 0.9717 × 0.9960 = 205（元/平方米）
（四）市場法在土地使用權價格評估中的應用
1. 基本概念
市場法又稱市場比較法，是根據市場中的替代原理，將待估土地與具有替代性的且在評估基準日近期市場上交易的類似地產進行比較，並對類似地產的成交價格作適當修正，以此估算待估土地客觀合理價格的一種評估方法。
2. 基本公式
待估宗地比準價格的基本計算公式如下。

$V = V_B \times A \times B \times D \times E$

A = 待估宗地情況指數(E_P)/比較實例宗地情況指數(E_E)

  = 正常情況指數/比較實例宗地情況指數

B = 待估宗地評估基準日地價指數(Q)/比較實例宗地交易日期地價指數(Q_O)

D = 待估宗地區域因素條件指數(D_P)/比較實例宗地區域因素條件指數(D_E)

E = 待估宗地個別因素條件指數(S_P)/比較實例宗地個別因素條件指數(S_E)

公式中：V——待估宗地比準價格

   V_B——比較實例價格

   A——交易情況修正系數

   B——評估基準日修正系數

   D——區域修正系數

   E——個別因素修正系數

3. 評估程序

（1）收集宗地交易實例；

（2）確定比較實例；

（3）建立價格可比基礎；

（4）進行交易情況修正；

（5）進行評估基準日修正；

（6）進行區域因素修正；

（7）進行個別因素修正；

（8）進行使用年期等修正；

（9）求出比準價格；

（10）決定土地評估結論。

4. 適用範圍

市場法（市場比較法）主要適用於地產市場發達、有充足的具有替代性的土地交易實例的地區。市場法除可直接用於評估土地的價格或價值外，還可用於其他評估方法中有關參數的求取。

5. 操作步驟

（1）收集宗地交易實例。收集交易實例的信息一般包括：①交易實例的基本狀況，主要有：名稱、坐落、四至、面積、用途、產權狀況、土地形狀、土地使用期限、周圍環境等；②成交日期；③成交價格，包括總價、單價及計價方式；④付款方式；⑤交易情況，主要有交易目的、交易方式、交易稅費負擔方式、交易人之間的特殊利害關係、特殊交易動機等。

(2)確定比較實例。要求選取至少三個比較實例。比較實例應選擇與評估基準日最接近,與待估宗地用途相同,土地條件基本一致,屬同一供需圈內相鄰地區或類似地區的正常交易實例。

用作參照物的交易實例應當具備下列條件:①在區位、用途、規模、權利、性質等方面與評估對象類似;②成交日期與評估基準日接近;③交易類型與評估目的吻合;④成交價格為正常價格或者可修正為正常價格。

(3)建立價格可比基礎。各比較實例應在以下方面統一:付款方式、幣種和貨幣單位、面積內涵和面積單位等。

(4)交易情況修正。交易情況修正是排除交易行為中的一些特殊因素所造成的比較實例的價格偏差,將其成交價格修正為正常市場價格。

交易行為中的特殊因素概括起來主要有下列 9 種:①有利害關係人之間的交易;②急於出售或購買情況下的交易;③受債權債務關係影響的交易;④交易雙方或者一方獲取的市場信息不全情況下的交易;⑤交易雙方或者一方有特別動機或者特別偏好的交易;⑥相鄰地塊的合併交易;⑦特殊方式的交易;⑧交易稅費非正常負擔的交易;⑨其他非正常的交易。

將各特殊因素對土地價格的影響程度求和,得出宗地情況指數,再按下列交易情況修正公式計算:

$$V_E = V_O \times E_P / E_E$$

式中:V_E——交易情況修正後的比較實例價格

V_O——交易情況修正前的比較實例價格

E_P——待估宗地情況指數

E_E——比較實例宗地情況指數

(5)評估基準日修正。評估基準日修正是將比較實例在其成交日期的價格調整為評估基準日的價格。修正公式如下:

$$V_E = V_O \times Q / Q_0$$

式中:V_E——評估基準日宗地價格

V_O——交易期日宗地價格

Q——評估基準日地價指數

Q_0——交易期日地價指數

(6)區域因素修正。區域因素修正的具體因素,應根據待估對象的用途確定(參見前述影響土地使用權價格的因素等相關內容)。

將區域因素中的各具體因素對地價的影響程度求和得出區域因素條件指數,再按下列公式計算:

$$V_E = V_O \times D_P/D_E$$

式中：V_E——區域因素修正後的比較實例價格

V_O——區域因素修正前的比較實例價格

D_P——待估宗地區域因素條件指數

D_E——比較實例宗地區域因素條件指數

（7）個別因素修正。個別因素修正是將比較實例在其個體狀況下的價格調整為待估土地個體狀況下的價格。

個別因素修正的具體因素應根據待估土地的用途確定（參見前述影響土地使用權價格的因素等相關內容）。

將個別因素中的各具體因素對土地價的影響程度求和得出個別因素條件指數，再按下列公式計算：

$$V_E = V_O \times S_P/S_E$$

式中：V_E——個別因素修正後的比較實例價格

V_O——個別因素修正前的比較實例價格

S_P——待估宗地個別因素條件指數

S_E——比較實例宗地個別因素條件指數

（8）土地使用年期等修正。土地使用年期修正是將各比較實例的不同使用年期修正到待估宗地使用年期，以消除因土地使用年期不同而對地價的影響。修正公式如下：

$$V_t = V_O \times K$$

$$K = [1 - 1/(1+r)^m]/[1 - 1/(1+r)^n]$$

式中：V_t——年期修正後的比較實例價格

V_O——年期修正前的比較實例價格

K——年期修正系數

r——土地還原利率

m——待估宗地的使用年期

n——比較實例的使用年期

除上述幾項修正外，還應根據比較實例與待估宗地的條件差異進行其他必要的修正，如容積率修正（在個別因素未修正的情況下）等。

（9）比準價格確定。所選取的若干個比較實例價格經上述各項比較修正後，可選用下列方法之一計算綜合結果，作為比準價格：①簡單算術平均法；②加權算術平均法；③中位數法；④眾數法。

6. 舉例

[例4-2]某宗地有待評估，經實地查勘和市場調查，選擇了與之類似的三宗已成交

案例。幾宗地塊的交易情況及剩餘使用年限與待估宗地一致,其他條件比較見表4-7。表中數字為正值,表示成交宗地的條件優於待估地塊;反之則表示成交宗地的條件劣於待估地塊。數字大小表示優劣的幅度。

表4-7　　　　　　　　　　　地塊的其他條件表

項　目		待估宗地	比較案例 A	比較案例 B	比較案例 C
用　　途		住宅	住宅	住宅	住宅
成交日期		評估基準日 2000年1月	1999年12月	1999年7月	1999年8月
成交價格(元)			5,000	4,850	5,300
容積率		3	3	3	4
區域條件	位置	0	-1%	0%	2%
	基礎設施	0	0%	1%	-1%
	交通	0	-1%	0%	-2%
	小計	0	-2%	1%	-1%
個別條件	地勢	0	0%	1%	2%
	形狀	0	-2%	-1%	0%
	其他	0	1%	0%	-1%
	小計	0	-1%	0%	1%

(1)該宗地所在城市住宅用地地價指數,見表4-8:

表4-8　　　　　　　　地塊所在城市住宅用地地價指數

時間	1999年7月	1999年8月	1999年9月	1999年10月	1999年11月	1999年12月	2000年1月
地價指數	100	101	101.5	102	103	103	104

(2)該宗地所在城市住宅用地容積率修正系數,見表4-9:

表4-9　　　　　　　地塊所在城市住宅用地容積率修正系數

容積率	1	2	3	4
修正系數	97	100	103	105

(3)計算各案例宗地修正後的價格:

　　　　　　　交易情　期日　容積率　區域因　個別因
　　　　　　　況修正　修正　修正　　素修正　素修正

A. $5,000 \times \dfrac{100}{100} \times \dfrac{104}{103} \times \dfrac{103}{103} \times \dfrac{100}{98} \times \dfrac{100}{99} = 5,203.61($元/平方米$)$

B. $4,850 \times \dfrac{100}{100} \times \dfrac{104}{100} \times \dfrac{103}{103} \times \dfrac{100}{101} \times \dfrac{100}{100} = 4,994.06($元/平方米$)$

C. $5,300 \times \dfrac{100}{100} \times \dfrac{104}{101} \times \dfrac{103}{105} \times \dfrac{100}{99} \times \dfrac{100}{101} = 5,354.01($元/平方米$)$

（4）評估待估宗地的地價。將收集的宗地進行修正後，各宗地地價偏差不大，故採用算術平均數計算宗地價格。

待估宗地地價：$(A+B+C) \div 3 = 5,183.89($元/平方米$)$

（五）收益法在土地使用權價格評估中的應用

1. 基本概念

收益法又稱為收益還原法，是將待估土地未來正常年純收益（地租），以一定的土地還原利率還原，以此估算待估土地價格的方法。

2. 基本公式

（1）土地收益為無限年期時。土地價格的計算公式為：

$V = a/r$

式中：V——土地價格

a——土地純收益

r——土地還原利率

（2）土地收益為有限年期時。土地價格的計算公式為：

$V = (a/r)[1 - 1/(1+r)^n]$

式中：V、a、r 含義同上

n——土地剩餘年期

3. 評估程序

（1）收集相關資料；

（2）測算年土地總收益；

（3）確定年土地總費用；

（4）確定土地年純收益；

（5）確定土地還原利率；

（6）選用適當的計算公式；

（7）計算土地收益價格；

（8）確定待估宗地地價。

4. 適用範圍

收益法適用於有現實收益或潛在收益的土地或不動產的評估。

5. 操作步驟

（1）收集相關資料。收集的資料包括待估宗地和與待估宗地相同或相似的宗地用於出租或經營的年平均總收益與總費用資料等。出租性土地及房屋的宗地應收集三年以上的租賃資料。營業性土地及房屋的宗地應收集五年以上的營運資料。直接生產用地應收集過去五年的原料、人工及產品的市場價格資料。所收集的資料應是持續、穩定的，能反應土地的長期收益趨勢。

（2）估算年土地總收益。年土地總收益是指待估宗地按法定用途和最有效用途出租或自行使用，在正常情況下，合理利用土地應取得的持續而穩定的年收益或年租金，包括租金收入、押金利息收入等。對總收益的收益期超過或不足一年的，要統一折算為年土地總收益。

在這裡需要說明的是，企業價值評估中的收益是指淨利潤或淨現金流量，土地評估中的收益指的是土地獲得的總收入。

（3）確定年土地總費用。年土地總費用是指利用土地進行經營活動時正常合理的年支出。在確定土地年總費用時，要根據土地利用方式進行具體分析。對總費用的支出所屬期限超過或不足一年的，要統一折算為年土地總費用。

①土地租賃的年土地總費用包括營業稅、土地使用稅、土地管理費、土地維護費及其他費用。

②房地出租的年土地總費用包括經營管理費、維修費、房屋年折舊費、房屋年保險費、營業稅、房產稅及其他費用。

③經營性企業的年土地總費用包括銷售成本、銷售費用、管理費用、財務費用、稅金及正常經營利潤。

④生產性企業的年土地總費用包括生產成本、產品銷售費用、管理費用、財務費用、產品銷售稅金及附加、企業正常利潤。

（4）確定土地純收益。純收益按總收益扣除總費用計算。土地純收益是在總純收益中扣除非土地因素所產生的純收益後的剩餘額。

幾種主要土地利用方式下的土地純收益應按下列公式計算：

①土地租賃。土地純收益的計算公式為：

$$a = R - C$$

式中：a——土地純收益（下同）

R——年租金收入

C——年總費用

②房地出租。土地純收益的計算公式為：

$a = R_{in} - I_{hn}$

$R_{in} = R_{lg} - C_{lg}$

$I_{hn} = P_{hc} \times r_2$

$P_{hc} = P_{hk} \times D_n = P_{hk} - E$

式中：R_{in}——房地純收益

I_{hn}——房屋純收益

R_{lg}——房地出租年總收益

C_{lg}——房地出租年總費用

P_{hc}——房屋現值(不含地價)

r_2——建築物還原利率

P_{hk}——房屋重置價值

D_n——房屋成新率

E——房屋折舊總額

③經營性企業。土地純收益的計算公式為：

$a = I_{jp} - I_{jf}$

$I_{jp} = Y_{jp} - C_{jp}$

式中：I_{jp}——企業經營純收益

I_{jf}——非土地資產純收益

Y_{jp}——年經營總收入

C_{jp}——年經營總費用

④生產性企業。土地純收益的計算公式為：

$a = I_{sp} - I_{jf}$

$I_{sp} = Y_{sp} - C_{sp}$

式中：I_{sp}——企業生產純收益

Y_{sp}——年生產總收入

C_{sp}——年生產總費用

⑤自用土地或待開發土地，可採用市場法求取。即比照類似地區或相鄰地區有收益的相似土地的純收益，經過區域因素、個別因素的比較修正，求得其土地純收益。

(5)確定土地還原利率。土地還原利率應按下列方法確定：

①土地純收益與價格比率法。應選擇三宗以上可比的近期發生交易的，且在交易類

型上與待估土地相似的交易實例,以交易實例的純收益與其價格比率的均值作為還原利率。

②安全利率加風險調整值法。即:還原利率＝安全利率＋風險調整值。安全利率可選用同一時期的一年期國債年利率或銀行一年期定期存款年利率;風險調整值應根據估價對象所處地區的市場經濟發展和土地市場等狀況對其影響程度而確定。

③投資風險與投資收益率綜合排序插入法。該方法首先要調查、收集待估宗地所在地區的土地投資,相關投資的收益率和風險程度的資料,如銀行存款、債券、股票、房地產投資等投資的收益率和風險程度;然後,將不同類型投資按投資收益率由低到高的順序排列;將待估宗地投資的風險程度與這些類型投資的風險程度進行比較,確定待估宗地投資的風險程度應落在的區間位置;根據待估宗地應落在的區間位置,分析、判斷確定土地還原利率。

在確定土地還原利率時,還應注意不同土地權利、不同土地使用年期、不同類型及不同級別土地之間還原利率的差別。

與土地還原利率有關的還有綜合還原利率(即房地還原利率)和建築物還原利率,三者之間的關係如下式所示:

$$r = (r_1 L + r_2 B)/(L + B)$$

式中:r——綜合還原利率

r_1——土地還原利率

r_2——建築物還原利率

L——土地價格

B——建築物價格

(6)選用適當的計算公式。具體如下:

①一般的公式

$$V = \sum_{i=1}^{n} \frac{a_i}{(1+r)^i}$$

a_i——第 i 年的土地純收益

②收益年限無限且其他因素不變的公式

$$V = \frac{a}{r}$$

③收益年限有限且其他因素不變的公式

$$V = \frac{a}{r}\left[1 - \frac{1}{(1+r)^n}\right]$$

④淨收益在未來的前若干年有變化的公式

A. 收益年限無限年的公式：

$$V = \sum_{i=1}^{t} \frac{a_i}{(1+r)^i} + \frac{a_i}{r(1+r)^t}$$

式中：t——淨收益有變化的年限

B. 收益年限有限年的公式：

$$V = \sum_{i=1}^{t} \frac{a_i}{(1+r)^i} + \frac{a}{r(1+r)^t}\left[1 - \frac{1}{(1+r)^{n-t}}\right]$$

⑤淨收益按一定數額遞增的公式

A. 收益年限無限年的公式：

$$V = \frac{a}{r} + \frac{b}{r^2}$$

B. 收益年限有限年的公式：

$$V = \left(\frac{a}{r} + \frac{b}{r^2}\right)\left[1 - \frac{1}{(1+r)^n}\right] - \frac{b}{r} \times \frac{n}{(1+r)^n}$$

⑥淨收益按一定數額遞減的公式（只有收益年限為有限年一種）

$$V = \left(\frac{a}{r} - \frac{b}{r^2}\right)\left[1 - \frac{1}{(1+r)^n}\right] + \frac{b}{r} \times \frac{n}{(1+r)^n}$$

⑦淨收益按一定比率遞增的公式

A. 收益年限無限年的公式：

$$V = \frac{a}{r-g}$$

式中：g——淨收益逐年遞增的比率

B. 收益年限有限年的公式：

$$V = \frac{a}{r-g}\left[1 - \left(\frac{1+g}{1+r}\right)^n\right]$$

⑧淨收益按一定比率遞減的公式

A. 收益年限無限年的公式：

$$V = \frac{a}{r+g}$$

B. 收益年限有限年的公式：

$$V = \frac{a}{r+g}\left[1 - \left(\frac{1-g}{1+r}\right)^n\right]$$

⑨預知未來若干年的淨收益及若干年後的價格的公式

$$V = \sum_{i=1}^{n} \frac{a_i}{(1+r)^i} + \frac{V_t}{(1+r)^t}$$

式中：V_t——土地在未來第 t 年的價格

(7)計算土地收益價格。在確定了土地純收益和土地還原利率後，根據已選擇的公式計算土地價格。

[例4-3]某公司於2010年12月購入一倉庫，其占用土地使用權面積為2,000平方米，為50年期工業用地，倉庫於2010年12月建成，面積1,800平方米，其經濟耐用年限為50年，至評估基準日2012年12月31日該類建築重置價值為500元/平方米。據調查，當地同類倉庫出租租金一般為每月8元/平方米，土地及房屋還原利率分別為5%和6%，需支付的稅金為出租收入的12%，需支付的管理費用為租金收入的4%，年維修費為重置價值的1%，年保險費為重置價值的0.15%。

①計算房地出租年總收益

收益應採用客觀收益，即每月8元/平方米。

年總收益 = 8 × 1,800 × 12 = 172,800(元)

②計算房地出租年總費用

總費用包括以下幾項：

年稅金 = 172,800 × 12% = 20,736(元)

年管理費 = 172,800 × 4% = 6,912(元)

年維修費 = 500 × 1,800 × 1% = 9,000(元)

年保險費 = 500 × 1,800 × 0.15% = 1,350(元)

房屋年折舊費 = 500 × 1,800 ÷ 50 = 18,000(元)

房地產出租年總費用 = 20,736 + 6,912 + 9,000 + 1,350 + 18,000 = 55,998(元)

③計算房屋出租年純收益

房屋現值 = 房屋重置價 - 年折舊費 × 已使用年限

     = 500 × 1,800 - 18,000 × 2

     = 864,000(元)

房屋年純收益 = 房屋現值 × 房屋還原率

      = 864,000 × 6%

      = 51,840(元)

④計算土地年純收益

土地年純收益 = ① - ② - ③

      = 172,800 - 55,998 - 51,840 = 64,962(元)

⑤計算 2012 年 12 月 31 日的土地使用權價格

本案例土地在 2012 年 12 月的土地使用權剩餘使用年限為 48 年,因此土地使用權價格為:

$$土地使用價格 = \frac{a}{r}\left[1 - \frac{1}{(1+r)^n}\right]$$

$$= \frac{64,962}{5\%}\left[1 - \frac{1}{(1+5\%)^{48}}\right]$$

$$= 1,174,328.33(元)$$

(六)剩餘法在土地使用權價格評估中的應用

1. 基本概念

剩餘法又稱為假設開發法,是在預計開發完成後不動產正常交易價格的基礎上,扣除預計的正常開發成本及有關專業費用、利息、利潤和稅收等,以價格餘額來估算待估土地價格的方法。

2. 基本公式

待估土地價格的計算公式為:

$$V = A - B - C$$

式中:V——待估土地價格

　　　A——開發完成後的土地總價值或房地產總價值

　　　B——整個項目的開發成本

　　　C——開發商合理利潤

3. 評估程序

(1)調查待估宗地的基本情況;

(2)確定待估宗地的最高最佳利用方式;

(3)估計開發週期和投資進度安排;

(4)估算開發完成後的土地總價值或房地產總價值;

(5)估算開發成本和開發商合理利潤;

(6)確定待估宗地的土地價格。

4. 適用範圍

剩餘法適用於具有投資開發或再開發潛力的土地的評估。常見有下列情形:①待開發房地產或待拆遷改造後再開發房地產的土地的評估;②僅將生地或毛地整理成可供直接利用的土地的評估;③現有房地產中土地價格的單獨評估。

5. 操作步驟

(1)估算開發完成後的土地或房地產總價值。根據待估宗地的最高最佳(最有效)利

用方式和當地房地產市場狀況及未來變化趨勢,採用市場法與長期趨勢法結合進行。對開發完成後擬採用出租或自營方式經營的土地或房地產價值,也可以根據同一市場狀況,採用收益法與長期趨勢法來確定其價值。

(2)確定開發週期和投資進度安排。應參照類似房地產、土地的正常開發過程所需時間進行確定。

(3)確定開發成本。開發成本是項目開發建設期間所發生的一切費用的總和。

在土地開發項目中,整個項目的開發成本包括:購地稅費、將土地開發成熟地(與待估宗地投資開發程度一致)的開發費用、管理費用、投資利息和銷售稅費;在房地產開發項目中,整個項目的開發成本包括:購地成本與稅費、土地開發成本、房屋建造成本、管理費用、專業費用、投資利息和銷售稅費。

(4)計算利息。土地價款、土地開發費用或房屋建造成本、管理費用和購地稅費等全部預付資本要計算利息。銷售稅費不計利息。利息的計算要充分考慮資本投入的進度,並按複利計算。

在實際評估工作中,也可把土地或房地產的未來價值及開發成本用折現的方法貼現至估價期日,從而在剩餘法公式中沒有利息項。也就是下面要講到的剩餘法評估中現金流量折現法和傳統方法。

折現率和利息率的選取應參照公布的同期銀行貸款利率。

(5)計算利潤。開發項目正常利潤一般以土地或房地產產品價值或全部預付資本的一定比例計算。利潤率宜採用同一市場上類似土地或房地產開發項目的平均利潤率。

(6)現有房地產項目的土地評估。其計算公式為:

$$V = V_r - P_h - T$$

式中:V——土地價格

V_r——房地產價格

P_h——房屋現值

T——交易稅費

房地產價格可用正常交易成交價格,或採用市場法來確定,或結合房地產的經營狀況和市場條件運用收益法確定。

6. 確定待估宗地的土地價格

[例4-4]待估宗地面積2,448.03平方米,用途為商業用地,剩餘使用年限為37.25年,實際開發程度為宗地外「六通」,宗地內「五通一平」,規劃容積率為1.6。要求採用傳統方法測算該宗地的總價。

(1)確定最佳利用方式

土地面積2,448.03平方米,容積率為1.6,總建築面積為3,917平方米;用途以商業

為主的綜合用途;建築覆蓋率為30%;建築結構為磚混結構,共五層(局部六層);綠化率40%。

(2)估算開發價值(售價)

根據市場法(計算過程略)估算出房屋均價為2,400元/平方米。

(3)估算開發成本

①建設稅費為150元/平方米。

②建築安裝成本為550元/平方米。

③假設本樓面單位地價為V。

④項目正常開發週期為1年,即從取得土地使用權始算。假設地價在項目開始時支付,其餘開發成本均勻投入。利息率為5.31%,則利息為:

$V \times [(1+5.31\%)^1 - 1] + (550+150) \times [(1+5.31\%)^{0.5} - 1]$

$= 0.0531V + 18.34$(元/平方米)

⑤專業費用

專業費用 $= (150 + 550 + V) \times 3\%$

$= 21 + 0.03V$(元/平方米)

開發成本 $= 150 + 550 + (0.0531V + 18.34) + (21 + 0.03V)$

$= 739.34 + 0.0831V$(元/平方米)

(4)利潤估算

利潤 $= (150 + 550 + V) \times 10\%$

$= 0.10V + 70$(元/平方米)

(5)銷售稅費

①營業稅及附加費為售價的5.5%。

②銷售費用為售價的3%。

③手續費、登記費為售價的1.5%。

則:

銷售稅費 $= 2,400 \times (5.5\% + 3\% + 1.5\%) = 240$(元)

(6)單位樓面地價測算

因為,$V = 2,400 - (739.34 + 0.0831V) - (0.10V + 70) - 240$

所以,$V \approx 1,142$(元/平方米)

(7)總地價

總地價 $= 1,142 \times 3,917 = 4,473,214$(元)

[例4-5]某宗「七通一平」熟地的面積為5,000平方米,容積率為2,適宜建造一幢乙

級寫字樓。預計取得該宗土地後將該寫字樓建成需要 2 年的時間,建築安裝工程費為 1,500 元/平方米,勘察設計和前期工程費及其他工程費為建築安裝工程費的 8%,管理費用為建築安裝工程費的 6%;第一年需要投入 60% 的建築安裝工程費、勘察設計和前期工程費及其他工程費、管理費用,第二年需要投入 40% 的建築安裝工程費、勘察設計和前期工程費及其他工程費、管理費用。在寫字樓建成前半年需要開始投入廣告宣傳等銷售費用,該費用預計為售價的 2%。房地產交易中賣方應繳納的營業稅等稅費為交易價格的 6%,買方應繳納的契稅等稅費為交易價格的 3%。預計該寫字樓在建成時可全部售出,售出時的平均價格為 3,500 元/平方米。請利用所給資料採用現金流量折現法測算該宗地的總價(折現率為 12%)。

(1)估算開發完成後的總價值

開發完成後的總價值 = (3,500 × 5,000 × 2)/(1 + 12%)^2
　　　　　　　　　 = 2,790.18(萬元)

(2)估算開發成本

開發成本 = 1,500 × 5,000 × 2 × (1 + 8% + 6%) × [60% × (1 + 12%)$^{-0.5}$
　　　　　+ 40% × (1 + 12%)$^{-1.5}$]
　　　　 = 1,546.55(萬元)

建築安裝工程費、勘察設計和前期工程費及其他工程費、管理費用在各年的投入實際上是覆蓋全年的,為折現計算的方便起見,假設各年的投入是均勻的。

(3)銷售稅費

銷售費用 = 3,500 × 5,000 × 2 × 2% × (1 + 12%)$^{-1.75}$
　　　　 = 57.41(萬元)
銷售稅費 = 2,790.18 × 6%
　　　　 = 167.41(萬元)

(4)購買土地的稅費

設該宗土地的總價為 V,則
購買該宗土地的稅費 = $V × 3\% = 0.03V$

(5)求取總地價

V = 2,790.18 − 1,546.55 − 57.41 − 167.41 − 0.03V
V = 989.14(萬元)

(七)基準地價系數修正法

1. 基本概念

基準地價系數修正法是利用城鎮基準地價和基準地價修正系數表等評估成果,按照替代原則,就待估宗地的區域條件和個別條件等與其所處區域的平均條件相比較,並對照修正系數表選取相應的修正系數對基準地價進行修正,進而求取待估宗地在評估基準日價格的方法。

2. 基本公式

$$V = V_{1b} \times (1 \pm \sum_{ki}) \times \sum_{kj}$$

式中:V——土地價格

V_{1b}——基準地價

$\sum_{ki}$——宗地地價修正系數

$\sum_{kj}$——評估基準日、容積率、土地使用年期等其他修正系數

3. 評估程序與操作步驟

(1)收集有關基準地價資料;

(2)確定待估宗地所處級別(區域)的同類用途土地的基準地價;

(3)分析待估宗地的地價影響因素,編制待估宗地地價影響因素條件說明表;

(4)依據宗地地價影響因素指標說明和基準地價系數修正表,確定待估宗地地價修正系數;

(5)進行評估基準日、容積率、土地使用年期等其他修正;

(6)求出待估宗地地價。

4. 適用範圍

基準地價系數修正法適用於已制定和公布了基準地價的區域範圍內的土地的價格評估。

5. 舉例

[例4-6]待估宗地為一休閒度假村,土地面積63,774.72平方米,實際容積率0.23,系某市Ⅶ級綜合用地,至評估基準日剩餘使用年限為48年,基準地價估價期日為2008年12月1日,待估宗地評估基準日為2010年12月1日。

(1)基準地價。經查該市公布的基準地價表,Ⅶ級綜合用地基準地價為750元/平方米。

(2)確定宗地地價修正系數。根據實地查勘,對照該市基準地價修正系數表,編制出待估宗地地價修正系數,如表4-10所示。

表 4-10　　　　　　　　　　待估宗地地價修正係數

區位因素		因素說明	修正係數(%)
商業繁華條件	區域商業區等級	街區級商服中心	-2
	產業聚集規模	一般性零售商服務設施分佈	-2
	距市級商服中心距離	>5,000 米	-4
交通條件	公交便捷度	3 路公交車通過	1
	道路通達度	次幹道通過	1
	交通管制	混合街道	1
	交通配套設施	有地面停車場所	0
規劃條件	土地利用類型	無限制	2
宗地條件	街面位置	局部臨街	-1
	臨街道路寬度	20 米	0
	臨街寬度	10 米	0
	面積	適中,無影響	0
	形狀	基本規則,無影響	0
	工程地質	無不良地質現象	0
	地形	起伏<1 米	0
合計			-4

（3）確定待估宗地使用年期修正係數。綜合用地最高出讓年期為 50 年,則使用年期修正係數為:

$$\left[1-\frac{1}{(1+8\%)^{48}}\right]\Big/\left[1-\frac{1}{(1+8\%)^{50}}\right]=0.9964$$

（4）確定評估基準日修正係數。根據統計該市綜合用地地價指數見表 4-11:

表 4-11　　　　　　　　　　該市綜合用地地價指數

時間	2008 年 12 月	2009 年 12 月	2010 年 12 月
地價指數	93	94	95

則:評估基準日修正係數為 = 95/93 = 1.0215

6. 容積率修正係數

估價對象的綜合容積率為 0.23，該市基準地價設定容積率為 4，綜合用地土地容積率修正係數見表 4-12：

表 4-12　　　　　　　　綜合用地土地容積率修正係數

容積率	≤1	2	3	4	5	6	>6
修正指數	80	85	92	100	108	115	120

則：容積率修正係數為：80/100 = 0.8

7. 確定待估宗地地價

地價 = 750 × (1 - 4%) × 0.9964 × 1.0215 × 0.8

　　 = 586.27 (元/平方米)

(八) 路線價評估法

1. 基本概念

路線價評估法是指利用路線價評估宗地地價的評估方法，即在已知路線價的基礎上，根據宗地的自身條件進行深度修正、宗地形狀修正、寬度修正、寬深比率修正、容積率修正等因素修正來求取宗地地價的方法。路線價是指對面臨特定街道而接近距離相等的市街土地，設定標準深度，求取該標準深度的若干宗地的平均單價。

路線價估價法的原理是：認為市區各宗土地價值與其離開街道的距離遠近關係很大，這個距離即為臨街深度，土地價值隨臨街深度而遞減，一宗地越接近道路部分價值越高，離開街道愈遠價值愈低。同一深度的宗地價值基本相等，但由於宗地深度、寬度、形狀、面積、位置等仍有差異，在評估宗地地價時還須對上述差異因素進行修正。

2. 基本公式

待估宗地地價的計算公式為：

$V = u \times dv \times k_1 \times k_2 \times k_i \times \cdots \times k_n$

式中：V——待估宗地地價

　　　u——路線價

　　　dv——深度修正率

　　　k_i——差異因素修正係數 ($i = 1 \to n$)

3. 評估程序

(1) 收集有關路線價資料；

(2) 確定待估宗地所在街道的路線價；

(3) 收集待估宗地深度、形狀、寬度、寬深比率、容積率等參數；

（4）對照路價資料進行宗地深度、形狀、寬度、寬深比率、容積率等修正；
（5）求取待估宗地價格。
4. 操作步驟
（1）劃分路線價區段

路線價區段是沿著街道兩側帶狀分佈的。一個路線價區段是指具有同一個路線價的地段。在劃分路線價區段時，應將可及性相當、地塊相連的土地劃為同一個路線價區段；兩個路線價區段的分界線原則上是地價有明顯差異的地點，一般是從十字路或丁字路中心處劃分，兩個路口之間的地段為一個路線價區段；但是，有些較長的繁華街道，也可以根據情況劃分為兩個以上的路線價區段，而某些不很繁華的街道，同一路線價區段可以延長至多個路口。

（2）設定標準臨街深度

標準臨街深度通常簡稱標準深度，從理論上講是街道對地價影響的轉折點，由此接近街道的方向，地價受街道的影響逐漸升高。在實際評估中，設定的標準臨街深度通常是路線價區段內各宗地臨街土地的臨街深度的眾數。

（3）選取標準臨街宗地

選取標準臨街宗地的要求：①一面臨街；②土地形狀為矩形；③臨街深度為標準臨街深度；④臨街寬度為標準臨街寬度（同一路線價區段內臨街各宗土地的臨街寬度的眾數）；⑤臨街寬度與臨街深度的比例適當；⑥用途為所在路線價區段具有代表性的用途；⑦容積率具有代表性（臨街各宗土地的容積率的眾數）；⑧其他，如土地使用年期、土地的開發程度等也應具有代表性。

（4）調查評估路線價

路線價是附設在街道上的若干臨街宗地的平均價格。

（5）製作價格修正率表

價格修正率表有臨街深度價格修正率表和其他價格修正率表。臨街深度價格修正率表通常稱為深度價格修正率表，也稱深度百分率表、深度指數表，是基於臨街深度價格遞減率製作出來的。以下簡要介紹臨街深度價格修正率表的製作方法。

容易理解的臨街深度價格遞減率是「四三二一法則」。該法則是將臨街深度100英尺（1英尺＝0.304,8米。下同）的臨街土地，劃分為與街道平行的四等份，各等份由於距離街道的遠近不同，價值因而亦有所不同。從街道方向算起，第一個25英尺等份的價值占整塊土地價值的40%，第二個25英尺等份的價值占整塊土地價值的30%，第三個25英尺等份的價值占整塊土地價值的20%，第四個25英尺等份的價值占整塊土地價值的10%。如果超過100英尺，則以「九八七六法則」來補充，即超過100英尺的第一個25英尺等份的價值為臨街深度100英尺的土地價值的9%，第二個25英尺等份的價值為臨街

深度 100 英尺的土地價值的 8%，第三個 25 英尺等份的價值為臨街深度 100 英尺的土地價值的 7%，第四個 25 英尺等份的價值為臨街深度 100 英尺的土地價值的 6%。

[例 4 - 7]某塊臨街深度 30.48 米（即 100 英尺）、臨街寬度為 20 米的矩形土地總價為 121.92 萬元。試根據「四三二一法則」，計算其相鄰的臨街深度為 15.24 米（即 50 英尺）、臨街寬度 20 米的矩形土地的總價。

解：該相鄰臨街土地總價為：$121.92 \times (40\% + 30\%) = 85.34$（萬元）

根據上例，如果該相鄰臨街土地的臨街深度為 45.72 米（即 150 英尺），在其他條件不變的情況下，該相鄰臨街土地的總價為：

土地總價 = $121.92 \times (40\% + 30\% + 20\% + 10\% + 9\% + 8\%) = 142.65$（萬元）

臨街深度價格修正率表的製作形式有：單獨深度價格修正率（深度價格遞減率）、累計深度價格修正率和平均深度價格修正率三種。根據「四三二一法則」，假設 a_1、a_2、a_3、…、a_{n-1}、a_n 分別表示各等份的價值占整塊土地價值的比率，則：

單獨深度價格修正率的關係為：$a_1 > a_2 > a_3 > \cdots > a_{n-1} > a_n$，根據「四三二一法則」，單獨深度修正率為 40% > 30% > 20% > 10% > 9% > 8% > 7% > 6%。

累計深度價格修正率的關係為：$a_1 < a_1 + a_2 < a_1 + a_2 + a_3 < \cdots < a_1 + a_2 + a_3 + \cdots + a_{n-1} + a_n$，根據「四三二一法則」，累計深度修正率為 40% < 70% < 90% < 100% < 109% < 117% < 124% < 130%。

平均深度修正率的關係為：$a_1 > (a_1 + a_2)/2 > (a_1 + a_2 + a_3)/3 > \cdots > (a_1 + a_2 + a_3 + \cdots + a_{n-1} + a_n)/n$，根據「四三二一法則」，平均深度修正率為 40% > 35% > 30% > 25% > 21.8% > 19.5% > 17.7% > 16.25%，將各修正率擴大 4 倍得出平均深度修正率為 160% > 140% > 120% > 100% > 87.2% > 78.0% > 70.8% > 65.00%。

為了簡明起見，將上述內容用表來說明，見表 4 - 13：

表 4 - 13　　　　　　　臨街深度價格修正率的形式表

臨街深度(英尺)	25	50	75	100	125	150	175	200
四三二一法則(%)	40	30	20	10	9	8	7	6
單獨深度價格修正率(%)	40	30	20	10	9	8	7	6
累計深度價格修正率(%)	40	70	90	100	109	117	124	130
平均深度價格修正率(%)	160	140	120	100	87.2	78.0	70.8	65.00

製作臨街深度價格修正率表的步驟是：①設定標準臨街深度；②將標準臨街深度分為若干等份；③制定單獨深度價格修正率，或將單獨深度價格修正率轉換為累計深度價格修

正率或平均深度價格修正率。

(6) 計算臨街土地的價值

運用路線價法評估臨街土地的價值,需要搞清楚路線價的含義、臨街深度價格修正率的含義、標準臨街宗地的條件,並結合需要評估臨街土地的形狀和臨街狀況。採用不同的臨街深度價格修正率,路線價法的評估公式會有所不同。

①當以標準臨街宗地的總價作為路線價時,應採用累計深度價格修正率。其中如果評估對象土地的臨街寬度與標準臨街宗地的臨街寬度相同,則計算公式為:

$V(總價) = 標準臨街宗地總價 \times 累計深度價格修正率$

$V(單價) = \dfrac{標準臨街宗地總價 \times 累計深度價格修正率}{評估對象面積}$

$= \dfrac{標準臨街宗地總價 \times 累計深度價格修正率}{臨街寬度 \times 臨街深度}$

如果臨街寬度與標準寬度不相同,則計算公式為:

$V(總價) = \dfrac{標準臨街宗地總價 \times 累計深度修正率}{標準寬度 \times 臨街深度} \times 評估對象土地面積$

$= \dfrac{標準臨街宗地總價 \times 累計深度修正率}{標準寬度 \times 臨街深度} \times (臨街寬度 \times 臨街深度)$

$= 標準臨街宗地總價 \times 累計深度修正率 \times (臨街寬度 / 標準寬度)$

$V(單價) = V(總價) \div 評估對象面積$

$= \dfrac{標準臨街宗地總價 \times 累計深度修正率}{標準寬度 \times 臨街深度}$

②當以單位寬度的標準臨街宗地的總價作為路線價時,也應該採用累計深度價格修正率。計算公式為:

$V(總價) = 路線價 \times 累計深度價格修正率 \times 臨街寬度$

$V(單價) = V(總價) \div 評估對象面積$

$= \dfrac{路線價 \times 累計深度價格修正率}{臨街深度}$

③當以標準臨街宗地的單價作為路線價時,應採用平均深度價格修正率。計算公式為:

$V(單價) = 路線價 \times 平均深度價格修正率$

$V(總價) = 路線價 \times 平均深度價格修正率 \times 臨街寬度 \times 臨街深度$

5. 適用範圍

路線價評估法適用於已建立路線價的區域範圍內的土地價格評估。它能對大量土地

迅速評估，是評估大量土地的一種常用方法，特別適用於土地課稅、徵地拆遷等需要在大範圍內對多宗土地進行評估的場合。

6. 舉例

[**例4-8**]現有臨街宗地 A、B、C、D、E，如下圖，深度分別為 2.5 米、5 米、7.5 米、10 米和 12.5 米，寬度分別為 1 米、1 米、2 米、2 米和 3 米。如圖 4-3 所示：

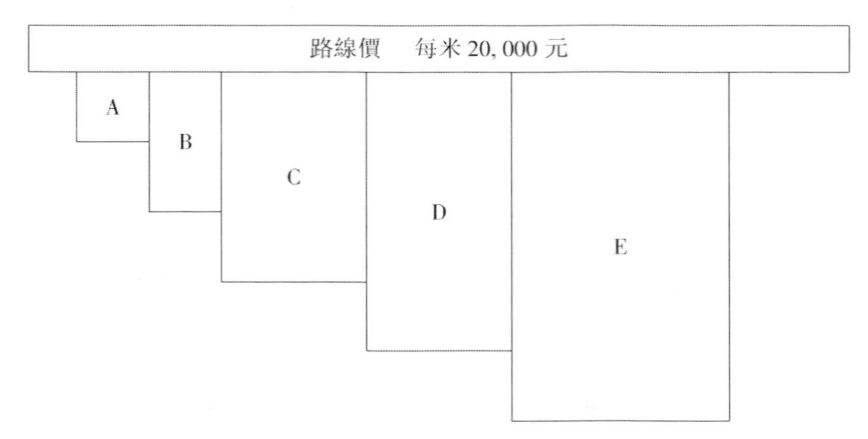

圖 4-3　各宗地情況圖

路線價為 20,000 元/米，標準深度為 10 米的標準宗地，深度指數如表 4-14 所示：

表 4-14　　　　　　　　　　　深度指數表

深度(米)	2.5	5	7.5	10	12.5	15	17.5	20
單獨深度修正率(%)	40	30	20	10	9	8	7	6
累計深度修正率(%)	40	70	90	100	109	117	124	130

根據題意，路線價是以單位寬度的標準臨街宗地的總價表示的，應採用累計深度價格修正率，採用上述變形公式②V(總價) = 路線價 × 累計深度價格修正率 × 臨街寬度，則各宗地價格計算如下：

$V_A = 20,000 \times 40\% \times 1 = 8,000(元)$

$V_B = 20,000 \times 70\% \times 1 = 14,000(元)$

$V_C = 20,000 \times 90\% \times 2 = 36,000(元)$

$V_D = 20,000 \times 100\% \times 2 = 40,000(元)$

$V_E = 20,000 \times 109\% \times 3 = 65,400(元)$

第二節　建築物評估

本節所涉及的建築物評估，不含其占用範圍內的土地使用權。

一、建築物

(一)建築物的概念

建築物可從物質形態的建築物和權益形態的建築物兩個方面加以認識。

物質形態的建築物是指附著於地上或地下由人工建造的定著物，包括房屋和構築物兩大類。

房屋是指供人居住、工作、進行其他社會活動以及儲藏物品等的工程建築，一般由基礎、牆、門、窗、柱和屋頂等主要構件組成。構築物是指除房屋以外的工程建築，如道路、水壩、隧道、水塔、橋樑、煙囪等。

權益形態的建築物是指建築物所有人在法律範圍內對建築物擁有的佔有、使用、收益和處分的權益。

由於建築物總是建造在土地之上或之下，因此，其所有權受其占用範圍內的土地使用權的權利狀態限制。評估中最常見的是建築物所有權使用年限受土地使用權的剩餘使用年限的限制。

(二)建築物的分類

從評估的角度劃分，建築物可有兩種分類。

1. 按經濟用途分類

建築物按經濟用途可分為：商業用房、民用建築(又可分為住宅及其他民用建築)、工業建築、公共建築與公用設施等。

建築物的經濟用途不同，影響其價值的因素就有差異，其獲利能力也就有所差異，從而導致採用的評估方法就可能有所不同。

2. 按結構件材質分類

建築物的結構件材質基本上決定了建築物的使用性能、使用壽命以及購建成本等建築物評估中的重要參數。掌握不同結構件材質建造的建築物的特點是建築物評估的基本要求。建築物按其結構件材質劃分，大致可分為以下幾類：

(1)鋼結構。鋼結構建築物是指其承重構件(如樑、柱、屋架等)是用鋼材製作的建築物。

（2）鋼筋混凝土結構。鋼筋混凝土結構建築物是指其承重構件（包括梁、柱、屋面板、樓板等）是用鋼筋混凝土建造的建築物。

（3）磚混結構。磚混結構建築物是指其主要承重構件（如柱、牆等）是由磚砌築而成的建築物。

（4）磚木結構。磚木結構建築物是指其主要承重構件（如梁、柱、牆等）是由木材與磚構成的建築物。通常其梁為木結構構成，牆、柱為磚砌成。

（5）其他結構。凡不屬於上述結構的建築物均歸入此類，如竹結構、石結構、木板房等。

不同結構的建築物的經濟耐用年限與殘值率是不相同的，而且它們所處的使用環境也直接影響其經濟耐用年限，這是評估中要考慮的問題，具體情況參見表4-15：

表4-15　　　　建築物的經濟耐用年限與殘值率參考值一覽表

序號	建築物結構類型	不同使用環境下的經濟耐用年限（年）			殘值率
		生產用房	受腐蝕的生產房	非生產用房	
01	鋼結構	70	50	80	
02	鋼筋混凝土結構	50	35	60	0
03	磚混結構	40	30	50	2%
04	磚木結構	30	20	40	4%～6%
05	簡易結構	10	10	10	0

需要說明的是，建築物的經濟耐用年限與建築物的設計使用年限、會計折舊年限等是有一定區別的。

（三）建築物的特性

1. 不能脫離土地而單獨存在

從前面建築物的定義中可見，建築物一定是建造在土地上或（和）之下的，是不可以脫離土地而單獨存在的。

2. 建築物的使用價值是有年限的

任何一種結構的建築物，其使用年限總是有限的，由於自然損耗規律的作用，它不可能無限期地正常使用，這與土地是不同的。一般地講，土地的使用價值是不隨時間流逝而消失的。

3. 建築物屬於可再生社會資源

建築物建造在土地之上或之下，其使用價值終止後，在同一土地上可再建造建築物。而土地則是不可再生的資源，通常認為土地的面積是不變的。

4. 建築物所有權受其占用範圍內的土地使用權性質與年限限制

如果土地使用者是通過有償出讓方式取得的國有土地使用權,那麼,該使用權是有年限限制的,因此,建造在該類土地上的建築物的所有權也相應受土地使用權使用年限的約束。

(四)影響建築物價值的個別因素

1. 面積

建築物面積的大小直接影響建築物價值,在評估實踐中要注意面積的含義,通常提的建築物面積有建築面積、使用面積、營業面積等概念,評估中一般採用建築面積為計量面積。

2. 建築結構

建築結構包括鋼結構、框架結構、磚混結構等。

3. 建築高度

建築物的層高與其用途有關,各類用途的建築物都有一個合理的層高,層高不合理將影響其使用價值。因而,建築高度也是判斷是否存在功能性貶值的重要因素。

4. 附屬設施

附屬設施的完善程度將影響建築物主體功能的發揮,同時,附屬設施的耐用年限與建築物主體的耐用年限也可能存在差異,在計算建築物成新率時要考慮這種差別。

5. 建造質量

建築物的建造質量直接影響到建築物的使用壽命和使用功能等,因此,建造質量是評估中的一個非常重要的參考因素。

6. 建成及投入使用時間

在計算建築物成新率時,建築物建成及投入使用時間是一個重要參數。

7. 平面佈局

建築物的平面佈局是否合理,直接影響其使用價值。這也是評估中考慮其是否存在功能貶值的重要因素。

8. 外觀

建築物的外觀應與其用途、功能相匹配,與所在地段相協調。

9. 產權

建築物完整的產權是指其所有權,包括佔有、使用、收益、處分的權利,其產權是否受到限制將直接影響其價值。在具備所有權的前提下,評估時通常還要考慮建築物是否設置抵押、擔保、典當、租賃等限制其產權的情形。

10. 其他

除上述以外的其他影響因素。

二、建築物評估的特點
（一）建築物評估應在合法的前提下進行
中國現已頒布了《城市房地產管理法》《土地管理法》《城市規劃法》等法律及相應的條例、規章，對城市房地產加強了管理和利用，建築物的購建應是有法可依的。因此，對建築物的評估應在合法前提下進行。建築物是否合法應以是否符合下列的規劃限制條件進行判斷：①用途；②建築高度；③容積率；④建築密度；⑤建築物後退紅線距離；⑥建築間距；⑦綠地率；⑧交通出入口方位；⑨建築體量、體形、色彩；⑩地面標高；⑪停車泊位；⑫其他限制條件，如設計方案是否符合環境保護、消防安全、文物保護、衛生防疫等有關法律、行政法規的規定。

另外，根據中國法律規定，政府為滿足社會公共利益的需要，可以對房地產實施拆遷、徵用或收買，同時給予一定的補償，因此，對被政府列入拆遷、徵用或收買範圍的建築物，應充分考慮這些方面的法規、政策等對其價值的影響。

（二）建築物評估應考慮其所有權受土地使用權使用年限限制的特性
建築物一經建成，其使用壽命可達幾十年甚至上百年。但是，對於以出讓方式取得的國有土地使用權有最高出讓年限的限制（商業用地為 40 年，工業用地為 50 年，住宅用地為 70 年），且法律規定了土地使用權期限屆滿，除《中華人民共和國物權法》規定住宅用地可以自動續期外，相應的土地使用權及其地上建築物由國家無償取得。因此，在評估建築物價值時，我們必須分析建築物的尚可使用年限與土地使用權剩餘使用年限的吻合程度。通常只能以土地使用權的剩餘使用年限為限來評估建築物價值。如果建築物的尚可使用年限遠遠長於其所占土地的使用權剩餘使用年限，也只能以土地使用權的剩餘使用年限來作為建築物的剩餘使用年限，這樣，在評估建築物的價值時，就要考慮一定的折扣率。

但是，中國《城市房地產管理法》(2007) 和《物權法》(2007) 對土地使用權出讓年限的續展也做出了規定，評估實踐中，既要考慮建築物所有權受其占用的土地使用權剩餘使用年限的限制，也要考慮建築物所在區域、地塊的未來城市規劃，不排除土地使用權出讓年限續展的可能。

（三）房地分估
建築物是不能脫離土地而單獨存在的，但如果要對建築物的價值單獨進行評估，自然就要求房地分估。從資產評估的角度，房地分估也便於合理地分別評估建築物的價值與其占用的土地的價值，避免由於土地未處於最佳利用狀態（見前述土地評估的最佳使用原則）而造成土地評估價值失實與建築物評估價值失真的情況出現。例如，對市中心商業繁華區內的非商業性建築物進行評估，假如不採取房地分估的方式，很可能導致低評該建築物所占土地的價值；又如，評估 3,000 平方米土地上的唯一一幢 300 平方米的建築物，假

如不採用房地分估的方式,極易高評建築物的價值。

三、建築物評估中的成本法

建築物評估中的成本法是從建築物的再建造或投資的角度,估算待估建築物在全新狀態下的重置成本,再扣減各種損耗因素造成的貶值,從而求得建築物價值的評估方法。其基本公式為:

評估價值＝重置成本－實體性貶值－功能性貶值－經濟性貶值

因此,應用成本法評估建築物價值時主要涉及四個基本要素,即重置成本、實體性貶值、功能性貶值、經濟性貶值。其中,實體性貶值又稱為有形損耗,功能性貶值和經濟性貶值又統稱為無形損耗。

(一)建築物重置成本的構成

建築物重置成本的計算公式為:

重置成本＝建設成本＋管理費用＋投資利息＋銷售費用＋銷售稅費＋開發利潤

1. 建設成本

建設成本又叫開發成本,是指在取得的房地產開發用地上進行基礎設施建設、房屋建設所需的直接費用、稅金等。主要有以下幾項:

(1)勘察設計和前期工程費用,包括市場調研、可行性研究、項目策劃、工程勘察、環境影響評價、交通影響評價、規劃及建築設計、建設工程招標,以及施工通水、通電、通路、場地平整和臨時用房等。

(2)建築安裝工程費,包括建造商品房及附屬工程所發生的土建工程費、安裝工程費、裝飾裝修工程費等費用,附屬工程是指房屋周圍的圍牆、水池、建築小品、綠化等。

(3)基礎設施建設費,包括由開發商承擔的紅線內外的自來水、雨水、污水、煤氣、熱力、供電、電信、道路、綠化、環境衛生、照明等建設費用。

(4)公共設施配套建設費,包括城市規劃要求配套的教育、醫療衛生、文化體育、社區服務、市政公用等非營業性設施的建設費用。

(5)其他工程費用,包括工程監理費、竣工驗收費等。

(6)開發期間稅費,包括有關稅收和地方政府或有關部門收取的費用,如綠化建設費、人防工程費等。

需要說明的是,有時又把建設成本分為建築安裝工程費、專業費和建設稅費,其所包含的內容都是一致的。

2. 管理費用

管理費用,是指為組織和管理房地產開發經營活動而支出的管理人員的工資及福利費、辦公費、差旅費等。

3. 投資利息

投資利息又叫建設期利息,是指按合理的建設期和按適當的貸款利率計算的投入資金的利息。

4. 銷售費用

銷售費用是指預售或銷售開發完成後的房地產的必要支出,包括廣告費、銷售資料製作費、售樓處建設費、樣板房或樣板間建設費、銷售人員費用或銷售代理費等,為了便於投資利息的測算,銷售費用應區分為銷售之前發生的費用和與銷售同時發生的費用。

5. 銷售稅費

銷售稅費是指預售或銷售開發完成後的房地產應由賣方繳納的稅費,包括營業稅、城市維護建設稅、教育費附加,以及應當由賣方負擔的印花稅、交易手續費、產權轉移登記費等。

6. 開發利潤

開發利潤又叫投資利潤,是指對建築物的投資應獲得的正常利潤。

(二)建築物重置成本的測算方法

1. 重編預算法

重編預算法是指借助編制工程預算的思路,對待估建築物的重置成本構成項目按重新編制預算的方法進行分別估算,加總求取重置成本。其計算公式為:

$$建築物重置成本 = 建安工程投資 + \sum 按評估基準日標準估算的其他重置成本構成項目價值$$

對於建安工程投資,通常根據建築物的竣工圖進行工程量計算,再按相應的定額求得。

對於其他重置成本構成項目,包括專業費、建設稅費、管理費用、建設期利息、開發商利潤等,按評估基準日的正常標準進行估算。

重編預算法主要用於測算建築物更新重置成本。這種評估方法具有以下特點:①它是以採用新技術、新設計、新材料、新工藝為前提的,評估思路及所用經濟技術參數符合估算更新重置成本的要求;②使用這種測算方法估算重置成本的準確性較高;③估算的工作量大。

2. 預決算調整法

預決算調整法是指以待估建築物的工程決算工程量為基礎,按評估基準日的工料價格、適用定額及費率標準估算出建安工程成本,再按評估基準日的標準估算出建築物重置成本的其他構成項目,加總求取重置成本的方法。

這種測算方法不需要對建築物原工程量進行重新計算,而是以原工程量是合理的為

假設前提的。相對於用重編預算法求取重置成本而言，這種測算方法的效率更高一些，但是要求能取得待估建築物比較完整的建築工程預決算資料。

使用預決算調整法測算重置成本的基本步驟如下：

(1) 取得完整的工程預決算資料，根據其記錄的工程量及評估基準日的工料價格、適用定額及費率標準求得建安工程成本(工程造價)；

(2) 根據評估基準日的正常標準估算建築物重置成本的其他構成項目；

(3) 加總求取重置成本。

3. 價格指數調整法

價格指數調整法是指根據待估建築物的歷史成本，運用相關價格指數求取建築物重置成本的方法。

這種測算方法一是以建築物的歷史成本是合理的為假設前提的，待估建築物歷史成本不清、不準、不實的不宜採用；二是要收集、建立相應的價格指數，不具備條件的，無法採用這種方法。

具體運用這種方法時，首先要分析建築物歷史成本的構成項目與評估考慮的重置成本構成項目是否一致，若不一致，需作相應調整。例如，某待估建築物歷史成本為1,200元/平方米，與評估考慮的重置成本構成項目相比，不含「開發商利潤」項目，歷史成本中含供電貼費30元/平方米，而評估基準日該費用項目已被取消，距評估基準日的價格指數為1.5(建成時價格指數為1.0)。則待估建築物的重置成本 = (1,200元/平方米 − 30元/平方米) × 1.5 + 開發商利潤。

其次，運用這種方法測算時要考慮價格指數的調整項目與重置成本構成項目的匹配。例如，待估建築物歷史成本1,200元/平方米(其中，建安工程成本850元/平方米)，建築物建成時的價格指數為1.0，評估基準日的價格指數為1.5，價格指數是根據建安工程成本的變動統計出來的，則重置成本為：$850 \times \frac{1.5}{1.0}$ + 按評估基準日標準估算的專業費、建設稅費、管理費用、建設期利息、開發商利潤，而不是 $1,200 \times \frac{1.5}{1.0}$。

價格指數可利用相關政府部門公布的指數，也可由評估師與評估機構統計得出。對於數量多而又相似的一批建築物的評估，若無可資利用的價格指數，則可選擇幾個有代表性的典型建築物，運用重編預算法或預決算調整法求得其重置成本，再與其歷史成本比較得到價格指數，利用這個指數估算其他類似建築物重置成本。

4. 單位比較法

單位比較法是指將與待估建築物類似的建築物的單位(通常指建築面積)重置成本經過與待估建築物的比較、修正，求得待估建築物的單位重置成本，再乘以數量(通常指建

築面積)來求取重置成本的測算方法。

[**例 4-9**]待估建築物為 9 層鋼筋混凝土框架結構住宅,類似的另一建築物的單位重置成本為 1,000 元/平方米。待估建築物與類似建築物的差異如下:

(1)待估建築物樓面鋪大理石,而類似建築物為水磨石地面,該項差異為 200 元/平方米;

(2)待估建築物門、窗尚未裝修,而類似建築物為木門、鋁合金窗,該項差異為 -38 元/平方米;

(3)待估建築物層高 3.3 米,而類似建築物為 3.0 米,該項差異為 +5%。

綜合以上差異,則待估建築物的單位重置成本為 1,212 元(= 1,000 + 200 - 38 + 1,000 ×5%)。

這種方法的運用較廣泛。在運用時要注意幾個問題:①要掌握類似建築物的成本及構成情況;②要分析待估建築物與類似建築物的差異及其對單位重置成本的影響程度;③要分析待估建築物重置成本與類似建築物成本構成的差異並作相應調整。

(三)建築物實體性貶值的測算

建築物的實體性貶值是指建築物在使用過程中由物理、化學因素引起的,因人工使用或自然力影響而形成的價值損失。

估算實體性貶值的方法主要有年限法和觀察打分法兩種。

1. 年限法

年限法是指利用建築物的尚可使用年限占建築物預計使用年限的比率作為建築物實體性貶值率的測算方法。其計算公式為:

建築物實體性貶值率 = 已使用年限÷(已使用年限 + 尚可使用年限)×100%

(註:這個公式未考慮建築物的無形損耗)

運用這種測算方法的關鍵在於測定建築物的尚可使用年限。這需要評估師具備較豐富的實踐經驗。通常是以正常情況下同類建築物的經濟壽命年限為參考,結合對待估建築物的現狀的勘查和其維護保養狀況、使用環境、使用強度等的瞭解,綜合判斷確定。

2. 觀察打分法

觀察打分法是指評估人員借助對於建築物實體性成新率的評分標準,包括建築物整體成新率評分標準以及按其不同構成部分的評分標準等進行對照打分,得出或匯總得出建築物實體性成新率,再通過實體性成新率來計算實體性貶值率的評估方法。其計算公式如下:

實體性貶值率 = 1 - 實體性成新率

(註:該公式是純粹從實體上來考慮其損耗,未考慮建築物的無形損耗)

建築物實體性成新率評分標準的建立，可以由評估機構統計分析建立，也可在借鑑現存有關標準的基礎上，結合地區特點、建築物特點進行修正、完善後建立。下面以原城鄉建設與環境保護部頒發的《房屋完損等級評定標準》(1984)為例進行闡述。根據上述標準，按房屋的結構、裝修、設備等組成部分的完好和損壞程度，劃分為5個等級，見表4-16：

表4-16　　房屋評定部位內容、完損等級和成新率一覽表(參考數據表)

部位內容			完損等級	實體成新率
結構	裝修	設備		
地基基礎	門窗	廚衛	完好房	80%～100%
承重構件	外抹灰	電氣	基本完好房	60%～79%
非承重構件	內抹灰	暖氣	一般損壞房	40%～59%
屋面	頂棚	特種設備	嚴重損壞房	40%以下
樓地面	細部裝修		危房	殘值

(1)完好房，包括了成新率在80%以上的房屋。房屋的結構構件、裝修、設備齊全完好，成色新，使用狀態良好。

(2)基本完好房，包括了成新率在60%～79%之間的房屋。房屋的結構構件、裝修、設備基本完好，成色略舊並有少量或微量損壞，基本能正常使用。

(3)一般損壞房，包括了成新率在40%～59%之間的房屋。房屋的結構構件、裝修、設備有部分損壞或變形、老化，需進行中、大修理。

(4)嚴重損壞房，成新率在40%以下的房屋。房屋的結構構件、裝修、設備有明顯的損壞或變形，並且不齊全，需進行大修或翻建。

(5)危房，房屋的結構構件處於危險狀態，有倒塌的可能。

按上述評分標準，從房屋的結構、裝修、設備等方面的完損程度，綜合確定建築物的成新率。但運用觀察打分法要注意兩點：①要建立合理、科學的評分標準，要考慮不同地區、不同建築類型、不同使用條件下建築物完損程度的不同特點和量化特徵；②評估師對評分標準掌握和運用的水平。評分標準一經確定下來，就是相對固定的標準。但待估建築物情況卻具有多樣性。評估師要在統一評分標準的基礎上，根據完好情況，制定出不同類型建築物成新率評分修正係數，對按統一打分標準評分的初步結論作進一步的調整和修正。

觀察打分法估算建築物實體性成新率的公式為：

實體性成新率＝結構部分合計得分×G＋裝修部分合計得分×S＋設備部分合計得分×B

式中：G——結構部分的評分修正系數(權數)

S——裝修部分的評分修正系數

B——設備部分的評分修正系數

G＋S＋B＝100％

[例4－10]某鋼筋混凝土結構5層樓房,經評估師現場觀察打分,結構部分合計得分80分,裝修部分為70分,設備部分為60分。再查評分標準表:修正系數G＝0.75,S＝0.12,B＝0.13,則：

該樓房實體性成新率＝(80×0.75＋70×0.12＋60×0.13)÷100

＝76.2％

該樓房實體性貶值率＝1－76.2％＝23.8％

下面是不同結構類型房屋實體性成新率的評分修正系數表(見表4－17)：

表4－17　　　　不同結構類型房屋實體性成新率的評分修正系數表

結構類型 樓層數	鋼筋混凝土結構			混合結構			磚木結構			其他結構		
	結構部分G	裝修部分S	設備部分B	結構部分G	裝修部分S	設備部分B	結構部分G	裝修部分S	設備部分B	結構部分G	裝修部分S	設備部分B
單層	0.85	0.05	0.10	0.7	0.2	0.1	0.8	0.15	0.05	0.87	0.10	0.03
二～三層	0.8	0.10	0.10	0.6	0.2	0.2	0.7	0.2	0.1			
四～六層	0.75	0.12	0.13	0.55	0.15	0.3						
七層以上	0.8	0.10	0.10									

(四)建築物功能性貶值的測算

1. 建築物功能性貶值的概念

建築物的功能性貶值是指由建築物用途、使用強度、設計、結構、裝修、設備配備等不合理因素造成建築物功能缺陷或浪費而導致的價值損失。

所謂建築物的功能(又稱為功效),是指其滿足使用者(或市場)需求的程度。建築物的功能性貶值是以評估基準日正常的、為市場(使用者)接受的設計、結構、裝修、設備配備等因素的正常水平來加以判斷的。

2. 建築物功能性貶值的常見情形

(1)建築物用途與使用強度不合理形成的功能性貶值

這種貶值是相對於其占用的土地的最佳利用方式而言的。在資產評估中,土地使用

權價值通常是按其最佳利用方式的假設進行估價的,對土地與建築物用途、使用強度不協調而形成的價值損失定義為建築物的功能性貶值。

[例4-11]某市中心繁華區建築物2,000平方米,用途為辦公,共2層,占地面積2畝(1畝=0.067公頃。下同)。依據城市規劃,該宗地規劃容積率為3.0,用途為商業。評估師用市場法按現狀評估出房地產價值為600萬元(2,000平方米×3,000元/平方米),即房地合估前提下的價值,亦為重置成本。土地上建築物重置成本為400萬元,實體性貶值為160萬元,土地使用權按最佳利用方式(容積率為3.0,商業用途,拆除重建,建築物殘值率為0)的評估價值為1,800萬元,假設無經濟性貶值。試計算建築的功能性貶值。

計算如下:
①房地合一評估下的房地產價值:600萬元
②房地分離評估下的房地產價值:1,800+(400-160)=2,040(萬元)
建築物功能性貶值=2,040-600=1,440(萬元)
地上建築物的價值=400-160-1,440-0=-1,200(萬元)

可見,在建築物用途與土地使用強度不合理的前提下,會出現建築物功能性貶值,地上建築物的價值甚至可能出現負值。這在對市中心低矮非商業建築物的評估中時常見到。

(2)建築物的設計及結構上的缺陷形成的功能性貶值
①建築物有效使用面積與其建築面積的比例低於正常水平形成的功能性貶值。

[例4-12]同一小區兩棟6層住宅,戶均建築面積均為100平方米,但甲棟住宅的使用面積為75平方米/戶,乙棟住宅使用面積為60平方米/戶,均新建成,且兩棟住宅地上建築物重置成本相同。甲棟住宅銷售單價比乙棟高300元/平方米,其原因為:甲棟住宅的設計合理,乙棟住宅設計不合理,則乙棟住宅每套房的功能性貶值=300元/平方米×100平方米=30,000元。

②建築物設計功能上的不完善形成的功能性貶值,如老式住宅無客廳或客廳過小、衛生間過小等。

(3)建築物的裝修及其配套設備與其總體功能不協調形成的功能性貶值
例如:建築物超標準的豪華裝修與配置設備過剩,超過建築物已定位的服務功能,在增加建築物使用價值不明顯的前提下,增大了建造成本,形成建築物局部功能浪費,從而形成損失。

無論是哪種原因形成的建築物功能性貶值,在其測算過程中都要與建築物重置成本測算、成新率測算一併統籌考慮,避免重複考慮與漏評現象出現。

(五)建築物經濟性貶值的測算
建築物的經濟性貶值是指由於外界條件的變化而影響了建築物效用的發揮,從而導

致的價值損失。從現象上看,建築物出現經濟性貶值一般都伴隨著利用率下降,如商業用房空置率增加、工業用房大量閒置等。從其後果看,最終都會導致建築物的收益下降。所以,在測算建築物經濟性貶值時,可按下列公式計算:

$$經濟性貶值 = \sum_{i=1}^{n} R_i (1+r)^{-i}$$

式中:R_i——第 i 年的建築物年收益損失額

r ——折現率

n ——預計建築物經濟性貶值的年限

在這裡,需要注意的是,由於建築物必須與土地相結合才能發揮效益,因此,這裡的建築物通常包括其占用範圍內的土地。

(六)評估舉例

[例 4-13]某倉庫建築面積 5,000 平方米,鋼筋混凝土框架結構,共三層,一、二、三層層高分別為 5.0 米、4.2 米、3.9 米,砼地面,外牆貼白色牆磚,內牆及天棚為塗料,鋁合金門窗,配兩臺貨運電梯,通上水、下水、通電、通信、通路。於 1995 年建成投入使用。

試求:2003 年 12 月 31 日的倉庫價值(不含土地)。

評估公式:評估價值 = 重置成本 × 成新率

重置成本 = 建設成本 + 管理費用 + 投資利息 + 開發利潤

計算如下:

1. 建設成本

(1)建安工程費估算

採用單位比較法,評估人員收集到與待估倉庫相似的另一倉庫,其建安工程費為 1,200 元/平方米。但與待估倉庫比較,存在如下差異:①底層層高為 4.5 米;②未配備貨運電梯。

經評估師分析,底層層高差異影響重置成本的 6.0%,未配貨運電梯影響為 35 元/平方米。

待估倉庫建安工程費 = 1,200 ÷ (1-6%) + 35 = 1,311.60(元/平方米)

(2)專業費估算

依據評估師掌握的同類倉庫的歷史成本分析,與待估倉庫建築規模相近的倉庫的專業費為 8%,評估取 8.0%。

(3)建設稅費

經收集、匯總當地建設稅費有關文件、資料,建設稅費為 120 元/平方米。則:

建設成本 = 1,311.60 + 1,311.60 × 8.0% + 120 = 1,536.53(元/平方米)

2. 管理費用

經測算,管理費用為建安工程費用的3%,評估取3.0%。

3. 投資利息

查《工程項目建設工期定額》,合理工期為一年,利息率取一年期固定資產貸款利率5.49%。

4. 開發利潤

取當地對倉庫投資的年平均利潤率5.5%。

5. 單位重置成本計算

單位重置成本 = 1,536.53 + 1,311.60 × 3.0% + (1,536.53 + 1,311.60 × 3.0%) × $\frac{1.0}{2}$

$\times 5.49\% + (1,536.53 + 1,311.60 \times 3.0\%) \times \frac{1.0}{2} \times 5.5\%$

= 1,536.53 + 39.35 + 43.26 + 43.34

= 1,662.48(元/平方米)

6. 成新率計算

採用年限法,倉庫已使用9年,尚可使用51年。則:

成新率 = 51/(51 + 9) = 85%

7. 評估價值計算

評估價值 = 1,662.48 × 5,000 × 85%

= 7,065,540(元)

四、建築物評估中的殘餘法

建築物評估中的殘餘法(又稱為剩餘法),是指先計算建築物與其占用的土地的共同收益,然後採用收益法以外的方法估算出土地價格,再從建築物與其占用土地的共同收益中扣除屬於土地的收益,即可得到歸屬於建築物的純收益,通過建築物的折現率還原,從而取得建築物的價值的評估方法。

$$B = \frac{a - Lr_1}{r_2 + d} = \frac{a_2}{r_2 + d}$$

式中:B——建築物價值

a——房地總收益

L——土地價格

r_1——土地還原利率

a_2——建築物收益

r_2——建築物還原利率

d——建築物的折舊率

殘餘法運用了收益法的評估原理,適用於用其他方法難以較為準確判斷土地或建築物的價格的情況。例如,當建築物的用途、使用強度與土地的最佳利用方法不一致時,需判斷建築物的存在而導致土地價值的減值幅度(即建築物的功能性貶值),用其他方法很難做出準確判斷,此時運用殘餘法就可以給出一個比較合理的說明。

[例4-14]某房地產項目的房地年總收益為100萬元,土地評估價值為1,000萬元,土地還原利率8%,建築物還原利率10%,折舊率2%,假設收益為無限年期,則:

建築物評估價值 = (100 - 1,000 × 8%) ÷ (10% + 2%) = 166.67(萬元)

此房地產價值 = 1,000 + 166.67 = 1,166.67(萬元)

又假設估算出建築物重置成本為500萬元,實體性損耗為200萬元,則可計算出建築物的功能性貶值。

建築物功能性貶值 = (1,000 + 500 - 200) - 1,166.67 = 133.33(萬元)

[例4-15]某項房地產,建築面積500平方米,占用範圍內土地面積800平方米,月租金10,000元,土地還原利率8%,建築物還原利率10%,年折舊率2%,空租率10%。試用殘餘法評估建築物價值(假設收益為無限年期)。

(1)計算年總收入:10,000 × 12 × (1 - 10%) = 108,000(元)

(2)計算年總費用:

房產稅(按租金的12%) = 108,000 × 12% = 12,960(元)

營業稅(按租金的5%) = 108,000 × 5% = 5,400(元)

土地使用稅(按土地面積2元/平方米) = 2 × 800 = 1,600(元)

管理費(按租金的3%) = 108,000 × 3% = 3,240(元)

維修費(按租金的4%) = 108,000 × 4% = 4,320(元)

保險費:1,500元

年總費用 = 12,960 + 5,400 + 1,600 + 3,240 + 4,320 + 1,500 = 29,020(元)

(3)計算房地年總收益:108,000 - 29,020 = 78,980(元)

(4)求土地純收益:

土地評估價格 = 1,000 × 800 = 800,000(元)

土地年純收益 = 800,000 × 8% = 64,000(元)

(5)求建築物年純收益:78,980 - 64,000 = 14,980(元)

(6)求建築物價格:14,980 ÷ (10% + 2%) = 124,833(元)

建築物每平方米價格：124,833÷500＝249.67(元)

由於殘餘法採用了收益法的基本評估原理，因此，要求被評估的房地產應能獲得正常收益，這種收益還應是客觀收益，只有具有客觀收益的房地產才能運用這種方法；其次，這種方法還要求建築物的用途、使用強度、使用狀態與土地最佳使用不能嚴重背離。例如，建築物已瀕臨倒塌或建築物容積率過低導致房地總收益低，以至於房地總收益小於土地純收益，就難用這種方法正確評估建築物價值了。

此外，還要注意收益計算口徑與還原利率計算口徑的匹配。在使用淨現金流量作為收益時，原計算公式中的折舊率(d)就不再採用。

第三節 房地產評估

一、房地產概述

(一) 房地產的概念

對房地產可以從兩個方面加以認識：

1. 從物質形態的角度去認識

在這種情況下，房地產是指物質形態的土地和附著於土地上或(和)其下的人工建造的建築物及其他定著物。

其他定著物是指固定在土地或建築物上，與土地、建築物不能分離或者雖然可以分離，但是分離後其經濟價值會受到影響，或者分離後會破壞土地、建築物的完整性、使用價值或功能，或者使土地、建築物的價值明顯受到損害的物體。如：埋設在地下的管線、設施，在地上建成的庭院、花臺、假山、圍牆等。

2. 從財產權益的角度去認識

在這種情況下，房地產是指一切與房地產所有權相關的權益的載體。

權益是房地產中無形的、不可觸摸的部分，包括權利、利益和收益，如所有權、使用權、租賃權、典權、地役權、抵押權、相鄰關係等。其中，所有權是指在法律規定的範圍內自由支配房地產並排除他人干涉的權利；使用權是指對房地產的佔有、收益、使用的權利；租賃權是指承租人通過支付租金從房屋所有人或土地使用權人(所有人)那裡獲得的佔有、使用房地產的權利；典權是指通過支付典價而佔有他人房地產加以使用和取得收益的權利；地役權是指土地所有人或土地使用權人為便於使用土地與獲得利益而利用他人土地的權利，最典型的地役權是在他人土地上通行的權利；抵押權是債權人對債務人或者第三人不轉移佔有而作為債權擔保的房地產，在債務人不履行債務時，優先受償該房地產的變現價

款的權利。

由此可見,房地產是一個物質實體與權益相結合的概念。兩宗物質形態相近的房地產,其權益可能存在較大差異,從而形成價值差異。

(二)房地產的特性

房地產的特性是基於土地與建築物各自的特性結合在一起而形成的,又由於建築物總是建在土地之上或(和)其下的,因此,房地產的特性又是以土地的特性為基礎的。

房地產與其他資產相比較,具有眾多特性,下面分別闡述它的幾個主要特性:

1. 房地產位置的固定性

房地產的自然地理位置是固定的,不可移動的。房地產所有人和使用人無法改變其自然地理位置以適應市場的變化。在房地產交易中流動的不是房地產的物質實體,而是其權益,這是與其他市場交易商品的主要區別。這個特性也就決定了世界上沒有兩宗完全一樣的房地產。

但是房地產的經濟地理位置卻是可變的。經濟地理位置指房地產的周圍環境、交通條件、與公共設施及商業中心的接近程度等外部條件。這些因素可能發生變化,從而導致房地產價值的升、降。

2. 房地產效用的長久性

在正常條件下,土地可以永久利用,地上建築物也不易損壞,通常可使用幾十年,與其他商品相比,房地產的效用是長期的,如鋼筋混凝土結構房屋經濟壽命可達五六十年,技術壽命和自然壽命則會更長。

3. 房地產價值影響因素的多樣性

房地產的價值影響因素有一般因素、區域因素、個別因素,集合了對土地價值、建築物價值有影響的所有因素。具體見本章土地價值的影響因素、建築物價值的影響因素。這也是與其他財產不同的。

4. 房地產投資數額的巨大性

與其他資產(如一般的存貨或設備等)相比,房地產所需投資是巨大的。一宗地、一棟房子的投資額通常在幾百萬、幾千萬甚至數億元以上。

5. 房地產的保值增值性

由於土地、房地產供給總是有限的,而對房地產的需求卻在不斷增加,因此,房地產的保值、增值性明顯。

(三)房地產的分類

房地產的分類是在土地分類與建築物的分類結合的基礎上劃分的,劃分標準多樣。下面僅就與房地產評估密切相關的分類作闡述。

1. 按房地產的經濟用途劃分

可劃分為下列 10 類。
(1)居住房地產,包括普通住宅、高檔公寓、別墅等。
(2)商業房地產,包括百貨商場、購物中心、商業店鋪、超級市場、批發市場等。
(3)辦公房地產,包括商務辦公樓(寫字樓)、政府辦公樓等。
(4)旅館房地產,包括飯店、酒店、賓館、旅店、招待所、度假村等。
(5)餐飲房地產,包括酒樓、美食城、餐館、快餐店等。
(6)娛樂房地產,包括遊樂場、娛樂城、康樂中心、夜總會、俱樂部、影劇院、高爾夫球場等。
(7)工業和倉儲房地產,包括工業廠房、倉庫等。
(8)農業房地產,包括農地、農場、林場、牧場、果園等。
(9)特殊用途房地產,包括車站、機場、醫院、學校、教堂、寺廟、墓地等。
(10)綜合房地產,是指具有兩種或兩種以上作用的房地產。
2. 按是否產生收益來劃分
(1)收益性房地產。收益性房地產是指能直接產生租賃或其他經濟收益的房地產,包括商店、商務辦公室、公寓、旅館、餐館、影劇院、遊樂場等。
(2)非收益性房地產。非收益性房地產是指不能直接產生經濟收益的房地產,如:私人住宅、未開發的土地、政府辦公樓、教堂、寺廟等。
收益性房地產通常採用收益法評估,非收益性房地產則不能採用收益法評估。
3. 按經營使用方式劃分
(1)出售型房地產;
(2)出租型房地產;
(3)營業型房地產;
(4)自用型房地產。
這種分類方法對選擇評估方法很有針對性。如:出售型房地產可選用市場法評估;出租或營業型房地產可選用收益法評估;自用型房地產可選用成本法評估。
(四)房地產價格
1. 房地產價格的基本概念
房地產價格是指合法地獲得他人的房地產所必須付出的代價。
房地產價格是由房地產的有用性(使用價值)、稀缺性和有效需求三者結合而產生的。在現實中,不同房地產價格之所以有高低,同一宗房地產價格之所以有變動,歸總起來,即是由於這三者的程度不同以及它們不斷發生變化而引起的。
2. 房地產價格的基本特徵
(1)房地產價格實質上是房地產權益的交易價格,其物質實體並不轉移。

(2)房地產價格既有交換代價的價格,也有使用代價的租金。房地產由於價值大、使用壽命長,出現了買賣和租賃兩種方式並存的交易方式。

(3)房地產價格通常是個別形成,容易受買賣雙方的個別因素(如偏好、討價還價能力、感情衝動等)的影響。

3. 房地產價格的分類

房地產價格可以按不同標準進行分類。下面僅就《中華人民共和國城市房地產管理法》(1994)提及的房地產交易類型所涉及的房地產價格作一介紹,涉及各種評估目的的房地產價格在後面闡述。

(1)房地產轉讓價格。房地產轉讓是指房地產權利人通過買賣、贈與或其他合法方式將房地產轉移給他人的行為。該行為相應地形成房地產買賣價格,即房地產轉讓價格。

(2)房地產抵押價格。房地產抵押是指抵押人以其合法的房地產以不轉移佔有的方式向抵押人提供債務履行擔保的行為。債務人不履行債務時,抵押權人有權依法以抵押的房地產拍賣所得的價款優先受償。房地產抵押價格就是在房地產抵押時形成的價格。

(3)房地產租賃價格。房屋租賃是指房屋所有權人作為出租人,將其房屋出租給承租人使用,由承租人向出租人支付租金的行為。由房地產租賃交易而形成的價格叫房地產租賃價格。

(五)影響房地產價格的因素

影響房地產價格的因素由影響土地使用權價格的因素和影響土地上建築物價格的因素組成,包括一般因素、區域因素、個別因素等。由於已在前面的土地使用權評估、建築物評估等相關部分作了介紹,故此不再贅述。

二、房地產評估原則

原建設部和國家質量技術監督局頒發的《房地產估價規範》(1999)中提到房地產估價應遵循的估價原則有:①合法原則;②最高最佳使用原則;③替代原則;④估價時點原則。此外,在評估實踐中,還運用到供求原則、預期原則等評估原則。

上述評估原則中,除合法原則、估價時點原則外,均在土地評估原則中作了闡述。此處僅就合法原則和估價時點原則作簡要說明。

(一)合法原則

合法是指符合國家的相關法律、法規和當地政府的有關規定。理解合法原則需要注意以下幾點:

(1)評估對象的產權合法。在評估時,必須確認評估對象具有合法的產權。在無法確認評估對象產權的合法性的情況下,必須在評估報告中加以披露,明示評估報告的使用人對此要充分注意。

(2)評估對象的用途合法。例如,在採用剩餘法(假設開發法)評估時,需要設定評估對象未來的用途,在設定該用途時,必須保證該用途的合法性,如必須符合城市規劃限制的要求。

(3)交易或處分方式合法。例如,在涉及劃撥土地使用權抵押時,必須得到政府的批准才是合法、有效的。

(二)估價時點原則

估價時點是指估價結果對應的日期,又叫評估基準日。

估價時點原則強調的是評估結論具有很強的時間性和時效性。時間性是指評估結論是以某一時點的價格為基礎而得出的;時效性是指評估結論只是在法規規定的時段內才是有效的。

三、房地產價格評估方法

房地產價格評估方法主要有市場法、成本法、收益法、剩餘法(假設開發法),這在本章第一節土地使用權評估中闡述過,基本方法為前三種方法,剩餘法是前三種方法的綜合運用形成的具體操作方法。

四、房地產價格評估方法的應用

用市場法、收益法、成本法進行房地產價格評估,其評估公式、評估程序與用於土地評估時一致,參看本章第一節的有關內容。這裡僅就這些方法在房地產價格評估的具體應用中的部分環節作進一步闡述,這些闡述同樣適用於土地使用權評估。

(一)市場法

1. 收集交易實例

(1)收集交易實例的途徑:①查閱政府有關部門的房地產交易信息資料,如房地產權利人轉讓房地產時申報的成交價格資料、交易登記資料、政府出讓土地使用權的地價資料、政府公布的基準地價、標定地價和房屋重置價格資料等;②查閱報刊上有關房地產出售和出租的廣告、信息等資料;③參加房地產交易展示會,瞭解房地產價格行情,收集有關信息、資料;④向房地產交易當事人、經紀人等調查瞭解有關房地產交易的情況;⑤以購買房地產者的身分,與出售者洽談,取得真實的房地產價格資料;⑥同行之間互相提供、交流房地產價格信息資料。

(2)收集交易實例時,應收集實例的主要信息內容:①交易雙方的基本情況和交易目的;②交易對象的狀況;③成交日期;④成交價格;⑤付款方式;⑥交易情況。對非正常交易情況(如強制交易)應具體說明。

2. 可比實例的選取標準

一般來說,選取的可比實例應符合下列要求。

(1)可比實例所處的地區應與評估對象所處的地區相同,或是同一供求範圍的類似地區。

(2)可比實例的用途應與評估對象的用途相同。這裡的用途主要指大類用途(一般分為居住、商業、辦公、旅館、工業、農業等),若能做到小類用途相同則更好。

(3)可比實例的建築結構應與評估對象建築結構相同。這裡的建築結構指大類建築結構(一般分為鋼結構、鋼筋混凝土結構、磚混結構、磚木結構、簡易結構),如果能做到小類建築結構相同則更好。例如,鋼筋混凝土結構又可分為框架結構、剪力牆結構、框—剪結構等小類。

(4)可比實例的規模(一般指土地面積、建築面積)應與評估對象規模相當。

(5)可比實例的權利性質應與評估對象權利性質相同,或可修正為一致,不能修正的就不能選為比較實例。

(6)可比實例的交易類型應與評估目的吻合。

(7)可比實例的交易日期應與評估基準日接近。最好選擇近期一年內成交的,如果房地產市場相對比較穩定,則可適當延長間隔時間,但最長時效不宜超過兩年。

(8)可比實例的交易情況正常,為正常交易價格,或可修正為正常交易價格,不能修正的不能選為比較實例。

3. 因素修正方法

市場法中的交易情況、交易日期、區域因素和個別因素修正,可採用百分率法、差額法或者迴歸分析法進行修正。

(1)百分率法是將可比實例與評估對象房地產在某一方面的差異折算為價格差異的百分率來修正可比實例價格的方法。

(2)差額法是將可比實例與評估對象房地產條件的差異所導致的價格差額大小求出來,並在可比實例的價格上直接加上或減去這一數額,而求得評估對象房地產價格的修正方法。

4. 修正幅度

按照上述的選取標準選擇可比實例,並對交易情況、交易日期、區域因素和個別因素修正,每項修正對可比實例成交價格的調整不得超過20%,綜合調整不得超過30%。

5. 舉例

[例4-16]評估某底層營業房2003年12月31日(建築面積300平方米)的價格,收集了A、B、C三個交易實例。有關資料如表4-18所示。

表 4 - 18　　　　　　　　　　交易實例有關資料表

項　　目	實例 A	實例 B	實例 C
坐落位置	A 路	B 路	C 街
用途性質	營業鋪面	營業鋪面	營業鋪面
交易樓層	底樓一層	底一層	底一層
交易日期	2003 年 3 月	2003 年 9 月	2003 年 8 月
交易方式	轉讓	轉讓	轉讓
建築面積(平方米)	60	85	79
交易單價(元/平方米)	12,000	12,500	13,000

評估計算如下：

(1)交易情況的分析判斷結果，見表 4 - 19：

表 4 - 19　　　　　　　　　　交易實例情況分析結果

比較案例	實例 A	實例 B	實例 C
交易情況修正	-2%	0	+2%

交易情況的分析判斷是以正常交易情況為基準的，正值表示交易實例價格高於其正常價格的幅度，負值表示低於其正常價格的幅度。

(2)該類營業房 2003 年的價格指數，見下表 4 - 20：

表 4 - 20　　　　　　　　該類營業房 2003 年價格指數

月份	1	2	3	4	5	6	7	8	9	10	11	12
價格指數	100	99.5	99.6	99.7	99.8	99.9	100.3	100.5	100.7	100.9	100.9	101.0

(3)區域因素修正結果，見表 4 - 21：

表 4 - 21　　　　　　　　　交易實例區域因素修正結果

修正因素＼比較案例	實例 A(%)	實例 B(%)	實例 C(%)
商業服務繁華程度	-2	0	+1
周圍用地類型	0	1	-1
交通條件	+1	0	-2
規劃條件	+2	+1	+3
基礎設施完善程度	0	0	-1
區域因素修正值	+1	+2	0

與待估房屋比較，正值表示優於待估房屋的程度，負值表示劣於待估房屋的程度。

(4)個別因素修正結果，見表4-22：

表4-22　　　　　　　　交易實例個別因素修正結果

修正因素	比較案例	實例A(%)	實例B(%)	實例C(%)
與房屋所占土地相關的個別因素	宗地形狀	-5	0	+3
	臨街寬度	-2	-1	+2
	寬深比	+1	0	-1
地上房屋的個別因素	結構	0	0	0
	設備	+1	-1	-2
	裝修	+1	-1	+1
	成新率	0	0	+2
個別因素修正值		-4	-3	+5

(5)計算公式及比準價格的確定。

比準價格的計算公式為：

比準價格＝可比實例價格×交易情況修正系數×交易日期修正系數×區域因素修正系數×個別因素修正系數

具體計算過程見表4-23：

表4-23　　　　　　　　交易實例比準價格計算表

項目	比較案例	實例A	實例B	實例C
成交單價(元/平方米)		12,000	12,500	13,000
交易情況修正		100/(100-2)	100/100	100/(100+2)
交易日期修正		101/99.6	101/100.7	101/100.5
區域因素修正		100/(100+1)	100/(100+2)	100/(100+0)
個別因素修正		100/(100-4)	100/(100-3)	100/(100+5)
比準價格(元/平方米)		12,806.33	12,671.56	12,198.58

(6)評估價格的確定。三個實例的比準價格差異不大,評估師決定以其算術平均值為評估單價,則:

評估單價 = (12,806.33 + 12,671.56 + 12,198.58) ÷ 3 = 12,558.82(元/平方米)

評估價值 = 12,558.82 × 300 = 3,767,646(元)

(二)成本法

本章第一節土地使用權評估和第二節建築物評估中均介紹了成本法,下面僅簡單介紹一下成本法在房地產價格評估中幾種具體情況下的評估公式。

1. 適用於單純土地評估的成本法公式

評估價值 =(土地取得費 + 土地開發費 + 稅費 + 利息 + 利潤 + 土地增值收益)× 個別因素修正系數 × 土地使用年期修正系數

2. 適用於房地合一評估的成本法公式

評估價值 = 土地評估價值 + 地上建築物評估價值

建築物評估價值的計算公式為:

評估價值 = 重置成本 - 實體性貶值 - 功能性貶值 - 經濟性貶值

需要說明的是:這裡的土地價值評估可採用土地使用權評估的任何一種方法進行。

3. 舉例

[例4-17]評估對象為一個專用倉庫,占地面積2,500平方米,總建築面積6,000平方米,土地使用權性質為出讓土地;建築結構為鋼筋混凝土結構;倉庫於1983年建成投入使用。試評估該專用倉庫2003年12月31日的價值。

評估過程如下:

(1)評估土地使用權價值

評估師採用基準地價系數修正法,評估出土地單價1,000元/平方米,土地總價為250萬元(評估計算過程略)。

(2)評估地上房屋價值

①建安工程費,採用預決算調整法,估算結果為1,100元/平方米。

②專業費用取建安工程費的7%。

③管理費用及建設稅費取25元/平方米(市政配套費等已在土地使用權評估時考慮,這裡不再包括)。

④建設期利息,依據《工程建設項目期定額》,合理工期為一年,年利息率取一年期固定資產貸款利率5.49%。

⑤開發商利潤取倉庫所在地區該類投資年平均利潤率12%。

⑥成新率,採用打分法,估算結果為70%。

⑦評估計算。

重置單價 = $(1,100 + 1,100 \times 7\% + 25) + (1,100 + 1,100 \times 7\% + 25) \times \frac{1.0}{2}$

$\times 5.49\% + (1,100 + 1,100 \times 7\% + 25) \times \frac{1.0}{2} \times 12\%$

$= 1,202 + 32.99 + 72.12$

$= 1,307.11$（元/平方米）

重置成本 = $1,307.11 \times 6,000 \times 70\%$ （假設不存在功能性貶值與經濟性貶值）

$= 5,489,862$（元）

(3)估算房地產價值

評估價值 = 土地評估價值 + 地上建築物評估價值

$= 2,500,000 + 5,489,862$

$= 7,989,862$（元）

需要說明的是：本例土地使用權的剩餘使用年限與建築物尚可使用年限基本一致，因此，不需對評估價值進行調查。若二者存在較大年限差異，需再考慮一定的價值折扣率。

（三）收益法

1. 基本公式

(1)房地收益為無限年期

$$P = \frac{a}{r}$$

式中：P——評估價格

　　　a——房地產淨收益

　　　r——折現率

(2)房地收益為有限年期

$$V = \sum_{i=1}^{n} \frac{a}{(1+r)^i}$$

式中：n——為收益年期

2. 淨收益測算的基本原理

運用收益法評估房地產價值，需要預測評估對象的未來淨收益。收益性房地產獲取收益的方式，可分為出租和營業兩大類。因此，淨收益的測算途徑可分為兩種：一是基於租賃收入測算淨收益，如存在大量租賃實例的普通住宅、高檔公寓、寫字樓、商鋪、停車場、標準廠房、倉庫等房地產；二是基於營業收入測算淨收益，如旅館、影劇場、娛樂中心、汽車加油站等房地產。在實際評估中，只要是能夠通過租賃收入求取淨收益的，都適宜通過租

賃收入求取淨收益來評估房地產價值。

(1)基於租賃收入測算淨收益的基本原理。基於租賃收入測算淨收益的基本公式為：

淨收益＝潛在毛租金收入－空置和收租損失＋其他收入－營運費用
　　　＝有效毛收入－營運費用

淨收益是淨營運收益的簡稱，是從有效毛收入中扣除營運費用以後得到的歸因於房地產的收入。

潛在毛收入是指房地產在充分利用、沒有空置下所能獲得的歸因於房地產的總收入。寫字樓等出租型房地產的潛在毛收入，一般是潛在毛租金收入加上其他收入；潛在毛租金收入等於全部可出租面積與最可能的租金水平的乘積；其他收入是租賃保證金或押金的利息收入，以及例如寫字樓中設置的自動售貨機、投幣電話等獲得的收入。

空置的面積沒有收入，空置時間沒有租賃出去也無租賃收入。收租損失是指租出的面積因拖欠租金，包括延遲支付租金、少付租金或不付租金所造成的收入損失。

有效毛收入是指從潛在毛收入中扣除空置和收租損失以後得到的歸因於房地產的收入。

營運費用是指維持房地產正常使用或營業的必要費用，包括房地產稅、保險費、人員工資及辦公費用、保持房地產正常運轉的成本（建築物及相關場地的維護、維修費）、為承租人提供服務的費用（如清潔、保安）等。營運費用與會計上的成本費用有所不同，營運費用是從評估角度出發的，不包括房地產抵押貸款還本付息額、房地產折舊額、房地產改擴建費用和所得稅。

(2)基於營業收入測算淨收益的基本原理。以營業方式獲取收益的房地產，其業主與經營者是合二為一的，如旅館、娛樂中心、汽車加油站等。這些收益性房地產的淨收益與基於租賃收入的淨收益測算，主要有以下兩個方面的不同：一是潛在毛收入或有效毛收入變成了經營收入；二是要扣除歸屬於其他資本或經營的收益，如商業、餐飲、工業、農業等經營者正常的利潤。

3. 不同收益類型房地產收益的估算

(1)出租型房地產的淨收益估算。出租型房地產是收益法評估的典型對象，包括出租的住宅（公寓）、寫字樓、商場、停車場、標準工業廠房、倉庫、土地等，其淨收益是根據租賃資料來求取，通常為租賃收入扣除維修費、管理費、保險費（如房屋火災保險費）、房地產稅（如房產稅、城鎮土地使用稅）和租賃代理費等後的餘額。租賃收入包括有效毛租金收入和租賃保證金、押金等的利息收入。在實際求取時，維修費、管理費、保險費、房地產稅和租賃代理費是否要扣除，應在分析租賃契約的基礎上決定。如果保證合法、安全、正常使用所需的費用都由出租人負擔，則應將它們扣除，反之，則出租人所得的租金就接近

於淨收益,此時扣除的項目要相應地減少。另外,如果租金中包含了為承租人無償提供使用水、電、燃氣、空調、暖氣等,則要扣除這些相關費用。同時,還需要考慮是否連同家具等房地產以外的物品一起出租,如果是,則租賃收入中包含了家具等的貢獻,這部分是否扣除,要視評估價格是否需要包含此部分的價格來加以確定。

評估中採用的潛在毛收入、有效毛收入、營運費用或淨收益,除有租約限制之外,都應採用正常、客觀的數據。有租約限制的,租約期內的租金宜採用租約所確定的租金,租約期外的租金應採用正常、客觀的租金。利用評估對象本身的資料直接推算出的潛在毛收入、有效毛收入、營運費用或淨收益,應與類似房地產的正常情況下的潛在毛收入、有效毛收入、營運費用或淨收益進行比較,若與正常、客觀的情況不符,應進行適當的調整修正,使其正常、客觀。

(2)直接經營型房地產的淨收益估算。直接經營型房地產的最大特點是該房地產的所有者同時又是該房地產的經營者,房地產租金與經營者利潤沒有分開。

①商業經營型房地產。應根據經營資料計算淨收益,淨收益通過商品銷售收入扣除商品銷售成本、經營費用、商品銷售稅金及附加管理費用、財務費用和商業利潤等計算求得。

②工業生產型房地產。應根據產品市場價格以及原材料、人工費用等資料計算淨收益,淨收益通過產品銷售收入扣除生產成本、產品銷售費用、產品銷售稅金及附加、管理費用、財務費用和廠商利潤等計算求得。

③農地淨收益的估算。根據農地平均年產值(全年產品的產量乘以單價)扣除種苗費、肥料費、人工費、畜工費、機工費、農藥費、材料費、水利費、農舍費、農具費、稅費、投資利息等計算得到。

(3)自用或尚未使用的房地產的淨收益估算。自用或尚未使用的房地產,可以比照同一市場上有收益的類似房地產的有關資料按上述相應的方法計算淨收益,或直接比較得出淨收益。

(4)混合型房地產的淨收益估算。對於現實中包含有上述多種收益類型的房地產的淨收益的估算,可以將其看成各種單一收益類型房地產的組合,先分別求取,然後進行綜合。

4. 舉例

[例4-18]本評估對象為一座出租營業用房,土地總面積10,000平方米,總建築面積30,000平方米,共三層,鋼筋混凝土結構,土地使用權年限為40年,從2002年1月5日起算。

試評估該房地產2003年12月31日的價格。

評估過程如下。

(1)收集到有關資料如下:
租金按使用面積計,使用面積占建築面積的比率為72%
平均月租金160元/平方米
平均空置率為10%
建築物原值15,500萬元
管理費為180萬元/年
房產稅、營業稅及其附加為租金收入的18%
保險費為20萬元/年
(2)估算年總收入:
年總收入 = 30,000 × 160 × 12 × 72% × (1 − 10%) = 3,732.48(萬元)
(3)估算年總費用:
管理費為180萬元
房產稅、營業稅及其附加為:3,732.48 × 18% = 671.85(萬元)
保險費為20萬元
年總費用 = 180 + 671.85 + 20 = 871.85(萬元)
(4)計算年淨收益(這裡的淨收益是指淨現金流量):
年淨收益 = 3,732.48 − 871.85 = 2,860.63(萬元)
(5)確定還原利率:
採用「投資風險與投資收益率綜合排序插入法」,確定為15%。需要說明的是:這裡的還原利率口徑是與淨收益為淨現金流量相對應的還原利率。
(6)計算評估價格:

公式:$V = \dfrac{a}{r}\left[1 - \dfrac{1}{(1+r)^n}\right]$

土地使用權的剩餘使用年限為38年,地上房屋的使用年限為50年,這裡 n 取38年。

則:$V = \dfrac{2,860.63}{15\%} \times \left[1 - \dfrac{1}{(1+15\%)^{38}}\right]$

$= 19,070.87 \times [1 - 0.0049]$

$= 18,977.42(萬元)$

(7)估價結果:
根據計算結果,評估師估價為18,977萬元。
(8)上述評估中,未考慮土地剩餘使用年限到期時地上房屋的殘值,假設到期時其殘值為500萬元。

則：評估價值 = $18,977 + 500 \times \dfrac{1}{(1+15\%)^{38}}$

　　　　　　　 = $18,977 + 2.45$

　　　　　　　 = $18,979.45$（萬元）

五、不同評估目的下的房地產估價

（一）土地使用權出讓價格評估

　　土地使用權出讓價格評估，應分清具體採用協議、招標、拍賣方式中的哪種方式出讓。協議出讓的土地使用權評估，應採用公開市場價值標準；拍賣方式出讓的，應在以公開市場價值標準確定的客觀、合理價格的基礎上再考慮快速變現、競價得地等因素對拍賣底價的影響。

　　土地使用權出讓的估價結果不得低於按照國家規定所確定的最低價，通常不低於按照土地的基礎設施完備程度、平整程度所對應的正常成本價格。

（二）房地產轉讓價格評估

　　房地產轉讓價格評估，在價格類型方面，應採用公開市場價值標準；在確定評估方法時，一般採用市場法和收益法，也可採用成本法，其中待開發房地產的轉讓價格評估應採用剩餘法。

　　以劃撥方式取得土地使用權的房地產轉讓，轉讓行為應符合國家有關法律、法規的規定，且需得到政府批准。在得到批准的前提下，在設定土地為出讓方式而得到的房地產評估價格中，應再扣除需補交的土地使用權出讓金。不能確定出讓金標準的，應在評估報告中特別說明。

（三）房地產租賃價格評估

　　從事生產、經營活動的房地產租賃價格評估，應採用公開市場價值標準。公房、住宅的租賃價格評估，應執行國家和當地政府規定的租賃政策，評估方法宜採用收益法或市場法。

　　出租劃撥土地使用權上的房屋，其租賃價格評估應另外給出租金中應包含的土地收益值（即土地使用權出讓金），並應注意國家對土地收益的處理規定，同時在評估報告中予以說明。

　　採用成本法評估房地產租賃價格時，房地產租賃價格的構成因素是指：地租、折舊費、維修費、管理費、稅金、保險費、利息、利潤等。

（四）房地產抵押價值評估

　　房地產抵押價值評估需注意的問題較多，包括以下幾個方面：

　　（1）抵押權人希望瞭解的是當債務人不履行債務，抵押權人依法以提供抵押擔保的

房地產折價或者拍賣、變賣該房地產時,該房地產所能實現的客觀、合理的價格,但由於對這種預期價格的評估難以準確把握,因此,實際評估的抵押價值是房地產設定抵押權時的價值。

(2)房地產抵押價值評估應採用公開市場價值標準,可參照設定抵押權時的類似房地產的正常市場價格評估,但應在評估報告中說明未來市場變化風險和短期強制處分等因素對房地產抵押價值的影響。

(3)房地產抵押價值應是以抵押方式將房地產作為債權擔保時的價值。
①依法不得抵押的房地產,沒有抵押價值;
②首次抵押的房地產,該房地產的價值為抵押價值;
③再次抵押的房地產,該房地產的價值扣除已擔保債權後的餘額部分為抵押價值。

(4)以劃撥方式取得的土地使用權連同地上建築物抵押的,評估其抵押價值時應扣除預計處分所得價款中相當於應繳納的土地使用權出讓金的款額,可採用下列方式之一處理:
①首先求取設定為出讓土地使用權的房地產的價值,然後減去預計由劃撥土地使用權轉變為出讓土地使用權應繳納的土地使用權出讓金款額,即為抵押價值。此時一般將土地使用權年限設定為相應用途的法定最高年限,也可設定為土地上建築物的剩餘使用年限,從評估基準日起算。
②採用成本法評估,評估價格中不包括土地使用權出讓金等由劃撥土地使用權轉變為出讓土地使用權應繳納的款額。

(5)以具有土地使用年限的房地產抵押的,評估其抵押價值時應考慮設定抵押權以及抵押期限屆滿時,土地使用權的剩餘使用年限過短對抵押價值的影響。

(6)以享受國家優惠政策購買的房地產抵押的,應考慮國家、當地政府對以該政策取得的房地產轉讓的相關規定對其轉讓價值的影響,其抵押價值為房地產權利人可處分和收益的份額部分的價值。

(7)以按份額共有的房地產抵押的,其抵押價值為抵押人所享有的份額部分的價值。

(8)以共有的房地產抵押的,其抵押價值為該房地產的價值,但抵押應經共有人同意。

(五)房地產保險價值評估

房地產保險價值評估,分為房地產投保時的保險價值評估和保險事故發生後的損失價值或損失程度評估。

房地產投保時的保險價值應是投保人與保險人訂立保險合同時作為確定保險金額基礎的保險標的的價值。保險金額應是保險人承擔賠償或給付保險責任的最高限額,也是投保人對保險標的的實際投保金額。中國《保險法》(2009修訂)規定:「保險金額不得超

過保險價值；超過保險價值的，超過的部分無效。」房地產投保時的保險價值評估，應評估有可能因自然災害或意外事故而遭受損失的建築物的價值。

保險事故發生後的損失價值或損失程度評估，應把握保險標的在保險事故發生前後的狀態。對於其中可修復部分，宜估算其修復所需的費用並將之作為其損失價值。

(六)房地產課稅評估

房地產課稅評估要遵循相關稅收法規、條例、辦法的規定，為相應稅種核定其計稅依據提供服務。

(1)對核徵營業稅而進行的房地產評估

稅法規定：納稅人轉讓土地使用權或銷售不動產的價值明顯偏低又無正當理由的，主管稅務機關可按納稅人當月銷售的同類不動產的平均價格，或按納稅人近期銷售的同類不動產的平均價格，或成本加利潤，核定其營業額。

相應的評估應按其規定的思路評估。

(2)對核徵城鎮土地使用稅而進行的房地產課稅評估

應依據《中華人民共和國城鎮土地使用稅暫行條例》(2007 修訂)及當地規定的具體細則，按土地等級、土地面積、單位土地面積徵稅額評估。

(3)對核徵土地增值稅而進行的房地產評估

依據《中華人民共和國土地增值稅暫行條例》(1993)及其實施細則，土地增值稅的計稅依據為土地增值額。

土地增值額＝轉讓房地產取得的收入－扣除項目金額

稅法規定對納稅人申報的轉讓房地產所取得的收入明顯低於市場價格又無正當理由的，應對其轉讓價格進行評估，核定其轉讓房地產取得的收入。

相應的房地產評估應採用公開市場價值標準。

(4)對核徵房產稅而進行的房地產課稅評估

《中華人民共和國房產稅暫行條例》(1986)規定對企業自用房產的計稅依據為房產餘值，按房產餘值的 1.2% 徵稅，房產餘值是房產原值一次性扣除一定比例(一般為 30%)的餘額。對租賃房地產取得的租金收入，將租金收入作為計稅依據，稅率為 12%。

(5)對核徵契稅而進行的房地產課稅評估

稅法規定契稅的計稅依據為成交價格(土地使用權出讓、出售、房地產買賣行為)、市場價格(土地使用權贈與、房地產贈與行為)和交換差價(土地使用權交換、房地產交換行為)。

(七)徵地和房屋拆遷補償評估

徵地評估應按照中國《土地管理法》及其實施條例以及當地政府的有關規定進行。房地產拆遷評估應按《城市房屋拆遷管理條例》(2001)及各地的具體規定進行評估。

中國現行《城市房屋拆遷管理條例》(2001)規定：拆遷補償金額根據被拆遷房屋的區位、用途、建築面積等因素，以房地產市場評估價格確定。因此，評估應採用公開市場價值標準。此外，依照規定，拆除違章建築、超過批准期限的臨時建築不予補償，其評估價值為0；拆除未超過批准期限的臨時建築給予適當補償，通常依據其重置成本與剩餘期限占批准期限的比例之積確定。

(八)房地產分割、合併評估

房地產分割、合併評估應注意分割、合併對房地產價值的影響。分割、合併前後的房地產整體價值不能簡單等於各部分房地產價值之差或之和。

房地產分割、合併評估要從影響房地產分割、合併前後最高最佳使用的角度，分析評估對象在分割或合併前後的可能變化。

分割評估應對分割後的各部分房地產分別評估。

合併評估應對合併後的整體房地產進行評估。

(九)房地產拍賣底價評估

房地產拍賣底價評估，首先應採用公開市場價值標準，之後再考慮短期強制處分(快速變現)、競價得標等因素的影響，分析市場狀況後確定拍賣目的的評估價值。

(十)企業各種經濟活動中涉及的房地產評估

企業各種經濟活動中涉及的房地產評估，包括企業合資、合作、聯營、股份制改造、上市、合併、兼併、分立、出售、破產清算、抵債、財務報告等經濟行為中的房地產評估。這種評估首先應瞭解房地產權屬是否發生轉移，若發生轉移，則按相應的房地產轉讓行為進行評估；其次應瞭解是否改變用途以及這種改變是否合法，並應根據原用途是否改變，按「保持現狀前提」或「轉換用途前提」評估。

企業合資、合作、股份制改組、合併、兼併、分立、出售、破產清算等發生房地產權屬轉移的，應按房地產轉讓行為進行評估。但應注意破產清算與抵押物處置類似，屬於強制處分，要求在短時間內變現的特殊情況。

企業聯營一般不涉及房地產權屬的轉移，企業聯營中的房地產評估，主要為確定以房地產出資的出資方的分配比例服務，宜根據聯營及房地產的具體情況選擇評估方法。

對企業整體資產採用收益法、市場法等方法進行整體評估的，房地產則不進行單獨評估。

在企業價值評估中，不動產作為企業資產的組成部分，評估價值受其對企業貢獻程度的影響。對於溢餘不動產，註冊資產評估師應當考慮不動產的持有目的、收益狀況和實現交易的可能性，採用恰當的評估方法，合理確定其評估價值。

第四節 在建工程評估

一、在建工程的概念及特點

(一)在建工程的概念

在建工程資產(以下簡稱在建工程)是指在評估基準日尚未完工的建設項目形成的資產,或者雖然已經完工但尚未交付使用的建設項目形成的資產,以及建設項目需用的材料、物資等。

(二)在建工程的特點

1. 在建工程種類多,情況複雜

在建工程包括的範圍很廣,既有建築工程的在建工程,又有機械設備的在建工程。以建築工程為例,既包括建築中的各種在建的房屋和構築物,又包括設備安裝工程的內容,範圍涉及廣,情況較為複雜。

2. 在建工程的形象進度以及資產功能差別很大

在建工程涵括了從剛剛興建的在建工程到已基本完工但尚未交付使用的在建工程。這些完工程度差異巨大的在建工程,其資產功能差異也大。這就造成了在建工程之間可比性較差,評估時不易找到合適的參照物,難以直接採用比較法評估。

3. 在建工程的會計核算投資金額與在建工程實際完成投資金額較難一致

在建工程在其包括的項目未辦理工程結算前,一般按收付實現制核算,而其付款金額往往與實際完成投資金額不一致,形成差異,即使對已完工部分按完工進度估計列帳,估計金額與實際完成投資金額也往往不一致,存在差異。因此,會計核算的在建工程投資並不能完全體現在建工程投資進度,兩者之間總存在時差和量差。

4. 在建工程建設週期的長短差別大

不同規模、不同性質的在建工程建設週期差別大。有些在建工程規模小,建設週期短,而有些在建工程如高速公路、港口、碼頭等的建設週期長。建設週期長短上的差別直接與建造期間材料、人工價格變化、資金利息等相聯繫,對評估標準、評估參數的選擇有直接影響。

(三)在建工程評估的特點

在建工程本身的特點,決定了在建工程評估的特點,這就是在進行評估時難以採用統一的評估思路和評估方法評估,而要針對個體狀況,選用不同的評估方法和評估思路。

(1)對於建設週期較短,會計核算在建工程投資金額與在建工程實際完成進度基本

一致,且帳列在建工程投資構成項目與重置成本構成項目一致的,評估時可考慮以在建工程帳面價值作為評估價值。帳列在建工程投資構成項目與重置成本構成項目不一致的,不能直接以在建工程帳面價值作為評估價值,而應相應調整後確定評估價值。

[例4-19]某在建工程帳面價值1,000萬元,為一在建寫字樓,剛進展到±0.00的工程進度,擬轉讓。經分析:帳面價值構成項目中無「投資利潤」項目,而重置成本中則應包括該項目。假設已完工部分正常工期為一年,資金均勻投入,投資利潤率為10%,則:

評估價值 = 1,000 萬元 + 1,000 萬元/2 × 10% = 1,050 萬元(單利)

或:評估價值 = 1,000 萬元 × $(1 + 10\%)^{0.5}$ = 1,048.8 萬元(複利)

(2)如果在建工程完工或接近完工交付使用,就可以按完工後形成的建築物或其他固定資產的評估思路進行評估。

如某項在建工程已完工95%,就可以假設它已完工進行評估,評估價值扣除尾工程5%需追加的投資即為評估價值。

(3)對於停建的在建工程,要查明停建的原因,確因預期項目建成後的產、供、銷及工程技術等原因停建的,用成本法評估時要考慮其存在的功能性貶值和經濟性貶值。

(4)對於正常的在建工程,只要其預期收益率與該類資產的平均收益率基本一致,一般應將在建工程的重置成本作為評估價值。

二、在建工程的評估方法

上面講到,由於在建工程本身的特點,很難採用市場比較法評估,一般採用成本法、剩餘法等進行評估。在採用剩餘法評估時,也可運用市場比較法、收益法等來確定項目完工後的市場價值。

(一)成本法在在建工程評估中的應用

成本法在在建工程評估中應用的具體操作方法有三種:工程進度法、變動因素調整法、重編預算工程進度法。下面分別加以介紹。

1. 工程進度法

這是指以工程預算為依據,按勘察確定的評估基準日的完工程度估算在建工程資產價值的一種方法。這種方法主要適用於建設期較短且在建設期間其重置成本構成項目的價格變化較小的在建工程評估。

該方法的評估公式為:

在建工程評估價值 = $\sum$ 各重置成本構成項目的預算價格 × 相應的完工程度

運用這種方法評估的關鍵:一是要分析建設項目的預算構成項目與重置成本構成項目是否一致,若不一致,須按重置成本構成項目調整預算價格;二是確定各重置成本構成

項目的完工程度。

[例4-20]某磚混結構住宅建築面積1,000平方米,其建築工程預算金額為200,000元,設備安裝工程預算為50,000元,專業費用預算6,000元,建設稅費及管理費用預計為20,000元。評估基準日該住宅基礎工程已完工,結構工程完成了30%,設備安裝工程、裝飾工程尚未進行,工期已進行了6個月(總工期1年),發生專業費用成本4,000元,建設稅費及管理費用支出20,000元。現擬轉讓,需評估其價值(不含土地)。

首先,分析重置成本項目與其預算構成項目的差異。

重置成本中應包括利息、利潤兩項,而預算中則無這兩項。

其次,確定各重置成本構成項目的完工程度。

建築安裝工程投資:該住宅建安工程投資中基礎、結構工程和裝飾工程分別各占13%、60%、27%,則其完工程度 = 13% + 60% × 30% + 27% × 0 = 31%

則:評估價值 = 200,000 × 31% + 4,000 + 20,000 + 利息 + 利潤
　　　　　　 = 86,000 + 利息 + 利潤

利息率取年利率6%,年投資利潤率為10%,假設已完工程資金均勻投入,則:

評估價值 = 86,000 + 86,000 × $\frac{0.5}{2}$ × 6% + 86,000 × $\frac{0.5}{2}$ × 10%

　　　　 = 86,000 + 1,290 + 2,150
　　　　 = 89,440(元)

2. 變動因素調整法

該方法的評估思路與建築物評估中的預決算調整法一致。首先,對在建工程實際完成部分因價格變化、設計變更等因素引起的調整金額進行計算,與在建工程實際支出相加或相減,然後將實際支出構成項目與重置成本構成項目的差異進行調整,從而確定在建工程的評估價值。

該方法適用於工期較長、設計變更及價格變化對在建工程成本影響較大的項目。評估公式為:

在建工程評估價值 = 在建工程實際支出 ± $\sum$ 各項調整金額 ± $\sum$ 實際支出構成項目與重置成本構成項目的差異金額

3. 重編預算工程進度法

對於建設工期較長、設計變更較多、價格變化較大、實際工程成本與工程預算差距較大的在建工程,可採用重新編制工程預算的思路確定重置成本金額,再按工程進度法估算在建工程的評估價值。

(二)剩餘法在在建工程評估中的應用

對於建成後的預期價值(開發價值)能夠以市場比較法或收益法確定的在建工程,可

以採用剩餘法評估。下面舉例說明。

[例4-21]某水電站建設週期為兩年,已進行一年,帳面成本價值為8,000萬元。預計一年後竣工投產,竣工投產後年發電量1.25億千瓦時,政府批准電價0.35元/千瓦時,預計尚須支出投資成本5,000萬元,電站使用年限為25年。

(1)以收益法估算項目建成後的預期價值(假設折現率為10%)

年收入為:0.35元/千瓦時×1.25億千瓦時=4,375萬元

年成本費用:2,500萬元(估算過程略)

年淨收益:4,375萬元-2,500萬元=1,875萬元

假設收益期為25年,資產殘值為0,則:

建成後的預期價值為:1,875萬元×9.0770(P/A,10%,25)=17,019萬元

(2)計算在建工程評估價值

$$在建工程評估價值 = 17,019 \times \frac{1}{(1+10\%)} - 5,000 \times (1+10\%)^{-0.5}$$

$$= 15,472 - 4,767$$

$$= 10,705(萬元)$$

(三)在建工程功能性貶值、經濟性貶值的估算

當在建工程的預期收益率低於或高於行業平均收益率時,就存在功能性貶值或(和)經濟性貶值。

1. 在建工程功能性貶值的估算

[例4-22]某水電站,評估基準日帳面記錄已完成投資3,000萬元,評估師採用重編預算工程進度法估算其重置成本為5,000萬元,項目建設週期為兩年,已進行一年,尚須投資5,000萬元。評估師採用收益法估算該電站建成後(基準日一年之後)的價值為10,000萬元,折現率取10%,收益期取25年,殘值為0。則:

$$該電站在建工程評估價值 = 10,000 \times (1+10\%)^{-1} - 5,000 \times (1+10\%)^{-0.5}$$

$$= 9,091 - 4,767$$

$$= 4,324(萬元)$$

又假設電站不存在經濟性貶值,則利用成本法公式:

評估價值=重置成本-實體性損耗-功能性貶值

4,324=5,000-0-功能性貶值

功能性貶值=676萬元。

2. 在建工程經濟性貶值的估算

[例4-23]某在建水電站重置成本10,000萬元,一年後建成投入使用,假設不存在

功能性貶值,在評估基準日政府變更其電價,由 0.35 元/千瓦時變為 0.315 元/千瓦時,電站年發電量 5,000 萬千瓦時,電站使用年限為 20 年,折現率取 10%。

估算年收益下降金額(假設電價下調不引起成本、費用變化),則:

年收益損失額 = (0.35 − 0.315) × 5,000 = 175(萬元)

經濟性貶值 = 175 × 8.5136(P/A,10%,20) × $\dfrac{1}{(1+10\%)}$ = 1,354(萬元)

在建工程評估價值 = 10,000 − 1,354 = 8,646(萬元)

由上述案例可見,對在建工程價值進行評估時,可將成本法、市場法和剩餘法加以結合運用,來估算其功能性貶值、經濟性貶值。

三、企業整體資產評估中的在建工程價值評估

由於在建工程的會計核算已完成投資金額與實際已完成投資金額較難一致,之間存在時差或(和)量差,在企業整體資產評估中(採用成本法下)應考慮這種差異對淨資產價值的影響。下面以一實例來說明。

[例4−24]某企業資產總額 1,000 萬元,負債總額 600 萬元,所有者權益 400 萬元。資產總額中有一項在建工程,帳面價值 200 萬元,經評估:在建工程用剩餘法評估價值為 380 萬元,其餘資產評估價值 800 萬元,負債評估價值為 600 萬元。

一般地認為評估結論為:

資產總額 1,180 萬元(380 萬元 + 800 萬元),負債總額 600 萬元,淨資產為 580 萬元。

但經評估師分析:在建工程帳面價值為 200 萬元,並未辦理決算,假設按重編預算工程進度法估算,該在建工程的實際已完成投資金額為 300 萬元(假設預算所列成本構成項目與重置成本構成項目一致)。其增值為:380 萬元 − 300 萬元 = 80 萬元,而不是 180 萬元(380 萬元 − 200 萬元)。

因此,正確的評估結論應為:

資產總額 = 380 萬元 + 800 萬元 = 1,180 萬元;但對在建工程重置成本與帳面價值之間的差額(300 萬元 − 200 萬元 = 100 萬元)應作清查調整,即:調增負債 100 萬元,負債總額為 700 萬元;這樣,淨資產 = 1,180 萬元 − 700 萬元 = 480 萬元。

小結:在採用成本法評估企業整體資產價值時,若不考慮在建工程會計核算已完成投資金額與實際已完成投資金額不一致產生的時差或(和)量差,極易高評或低評淨資產價值。

四、在建工程價值評估中應關注的問題

(一)在建工程的預期前景

當在建工程建成後的預期收益率低於或高於行業平均收益率時,用成本法評估就存在功能性貶值或(和)經濟性貶值問題,就須用剩餘法評估確定其貶值額。因此,評估師在評估在建工程時,應依據有關信息資料對其建成後的前景做出判斷,正確選擇評估方法。

(二)建設工期是否合理

在建工程評估應以正常的工程建設週期為依據。採用成本法評估時,對超過正常工程建設週期所引起的利息及其他成本費用增加額,不能列入重置成本,不能構成在建工程的評估價值。

(三)在建工程貸款利率水平是否合理

對在建工程進行評估時,應依據同類項目能獲得的同期限正常貸款利率水平確定利率,而不是被評估項目的實際貸款利率,實際貸款利率明顯偏高或偏低時,估算利息時應作調整。

(四)在建工程重置成本構成項目與其預算構成項目是否一致

若不一致,須按重置成本構成項目為準進行調整。如採用成本法評估在建工程價值,投資方用自有資金投資,其實際成本中無利息,但重置成本構成項目中應包括利息項目,因此應予調整。

第五節　農用地價格評估

一、農用地評估概述

(一)農用地評估的基本概念

1. 農用地的基本概念

農用地是指直接用於農業生產的土地,包括耕地、林地、草地、農田水利用地、養殖水面等。

2. 農用地價格

農用地價格是指根據農用地的自然因素、社會經濟因素和特殊因素等,在評估基準日農用地所能實現的價格。

3. 農用地宗地價格

農用地宗地價格是指具體某一宗農用地在正常條件下於某一評估基準日的評估

價格。

(二)農用地評估的目的

農用地的性質與城市用地及其他非農業用地的使用性質完全不同,在評估思路及評估重點上也有所不同。進行農用地評估的目的通常為農用地流轉(買賣、承包、轉包)、農用地開發整理、土地整理項目管理、耕地占補平衡和國家徵收集體土地等農用地評估。

二、影響農用地價格的因素

影響農用地價格的因素主要包括自然因素、社會經濟因素和特殊因素等。

(一)自然因素

自然因素是指影響農用地生產力的各種自然條件,包括≥10℃有效積溫、降雨量、降雨均衡度、無霜期、災害性氣候狀況、地形坡度、土壤質地、土層厚度、有機質含量、鹽漬化程度、地下水埋深、農田基本設施狀況、地塊形狀等。

自然因素通常決定農用地本身的質量價格,不同地區、不同宗地的農用地自然因素均會存在著差異,因此,自然因素一般決定農用地的個別價格水平。

(二)社會經濟因素

社會經濟因素是指影響農用地收益的社會經濟發展條件、土地制度和交通條件等,主要包括區域城市化水平、城市規模、農業生產傳統、人均土地指標(人均耕地、人均農用地)、農民人均收入水平、單位土地投入資本量、單位土地投入勞動量、農產品市場供求、農機應用方便度、土地利用規劃限制、交通通達性等。

由於社會經濟因素一般在一定的行政區域內具有一致性,或者說很多指標是以一定的行政區域為範圍進行分析的,因此,社會經濟因素一般決定農用地的區域總體價格水平。

(三)特殊因素

特殊因素是指影響農用地生產力和收益所獨有的條件或不利因素,如特殊的氣候條件、土壤條件、環境條件、環境污染狀況等。

由於擁有特殊條件的土地數量往往有限,而且受到土地位置固定性的影響,擁有特殊條件的土地者就會由此獲得壟斷利潤,因此,特殊因素一般形成農用地的壟斷價格。詳細因素參見表4-24。

表 4-24　　　　　　　　　　　農用地價格影響因素表

自然因素	氣候條件	日照條件
		≥10℃有效積溫
		無霜期
		降雨量
		降雨均衡度
		濕度
		災害性天氣
	地貌	地形坡度
		坡向
		海拔高度
		浸濕切割
	土壤條件	表層土壤質地
		有效土壤厚度
		有機質含量
		酸鹼度
		障礙層深度
		鹽漬化程度
	水文狀況	地表水狀況
		地下水狀況
	農田基本設施狀況	灌溉條件
		防洪排澇條件
		田塊平整度
		供電條件
		地塊形狀
		田塊大小
社會經濟因素	社會經濟發展條件	人均收入水平
		人均土地指標
		單位土地投入勞動量
		單位土地投入資本量
		農產品市場供求
		農機應用方便度
	土地制度	土地利用規劃
	交通條件	道路類型
		交通通達度
		路網密度
		對外交通便利度

表 4-24(續)

特殊因素	特殊的氣候條件	災害性天氣
		特殊的小氣候條件
	特殊的土壤條件	被污染的土壤
		有特異性質的土壤
	特殊的環境條件	居民點的影響
		工程建設的影響
	環境污染狀況	環境污染狀況

三、農用地評估的基本原則

國土資源部發布的《農用地估價規程》(2003)中提到農用地評估應遵循的基本原則有:①預期收益原則;②替代原則;③報酬遞增遞減原則;④貢獻原則;⑤合理有效利用原則;⑥變動原則;⑦供需原則。這些評估原則中,預期收益原則、替代原則和供需原則在土地評估中已作了闡述,此處就其餘四個原則做簡要說明。

(一)報酬遞增遞減原則

報酬遞增遞減原則是指在技術不變,其他要素不變的前提下,對相同面積的土地不斷追加某種要素的投入所帶來的報酬增量遲早會出現下降。這一規律在農業生產經營中普遍存在,評估中應充分依據這一原則。

(二)貢獻原則

貢獻原則是指農用地的總收益是由土地、勞動力、資本、經營管理等各種要素共同作用的結果,評估時要充分考慮上述各要素對農用地總收益的實際貢獻水平。

(三)合理有效利用原則

合理有效利用原則是指在一定的社會經濟條件下,農用地的利用方式應能充分發揮其土地的效用,產生良好的經濟效益,而且要保持土地質量不下降,並對周圍的土地利用不會造成負面影響或危害。

判斷和確定農用地合理有效利用方式應考慮:①持續的使用,根據農用地所處的區域環境和自身條件,所確定的農用地利用方式應是可持續的;②有效的使用,在確定的方式下,農用地所產生的經濟效益是最佳的;③合法的使用,合理有效的農用地利用方式,應符合現行的法規、政策、規劃等規定。

(四)變動原則

變動原則是指農用地價格是各種價格影響因素相互作用而形成的,這些價格影響因素經常在變化,農用地價格就在這些價格影響因素的不斷變化中形成。評估人員應把握價格影響因素及價格變動規律,準確地評估價格。

四、農用地評估方法

農用地評估方法主要有收益法、市場法、成本法、剩餘法、評分估價法、基準地價修正法。其中前三種方法為基本方法，剩餘法和基準地價修正法是基本方法的綜合運用形成的具體操作方法，評分估價法是農用地評估方法中較為特殊和適用的方法。

五、農用地評估方法概述

用收益法、市場法、成本法、剩餘法、基準地價修正法對農用地進行評估，其基本原理、基本公式、評估程序與國有土地使用權評估相似，可以參看本章第一節的有關內容。這裡僅就這些方法在農用地價格評估的具體應用中的部分環節作進一步闡述。

(一)收益法

1. 農用地收益的估算

(1)年總收益的分析計算。年總收益是指待估宗地按法定用途，合理有效地利用土地所取得的持續穩定的客觀正常年收益。確定年總收益時應根據待估農用地生產經營的方式，進行具體分析。

①待估宗地為直接生產經營方式，用農產品年收入作為年總收益。農產品年收入是指農用地用於農業生產過程中，每年平均的農業生產產品的收入，包括主產品收入和副產品收入。收入的計算根據其產量和評估基準日的正常市場價格進行。

②待估宗地為租賃經營，年租金收入及保證金或押金的利息收入之和作為年總收益。租金收入及保證金或押金的利息收入是指農用地由其產權擁有者用於出租時，每年所獲得的客觀租金及承租方支付的保證金或押金的利息。客觀租金根據實際租金水平考慮評估基準日當時正常的市場租金水平進行分析計算；保證金或押金的利息按其數量及評估基準日中國人民銀行的一定年期定期存款利息率進行計算。

(2)年總費用的分析計算。年總費用是指待估宗地的使用者在進行生產經營活動中所支付的年平均客觀總費用。在確定年總費用時應根據待估農用地生產經營方式，進行具體分析。

①待估宗地為直接生產經營方式，將農用地維護費和生產農副產品的費用之和作為總費用。

農用地維護費一般指農用地基本配套設施的年平均維護費用；生產經營農副產品的費用一般包括生產農副產品過程中必須支付的直接及間接費用，如種苗費(或種子費、幼畜禽費)、肥料費(或飼料費)、人工費、畜工費、機工費、農藥費、材料費、水電費、農舍費(或畜禽舍費)、農具費以及有關的稅款、利息等。對於投入所形成的固定資產，按其使用年限攤銷費用。

②待估宗地為租賃經營,將農用地租賃過程中發生的年平均費用作為年總費用(客觀總費用)。

2. 適用範圍

收益法適用於在正常條件下有客觀收益且土地純收益較容易測算的農用地價格評估。採用收益法進行宗地價格評估時,應以宗地為單位進行評估,即應考慮農用地收益是由宗地總面積產生的。不能只考慮農用地收益面積。

採用收益法評估農用地價格,所計算的年純收益應與其權利狀況相對應,即相應權利主體所獲得的年純收益經還原就是該權利狀況下的價格。

(二)市場法

1. 基本公式

待估宗地比準價格的基本計算公式為:

$P = P_b \times K_c \times K_t \times K_n \times K_e \times K_s \times K_y$

K_c = 待估農用地情況指數(I_{cp})/比較實例農用地情況指數(I_{cb})

K_t = 待估農用地評估基準日地價指數(I_p)/比較實例農用地交易日期地價指數(I_b)

$K_n = \prod$ [待估農用地 i 因素的指數(I_{ci})/比較實例農用地 i 因素的指數(I_{bi})]

$K_e = K_s = K_n$

$K_y = [1 - 1/(1+r)^m]/[1 - 1/(1+r)^n]$

公式中:P——待估宗地比準價格

　　　　P_b——比較實例價格

　　　　K_c——交易情況修正係數

　　　　K_t——評估基準日修正係數

　　　　K_n——自然因素修正係數

　　　　K_e——社會因素修正係數

　　　　K_s——特殊因素修正係數

　　　　K_y——年期修正係數

2. 影響因素修正

根據農用地價格的影響因素體系和評估對象與比較實例之間的特殊條件,確定影響因素修正體系,並分別描述評估對象與各比較實例的各種影響因素狀況,確定修正指數,計算修正係數。

影響因素根據前述「農用地價格影響因素」和評估對象與比較實例的具體條件確定。

影響因素狀況描述應具體、明確,並盡量採用量化指標,避免採用「好」「較好」「一般」等形容詞。

(三)成本法

1. 基本公式

$$P = E_a + E_d + T + R_1 + R_2 + R_3$$

式中：P——農用地價格

E_a——土地取得費

E_d——土地開發費

T——稅費

R_1——利息

R_2——利潤

R_3——農用地增值收益

2. 確定土地取得費

農用地取得費主要表現為取得未利用土地或中低產田時客觀發生的費用。

3. 確定農用地開發費

農用地開發費是為使土地達到一定的農業利用條件而進行的各種投入的客觀費用，如農田平整、處理耕作層、建設農田水利設施、田間道路、田間防護林等。

根據農業生產的要求，農用地的開發程度主要包括以下幾個方面：①通路，分通田間人行路、機耕路等情況；②灌溉，分上游有蓄水設施的自然灌溉、地下水灌溉、噴灌灌溉、滴灌灌溉等；③排水，分析能否順暢地自然排水、有無排水溝渠等；④通電，考察田間耕作能否方便地使用電力；⑤土地平整，平整度應能滿足農業生產的基本要求，至少20厘米的疏鬆土壤的耕作層。在具體分析農用地的開發程度時，還應區分田塊內外的情況，並根據各種農田基本設施的投資主體與評估對象的產權主體的權屬利益關係，確定評估設定的土地開發程度，並合理確定開發費用。

4. 確定農用地增值收益

農用地增值收益是指待估農用地因追加投資進行農用地開發整理，使農用地生產能力得到提高，而引起農用地價格增值。農用地增值收益率根據開發農用地所處地區的經濟環境、開發農用地的利用類型(行業特點)等方面確定。

5. 對農用地價格進行修正

(1)年限修正。通過上述公式計算的農用地價格，若求取的是有限年期的農用地價格，應判斷是否進行年期修正。判斷標準為：①當農用地增值收益是以有限年期的市場價格與成本價格的差額確定時，年期修正已在增值收益中體現，不再另行修正；②當農用地增值收益是以無限年期的市場價格與成本價格的差額確定時，農用地增值收益與成本價格一道進行年期修正；③當農用地為承包、轉包等農用地時，應按使用年期或剩餘使用年期進行修正；④當評估的是農用地無限年期價格時，就不用進行年期修正。

(2)區位修正。當區位對農用地的經營類型影響較大時,還應對農用地價格進行區位修正。

(四)評分估價法

1. 基本概念

評分估價法是指按照一定的原則,建立影響農用地價格的因素體系和因素評分標準,依據因素評分標準對待估農用地的相應條件評分賦分,按其得分值的大小,乘以客觀的農用地單位分值價格,從而得到農用地價格的一種評估方法。

2. 基本公式

農用地價格的計算公式為:

$P = C \times S$ 或 $P = A \times S^c$

式中:P——待估農用地價格

C——農用地單位分值價格

S——待估農用地的總得分

A——迴歸系數

3. 評估程序

(1)建立農用地價格影響因素體系;

(2)制定農用地價格影響因素評分標準;

(3)對待估宗地進行評分;

(4)確定客觀的農用地單位分值價格;

(5)計算待估宗地價格。

4. 適用範圍

評分估價法適用於所有農用地價格評估,特別適用於成片農用地價格評估,但前提是必須先確定農用地單位分值價格。

(五)基準地價修正法

基準地價修正法具體分為系數修正法、定級指數模型評估法和基準地塊法。系數修正法與國有土地使用權評估中的基準地價系數修正法的原理一樣,可以參見第一節的相關內容;定級指數模型法是指利用農用地基準地價評估過程中所建立的定級指數與地價模型,通過評判待估農用地定級指數,並將其代入模型,測算出待估農用地價格的方法;基準地塊法是指利用基準地價評估過程中已經建立的基準地塊檔案,通過比較修正評估出待估農用地價格的方法。

利用基準地價成果評估宗地地價適用於有基準地價成果區域的農用地價格評估。

六、不同利用類型的農用地宗地評估
(一)耕地地價的評估
1. 耕地地價的影響因素

(1)水田地價的影響因素。根據前述影響農用地價格的因素體系並結合水田的利用性質確定水田的地價影響因素,特別要注意保水能力、水源條件、災害性氣候等因素對地價的影響。

(2)旱地地價的影響因素。根據前述影響農用地價格的因素體系並結合旱地的利用性質確定旱地的地價影響因素,特別要注意地塊形狀、地形坡度、灌溉條件、災害性氣候等因素對地價的影響。

2. 評估方法選擇

耕地地價評估根據其利用狀況和所處地區條件,可採用收益法、市場法、評分估價法和基準地價修正法等;如果是新開發整理的耕地,可採用成本法;如果是待開發的耕地,可採用剩餘法。

3. 評估思路要點

(1)在評估耕地價格時,應首先根據土地所處區域條件、近三年來耕地的實際耕作狀況及可能的新的耕作利用方式,確定耕作制度、復種指數等,並根據其耕作制度分析其利用狀況及收益能力。

(2)要充分考慮農田基本設施對耕地價格的影響,包括引水渠、排水渠、田間道路、機耕道路等,分析其可用程度對地價產生的影響,對於通過性設施對農用地可能產生的負面影響也應充分考慮。

(3)用收益法評估耕地價格時,其評估結果的可信度主要取決於土地的預期純收益和還原率是否準確。在測算耕地純收益時,總收益和總費用的測算要全面,一般應採用實測的方式,即具體計算待估宗地在一年內各種產出物的經濟價值和各種投入的費用總和,收益及費用數據應採用近三年的客觀平均值。

(4)採用市場法評估耕地價格時,應注意比較案例交易對象與評估對象的構成是否一致,即交易對象是否包括地上農作物、農田設施等,如果不一致應進行一致性調整。比較案例的利用方式和耕作制度也應與評估對象一致。

(二)園地地價的評估
1. 園地地價的影響因素

根據前述影響農用地價格的因素體系並結合園地的利用性質確定園地的地價影響因素,特別要注意有機質含量、地下水埋深、園藝設施狀況、距城市遠近、獨特的小氣候以及特殊土壤等因素對地價的影響。

2. 評估方法選擇

園地地價評估根據其利用狀況和所處地區條件,可採用收益法、市場法和成本法等;如果是新開發的園地,可採用成本法;如果是待開發的園地,可採用剩餘法。

3. 評估思路要點

(1)在評估園地價格時,應首先準確界定評估對象是否包括果樹及有關設施等,如果包括應充分考慮包括後對園地價格的影響。

(2)應適當考慮特殊的土壤及氣候條件對園地利用產生的壟斷收益及壟斷價格。

(3)對於果園用地應適當考慮其區位條件,如距消費地的距離、路網狀況等;對具有景觀及旅遊價值的園地,應充分考慮景觀及旅遊價值對園地價格的影響。

(4)用收益法評估園地價格時,應盡量消除大小年對純收益的影響,其收益及費用數據應採用最近連續 3~5 年的客觀平均值。

(5)採用市場法評估園地價格時,也應注意比較案例交易對象與評估對象的構成是否一致,即交易對象是否包括地上果樹、園林設施等,如果不一致應進行一致性調整。比較案例的果樹類別及利用方式應與評估對象一致。

(三)林地地價的評估

1. 林地地價的影響因素

根據前述影響農用地價格的因素體系並結合林地的利用性質確定林地的地價影響因素,特別要注意立地條件、礫石含量、地形坡度、林業設施狀況、林木經營結構、交通運輸條件等因素對地價的影響。

2. 評估方法選擇

林地地價評估根據其利用狀況和所處地區條件,可採用收益法、市場法和成本法等。

3. 評估思路要點

(1)在評估林地價格時,應首先準確界定評估對象是否包括林木及有關林業設施等,如果包括應充分考慮包括後對林地價格的影響。

(2)採用市場法評估林地地價時,比較案例的林木類別及林地開發經營方式應與評估對象的一致,即交易對象是否包括地上林木、林業設施等,如果不一致應進行一致性調整。

(3)採用收益法評估林地價格時,宜以林木生長期和採伐期為週期計算年平均總收益和總費用。

(4)對具有生態及旅遊價值的林地,應考慮生態及旅遊價值對林地價格的影響。

(四)牧草地地價的評估

1. 牧草地地價的影響因素

根據前述影響農用地價格的因素體系並結合牧草地的利用性質確定牧草地的地價影

響因素,特別要注意土壤沙化程度、草場經營方式、草場設施狀況等因素對地價的影響。

2. 評估方法選擇

牧草地地價評估根據其利用狀況和所處地區條件,可採用評分估價法、收益法和市場法等。

3. 評估思路要點

(1)在評估牧草地價格時,應充分考慮牧草地的經營方式和草種結構,區分圈養和單獨經營草場等不同方式。

(2)採用收益法評估牧草地價格時,對於用於圈養的草場,其經營收益來源於牲畜的出售收益,在測算總收益時應考慮出欄率和牲畜生長期,收益和費用數據一般宜採用連續3~5年的客觀平均值;對於只進行草場經營的牧草地,其經營收益主要是草場經營使用費及牧草的出售收益,計算純收益時可採用近3年的收益和費用數據客觀平均值。

(3)採用市場法評估牧草地地價時,比較案例的草場類型及利用方式應與評估對象的一致。

(4)對牧草地地價評估時應考慮其生態價值。

(五)養殖水面地價的評估

1. 養殖水面地價的影響因素

根據前述影響農用地價格的因素體系並結合養殖水面的利用性質確定養殖水面的地價影響因素,特別要注意保水能力、水質條件、養殖設施狀況、養殖種類結構、距消費地距離等因素對地價的影響。

2. 評估方法選擇

養殖水面地價評估根據其利用狀況和所處地區條件,可採用收益法、市場法和成本法等;如果是待開發的養殖水面,可採用剩餘法。

3. 評估思路要點

(1)在評估養殖水面地價時,應首先確定評估對象類型及構成,是否包括養殖池及其有關設施等,如果包括,應充分考慮包括後對土地或評估對象價格的影響。

(2)應適當考慮特殊的水質、氣候條件對養殖水面產生的壟斷收益及壟斷價格。

(3)對於養殖水面應適當考慮其作為水產養殖及銷售的區位條件,如距消費地的距離、路網狀況等。

(4)採用收益法評估養殖水面地價時,其經營收益來源於水產品的出售收益,在測算總收益時應考慮所養殖水產的種類及其生長期等,收益和費用數據一般宜採用連續3~5年的客觀平均值。

(5)採用市場法評估養殖水面地價時,比較案例的構成應與評估對象的一致,如是否包括養殖池設施等,如果不一致應進行一致性調整;比較案例的養殖水產類別及經營方式

也應與評估對象的一致。

(六)未利用地價格的評估

未利用地是指農用地重要的後備土地資源,當未利用地用於開發為農用地(包括耕地、園地、林地、牧草地和養殖水面)時,應按照農用地估價方法的要求進行評估。

1. 評估方法選擇

在進行未利用地價格評估時,首先應根據未利用地的規劃要求或土地的開發利用計劃,確定土地利用類型和土地利用方式,然後選擇適當的方法進行評估。具體可根據實際情況採用剩餘法和市場法進行評估。

2. 評估思路要點

(1)未利用地價格評估時,應先確定未利用地的開發利用方式,包括未利用地的開發用途、開發利用率等;確定的依據主要是未利用地本身的自然條件、有關規劃的要求及開發者的實際開發計劃等。

(2)未利用地價格評估時,應適當考慮未利用地開發後的價值增值,並充分考慮未利用地的可利用與未利用程度。

(3)採用剩餘法評估時,按照確定的未利用地開發利用方式調查和評估開發後的買賣價格,要求有可比較的市場交易案例。

(4)採用市場法評估時,應調查當地的類似條件的未利用地拍賣等市場價格。

七、不同評估目的下的農用地評估

(一)承包農用地價格評估

承包農用地價格是指在正常條件下承包年期內的農用地的價格。評估時應綜合考慮農用地的土壤質量、收益水平、土地承包經營期限、有無其他經營或權利限制等方面因素;評估方法可採用收益法、市場法和基準地價修正法;採用收益法評估時,由於承包方對農用地具有不完全處置權,因此,農用地還原率應比正常情況高。

(二)轉包農用地價格評估

轉包農用地價格是指在正常市場條件下轉變期內農用地收益的現值之和。評估時應綜合考慮農用地的土壤質量、土地收益水平、土地轉包經營期限、有無其他經營或權利限制等方面因素,農用地轉包的最高年限不能超過農用地的剩餘承包年限;評估方法的選擇,可採用市場法和收益法;採用收益法評估時,由於第二份合同的承包者只繼承第一份合同承包者的權利,因此,農用地還原率應比正常情況高。

(三)農用地租金評估

農用地租金標準應與該宗地的正常地價標準相均衡。租金標準的評估可通過該宗地的正常農用地使用權價格標準折算,也可採用市場法等直接評估;租賃農用地使用權的投

資風險比農用地承包經營權的投資風險大,收益不確定性高,因此,租賃農用地價格還原率一般比農用地承包價格的高。

(四)荒地拍賣價格評估

荒地拍賣的年限不應超過國家規定的最高年限。評估方法的選擇,可採用剩餘法和市場法,但應在評估報告中說明未來市場變化風險和預期強制處分對拍賣價格的影響。

(五)荒地抵押價格評估

荒地抵押價格評估的是有限年期的荒地價格。評估方法的選擇,可採用市場法、剩餘法和成本法,但應在評估報告中說明未來市場變化風險和預期強制處分等因素對抵押價格的影響。在進行荒地抵押價格評估時,還應區分抵押物的權利狀況,按照其相應的權利評估確定其相應的抵押價格。

第五章

流動資產評估

第一節　流動資產評估概述

一、流動資產的構成及其特點

(一)流動資產的含義及構成

流動資產是指可以在一年或者超過一年的一個營業週期內變現或耗用的資產。

資產滿足下列條件之一的,應當歸為流動資產:

(1)預計在一個正常營業週期中變現、出售或耗用;

(2)主要為交易目的而持有;

(3)預計在資產負債表日起一年內(含一年,下同)變現;

(4)在資產負債表日起一年內,交換其他資產或清償負債的能力不受限制的現金或現金等價物。

從資產評估的角度看,流動資產由以下兩部分構成:

第一部分是從會計報表的角度反應的流動資產,包括現金、各種存款以及其他貨幣資金、短期投資、應收及預付款項、存貨、待攤費用、一年內到期的長期債權投資以及其他流動資產等。其中:

(1)現金是指企業的庫存現金,包括企業內部各部門用於週轉使用的備用金;

(2)各種存款是指企業的各種不同類型的銀行存款;

(3)其他貨幣資金是指除現金和銀行存款以外的其他貨幣資金,包括外埠存款、銀行

本票存款、銀行匯票存款、存出投資款、信用卡存款、信用證保證金存款等；

(4)短期投資是指企業購入的各種能隨時變現、持有時間不準備超過一年(含一年)的投資，包括股票、債券、基金等；

(5)應收帳款是指企業因銷售商品、提供勞務等應向購貨單位或受益單位收取的款項，是購貨單位所欠的短期債務；

(6)預付帳款是指企業按照購貨合同規定預付給供貨單位的購貨定金或部分貨款；

(7)存貨是指企業的庫存材料、低值易耗品、包裝物、在製品、產成品、庫存商品等；

(8)待攤費用是指企業已經支出，但應當由本期和以後各期分別負擔的、分攤期在一年以內(含一年)的各項費用，如低值易耗品攤銷、預付保險費等；

(9)一年內到期的長期債權投資是指長期債權投資中一年內到期的部分；

(10)其他流動資產是指除以上資產之外的流動資產。

第二部分是會計報表未反應但實際存在的流動資產。從資產評估角度界定的流動資產往往與從會計報表角度反應的流動資產的範圍不一定相同。因為會計上對資產的揭示側重於資產價值的補償性，而評估更強調資產的實際存在性，故在進行流動資產評估時，在對帳實詳細核實並相符的前提下，還應進一步瞭解一些帳外資產，如帳面已攤銷完但仍有實體存在的在用低值易耗品等。

(二)流動資產的分類

從資產評估的角度，企業的流動資產按其存在的形態可以分為四類：貨幣類流動資產、債權類流動資產、實物類流動資產和其他流動資產。

(1)貨幣類流動資產——包括現金、各項存款和隨時可以變現、持有時間不超過一年的有價證券投資。

(2)債權類流動資產——包括應收帳款、應收票據、預付帳款、其他應收款和一年內到期的長期債權投資等債權資產。

(3)實物類流動資產——包括庫存材料、低值易耗品、產成品、庫存商品、自製半成品、在製品等。

(4)其他流動資產——指除以上各類資產以外的其他流動資產。

(三)流動資產的特點

1. 週轉速度快

這主要是相對固定資產而言。流動資產在一個生產經營週期內，不斷改變其存在形態，並將其全部價值轉移到所形成的產品中，構成產品成本的重要組成部分，然後從營業收入中得到補償。

2. 具有較強的變現能力

除個別項目(如待攤費用)外，其餘各種形態的流動資產都可以在較短的時間內出售

或變賣,具有較強的變現能力。

3. 存在形態多樣化

流動資產在週轉過程中不斷改變其形態,經過供應、生產、銷售等環節,依次由貨幣形態開始變換為儲備形態、生產形態、結算形態,最後又變為貨幣形態。

二、流動資產評估的特點

流動資產的特點決定了流動資產價值評估的特點。由於流動資產的流動性較強、容易變現,其帳面價值與市場價值較為接近,因此,流動資產的價值評估與其他資產的評估相比,具有如下特點:

(一)流動資產評估主要是單項資產評估

流動資產各個項目通常不具有單獨獲利能力,所以,對流動資產的評估主要是以單項資產為對象進行的價值評估,它不需要以其綜合獲利能力進行綜合性價值評估。

(二)流動資產評估的基準日通常選擇在會計期末

由於流動資產存在形態多樣且在經營週轉過程中不斷改變形態,確定流動資產評估的基準時間對流動資產評估非常重要。評估基準日盡可能選擇在會計期末,這樣就可以直接運用企業會計報表的有關資料以及其他資料(如期末存貨盤點表等)。

(三)對不同類型的流動資產,採用不同的評估方法

流動資產一般具有量大類繁、清查工作量大的特點,所以流動資產評估應考慮評估的時間要求和評估成本,根據不同企業的生產經營特點和流動資產分佈的情況,對流動資產分清主次、重點和一般,選擇不同的方法進行清查和評估,進行分類評估。例如,對存貨進行評估時,首先採用 ABC 分類法對存貨進行分類,A 類是指價值高、數量少的資產,是評估的重點,可採用全面清查的方式;C 類是指價值低、數量多的資產,在評估時,可採用抽查的方式;B 類是介於 A、C 類之間的資產,可視具體情況採用相適宜的評估方法。

(四)流動資產的帳面價值可以作為確定其評估值的依據

流動資產週轉快、變現能力強,在物價水平相對比較穩定的情況下,流動資產的帳面價值基本上可以反應出流動資產的現值,因此,在評估中,可以以流動資產的帳面價值作為評估的基本依據。

此外,對非實物流動資產如現金、各項存款等,不需要進行評估,主要是採用審計方法加以核實。

三、流動資產評估的程序
(一)確定評估對象和評估範圍
1. 明確流動資產的評估範圍
劃清流動資產與非流動資產的界限,防止將不屬於流動資產的機器設備等作為流動資產,也要防止將屬於流動資產的低值易耗品等作為非流動資產。
2. 查核待評估流動資產的產權
落實待評估的流動資產是否具有所有權,例如外單位委托加工材料不能列入本企業的評估範圍中。
3. 對被評估流動資產進行抽查核實
查實待評估流動資產數量的真實性,防止帳實不符,要以實際流動資產數量作為評估依據。
(二)確定評估目的和評估基準日(略)
(三)現場核查被評估資產(略)
(四)對有實物形態的流動資產進行質量檢測和技術鑒定
對企業需要評估的材料、半成品、產成品等流動資產進行檢測和技術鑒定,目的是瞭解這部分資產的質量狀況,以便確定其是否還具有使用價值,並核對其技術情況和等級與被估資產清單的記錄是否一致。
(五)對企業的債權情況進行分析
主要針對應收帳款、應收票據等的帳齡、壞帳的可能性、收帳費用等進行分析。
(六)選擇評估方法
評估方法選擇的依據:一是根據評估目的;二是根據不同種類流動資產的特點。不同類別流動資產的評估方法如下:
1. 實物類流動資產可以採用市場法或成本法
(1)對存貨類流動資產中價格變動較大的應考慮以市場價格為基礎;
(2)對於購入價格較低的存貨按現行市價進行調整;
(3)對於購入價格較高的存貨除考慮現行市場價格外,還要分析最終產品的價格是否能夠相應提高,或存貨本身是否具有按現行市價出售的可能性。
2. 貨幣類流動資產
貨幣類流動資產清查核實後的帳面價值本身就是現值,無須採用特殊方法進行評估,只是應對外幣存款按評估基準日的外匯匯率進行折算。
3. 債權類流動資產
債權類流動資產只適合於用可變現淨值進行價值評估。

4. 其他流動資產

對於其他流動資產,應區別不同情況採用不同的評估方法。對有物質實體的流動資產,則應視其價值情形,採用與機器設備等相同或相似的方法進行評估。

(七)評定估算流動資產價值,出具評估結論(略)

第二節 實物類流動資產的評估

實物類流動資產主要包括各種庫存材料、在製品、產成品、低值易耗品、包裝物及庫存商品等。對該類資產的評估,可採用成本法、市場法和清算價格法。

一、庫存材料的評估

(一)庫存材料的內容

庫存材料包括原料及主要材料、輔助材料、燃料、修理用備件、外購半成品等。庫存材料具有品種多、金額大、性質各異以及計量單位、購進時間、自然損耗各不相同等特點。

(二)庫存材料的評估

由於庫存材料購進的時間長短不同,所以,在對庫存材料進行評估時,可以根據材料的購進情況選擇相適應的評估方法。

1. 近期購進的庫存材料

近期購進的材料庫存時間較短,週轉快,在市場價格變化不大的情況下,其帳面價值與現行市價基本接近,在評估時,可以將原帳面成本作為評估值,並在評估報告中予以揭示說明。

如果是從外地購進的原材料,運雜費發生額較大,評估時應將由被評估材料分擔的運雜費計入評估值;如果是從本地購進,運雜費發生額較少,評估時則可以不考慮運雜費。

[例5-1]對甲企業中的庫存化工原料 A 進行評估,有關資料如下:

該材料系兩個星期前從外地購進,購進數量為 5,000 千克,單價 490 元/千克,運雜費為 600 元;根據材料消耗的原始記錄和清查盤點,評估時庫存尚有 2,500 千克,經技術鑒定,質量沒有發生變化;評估業務發生後,企業持續經營,材料按在用用途繼續使用。

根據上述資料,可以確定該材料的評估值如下:

材料評估值 = 2,500 × (490 + 600/5,000) = 1,225,300(元)

2. 購進批次間隔時間長、價格變化較大的庫存材料

對這類材料,可以直接以市場價格或採用最接近市場價格的帳面成本為基礎計算評估值。

[例5-2]對甲企業的庫存B材料進行價值評估,本年4月30日為評估基準日。據材料明細帳記載,該材料分兩批購進:第一批購進時間為上年10月,購進1,000噸,帳面成本3,800元/噸,第二批購進時間為本年4月20日,數量400噸,帳面成本4,500元/噸;經盤點核實,該材料尚存580噸,且材料質量未發生變化;另外,根據評估人員的調查,該材料近期市場價格為4,505元/噸。

根據以上資料,B材料的評估值為:

B材料的評估值 = 580 × 4,500 = 2,610,000(元)

本例的評估中,因評估基準日4月30日與本年4月購進時間較近,所以直接採用4月份購進材料的成本價格。如果近期內該材料價格變動很大,或者評估基準日與最近一次購進時間間隔期較長,其價格變動較大,評估時應採用評估基準日的市價。另外,由於材料分期購進,且購進價格各不相同,企業採用的存貨計價方法不同,如先進先出法、後進先出法、加權平均法等,其帳面餘額也就不一樣。但需要特別注意的是:存貨計價方法的差異不應影響評估結果。評估時關鍵是核查庫存材料的實際數量,並按最接近市場價格的價格計算確定其評估值。

3. 購進時間早、市場已經脫銷、目前無明確的市場價格可資參考的庫存材料

對這類材料,可以通過市場同類材料的現行市場價格,同時考慮變現的風險和變現的成本確定評估值。採用這種方法時必須考慮以下三個因素:

(1)市場價格的選擇——評估時應根據市場分析,選擇最有可能成交的市場價格。

(2)被估資產的變現成本——主要指銷售被估資產時預計發生的各種廣告、差旅、包裝等費用。

(3)變現風險——主要指那些專用性強又無法替代的專用材料、有時效要求的原料及專用備件等,這部分材料因適用範圍小而相應增大了變現風險。風險系數一般根據市場供求情況、庫存量的大小和資產本身的適用情況來確定。

[例5-3]某企業準備與另一企業聯營轉產,原生產的產品下馬,專門用於老產品維修的專用配件庫存量為5,000件,現對其進行評估。預計該專用配件最大的維修需要量為250件/月,還需20個月才能用完,將配件分送各維修點的工人的工資400元/月,貨物包裝費80元/月,倉庫的各種管理費用30元/月。根據市場同類材料的價格水平,該配件最有可能接受的市場價格為40元/件。

評估值 = 5,000 × 40 - (400 + 80 + 30) × (5,000 ÷ 250)

　　　 = 189,800(元)

[例5-4]某企業轉讓不需用的外購甲材料40噸,同類材料的現行市場價格為15萬元/噸,變現成本為售價的10%,一年內賣出的概率為70%,兩年內賣出的概率為30%。

已知該類材料的價格相對穩定,試對其進行評估(設年綜合貸款利息率為10%)。

根據以上資料,計算如下:

如一年內變現:

變現淨值 = 40 × 15 × (1 - 10%) = 540(萬元)

如兩年內變現:

變現淨值 = 40 × 15 × (1 - 10%) × (1 + 10%)$^{-1}$
= 490.9(萬元)

評估值 = 540 × 70% + 490.9 × 30% = 525.27(萬元)

4. 呆滯材料的評估

呆滯材料是指從企業庫存材料中清理出來需要進行處理的材料。由於這類材料長期積壓,時間較長,可能會因為自然力作用或保管不善等原因以致使用價值下降。對這類資產的評估,首先應對其數量和質量進行核實和鑒定,然後區別不同情況進行評估。對其中失效、變質、殘損、報廢、無用的,應通過分析計算,扣除相應的貶值數額後,確定其評估值。

[例5-5]對某機械加工企業庫存的一批外購標準件進行價值評估,評估目的是企業改制。該批標準件品種規格繁多,單價不高。企業的原材料採用計劃價格核算,材料採購的市內運輸費、採購人員和倉庫的經費均納入企業管理費用核算,未計入材料採購成本。有關明細帳列明,標準件計劃成本100萬元,材料成本差異30萬元(其中上期應攤未攤10萬元),納入企業管理費用核算的購置費用部分相當於材料採購成本的5%。抽查清點表明,該材料短失率為5%(含生鏽後需報廢的部分),另有10%的標準件因生鏽、撞擊需加工後才能使用,加工費相當於現價的30%。經調查,該種零件的價格上漲率為3%。經測算,材料採購費用為10%。該企業改制後仍需使用這些標準件,試評估其價值。

因企業改制後仍需使用這些標準件,故以歷史成本為基礎,考慮短失、貶值、價格變動等因素進行調整。

評估值 = 材料歷史成本 × (1 - 短失率) × (1 - 貶值率) × (1 + 價格變動系數)

(1)該批標準件的歷史成本

標準件計劃成本	100 萬元
加:材料成本差異	30 萬元
減:上期應攤未攤的材料成本差異	10 萬元
加:未納入材料成本核算的費用	6 萬元
標準件歷史成本:	126 萬元

(2)扣除數量短失部分後實存標準件的歷史成本

實存標準件歷史成本 = 標準件歷史成本 × (1 - 短失率)
= 126 × (1 - 5%) = 120(萬元)

(3)實存標準件的重置成本

實存標準件的重置成本 = 實存標準件的歷史成本 × (1 + 價格調整系數)

$$= 120 \times (1 + 3\%) = 123.6(萬元)$$

(4)實存標準件的貶值額

貶值標準件的歷史成本 = 126 × 10% = 12.6(萬元)

貶值標準件的重置成本 = 12.6 × (1 + 3%) = 13(萬元)

貶值標準件的現行市價 = 13 × (1 - 10%) = 11.7(萬元)

貶值額 = 貶值標準件的現行市價 × 加工費率 = 11.7 × 30% = 3.5(萬元)

(5)實存標準件的評估值

實存標準件的評估值 = 123.6 - 3.5 = 120.1(萬元)

此外,在材料評估過程中,可能還存在盤盈、盤虧的情況,評估時應以有無實物存在為原則進行評估,並選用相適應的評估方法。

二、低值易耗品的評估

(一)低值易耗品的基本概念及其分類

1. 低值易耗品的基本概念

低值易耗品是指單項價值在規定限額以下或使用年限不滿一年,但能多次使用且實物形態基本保持不變的勞動工具。

在評估過程中勞動資料是否屬於低值易耗品,原則上視其在企業中的作用進行,一般可尊重企業原來的劃分方法。

2. 低值易耗品的分類

一般可以按其用途和使用情況進行分類。

(1)按用途劃分,可分為一般工具、專用工具、替換設備、管理用具、勞動保護用品及其他低值易耗品等類別。這種分類的目的,在於可按低值易耗品的大類進行評估,以減少評估工作量。

(2)按使用情況劃分,可分為在庫低值易耗品和在用低值易耗品。這種分類的目的,是便於根據低值易耗品使用的具體情況,選用不同的評估方法。

(二)低值易耗品的特點

(1)週轉時間較長,在用期間價值分次轉移,報廢之前,其實物形態基本不變。

(2)不構成產品實體。

(3)帳面成本和重置成本差異較大。這主要是由低值易耗品的會計核算方法不同造成的。低值易耗品可以採用一次攤銷或五五攤銷等方法進行核算,這些都可能導致低值

易耗品的帳面成本與重置成本有較大差異。

(三)低值易耗品的評估方法

1. 在庫低值易耗品的評估

對於在庫低值易耗品,可以根據具體情況,採用與庫存材料評估相同的方法。對於全新低值易耗品的評估價值,可以直接採用其帳面價值(價格變動不大時)作為評估值,也可以採用現行市場價格或製造價格加上合理的其他費用確定評估值,或者在帳面價值基礎上乘以物價變動指數確定。對殘缺、無用、待報廢的低值易耗品,則需根據鑒定結果和有關憑證,通過分析計算,扣除相應貶值額後,確定評估值。

2. 在用低值易耗品的評估

在用低值易耗品的評估,可以直接採用成本法進行。計算公式為:

評估值 = 全新低值易耗品的價值 × 成新率

　　　 = (現行購置價 + 其他合理費用) × 成新率

其中:全新低值易耗品的價值,可以直接採用其帳面價值(價格變動不大時),也可以採用現行市場價格,或者在帳面價值基礎上乘以其物價變動指數確定。

成新率計算公式為:

$$成新率 = \left(1 - \frac{低值易耗品實際已使用月數}{低值易耗品預計使用月數}\right) \times 100\%$$

需要注意的是,由於會計上出於對成本、費用計算的需要,所以對低值易耗品的價值攤銷採用了較為簡化的方法,其攤銷情況並不完全反應低值易耗品的實際損耗程度,因此,在確定低值易耗品成新率時,應根據其實際損耗程度確定,而不能完全按照其攤銷方法確定。

由於低值易耗品具有低值與易耗的特點,故評估時一般不考慮其功能性損耗和經濟性損耗。

[例5-6]甲企業的某項低值易耗品,原價1,200元,預計使用1年,現已使用9個月,該低值易耗品現行市價為1,500元,由此確定其評估值為:

$$在用低值易耗品評估值 = 1,500 \times \left(1 - \frac{9}{12}\right) \times 100\%$$

$$= 375(元)$$

三、在製品評估

在製品包括原材料投入生產後尚未加工完畢的產品和已加工完畢但不能單獨對外銷售的半成品。它一般按完工程度折合為約當產量,隨產成品進行評估。對外銷售的半成品視同產成品評估。具體的評估方法有以下兩種。

(一)成本法

成本法是指根據技術鑒定和質量檢測的結果,按評估時的相關市場價格及費用水平重置同等級在製品所需的合理的料、工、費計算評估值的一種評估方法。這種評估方法適用於生產週期較長(半年或一年以上)在製品的評估。對生產週期短的在製品,主要以其實際發生的成本為評估的依據。在沒有變現風險的情況下,可根據其帳面值進行調整。具體方法有以下幾種,可選擇使用。

1. 根據價格變動系數調整原成本

此種方法是將企業實際發生的原始成本,按其發生日到評估基準日期間市場價格變動系數,調整為重置成本。該方法主要適用於生產經營正常,會計核算水平較高,成本核算資料基本可靠的企業的在製品評估。具體評估方法和步驟是:

(1)對被評估在製品進行技術鑒定,將其中的不合格在製品的成本從總成本中剔除;

(2)分析原成本構成,從總成本中剔除其不合理的費用;

(3)分析原成本構成中材料成本從其生產準備開始到評估基準日為止的市場價格變動情況,並測算出價格變動系數;

(4)分析原成本中的工資、製造費用等從開始生產到評估基準日,有無大的變動,是否需要進行調整,如需調整,測算出調整系數;

(5)根據技術鑒定、原始成本構成的分析及價值變動系數的測算,調整成本,確定評估值,必要時還要從變現的角度修正評估值。

基本計算公式如下:

某項或某類在製品的評估價值 = 原合理材料成本 × (1 + 價格變動系數) + 原合理工資、費用 × (1 + 合理工資、費用變動系數)

需要說明的是,在製品成本包括直接材料、直接人工和製造費用三部分。直接人工儘管是直接費用,但也同間接費用一樣較難測算,因此,評估時可將直接人工和製造費用合併為一項費用進行測算。

2. 按社會平均消耗定額和現行市價計算評估值

該方法是按重置同類資產的社會平均成本確定被評估資產的價值。採用此方法對在產品進行評估時需要掌握以下資料:

(1)被評估在製品的完工程度;

(2)被評估在製品有關工序的工藝定額;

(3)被評估在製品耗用物料的近期市場價格;

(4)被評估在製品在正常生產經營情況下的合理工時及單位工時的費用標準。

基本公式為:

某在製品評估值 = 某在製品實有數量 × (該工序單件材料工藝定額 × 單位材料現行

市價+該工序單件工時定額×正常工資費用)×在製品完工程度

對於工藝定額的選取,如果有行業的平均物料消耗標準,可按行業標準計算;沒有行業統一標準的,按企業現行的工藝定額計算。

3. 按在製品完工程度計算評估值

由於在製品的最高形式為產成品,因此,可以在計算產成品重置成本基礎上,按在製品完工程度計算確定在製品評估值。計算公式為:

在製品評估值 = 產成品重置成本 × 在製品約當量

在製品約當量 = 在製品數量 × 在製品完工率

在製品約當量、完工率等可以根據其完成工序與全部工序比例、生產完成時間與生產週期比例確定。當然,確定時應分析完成工序、完成時間與其成本耗費的關係。

[例5-7] 對某在製品進行評估,該產品需經過三道工序加工。經查核,第一道工序現存在產品 600 件,第二道工序現存在產品 450 件,第三道工序現存在產品 400 件。原材料在第一道工序全部投入,已知該工序材料已投入 80%;該產品工時定額 50 小時:第一工時 15 小時,第二工時 20 小時,第三工時 15 小時。單位產品社會平均成本為:材料 300 元,工資費用 200 元,製造費用 100 元。

計算在製品的評估值:

(1) 各工序在製品完工程度

第一工序: $\frac{15 \times 50\%}{50} \times 100\% = 15\%$

第二工序: $\frac{15 + 20 \times 50\%}{50} \times 100\% = 50\%$

第三工序: $\frac{15 + 20 + 15 \times 50\%}{50} \times 100\% = 85\%$

(2) 計算在製品材料成本

在製品材料成本 = 600 × 80% × 300 + (450 + 400) × 300 = 399,000(元)

(3) 計算在產品工資成本

在製品工資成本 = (600 × 15% + 450 × 50% + 400 × 85%) × 200 = 131,000(元)

(4) 計算在製品製造費用成本

在製品製造費用成本 = (600 × 15% + 450 × 50% + 400 × 85%) × 100 = 65,500(元)

在製品評估值 = 399,000 + 131,000 + 65,500 = 595,500(元)

(二) 市場法

市場法是按同類在製品不含稅的市價,扣除銷售過程中預計發生的費用後計算評估值。

這種評估方法適用於正常生產、通用性能好、能用於產品配件更換或用於維修的在製品。評估公式為：

某在製品評估值＝該種在製品實有數量×市場可接受的不含稅的單價－預計銷售過程中發生的費用

如果在調劑過程中有一定的變現風險，還要考慮風險調整係數。

對產品下馬不能繼續生產的在製品或無法通過市場調劑出去的專用配件等，只能按評估時的狀態或按能向市場出售的變現價格進行評估。評估公式為：

在製品評估值＝可回收廢料的重量×單位重量現行的回收價格

［例5－8］某企業因產品技術落後而全面停產，準備與Y公司合併，現對該企業的在製品進行評估。經盤查，各車間工序的在製品有以下三類：

第一類，存放於車間各工序尚未進行加工的各類材料；

第二類，已進行了一定程度的加工，能用於老產品配件更換和維修的部件；

第三類，無法銷售，又不能繼續加工，只能報廢處理的在製品。

對於第一類，可根據技術鑒定情況、實有數量和現行市場價格計算評估值；第二類可根據市場同類產品的現行價格、調劑過程中的費用、調劑的風險確定評估；第三類只能按廢料的回收價格計算評估值。

根據評估資料計算各類在產品的評估值，如表5－1、表5－2、表5－3所示：

表5－1　　　　　　　　各工序尚未加工的材料　　　　　　　　金額單位：元

材料名稱	編號	計量單位	實有數量	現行單位市價	按市價計算的資產價格
甲材料	（略）	千克	500	390	195,000
乙材料	（略）	千克	850	460	391,000
丙材料	（略）	件	7,000	15	105,000
合計					691,000

表5－2　　　　　　　　尚可使用的在製品　　　　　　　　　金額單位：元

部件名稱	編號	計量單位	實有數量	現行單位市價	按市價計算的資產價格
A	（略）	件	1,920	86	165,120
B	（略）	件	2,300	120	276,000
C	（略）	件	1,020	180	183,600
D	（略）	件	870	385	334,950
合計					959,670

表 5-3　　　　　　　　　　　　報廢在製品　　　　　　　　　　　金額單位：元

在製品名稱	計量單位	實有數量	可回收廢料（千克/件）	可回收廢料總量（千克）	回收價格（元/千克）	評估值
E-1	件	6,000	3.5	21,000	0.85	17,850
E-2	件	7,200	10	72,000	1.30	93,600
E-3	件	4,500	2	9,000	4.5	40,500
E-4	件	2,800	1.4	3,920	6.3	24,696
合計						176,646

在製品評估值 = 691,000 + 959,670 + 176,646 = 1,827,316（元）

此外，房地產業的在製品是房屋建築物的在建工程，其價值評估應按其工程進度，採用成本法進行（參看第四章相關部分，此處從略）。

四、產成品的評估

產成品是指已完工入庫或雖未辦理入庫手續但已完工並經過質量檢驗合格的產品。對此類資產應依據其變現能力和市場可接受的價格進行評估，適用的方法有市場法和成本法。

(一) 市場法

產成品評估的市場法是指按不含價外稅的可接受市場價格扣除相關費用後評估產成品價值的評估方法。運用市場法評估產成品時，需注意幾個問題：

1. 市場價格的選擇

運用市場法的關鍵是市場價格的選擇，在選擇市場價格時應注意考慮下面幾個因素：

(1) 產成品的使用價值。根據對產品本身的技術水平和內在質量的技術鑒定，確定產品是否具有使用價值以及產品的實際等級，以便選擇合理的市場價格。

(2) 分析市場供求關係和被評估產成品的前景。

(3) 所選擇的價格應是在公開市場上所形成的近期交易價格，非正常交易價格不能作為評估的依據。

(4) 對於產品技術水平先進，但外表存有不同程度殘缺的產成品，可根據其損壞程度，通過調整系數予以調整。同時，市場上近期正常交易的價格有出廠價、批發價、零售價等，不同價位的價格水平有較大的差別，製造業產成品的評估一般採用出廠價。

2. 考慮產品的銷售週期和變現風險

通過對產品本身的技術性能和內在品質的鑒定，確定產品是否具有使用價值，分析其

市場供求關係和市場前景,將被評估對象劃分為市場交易活躍、市場銷售一般和市場滯銷等類別,按其銷售週期和變現風險的不同,分別確定評估值。

對於市場活躍、產品緊俏、銷售期短、貨款回收快、售價有可能上漲的產品,可在現行市價的基礎上,乘以預計售價上漲的幅度,扣除相應的稅費,確定評估值。

對於正常生產、市場銷售一般、產銷率低的產成品,可根據市場上產品銷售的實際週期和變現時間,預計價格變化情況和變現風險,對未來可實現的銷售淨額折現(如果預測產成品變現所需時間超過一年的話),確定評估值。

對於市場滯銷的產品,需削價處理,按市場可接受的現價扣除清理變現費用,確定評估值。

3. 對尚未實現的利潤和稅金的處理

採用市場法評估產成品時,現行市價中包含了已耗費的成本和尚未實現的稅金與利潤。已耗費的成本理應得到補償,但尚未實現的利潤和稅金的處理,則應具體分析,可以視評估的特定目的,按現行市價考慮扣除相應稅費和給接受方的合理利潤等來分析計算評估值。

一般地說,對於十分暢銷的產品,根據其出廠銷售價格減去銷售費用和全部稅金確定評估值;對於正常銷售的產品,根據其出廠銷售價格減去銷售費用、全部稅金和適當數額的稅後淨利潤確定評估值;對於勉強能銷售出去的產品,根據其出廠銷售價格減去銷售費用、全部稅金和稅後淨利潤確定評估值;對於滯銷、積壓、降價銷售產品,應根據可收回淨收益確定評估值。

但假如被評估對象以直接出售為目的,可將現行市場價格直接作為其評估值,而無須考慮扣除其銷售費用和稅金,因為任何低於市場價格的評估值,對於賣方來說都是不能夠接受的。這時,對於繳納增值稅的產成品而言,增值稅是價外稅,它並不構成產品的價格。就賣方來說,價外計收的增值稅是代收代繳性質;就買方來說,支付給賣方的銷項稅額即為自身的進項稅額,它在買進的產成品再賣出時,作為銷項稅款的減項,意味著稅款的扣除,而不是經營成本的構成。

如果是以企業投資為評估目的,由於產成品在新的企業中按市價銷售後,流轉稅、所得稅等都要流出企業,追加的銷售費用也應得到補償,這部分稅費不能作為投資價值,所以需要扣除;而待實現的利潤淨額是否能全部作為投資價值的組成部分,應根據具體情況分析確定,因此,在這種情況下,應將從市價中扣除各種稅費和投資方讓給接受方的利潤後餘下的部分作為產成品評估值。在此,利潤分成系數的確定較為困難,分成時應充分考慮產成品的暢銷程度、市場的容量、變現的時間等風險因素。

[例5-9]甲企業用生產的 K 產品向乙企業投資,評估基準日的帳面價值為 1,291,500 元。根據評估人員的核查,評估基準日 K 產品的庫存數量為 28,700 件,單位成本 45 元/件,

市場近期正常價格為58.5元/件(不含增值稅)。該產品的銷售費用率為3%,銷售稅金及附加占銷售收入的比例為1.4%,利潤率為18.5%,該產品的銷售勢頭較好,市場價格近三年平均上漲4%。甲、乙雙方協議,將可實現的現實淨收入作為投資額。

K商品的評估價值 = 庫存數量×(不含稅的市場價格 - 銷售稅金 - 銷售費用 - 所得稅)
= 28,700×58.5×(1 - 3% - 1.4% - 18.5%×25%)
= 28,700×58.5×0.9098
= 1,527,509(元)

(二)成本法

採用成本法對生產及加工工業的產成品進行評估,主要根據生產該項產成品全過程發生的成本費用確定評估值。對於不改變原有用途和方式的產成品和不能採用市場法評估的產成品,可考慮採用成本法。在具體應用過程中,可分以下兩種情況進行:

1. 評估基準日與產成品完工時間接近

可以直接按產成品的帳面成本確定其評估值。計算公式為:

產成品評估值 = 產成品數量×產成品單位成本

2. 評估基準日與產成品完工時間間隔較長

可按如下兩種計算方法計算:

(1)以合理的消耗定額和料、工、費的現行市價計算

產成品評估值 = 產成品實有數量×(合理材料工藝定額×材料單位現行價格 + 合理工時定額×單位小時合理工時工資、費用)

(2)以物價變動系數對實際成本進行調整

產成品評估值 = 產成品實際成本×(材料成本比例×材料綜合調整系數 + 工資、費用成本比例×工資、費用綜合調整系數)

[例5-10]某評估事務所對K企業進行資產評估。經核查,該企業A產成品實有數量為5,000件,根據該企業的成本資料,結合同行業成本耗用資料分析,合理材料工藝定額為6公斤/件,合理工時定額為12小時。評估時,生產該產成品的材料價格上漲,由原來的80元/公斤漲至85元/公斤,每小時合理工資標準為15元/小時,每小時合理費用標準為10元/小時。

根據上述分析和有關資料,可以確定該企業產成品評估值:

產成品評估值 = 5,000×(6×85 + 12×15 + 12×10)
= 4,050,000(元)

[例5-11]某企業的C產成品實有數量為400臺,每臺實際成本1,500元,根據會計核算資料,生產該產品的材料費用與工資和其他費用的比例為30:70,根據目前價格變

動情況和其他相關資料,確定材料綜合調整系數為1.05,工資和其他費用綜合調整系數為1.20。由此可以計算該產成品的評估值:

產成品評估值 = 400 × 1,500 × (30% × 1.05 + 70% × 1.20)
            = 693,000(元)

五、庫存商品的評估

庫存商品是指商品流通企業購入但尚未銷售的商品。庫存商品的評估可以採用市場法或成本法,但與製造業的產成品評估相比,有以下特點:

(1)評估時主要選用市場法,現行市價通常選擇批發價;
(2)採用成本法時,重置成本主要指庫存商品的進價;
(3)商品的市場情況對評估價值的影響很大。

實物流動資產的評估可以採用市場法和成本法,但同一種實物資產採用不同的評估方法,其評估值是不相同的。市場法是從資產市場售價考慮的,其評估值含有銷售利潤;成本法是從生產和購進該資產的耗費角度考慮的,其評估值不包含產品的銷售利潤。鑒於此,評估時應根據評估目的和被評估對象的變現能力來選擇評估方法。

第三節 貨幣類流動資產評估

本書所指貨幣類流動資產包括現金、銀行存款和短期投資。

一、庫存現金和各項存款的評估

(一)庫存現金的評估

庫存現金的評估實際上是對庫存現金進行審查盤點,以核實後的實有數作為評估值的過程。審查盤點的具體做法,可比照審計的方法進行。對於庫存的外幣現金,應按評估基準日國家外匯牌價(鈔買價)折算成等值人民幣。

(二)各項存款的評估

各項存款的評估實際上是對各項存款進行清查確認,通過與銀行對帳、函證,核實各項存款的實有數,並以核實的實有額作為評估值的過程。在審核中,對銀行存款未達帳要重點審核,尤其要注意有無長期未達帳,如未達時間超過三年,應作壞帳處理。如有外幣存款,應按評估基準日的國家外匯牌價(匯買價)折算成等值人民幣。

二、短期投資評估

短期投資是指企業購入的、能夠隨時變現的、持有時間不準備超過1年(含1年)的投資,包括各種股票、債權、基金等。短期投資中的有價證券,大多數是在證券市場上公開掛牌交易的,對這部分有價證券,可按評估基準日的收盤價計算確定評估值;不能公開交易的有價證券,可按本金加持有期利息計算評估值。

第四節 債權類流動資產評估

債權類流動資產包括應收帳款、預付帳款、應收票據以及其他應收款等。

一、應收帳款和其他應收款的評估

企業的應收帳款和其他應收款主要指企業在經營過程中由於賒銷和預付、暫付所形成的尚未收回的款項。應收帳款和其他應收款也具有貨幣資金的性質,與現金、各項存款不同的是它存在回收風險,即便是應收款項淨額,由於會計估計的因素和收帳費用等原因,會計資料反應的應收款項淨額與應收款項的實際可變現價值存在差異,所以,應採用適當的方法對其進行評估。

(一)應收帳款的評估

由於應收帳款存在一定的回收風險,因此,在對這類資產進行評估時,應在核實無誤的基礎上,根據每一筆款項可能收回的數額確定評估值。一般應從兩方面進行:一是清查核實應收帳款數額;二是估計可能的壞帳損失。應收帳款評估的基本公式為:

應收帳款評估價值 = 應收帳款帳面價值 - 已確定的壞帳損失
　　　　　　　　 - 預計可能發生的壞帳損失及收帳費用

其基本評估步驟如下:

1. 確定應收帳款帳面價值

除了進行帳證核對、帳表核對外,還應盡可能要求被評估單位按客戶名單發函核對,查明每筆應收帳款發生的時間、欠款的金額和原因、債務人單位的基本情況,並進行詳細記錄,作為評估時預計壞帳損失的重要依據。

2. 確認已發生的壞帳損失

已發生的壞帳損失是指評估基準日債務人已經死亡或破產,以及有合法證據證明確實無法收回的應收帳款。對於已確認的壞帳損失,在評估其價值時,應從應收帳款價值中

扣除。

3. 預計可能發生的壞帳損失

根據應收帳款收回的可能性進行判斷,預計可能發生的壞帳損失。

4. 預計可能發生的收帳費用

實際評估中,可以根據企業與債務人的業務往來的歷史資料和現實調查的情況,具體分析欠款的數額、時間和原因、前期欠款數額及款項的回收情況、債務人的資信和經營管理現狀等,確定壞帳損失的數額,計算評估值。

(1)對業務往來較多,債務人資金狀況和結算信用良好,有充分理由相信款項近期內能全部收回的,可以按能收回的款項計算評估值。

(2)對業務往來較少,債務人資金狀況和結算信用一般的應收帳款,收回的可能性很大,但收回時間不能完全確定,可根據能回收數額,考慮合理的資金利息和收帳費用,計算評估值。

(3)偶然發生業務往來,債務人資信狀況不清的應收帳款,很有可能只能部分收回,這時應按會計上計算壞帳損失的方法預計可能發生的壞帳,將其從應收帳款中扣除後計算評估值。

評估值 = 核實後的應收帳款數額 × (1 - 壞帳率)

$$壞帳率 = \frac{評估前若干年發生的壞帳數額}{評估前若干年應收帳款數額} \times 100\%$$

[例5-12] 對某企業進行整體資產評估,經核實,截至評估基準日的帳面應收帳款實有額為520萬元,前5年的應收帳款發生情況及壞帳處理情況如表5-4所示:

表5-4　　　　某企業前5年的應收帳款發生壞帳處理情況　　　　金額單位:元

	應收帳款餘額	處理壞帳額	備註
第1年	1,500,000	200,000	
第2年	2,450,000	72,000	
第3年	2,500,000	120,000	
第4年	3,050,000	83,500	
第5年	2,140,000	10,100	
合計	11,640,000	485,600	

由此計算前5年壞帳占應收帳款的百分比為:

(485,600/11,640,000) × 100% = 4.17%

預計壞帳損失額為:520 × 4.17% = 21.684(萬元)

另外,也可以用帳齡分析法預計壞帳損失。

[**例 5-13**]某企業評估時,經核實該企業應收帳款實有額為 858,000 元,具體發生情況以及由此確定壞帳損失情況如表 5-5、表 5-6 所示:

表 5-5　　　　　　　　　　應收帳款帳齡分析表　　　　　　　　　金額單位:元

應收帳款項目	總金額	其中:未到期	其中:過期			
			半年	一年	兩年	3年及3年以上
甲	487,000	202,000	85,000	160,000	40,000	
乙	176,000	80,000	40,000		10,000	46,000
丙	66,000			18,400	32,000	15,600
丁	129,000	22,000	18,000	24,000	25,000	40,000
合計	858,000	304,000	143,000	202,400	107,000	101,600

表 5-6　　　　　　　　　　壞帳計算分析表　　　　　　　　　　金額單位:元

拖欠時間	應收金額	預計壞帳率	壞帳金額	備註
未到期	304,000	1%	3,040	
已過期:半年	143,000	10%	14,300	
1年	202,400	15%	30,360	
2年	107,000	25%	26,750	
3年以上	101,600	43%	43,688	
合計	858,000		118,138	

應收帳款評估值 = 858,000 - 118,138 = 739,862(元)

(4)對雖有業務往來,但債務人信用狀況差,有長期拖欠貨款的記錄,符合有關制度規定,已具備壞帳條件,或有確鑿證據表明無法收回的應收帳款,應按零值評估。

考慮以上各種情況後得出的評估值匯總,即得到應收帳款的評估值。

(二)其他應收款的評估

其他應收款的評估,可以參照應收帳款的評估方法進行。首先核實其他應收款的存在,再綜合考慮其回收的可能、回收的時間以及收帳費用等因素,確定評估值。

應收款項評估以後,「壞帳準備」科目應按零值計算。因為「壞帳準備」科目是應收帳款的備抵帳戶,是企業根據壞帳損失發生的可能性採用一定的方法計提的,而對應收帳款評估是按照實際可收回的淨值進行估算的,因此,不必再考慮壞帳準備數額。

二、預付帳款的評估

企業的預付帳款主要指企業在經營過程中根據合同規定預付給其他單位的款項。

對預付帳款的評估，應根據所能收回的相應資產或權利的價值確定評估值。評估時要注意以下兩點：

(1)對預付帳款的變現可能性進行分析判斷，確定無法收回的壞帳。例如，對於能收回相應貨物的，將核實後的帳面值作為評估值；對於有確鑿證據表明收不回、不能形成相應資產或權益的預付款，其評估值為零。

(2)避免重複評估。例如，對貨已到但尚未結清貨款的項目要進行核對，避免將已到的貨物按帳外資產處理，重複計算資產價值。

三、應收票據的評估

應收票據是由付款人或收款人簽發、由付款人承兌、到期無條件付款的一種書面憑證。

應收票據按承兌人不同可分為商業承兌匯票和銀行承兌匯票，對於銀行承兌匯票，承兌銀行是票據的第一付款人，承擔票據到期見票即付的責任，因此，評估時可以不考慮變現風險；商業承兌匯票則應根據承兌人的資信狀況和票據的可變現程度進行評估。

應收票據的評估值應由兩部分組成，即票據的本金和利息。具體可採用下面兩種方法進行：

(一)按票據的本利和計算

應收票據的評估價值為截至評估基準日止票據的面值加上應計的利息。

其計算公式為：

應收票據評估值 = 本金 × (1 + 利息率 × 時間)

[例5-14] 某企業擁有一張付款期限為3個月的銀行承兌商業匯票，出票日期為2008年3月12日，本金75萬元，月息為10‰，評估基準日2008年4月2日。由此確定評估值為：

應收票據的評估值 = 750,000 × (1 + 10‰ ÷ 30 × 20) = 755,000(元)

(二)按應收票據的貼現值計算

商業匯票可依法背書轉讓或向銀行申請貼現，對企業擁有的、滿足銀行貼現貸款條件的、尚未到期的應收票據，可按評估基準日的貼現值計算評估值。其計算公式為：

應收票據評估值 = 票據到期價值 - 貼現息

貼現息 = 票據到期價值 × 貼現率 × 貼現期

[例5-15] B企業向甲企業售出一批半成品,貨款金額800萬元,採取商業匯票結算,付款期為6個月。甲企業於4月10日開出匯票,並經甲企業的開戶銀行承兌。現對B企業進行評估,評估基準日為7月10日。由此確定貼現日期為90天,貼現率按月息6‰計算。則有:

貼現利息 = (800 × 6‰/30) × 90 = 14.4(萬元)
應收票據評估值 = 800 - 14.4 = 785.6(萬元)

(三)比照應收帳款評估

如果被評估的應收票據系在規定的時間尚未收回的票據,由於會計處理上已將不能如期收回的應收票據轉入應收帳款帳戶,因此,可按應收帳款的評估方法,在分析調查的基礎上,對這部分票據進行價值評估。

第五節 其他流動資產評估

一、一年內到期的長期債權投資的評估

一年內到期的長期債權實質上具有短期債權的性質,可比照短期債權的評估方法進行評估。對在證券市場上公開掛牌交易的,可按評估基準日的收盤價計算確定評估值;不能公開交易的長期債券,可按本金加持有期利息計算評估值;對已有確鑿證據證明不能如期、足額收回本息的長期債權,應在考慮變現風險和相應的資金成本、收帳費用等的基礎上,確定其評估值。

二、待攤費用的評估

待攤費用是指費用支出在前而收益期在後、應由企業本月和以後月份負擔的未攤銷費用,如大修理費、預付的報章雜誌費、預付保險金、預付租金等等。

待攤費用雖不是一項實際存在的資產,但費用的支出可以形成一定形式的享用服務的權利,這種權利的存在,可以使企業獲得未來受益。從這個意義上講,待攤費用仍然是一項資產。

由於待攤費用大部分沒有單獨的物質實體(如大修理費、租入固定資產改良工程支出、開辦費等),不能單獨交易和轉讓,因此,通常只有在企業整體評估時,才會涉及待攤費用評估。

對待攤費用評估要注意以下幾點:

(1)瞭解情況。要瞭解其合法性、合理性和真實性,瞭解費用支出和攤餘情況,瞭解

形成新資產和權利的尚存情況。

(2)確認原則。要根據對在評估目的實現後,其資產佔有者還擁有的而且與其他評估對象沒有重複的那部分資產和權利的價值予以確認。例如,評估目的實現後,待攤費用中未消失的資產或權力仍為企業的生產經營服務,應按其攤餘價值計算評估值。

(3)評估目的實現後,被評估企業不復存在或改變經營方向,未攤銷的待攤費用對企業經營已無作用,則不再確認其價值。

[例5－16]某資產評估公司受託對某改制企業進行整體評估,評估基準日為2008年4月30日。有關待攤費用的資料如下:企業截至評估基準日待攤費用帳面餘額為57.57萬元,其中有預付一年的保險金9.6萬元,已攤銷1.6萬元,餘額為8萬元;尚待攤銷的低值易耗品餘額43.57萬元,預付房屋租金9萬元(二季度),已攤銷3萬元,餘額6萬元,評估基準日後以上資產仍有續用價值。評估人員根據上述資料進行如下評估:

(1)預付保險金的評估。根據保險金全年支付數額計算每月應分攤數額:

每月應分攤數額 = 96,000/12 = 8,000(元)

應預留保險金(評估值) = 8,000 × 8 = 64,000(元)

(2)未攤銷的低值易耗品價值的評估。低值易耗品根據實物數量和現行市場價格評估,評估值為468,300元。

(3)房屋租金的評估。房屋租金的價值按月攤銷,每月租金為3萬元。

評估值 = 3 × 2 = 6(萬元)

評估結果為:

64,000 + 468,300 + 60,000 = 592,300(元)

三、其他流動資產的評估

其他流動資產主要指待處理流動資產等。其中,對待處理流動資產評估時,應認真審核每項待處理流動資產的具體內容,對明顯處於報廢、無效、價值嚴重損失的資產,經過符合規定的鑒定和檢驗,取得足夠的證據,其評估值一般為清理變現後的淨收益或為零。這部分資產的評估應在評估報告中單獨列示,說明有關情況。

第六章

長期投資性資產的評估

第一節 長期投資性資產評估的特點與程序

一、長期投資性資產的概念及特點

長期投資性資產是指企業不準備隨時變現,持有期在一年以上的投資性資產,包括長期債權投資資產和長期股權投資資產。

根據長期投資的目的不同,長期投資性資產可分為三類:

(一)為了累積供特定用途需要的資金而進行的投資形成的資產

這是指企業為了將來歸還長期借款或擴大再生產而建立償債基金或設立專項存款,並將償債基金或專項存款投資於證券或其他企業形成的長期投資性資產。

(二)為了達到控製其他企業的業務以配合本企業的經營或對其他企業實施重大影響而進行的投資形成的資產

如為了保證企業生產的能源或原材料供應、擴大企業產品的銷售等目的,購入並長期持有相關企業的債券或一定份額的股票等形成的長期投資性資產。

(三)出於其他長期的戰略性考慮等進行的投資形成的資產

長期投資性資產是企業以獲取投資權益和收益為目的,向那些並非直接為本企業使用的項目投入資產的行為形成的長期資產。長期投資行為的特點是以獲取投資權益為目的,放棄對實際資產的直接控製權。

二、長期投資性資產評估的特點

長期投資性資產評估是對企業所擁有的、以長期投資形態存在的那部分資產的評估，包括對長期債權投資資產、長期股權投資資產的評估。長期投資行為的特點決定了長期投資性資產評估的特點。由於長期投資性資產是以對其他企業享有的權益而存在的，因此，長期投資性資產的評估主要是對長期投資性資產所代表的權益進行評估。其特點主要表現為：

(一)長期股權投資資產評估是對資本的評估

長期股權投資是投資者在被投資企業所享有的權益，雖然投資者的出資形式有貨幣資金、實物資產和無形資產等，但是，一旦該項資產被轉移到被投資企業，其便發揮著資本金的作用。因此，對長期股權投資資產的評估是對其所代表的權益所進行的評估，事實上成為對被投資企業的資本的評估。

(二)長期股權投資資產評估是對被投資企業獲利能力的評估

長期股權投資是投資者不準備隨時變現，持有時間超過一年的權益性投資，其根本目的是獲取投資收益和實現投資增值。長期股權投資資產價值的高低，主要取決於該項資性資產能否獲得相應的收益。因此，被投資企業的獲利能力的大小就成為長期股權投資資產評估的決定因素。

(三)長期債權投資資產評估是對被投資企業償債能力的評估

長期債權投資的投資利益是債券的利息收入，影響長期債權投資價值的是債券的利息收入水平以及債券到期時如數收回本金的安全性，而被投資企業的償債能力直接影響著長期債權投資到期收回本息的可能性。因此，被投資企業償債能力就成為長期債權投資資產評估的決定因素。

由此可見，對長期投資性資產的評估，已經超出了對被評估企業自身的評估，而通常需要對被投資企業進行評估，當然這要視被評估企業對被投資企業的控製力和影響程度而定。

三、長期投資性資產評估的程序

(一)明確項目的具體內容

這包括：投資的形式、原始投資額、評估基準日餘額、投資收益獲取的方式、歷史收益額、長期股權投資資產占被投資企業實收股本的比例以及相關會計核算方法等。

(二)根據長期投資性資產的特點選擇合適的評估方法

(三)評定估算，得出結論

第二節　長期債權投資的評估

一、長期債權投資的基本內容及其特點

（一）長期債權投資的基本內容

長期債權投資包括債券投資及其他債權投資。本書的長期債權投資，主要以債券投資為例加以介紹。

（二）長期債權投資的特點

1. 到期還本付息，收益相對穩定

債券收益主要受兩大因素制約：一是債券面值；二是債券票面利率。這兩大因素都是事前約定的，只要債券發行主體不發生較大變故，債券的收益是相對穩定的。

2. 投資風險較小，安全性較強

相對於股權投資而言，債券投資風險相對較小。因為國家對債券發行有嚴格的規定，發行債券必須滿足國家規定的基本要求。當然，債券投資也具有一定的風險，一旦債券發行主體出現財務困難，債券投資者就有發生損失的可能。但是，即使債券發行企業破產，在破產清算時，債券持有者也有優先受償權。所以，相對於股權投資，債券投資仍有較高的安全性。

3. 具有較強的流動性

可以上市交易的債券具有較強的流動性。

二、長期債權投資的評估

（一）已上市交易債券的評估

上市交易債券指可以在證券市場上交易、自由買賣的債券。

對已上市交易的債券，一般採用現行市價法進行評估，即按照評估基準日的收盤價確定評估值。如果在特殊情況下，某種債券的市場價格嚴重扭曲、不能代表實際價格，就應該採用非上市交易債券的評估方法進行評估。

已上市交易債券價值的評估公式為：

債券評估價值 = 債券數量 × 評估基準日該債券的收盤價

［例6－1］某被評估企業的長期債權投資帳面資料如下：2006年發行的國庫券1,500張、面值100元/張、票面年利率5.5%、期限3年，已上市交易。根據市場調查，評估基準日該種債券面值的市場收盤價為110元。要求確定其評估值。

評估值 = 1,500 × 110 = 165,000(元)

採用市場法對債券的價值進行評估時,應在評估報告書中說明所有評估方法和結論與評估基準日的關係,並說明該評估結果應隨市場價格變動而適當調整。

當某種上市交易的債券市場價格嚴重扭曲,市價不能夠代表該債券的真實價值時,就應該採用非上市交易債券的評估方法對該種債券進行評估。

(二)非上市交易債券的評估

對於不能進入市場交易流通的債券,無法直接通過市場判斷其價值,可以採用收益法,根據該債券本利和的現值確定評估值。

根據債券付息方法的不同,債券可分為到期一次還本付息和分次付息、到期一次還本兩種。

1. 到期一次還本付息債券的評估

評估價值的數學表達式為:

$P = F(1 + r)^{-n}$

式中:P——債券的評估值;

F——債券到期時的本利和;

r——折現率;

n——評估基準日至債券到期日的間隔時間(以年或月為單位)。

本利和的計算還要區分債券計息方式是單利還是複利:

(1)採用單利計算時,債券本利和為

$F = A(1 + m × i)$

(2)採用複利計算時,債券本利和為

$F = A(1 + i)^m$

式中:A——債券面值;

m——計息期限;

i——債券利息率。

債券面值、計息期限、債券利息率等在債券上均有明確記載,而折現率是評估人員根據評估時的實際情況分析確定的。

折現率包括無風險報酬率和風險報酬率。無風險報酬率通常以銀行儲蓄存款利率、國庫券利率為準。風險報酬率的大小則取決於債券發行主體的具體情況:國家債券、金融債券等有良好的擔保條件,其風險報酬率一般較低;對於企業債券,如果發行企業經營業績較好,有足夠的還本付息能力,則風險報酬率較低,反之則應取較高的風險報酬率。

[例6-2]某評估事務所受託對甲企業的長期債權投資進行評估。被評估企業的「長

期債權投資——債券投資」的帳面價值為 10 萬元，系 A 企業發行的三年期一次還本付息債券，年利率 8%，單利計息，評估時債券購入時間已滿一年，當時國庫券利率為 5%。經評估人員分析調查，發行企業經營業績尚好，財務狀況穩健。兩年後具有還本付息的能力，投資風險較低，取 2% 的風險報酬率，以國庫券利率為無風險報酬率，故折現率取 7%。

根據前述的公式，該債券的評估價值為：

$F = A(1 + m \times i) = 100,000 \times (1 + 3 \times 8\%) = 124,000$（元）

$P = F(1 + r)^{-n} = 124,000 \times (1 + 7\%)^{-2} = 124,000 \times 0.8734$

$= 108,301.6$（元）

2. 分次付息、到期一次還本債券的評估

評估價值的數學表達式為：

$$P = \sum_{t=1}^{n} [R_t(1 + r)^{-t}] + A(1 + r)^{-n}$$

式中：P——債券的評估值；

R_t——第 t 年的預期利息收益；

r——折現率；

A——債券面值；

t——評估基準日至收取利息日的期限；

n——評估基準日至到期還本日的期限。

[例 6-3] 仍以例 2 的資料，假定該債券是每年付一次息，債券到期一次還本。其評估值為：

$P = \sum_{t=1}^{n} [R_t(1 + r)^{-t}] + A(1 + r)^{-n}$

$= 100,000 \times 8\% \times (1 + 7\%)^{-1} + 100,000 \times 8\% \times (1 + 7\%)^{-2}$

$\quad + 100,000 \times (1 + 7\%)^{-2}$

$= 8,000 \times 0.934,6 + 8,000 \times 0.873,4 + 100,000 \times 0.8734$

$= 101,804$（元）

需要注意的是，對於不能按期收回本金和利息的債券，評估人員應在調查取證的基礎上，通過分析預測回收風險，合理確定評估值。

第三節　長期股權投資的評估

長期股權投資包括兩種形式:一種是直接投資形式,投資主體通常以貨幣資金、實物資產以及無形資產等直接投入到被投資企業,並取得被投資企業的出資證明確認股權;二是間接投資形式,投資主體通常在證券市場上通過購買發行企業的股票,實現投資的目的。長期股權投資的評估,應區別股票投資和股權投資分別加以討論。

一、股票投資的評估
(一)股票投資的特點
股票投資是指企業通過購買等方式取得被投資企業的股票而實現的投資行為。股票屬於不確定請求權的有價證券,不確定請求權證券的收益是不確定的。非上市股票的收益基本上取決於發行企業的經營業績;上市股票的收益主要取決於股市行情。所以,股票投資具有高風險、高收益的特點。
(二)股票投資評估的原則
1. 預期收益原則
股票是典型的虛擬資本,股票的價格基礎是以證券形式所代表的股票發行主體的生產能力和獲利能力。因此,在評估中應充分注意股票發行主體的經營實績和預期效益。
2. 收益本金化原則
股票作為一種虛擬資本,其價值應當是預期收益的本金化價格。
3. 實際變現原則
股票作為一種特殊商品,其評估價值可根據股票的變現值確定。
(三)股票的種類、價格與價值
1. 股票的種類
股票按不同的分類標準可分為:記名股票和不記名股票;有面值股票和無面值股票;普通股股票和優先股股票;上市股票和非上市股票等。
2. 股票的價格與價值
股票的價格包括票面價格、發行價格、帳面價格、清算價格、內在價格和市場價格等。
此處所講的股票的價值是指股票的評估價值,股票的評估價值與股票的票面價格、發行價格和帳面價格的聯繫並不緊密,而與股票的內在價格、清算價格和市場價格有著較為密切的聯繫。

票面價格是指股份公司在發行股票時所標明的每股股票的票面金額。

發行價格是指股份公司在發行股票時的出售價格，主要有：面額發行、溢價發行、折價發行。

帳面價格，又稱股票的淨值，是指股東持有的每一股票在公司財務帳單上所表現出來的淨值。

清算價格是指企業清算時，每股股票所代表的真實價格。它是公司清算時公司淨資產與公司股票總數之比值。

股票的內在價值是一種理論價值或市場模擬價值。股票發行公司的發展前景、財務狀況、管理水平、技術開發能力、獲利潛力以及公司面臨的各種風險等因素決定了股票的內在價格。

市場價格是指證券市場上買賣股票的價格，在證券市場發育完善的條件下，股票市場價格是市場對公司股票的一種客觀評價。

股票的市場價格是證券市場上買賣股票的價格。在證券市場比較完善的條件下，股票的市場價格基本上是市場對公司股票內在價值的一種客觀評價，在某種程度上可以將市場價格直接作為股票的評估價值。當證券市場發育尚未成熟，或股票市場的投機成分太大時，股票的市場價格就不能完全代表其內在價值。因此，在具體進行股票價值評估時，不能不加分析地將其市場價格作為股票的評估值。

(四)股票投資的價值評估

對於股票的價值評估，一般分為上市交易股票和非上市交易股票兩類進行。

1. 上市交易股票的價值評估

上市交易股票是指企業公開發行的、可以在證券市場上市交易的股票。

對上市交易股票的價值評估，在正常情況下(指股票市場發育正常，股票自由交易，沒有非法炒作的現象)，可以按照評估基準日的收盤價確定被評估股票的價值，此時，股票的市場價格可以代表評估時點被評估股票的價值。在非正常情況下，股票的市場價格就不能完全作為評估的依據，而應採用評估非上市交易股票的方法，將股票的內在價值作為評估股票價值的依據。

2. 非上市交易股票的價值評估

非上市交易股票又分為優先股和普通股兩種。

(1)優先股的價值評估

在一般情況下，優先股在發行時就已確定了股息率，所以，優先股的評估主要是判斷股票發行主體是否有足夠的優先分紅的利潤，而這種判斷是建立在對股票發行企業的生產經營情況、利潤實現情況、股本構成中優先股的比重、股息率的高低以及股票發行企業負債狀況等情況的全面瞭解和分析基礎上的。如果股票發行企業資本構成合理，企業盈

利能力強,優先股的收益有保證,評估人員可以根據事先確定的股息率,計算出優先股的年收益額,然後折現計算評估值。計算公式如下：

$$P = \sum_{t=1}^{\infty} [R_t(1+r)^{-t}] = A/r$$

式中：P——優先股的評估值；

　　R_t——第t年的優先股的收益；

　　r——折現率；

　　A——優先股的年等額股息收益。

[例6-4]某被評估企業擁有甲企業1,000股累積性、非參加分配優先股,每股面值100元,股息率為年息15%。評估時,甲企業的資本構成不盡合理,負債率較高,可能會對優先股股息的分配產生消極影響。因此,評估人員將該優先股票的風險報酬率定為4%,加上無風險報酬率6%,該優先股的折現率為10%。

根據上述數據,該優先股評估值如下：

$P = A/r$

　　$= 100 \times 1,000 \times 15\% / (6\% + 4\%)$

　　$= 15,000/10\%$

　　$= 150,000(元)$

(2)普通股的價值評估

由於普通股股息率不固定,每年的收益額受股票發行主體的經營狀況、利潤分配政策等因素的影響,所以在確定普通股股票的未來收益和折現率時,就需要對股票發行企業進行全面、客觀的瞭解與分析,包括：被評估企業歷史上的利潤水平和利潤分配政策、企業所處行業的前景、企業的發展前景、企業的盈利能力、企業管理人員素質和創新能力、企業現行的股利分配政策等。

股份公司的股利分配方式,通常可以劃分為固定紅利型、紅利增長型和分段型三種類型。在不同的分配方式下,股票價值的評估方法不盡相同。

①固定紅利型。固定紅利型是假設企業經營穩定,分配紅利固定,並且今後也能保持固定水平。在這種假設條件下,普通股股票評估值的計算公式為：

$P = R/r$

式中：P——股票的評估值；

　　R——股票的未來收益額；

　　r——折現率。

[例6-5]假設被評估企業擁有C公司的非上市普通股500,000股,每股面值1元。在持有期間,每年的收益率一直保持在18%左右。經評估人員瞭解分析,股票發行企業

經營比較穩定,管理人員素質高、管理能力強。在預測該公司以後的收益能力時,按穩健的估計,今後幾年,其最低的收益率為15%左右。評估人員根據該企業的行業特點及當時宏觀經濟運行情況,確定無風險報酬率為5%(國庫券利率),風險報酬率為3%,則確定的折現率為8%。

根據上述資料,計算評估值為:

$P = R/r = 500,000 \times 15\% /8\% = 937,500(元)$

②紅利增長型。紅利增長型適用於成長型股票的評估。成長型企業發展潛力大,收益會逐步提高。該類型的假設條件是股票發行企業沒有將剩餘收益全部分配給股東,而是用於追加投資擴大再生產。

在這種假設前提下,普通股股票評估值的公式為:

$P = R/(r-g) \quad (r > g)$

式中:P——股票的評估值;
　　　R——股票的未來收益額;
　　　r——折現率;
　　　g——股利增長率。

這種方式下評估的要點,主要是估算出股利增長率 g;可以運用統計分析的方法,將根據被評估企業過去股利的實際數據計算的平均增長率作為股利增長率;也可以採用趨勢分析法,根據被評估企業的股利分配政策,以剩餘收益中用於再投資的比率與企業淨資產利潤率相乘確定股利增長率。即:

g = 再投資的比率(即稅後利潤的留存比率)×淨資產利潤率
　　= (1 - 股利支付率)×淨資產利潤率

[例6-6]某評估公司受託對 D 企業所持有的某非上市公司 10 萬股普通股進行評估。該股票每股面值1元,公司每年以淨利潤的70%用於發放股利,其餘30%用於追加投資,股票持有期間每年收益率在10%左右。評估人員根據對企業經營狀況的調查分析,認為該行業具有發展前途,具有較強的發展潛力,評估基準日後,股票發行企業至少可保持3%的發展速度,淨資產利潤率將保持在12%的水平,無風險報酬率為5%(國庫券利率),風險報酬率為3%,則確定的貼現率為8%。

該股票評估值為:

$P = R/(r-g)$
　　$= 100,000 \times 10\% / [(5\% + 3\%) - 30\% \times 12\%]$
　　$= 10,000/(8\% - 3.6\%)$
　　$= 227,273(元)$

③分段型。前兩種模型一是股利固定,另一種是固定的增長率,都過於模式化,很難適用於所有的股票評估。針對實際情況,採用分段型則比較客觀。所謂分段型,是指將企業的未來預測期分為可清晰預測期與不可清晰預測期。其計算原理是：

第一段為可清晰預測期,即指較能客觀地預測股票收益的期間;第二段為不可清晰預測期,即指不易預測股票收益的期間。評估時,分別計算兩段的收益現值,並將兩段收益現值相加,得出評估值。

[例6-7]某評估公司受託對Z公司的資產進行評估,Z公司持有某一公司非上市交易的普通股股票20萬股,每股面值1元。在持有期間,每年股利收益率均在12%左右。評估人員對發行股票公司進行調查分析後認為,前3年可保持12%的收益率;從第4年起,一條大型生產線交付使用後,可使收益率提高3個百分點,並將持續下去。評估時國庫券利率為4%,該股份公司是公用事業企業,其風險報酬率確定為2%,折現率為6%。

該股票評估值為：

股票的評估價值＝前三年收益的折現值＋第四年後收益的折現值

$$= 200,000 \times 12\% \times (P/A, 6\%, 3) + (200,000 \times 15\%/6\%)$$
$$\times (1+6\%)^{-3}$$
$$= 24,000 \times 2.673 + 30,000/6\% \times 0.8396$$
$$= 64,152 + 419,800 = 483,952(元)$$

二、股權投資的評估

(一)股權投資的基本概念

股權投資是指投資主體以現金資產、實物資產或無形資產等直接投入到被投資企業,取得被投資企業的股權,從而通過控制被投資企業獲取收益的投資行為。這裡主要指的是部分股權的投資。

在股權投資評估中,必須針對不同的投資形式和投資收益的獲取方式,以及投資占被投資企業實收資本或股本的比重大小等具體情況,選擇不同的評估方法。

直接的股權投資常見的投資形式有聯營、合資、合作和獨資。投資雙方的權利、責任和義務、投資期限、投資收益的分配形式以及投資期滿對投入資本金的處理方式等,大都是通過投資協議或合同加以確定。常見的收益分配方式有：

(1)按投資方投資額占被投資企業實收資本的比例,參與被投資企業淨收益的分配;

(2)按被投資企業的銷售收入或利潤的一定比例提成;

(3)按投資方出資額的一定比例支付資金使用報酬。

投資協議或合同一般都規定了投資的期限。有限期的投資在投資協議期滿時,對投

入資本的處置方式有：

(1) 按投資時的作價金額以現金退還；

(2) 以實物資產返還；

(3) 按協議滿時實投資產的變現價格或續用價格作價，以現金返還等。

按股權投資占被投資企業實收資本或股本的比重大小和實際可實施控製程度，可分為控股型投資和非控股型投資，對應的評估形式也可分為控股型的股權投資評估和非控股型的股權投資評估兩類。

(二) 非控股型股權投資 (少數股權) 評估

非控股型股權投資是指投資企業對被投資企業不擁有控股權或實際的控製權的股權投資，對該類投資進行的評估稱為非控股型股權投資評估。

對於非控股型股權投資評估，可採用收益法或重置價值法等。

收益法下，應根據被投資企業歷史收益情況和未來的經營情況以及經營風險，測算出未來的收益，再選用適當的折現率折算為現值作為評估值。

(1) 對於合同、協議明確約定了投資報酬的長期投資，可將按規定應獲得的收益折為現值，作為評估值；

(2) 對於不是直接獲取資金收入而是取得某種權利或其他間接經濟效益的投資，可通過瞭解分析測算相應的經濟效益，折現計值；

(3) 對到期可收回資產的實物投資，可按約定或預測的預期收益折現，再加上到期收回資產的現值，計算評估值；

(4) 對於明顯沒有經濟利益，也不能形成任何經濟權利的投資則按零價值計算。

在被投資企業的未來收益難以確定時，應視情況採用其他方法：

(1) 採用成本法進行評估，即通過對被投資企業進行整體評估，確定淨資產數額，再根據投資方所占的份額確定評估值；

(2) 如果進行該項投資的期限較短，價值變化不大，被投資企業資產帳實相符，可根據核實後的被投資企業資產負債表上的淨資產數額，再根據投資方所占的份額確定評估值。

對非控股型股權投資，不論採用什麼方法評估，都應考慮少數股權因素可能會對評估值產生的影響。

(三) 控股型股權投資評估

控股型股權投資是指投資企業對被投資企業擁有控股權或實際的控製權的股權投資，對該類投資進行的評估稱為控股型股權投資評估。

控股型股權投資評估的關鍵在於確定控製權收益，而控製權收益的確定又必須建立在對被投資企業進行企業整體價值評估的基礎上。所以，控股型股權投資評估的基本思

路是:先對被投資企業進行整體價值評估,即根據被投資企業歷史收益情況和未來經營情況及風險,對未來收益進行預測,然後選用適當的折現率將其折算為現值,從而得出企業的整體價值,再按投資企業擁有被投資企業股權的比例測算出控股股權的評估價值。

對被投資企業進行整體評估時應該以收益法為主,特殊情況下,可以單獨採用市場法。對被投資企業整體評估的基準日與投資方的評估基準日相同。

(四)股權投資評估應該注意的問題

對股權投資評估,不論是控股型股權投資評估還是非控股型股權投資評估,都應該單獨評估股權投資的價值,並記錄在長期股權投資項目之下,不能將被投資企業的資產和負債與投資方合併。

由於股東部分權益價值並不必然等於股東全部權益價值與股權比例的乘積,所以在對部分股權投資價值評估時,應當在適當及切實可行的情況下考慮由控製權和少數股權等因素產生的溢價或折價,並在評估報告中披露在股權評估中是否考慮了控股權和少數股權等因素產生的溢價或折價。

第四節 其他長期性資產的評估

其他長期性資產是指不能包括在流動資產、長期投資、固定資產、無形資產等之內的資產,主要包括長期待攤費用和其他長期資產。長期待攤費用包括固定資產大修理支出、租入固定資產改良支出、股票發行費用、籌建期間費用(開辦費)等。其他長期資產是指除長期待攤費用以外的資產,如特種儲備資產、銀行凍結存款、凍結的物資以及涉及訴訟的財產。

長期待攤費用本質上是一種費用而不是資產,其攤餘價值不能單獨對外交易或轉讓,只有當企業發生整體產權變更時,才可能涉及對其價值的評估。

長期待攤費用能否作為評估對象,取決於它能否在評估基準日後給產權主體帶來經濟利益。所以,在評估時,必須瞭解費用支出和攤餘情況,根據評估目的實現後資產的佔有情況和尚存情況,並排除與其他評估對象重複計算的因素後,確定其評估值。

按此原則,對長期待攤費用的不同構成內容應採取不同的評估方法。

理論上要根據企業的收益狀況、收益時間及貨幣時間價值、現行會計制度的規定等因素確定評估值。貨幣時間價值因素1年內的不予考慮,超過1年的應根據具體內容、市場行情的變化趨勢處理。實踐中如果物價總水平波動不大,可以將其帳面價值作為其評估價值,或者按其發生額的平均數計算。

[**例6-8**]某評估公司受託對某改制企業進行整體評估,評估基準日為2006年4月30日。有關長期待攤費用資料如下:企業截至評估基準日長期待攤帳面餘額為78.57萬元。經查核,其中有尚待攤銷的固定資產大修理費餘額53.57萬元;預付的租入固定資產改良支出30萬元,已攤銷5萬元,餘額25萬元等兩項,評估基準日後仍有續用價值。根據租約,租入固定資產的起租時間為2005年4月30日,租約終止期為2011年4月30日。評估人員根據上述資料進行如下評估:

(1)未攤銷的固定資產大修理費價值的評估。由於在固定資產評估時,已考慮了固定資產的修理狀況,這部分費用已體現在固定資產中,故沒有尚存的資產或權利,因此,不計算固定資產大修理費的評估值。

(2)預付租入固定資產改良支出價值的評估。預付租入固定資產改良支出的價值按租約規定的租期時間分攤計算,每年應攤的費用為5萬元,租入固定資產尚有5年使用權。

預付租入固定資產改良支出的評估價值 = $5 \times 5 = 25$(萬元)

綜上,長期待攤費用評估結果為25萬元。

第七章

無形資產評估

第一節　無形資產評估概述

　　無形資產在當今世界微觀經濟活動中,表現出遠比有形資產更具有活力。企業擁有無形資產的多少,反應出企業所具有的競爭實力。無形資產成為企業一項重要的長期資產,是企業生產經營活動中一項重要的經濟資源。

　　一、無形資產的定義及特徵

　　《資產評估準則——無形資產》(2008)第二條指出:「本準則所稱無形資產,是指特定主體所擁有或者控製的,不具有實物形態,能持續發揮作用且能帶來經濟利益的資源。」評估準則強調了特定主體控製這個理念,更關注特定主體控製下的產權關係對無形資產的影響。

　　根據以上定義,無形資產具有以下特徵:

　　(一)非實體性

　　非實體性是指無形資產不具有實物形態,如工業產權、專有技術等,它是無形資產的主要特徵。但是,無形資產又具有另一方面的特徵,即它往往依託於一定的實體而存在。商譽內含於企業的整體資產,開礦權通過礦產開發來體現,生產新產品的專利、專有技術要通過工藝、配方、生產線等來實現。因此,進行無形資產的評估,必須考慮其所依託的實體。

(二)控製性

控製性是指無形資產必須由一定的主體排他性地加以控製。這就把無形資產同一些偶然對生產經營發揮作用,但不具有持續性的經濟資源,以及雖能持續發揮作用,但卻沒有效益或不能排他性控製的經濟資源相區別,如普通技術、政府發布的經濟信息等。

(三)效益性

效益性是指無形資產能夠在較長時期內持續產生經濟效益。此處要注意兩點:一是較長時期,通常指3年以上;二是持續性,要不斷地而不是斷斷續續地產生效益。

二、無形資產的功能特性

無形資產的功能特性是指無形資產發揮其功能或作用的特點,無形資產發揮作用的方式明顯區別於有形資產。

(一)共益性

共益性是指無形資產可以讓使用它的人共同受益。一項無形資產可以在不同的地點、同一個時間由不同的主體同時使用或控製。

(二)替代性

替代性是指一項無形資產很容易被新的無形資產所取代,這是技術進步所致。這個特性要求人們在評估無形資產時必須考慮它的作用期限,尤其是尚可使用年限。

(三)累積性

累積性是指無形資產的形成和發展本身具有一個累積的過程。這體現在兩個方面:
(1)一項無形資產的形成可能要依靠其他無形資產的發展;
(2)一項無形資產自身的發展也是一個不斷累積和演進的過程。

三、無形資產的分類

無形資產種類很多,可以按不同標準進行分類:

(1)按企業取得無形資產的渠道,分為企業自創(或者自身擁有)的無形資產和外購的無形資產。前者是由企業自己研製創造獲得的以及由於客觀原因形成的,如自創的專利、專有技術、商標等;後者則是企業以一定代價從其他單位或個人購入的,如外購的專利、商標等。

(2)按可辨識程度,分為可辨認無形資產和不可辨認無形資產。凡是可獨立存在或可以單獨分離的無形資產,稱為可辨認無形資產,如專利權、商標權、著作權、專有技術、銷售網路、客戶關係、商業特許權、合同權益等;那些不可單獨取得,離開企業就不復存在的無形資產,稱為不可辨認無形資產,如商譽。

(3)按照其構成內容,分為單項無形資產和無形資產組合。單項無形資產是指獨立

的某一項無形資產。無形資產組合是指若干項無形資產合併在一起的情形，比如，有時評估對象是專利，但其中包含有商標等無形資產。

(4)按照作用領域，分為促銷型無形資產、製造型無形資產和金融型無形資產。促銷型無形資產是指與促銷產品或服務有關的無形資產，如商號/商標、顧客名單等；製造型無形資產是指與生產製造產品有關的無形資產，如專利、配方等；金融型無形資產是指與獲得金融、財務競爭優勢有關的無形資產，如優惠融資、核心存款等。

四、影響無形資產評估價值的因素

根據上述無形資產的特徵和分類，可以看出，與有形資產相比，無形資產評估的難度更大。進行無形資產評估，首先要明確影響無形資產評估價值的因素。一般說來，影響無形資產評估價值的因素主要有：

(一)無形資產的成本

無形資產的成本包括外購無形資產成本與自創無形資產成本。對企業來說，外購無形資產成本較易確定，而自創無形資產成本計量較為困難。一般來說，無形資產的成本包括創造發明成本、法律保護成本、發行推廣成本等。

(二)機會成本

機會成本是指該項無形資產轉讓、投資、出售後所失去的市場以及損失收益的大小。

(三)獲利能力因素

獲利能力因素是指無形資產的預期收益能力。成本是從無形資產補償角度考慮的，無形資產更重要的特徵是其創造超額收益的能力。

(四)使用期限

無形資產一般都有一定的使用期限。使用期限的長短，一方面取決於該無形資產的先進程度；另一方面取決於其無形損耗的大小。一般而言，無形資產越先進，其領先水平越高，使用期限越長，無形損耗程度越低，使用期限也越長。考慮無形資產的期限，除了應當考慮法律保護期限外，更主要的是考慮其具有實際超額收益的期限(或者收益期限)。比如某項發明專利，保護期20年，但由於無形損耗較大，擁有該項專利實際能獲超額收益的期限為10年，則這10年為評估該項專利時應當考慮的期限。

(五)技術成熟程度

一般而言，科技成果都有一個「發展—成熟—衰退」的過程。科技成果的成熟程度如何，直接影響到評估值高低，其開發程度越高，技術越成熟，運用該技術成果的風險性越小，評估值就會越高。

(六)轉讓內容因素

從轉讓內容看，無形資產轉讓一般有所有權轉讓和使用權轉讓。另外，關於轉讓過程

的有關條款的規定,都會直接影響其評估值。就所有權轉讓和使用權轉讓來說,所有權轉讓的無形資產評估值一般高於使用權轉讓的評估值。在技術貿易中,同是使用權轉讓,由於其許可程度不同,也會影響評估值的高低。

(七)無形資產的更新換代情況

一項無形資產的壽命期,主要取決於其損耗程度。該項無形資產的更新換代越快,無形損耗越大,其評估值越低。因此,無形資產價值的損耗和貶值,不取決於自身的使用損耗,而取決於本身以外的更新換代情況。

(八)無形資產的市場供需狀況

市場供需狀況一般反應在兩個方面:一是無形資產市場需求情況;二是無形資產的適用程度。對於可出售、轉讓的無形資產,其評估值隨市場需求的變動而變動。市場需求大,則評估值就高;市場需求小,且有同類無形資產替代,則其評估值就低。同樣,無形資產的適用範圍越廣,適用程度越高,需求者越多,需求量越大,評估值就越高。

(九)同行業同類無形資產的交易方式

無形資產評估值的高低,還取決於無形資產交易、轉讓的價款支付方式、各種支付方式的提成基數、提成比例等。在評估無形資產時,應當予以綜合考慮。

五、無形資產評估的特點

無形資產評估的特點主要有兩個:

(一)評估的是無形資產所帶來的超額收益能力

無形資產的價值,從本質上來說,是能為特定持有主體帶來經濟利益,這種獲利能力通常表現為無形資產的超額收益能力。

(二)剔除其他資產對評估值的影響

無形資產的實施一般要與其他資產共同發揮作用,因此,在無形資產評估中,需要剔除其他資產對評估值的影響,才能合理估算所評估無形資產的價值。

六、無形資產評估的程序

無形資產評估的程序是評估無形資產的操作規程。評估程序既是評估工作規律的體現,也是提高評估工作效率、確保評估結果科學有效的保證。無形資產評估一般按下列程序進行:

(一)明確評估目的

無形資產的評估目的一般包括轉讓、許可使用、出資、拍賣、質押、訴訟、損失賠償、財務報告、納稅等。評估目的是委託方基於將要進行的商業交易等經濟行為而提出的需要價值估算服務的要求,評估目的決定了選取的價值類型,進而影響具體評估方法的選取。

(二)確認無形資產

對無形資產進行評估時,評估人員首先應對被評估的無形資產進行確認。應當解決以下問題:一是確認無形資產的存在;二是區別無形資產種類;三是確定其有效期限。

1. 確認無形資產的存在

這主要是驗證無形資產是否存在,特別是非專利技術,它不受法律保護,沒有證書來加以證明。確認無形資產的存在可以從以下幾個方面進行:一是受法律保護的,可以從鑒定產權證明來確定產權的歸屬;二是存在狀況,主要是通過鑒定無形資產的技術先進性、獲利能力、保密程度等來確定,對於不受法律保護的無形資產,更應關注其存在的狀況;三是注意無形資產的歸屬是否為委托者所擁有或為他人所有;四是分析評估委托的資產是否形成了無形資產,有的專利儘管已獲得了專利證書,但並沒有實際經濟意義,有的商標還沒有使用,在消費者中間沒有影響力,這些專利、商標就沒有形成無形資產。

2. 確認無形資產的具體種類

這主要是確定無形資產的種類、具體名稱、存在形式。比如,是專利權還是非專利技術,是品牌還是商標等。有些無形資產是由若干項無形資產綜合構成,如商譽,應加以確認、合併或分離,避免重評和漏評。

(三) 確定無形資產有效期限

無形資產有效期限是其存在的前提。某項專利權,如超過法律保護期限,就不能作為專利資產評估。有的未交專利年費,被視為撤回,專利權失效。有效期限對無形資產評估值具有很大影響,比如有的商標,歷史越悠久,價值越高,當然也有的商標時間較長,但不一定具有較高的價值。

(四)收集相關資料

在資產評估中,信息資料的收集、分析、歸納和整理是一項基礎性工作,直接影響評估結果的客觀性、合理性。在無形資產的評估中,資產評估人員無法像對有形資產一樣獲得對無形資產的直觀認識,另外無形資產通常需要和其他資產共同發揮作用,需要準確地界定無形資產帶來的經濟效益,因此在無形資產評估中的信息收集、分析、歸納和整理更為重要。

《資產評估準則——無形資產》(2008)中列舉的需收集的無形資產相關資料包括:
(1)有關無形資產權利的法律文件、權屬有效性文件或其他證明資料;
(2)無形資產是否能帶來顯著、持續的可辨識經濟利益;
(3)無形資產的性質和特點、目前和歷史發展狀況;
(4)無形資產的剩餘經濟壽命和法定壽命、無形資產的保護措施;
(5)無形資產實施的地域範圍、領域範圍、獲利能力與獲利方式;
(6)無形資產以往的評估及交易情況;

(7)無形資產實施過程中所受國家法律、法規或其他資產的限制；
(8)無形資產轉讓、出資、質押等的可行性；
(9)類似無形資產的市場價格信息；
(10)宏觀經濟環境；
(11)行業狀況及發展前景
(12)企業狀況及發展前景；
(13)其他相關信息。
(五)確定評估方法

執行無形資產評估業務，應當根據評估目的、評估對象、價值類型、資料收集情況等相關條件，分析收益法、市場法和成本法三種資產評估基本方法的適用性，恰當選擇一種或者多種資產評估方法。

可以收集到的資料是選擇恰當評估方法的基礎，評估方法的適用性往往與可以收集到的資料緊密相關。例如，只有能夠收集到可比的交易案例，市場法才有適用的基礎；只有充分瞭解被評估無形資產應用行業的發展狀況，並且進一步瞭解擬實施無形資產評估的企業狀況，才能做出可信的預測，收益法才有適用的基礎。

(六)撰寫評估報告

無形資產評估報告，要確定評估結果，同時也是無形資產評估過程的總結和評估人員承擔法律責任的依據。無形資產評估報告的撰寫除遵循一般評估報告的要求外，應特別注重評估推理過程的陳述，明確闡釋評估結論產生的前提、假設及限定條件，各種參數的選用依據，評估方法使用的理由以及邏輯推理方式。

第二節　收益法在無形資產評估中的應用

一、無形資產評估中收益的基本概念及類型

採用收益法評估無形資產價值，其收益是指無形資產對於企業總收益的貢獻值，在評估實踐中，無形資產產生的收益一般包括兩類：

(1)直接收益型收益，即無形資產可以直接或間接銷售以獲得收益，如圖書著作權、影像作品著作權以及計算機軟件等。這些無形資產是通過直接銷售無形資產副本，如直接銷售圖書、影像作品和計算機軟件，來實現無形資產的收益。

(2)間接收益型收益，即無形資產作為企業生產產品或提供服務的手段，通過生產出來的產品或提供的服務來實現無形資產的收益。這類無形資產主要包括專利、專有技

術等。

二、無形資產評估中收益法的基本公式

在無形資產評估實踐中,收益法的應用最為廣泛。根據無形資產轉讓或許可使用的計價方式不同,收益法可以表示為下列兩種方式:

(一)無形資產的收益來源於該無形資產的總收益分成

$$無形資產評估值 = \sum_{i=1}^{n} \frac{K \times R_i}{(1+r)^i}$$

式中:K——無形資產分成率;
　　r——折現率;
　　R_i——第 i 年無形資產帶來的收益;
　　i——收益期限序號;
　　n——收益期限。

(二)無形資產的收益來源於適用該無形資產的超額收益

$$無形資產評估值 = \sum_{i=1}^{n} \frac{R_i}{(1+r)^i}$$

式中:R_i——被評估無形資產的第 i 年的超額收益;
　　i——收益期限序號;
　　r——折現率;
　　n——收益期限。

三、收益法應用中各項參數的確定

(一)無形資產超額收益的測算

採用收益法評估無形資產的關鍵是超額收益額的測算,一般有以下常用方法:

1. 直接估算法

通過未使用無形資產與使用無形資產的前後收益情況對比分析,確定無形資產帶來的收益額。直接估算法可劃分為收入增長型和成本費用節約型。

收入增長型無形資產應用於生產經營過程,能夠使得產品的銷售收入大幅度增加。

(1)若銷售價格上漲、銷售量不變、單位成本不變,形成的超額收益可以參考下式:

$$R = (P_2 - P_1)Q(1-T)$$

式中:R——超額收益;
　　P_2——使用無形資產後單位產品的價格;
　　P_1——未使用無形資產時單位產品的價格;

Q——產品銷售量(此處假定銷售量不變);

　　T——所得稅稅率。

　(2)採用與同類產品相同價格的情況下,銷售數量大幅度增加,市場佔有率擴大,形成的超額收益可以參考下式:

$$R = (Q_2 - Q_1)(P - C)(1 - T)$$

式中:R——超額收益;

　　Q_2——使用無形資產後產品的銷售量;

　　Q_1——未使用無形資產時產品的銷售量;

　　P——產品價格(此處假定價格不變);

　　C——產品單位成本;

　　T——所得稅稅率。

　(3)費用節約型無形資產,是指無形資產的應用,使得生產產品中的成本費用降低,從而形成超額收益。當假定銷售量不變、價格不變時,可以參考下式計算為投資者帶來的超額收益:

$$R = (C_2 - C_1)Q(1 - T)$$

式中:R——超額收益;

　　C_2——使用無形資產後產品的單位成本;

　　C_1——未使用無形資產時產品的單位成本;

　　Q——產品銷售量(此處假定銷售量不變);

　　T——所得稅稅率。

　　實際上,收入增長型和消費節約型無形資產的劃分,是一種為了明晰無形資產形成超額收益來源情況的人為劃分方法。通常,無形資產應用後,其超額收益是收入變動和成本變動共同形成的結果。

　[例7-1]被評估企業生產 A 產品100萬件,每件售價160萬元,每件成本130萬元,預計未來5年不會發生變化。為提高收入,現擬購買某無形資產5年的使用權,預計使用該無形資產後,A 產品每件售價可上升到180萬元,每年可銷售150萬件,該廠設計生產能力為年產150萬件,預計未來5年不會發生變化。請預測該無形資產應用帶來的超額收益(所得稅稅率為25%)。

　解:(1)價格增長帶來的淨超額收益

　　　　=(使用後單位產品價格-使用前單位產品價格)×銷量×(1-所得稅稅率)

　　　　=(180-160)×100×(1-25%)=1,500(萬元)

（2）銷量增加帶來的淨超額收益

=（使用後產品銷量－使用前產品銷量）×（產品價格－產品單位成本）

×（1－所得稅率）

=（150－100）×（180－130）×（1－25%）=1,875（萬元）

（3）使用無形資產後每年新增稅後利潤=1,500+1,875=3,375（萬元）

2. 差額法

當無法將使用無形資產和沒有使用無形資產的收益情況進行對比時，可以採用無形資產和其他類型資產在經濟活動中的綜合收益與行業平均水平進行比較的方法，得到無形資產的超額收益。其步驟如下：

（1）收集有關使用無形資產的產品生產經營活動財務資料，進行盈利分析，得到經營利潤和銷售利潤率等基本數據；

（2）對上述生產經營活動中的資金占用情況（固定資產、流動資產和已有帳面價值的其他無形資產）進行統計；

（3）收集行業平均收益率等指標；

（4）計算無形資產帶來的超額收益。

無形資產帶來的超額收益 = 經營利潤 - 資產總額 × 行業平均資金利潤率

或

無形資產帶來的超額收益 = 銷售收入 × 銷售利潤率 - 銷售收入 × 每元銷售收入平均占用資金 × 行業平均資金利潤率

使用這種方法計算出來的超額收益，有時不完全是由被評估無形資產帶來，往往可能是一種組合無形資產的超額收益，還需進行分解。

3. 分成率法

分成率法是目前國際和國內技術交易中技術作價所遵循的收益分享原則在評估無形資產超額收益中的運用。無形資產收益額通常根據無形資產在獲利過程中所起的作用或貢獻大小所對應分享的比率得到。具體的計算公式為：

無形資產收益額 = 銷售收入（利潤）× 銷售收入（利潤）分成率

在實務中，由於企業保守商業秘密、利潤波動等原因，一般難以獲取購買企業確切的利潤額，故通常採用銷售收入分成率。

利潤分成率的確定，是以無形資產帶來的追加利潤在利潤總額中的比重為基礎的。具體確定方法有：

（1）邊際分析法

邊際分析法是運用轉讓的無形資產進行經營所獲得的利潤，與企業原有技術或者利

用普通市場技術進行經營獲得的利潤進行比較,求得的差額即為投資於無形資產所帶來的追加利潤;然後求出無形資產壽命期間追加利潤占總利潤的比重,從而得到評估的利潤分成率。

具體運用步驟如下:

第一,對無形資產邊際貢獻率因素進行分析,測算追加利潤;

第二,測算無形資產壽命期間的利潤總額及追加利潤總額,並進行折現處理;

第三,按利潤總額現值和追加利潤總額現值計算利潤分成率。

利潤分成率 $= \sum$ 追加利潤現值 $\div \sum$ 利潤總額現值

[例7-2]企業轉讓非專利技術,經對該技術邊際貢獻因素分析,測算在其壽命期間各年度分別可帶來追加利潤100萬元、120萬元、90萬元和70萬元,各年利潤總額分別為250萬元、400萬元、450萬元、500萬元,試評估無形資產利潤分成率。(假定折現率為10%)

分析:

第一,利潤總額現值

$$\frac{250}{1+10\%} + \frac{400}{(1+10\%)^2} + \frac{450}{(1+10\%)^3} + \frac{500}{(1+10\%)^4} = 1,237.450(萬元)$$

第二,追加利潤現值

$$\frac{100}{1+10\%} + \frac{120}{(1+10\%)^2} + \frac{90}{(1+10\%)^3} + \frac{70}{(1+10\%)^4} = 305.512(萬元)$$

第三,無形資產利潤分成率 $= \frac{305.512}{1,237.450} \times 100\% = 25\%$

(2)約當投資分成法

無形資產往往需要與其他資產共同作用才能產生效益。根據這個特點,可以採取在投資成本(資金)的基礎上附加成本利潤率,考慮將交易雙方的投資折合為約當投資的辦法,按無形資產的折合約當投資與購買方投入的資產約當投資的比例計算確定利潤分成率。計算公式如下:

無形資產利潤分成率 = 無形資產約當投資量 ÷ (購買方約當投資量 + 無形資產約當投資量) × 100%

無形資產約當投資量(賣方) = 無形資產重置成本 × (1 + 無形資產成本利潤率)

購買方約當投資量 = 購買方投入總資產的重置成本 × (1 + 購買方資產的成本利潤率)

[例7-3]甲企業擁有一項專利技術,重置成本為100萬元,經測算專利技術的成本利潤率為500%,現擬向乙企業投資入股,乙企業原資產經評估確定的重置成本為3,000萬元,成本利潤率為10%。

要求:①分別計算專利技術和乙企業資產的約當投資量；
②計算專利技術的利潤分成率。
分析:如果直接採用投資成本分成,不能體現無形資產作為知識智能密集型資產的較高報酬率,因而採用約當投資分成法估算利潤分成率。
①約當投資量分別為:
專利技術約當投資量:100×(1+500%)＝600(萬元)
乙企業約當投資量＝3,000×(1+10%)＝3,300(萬元)
②利潤分成率為:
利潤分成率＝600÷(600+3,300)×100%＝15.38%

4. 要素貢獻法

要素貢獻法可以看作是分成率法的一種特殊情況。當無形資產已經成為生產經營的必要條件,由於某些原因不可能或很難確定其帶來的超額收益,這時可以根據構成生產經營的要素在生產經營活動中的貢獻,從正常利潤中粗略估計出無形資產帶來的收益。中國通常採用「三分法」,即主要考慮生產經營活動中的三大要素即資本、技術和管理,這三種要素的貢獻在不同行業不一樣。

一般認為,在資金密集型行業,三者的貢獻分別是50%、30%、20%；一般行業為30%、40%、30%；技術密集型行業依次是40%、40%、20%；高科技企業依次是30%、50%、20%。

(二)無形資產評估中折現率的確定

折現率實際是一種投資者期望的投資回報率。一般情況下,投資者期望的投資回報率與投資者認為承擔的風險程度相關,承擔的投資風險程度高,則期望的回報率也高；反之則低。資產又可以分為流動資產、固定資產和無形資產。從實物形態上說,流動資產和固定資產全部具有實物形態,而無形資產不具有實物形態,並且無形資產一般不能單獨發揮作用。因此,一般認為,無形資產的投資風險要高於其他資產的投資風險。

另一方面,投資者對企業整體資產投資也存在一個期望投資回報率。這個回報率應當是對該企業全部資產回報率的加權平均值,即:

企業整體投資回報率 $R=$ 流動資產市場價值÷全部資產市場價值之和 $\times R_{流動}$
　　　　　　　　＋固定資產市場價值÷全部資產市場價值之和 $\times R_{固定}$
　　　　　　　　＋無形資產市場價值÷全部資產市場價值之和 $\times R_{無形}$

因此,企業整體回報率 R 不同於流動資產回報率 $R_{流動}$、固定資產回報率 $R_{固定}$ 以及無形資產回報率 $R_{無形}$。

在評估實踐中,流動資產回報率 $R_{流動}$ 可以採用短期銀行貸款利率來獲得,固定資產

回報率 $R_{固定}$ 可以採用長期銀行貸款利率來獲得，企業整體回報率 R 可以採用加權平均資本成本模型或其他方式獲得，根據上式就可以得到無形資產回報率 $R_{無形}$。

此外，折現率的口徑應與無形資產評估中採用的收益額的口徑一致。

(三) 無形資產收益期限的確定

無形資產收益期限，又稱有效期限，是指無形資產發揮作用並具有超額獲利能力的時間。實踐中，無形資產的有效期限可依照下列方法確定：

(1) 法律或合同、企業申請書分別規定有法定有效期限和受益年限的，可按照法定有效期限與受益年限孰短的原則確定。

(2) 法律未規定有效期，企業合同或企業申請書中規定有受益年限的，可按照規定的受益年限確定。

(3) 法律和企業合同或申請書均未規定有效期限和受益年限的，按預計受益期限確定。預計受益期限可以採用統計分析或與同類資產比較得出。

四、收益法在無形資產評估中的適用範圍

運用收益法評估無形資產，需要具備以下條件：

(1) 能夠帶來超額收益或壟斷收益，收益可以預測並度量；
(2) 由持續經營的企業所控制，預期收益所承擔的風險可以預測；
(3) 能夠具有較長時期的盈利能力，且其獲利年限可以預測。

第三節　成本法在無形資產評估中的應用

一、無形資產成本的基本概念及特性

(一) 無形資產成本的基本概念

無形資產成本是指無形資產形成過程中的全部投入，包括研製或取得、持有期間的全部物化勞動和活勞動的費用支出，如研發支出、註冊費用、廣告費用、研發人員工資等。

(二) 無形資產成本的特性

無形資產的成本，尤其就研製、形成費用而言，明顯區別於有形資產。

1. 不完整性

不完整性是指無形資產開發和研製過程中的各項費用沒有完整計入無形資產成本中。按照中國現行會計準則的規定，無形資產研究階段的各項支出均作費用化處理，而不是先對科研成果的費用進行資本化處理，再按無形資產折舊或攤銷的辦法從生產經營費

用中補償。

2. 弱對應性

弱對應性是指無形資產對應的成本範圍不明確,開發無形資產的費用很難一一對應。無形資產的創建經歷基礎研究、應用研究和工藝生產開發等漫長過程,成果的出現帶有較大的隨機性和偶然性,其價值並不與其開發費用和時間產生某種既定的關係。如果在一系列的研究失敗之後偶爾出現一些成果,由這些成果承擔所有的研究費用顯然不夠合理。而在大量的先行研究(無論是成功,還是失敗)成果的累積之上,往往可能產生一系列的無形資產,然而,這些研究成果是否應該以及如何承擔先行研究的費用也很難明斷。

3. 虛擬性

虛擬性是指一些無形資產的內涵已經遠遠超出了它的外在形式的含義,這種無形資產的成本只具有象徵意義。如名牌商品的內涵是商品的質量信譽、獲利能力等,其內在價值已遠遠超過商標成本中包括的設計費、註冊費、廣告費等的價值。

二、無形資產評估中成本法的基本公式

運用成本法評估無形資產價值的基本公式為:

無形資產評估值＝無形資產重置成本×成新率

無形資產的重置成本是指在現時市場條件下重新創造或購置一項全新無形資產所耗費的全部貨幣總額。根據無形資產的取得方式,無形資產可以劃分為自創無形資產和外購無形資產。

三、無形資產評估中成本法的具體應用

(一)自創無形資產重置成本的估算

自創無形資產的成本是由創制該項資產所耗費的物化勞動和活勞動費用所構成的。

如果自創無形資產所發生的成本費用已進行了帳務歸集,即有完整的帳面價值,則可運用物價指數對帳面價值作相應調整後,得到其重置成本。其基本公式如下:

無形資產重置成本＝被評估資產的帳面原值×適用的物價變動指數

如果沒有帳面價值,或成本記錄不完整,則可根據具體情況採用成本核算法和倍加系數法兩種方法計算重置成本。下面分別對這兩種方法加以介紹:

1. 成本核算法

成本核算法的基本計算公式為:

無形資產重置成本＝成本＋期間費用＋合理利潤

期間費用＝管理費用＋財務費用＋銷售費用

其中,成本是按無形資產創建過程中實際發生的材料、工時耗費量,運用現行價格和

費用標準進行估算的;期間費用是指創建無形資產過程中分攤到該項無形資產的費用,包括管理費用、財務費用和銷售費用;合理利潤一般根據無形資產的直接成本、間接成本、資金利息之和與外購同樣無形資產平均市場價格之間的差額確定。

該方法適用於無形資產形成過程中的各項耗費能夠取得或估算的情形。

2. 倍加系數法

對於投入智力比較多的技術型無形資產,考慮到科研勞動的複雜性和風險,可以用以下公式估算無形資產重置成本:

無形資產重置成本 $= (C + \beta_1 V) \div (1 - \beta_2) \times (1 + L)$

式中:C——無形資產研製開發中的物化勞動消耗;

V——無形資產研製開發中活勞動消耗;

β_1——科研人員創造性勞動倍加系數;

β_2——科研的平均風險系數;

L——無形資產投資報酬率。

該方法適用於智力投入較多的技術資產,並且無形資產形成過程中的各項耗費能夠取得,特別是創造性勞動的系數能夠合理測算。

[例7-4]某企業轉讓自製專利權。據調查,該專利技術研製開發期為3年,消耗材料費、設備費等帳面成本共計12萬元,人員工資及各類津貼帳面成本共計10萬元,當時的物價指數是120%,評估時的物價指數是150%。經分析確定,該技術含有較高科技含量,因此活勞動的倍加系數為2.2,該類技術研製的平均風險率為30%,平均投資報酬率為300%。試計算該無形資產的重置成本。

解:(1)將帳面價值調整為現行價格

$C = 12 \times 150\% \div 120\% = 15$(萬元)

$V = 10 \times 150\% \div 120\% = 12.5$(萬元)

(2)考慮倍加系數和風險系數

無形資產重置成本 $= [(15 + 2.2 \times 12.5) \div (1 - 30\%)] \times (1 + 300\%)$

$= 242.86$(萬元)

(二)外購無形資產重置成本的估算

外購無形資產一般有購置費用的記錄,也有可能參照現行交易價格,故評估重置成本相對比較容易。外購無形資產的重置成本包括購買價和購置費用兩部分,一般可以採用以下兩種方法:

1. 市價類比法

在無形資產交易市場中選擇類似的參照物,再根據功能和技術先進性、適用性對其進

行調整,從而確定其現行購買價格,購置費用可根據現行標準和實際情況核定。

當無形資產的市價與功能相關性較大時,可以假設二者之間存在線性關係。這種情況下應用市價類比法的關鍵是進行功能價格的迴歸分析,運用最小二乘法求價格 Y 與功能 X 的關係式:

$Y = a + bX$

為了求得 a、b 之值,可利用微積分中的極值原理或用代數方法得到以下兩個標準方程式:

$$\sum Y = na + b \sum X$$

$$\sum XY = a \sum X + b \sum X^2$$

式中:Y——價格;

X——功能系數;

n——選定的數據個數。

解以上方程組即可求得 a、b 之值,再將 a、b 之值代入價格 Y 與功能 X 的關係式中,求得無形資產重置購價,重置購價加上支付的有關費用即為重置全價。

[例7-5]假設某企業擬以一項生產專利對外投資,該專利原購價為2,600萬元,功能系數為1,000。現有甲、乙、丙三家企業購買過與此項專利相同的無形資產,其買價分別為3,000萬元、4,000萬元、3,600萬元,對應的功能系數分別為1,600、2,400、2,000,該項無形資產實際購置費用相當於購買價的1.5%,試按市價類比法估算該企業購買這項生產專利的重置全價。

分析:與該項無形資產類似的買價分別為3,000萬元、4,000萬元、3,600萬元,說明買價與功能差別的相關度較高,可作功能價格的迴歸分析。

解:運用最小二乘法求價格 Y 與功能系數 X 的關係式。

$Y = a + bX$

已知 $Y = (3,000, 4,000, 3,600)$;$X = (1,600, 2,400, 2,000)$,依照最小二乘法標準方程,求 a 和 b 的值:

$$\sum Y = 3,000 + 4,000 + 3,600 = 10,600;$$

$$\sum X = 1,600 + 2,400 + 2,000 = 6,000;$$

$$\sum XY = 1,600 \times 3,000 + 2,400 \times 4,000 + 2,000 \times 3,600 = 21,600,000;$$

$$\sum X^2 = 1,600^2 + 2,400^2 + 2,000^2 = 12,320,000;$$

$n = 3$

將以上數據代入標準方程式得：

$3a + 6,000b = 10,600$

$6,000a + 12,320,000b = 21,600,000$

解得：$a = 1,033.33$；$b = 1.25$

故 $Y = 1,033.33 + 1.25X$

被評估資產的功能系數為 1,000，按現行市價類比，並考慮功能因素，代入上式得：

重置購價 $= 1,033.33 + 1.25 \times 1,000 = 2,283.33$（萬元）

重置成本 = 重置購價 + 購置費用

$= 2,283.33 + 2,283.33 \times 1.5\% = 2,283.33 + 34.25 = 2,317.58$（萬元）

2. 物價指數法

它是以無形資產的帳面歷史成本為依據，用物價指數進行調整，進而估算其重置成本。其計算公式為：

無形資產重置成本 = 無形資產帳面成本 × 評估時物價指數 ÷ 購置時物價指數

［例7-6］ 某企業於 2009 年外購一項無形資產，帳面價值為 80 萬元，於 2011 年對其進行評估，試按物價指數法估算其重置成本。

分析：經鑒定，該無形資產系運用現代先進的實驗儀器經反覆試驗研製而成，物化勞動耗費的比重較大，可適用生產資料物價指數法。根據資料，此項無形資產購置時物價指數和評估時物價指數分別為 120% 和 150%，故該項無形資產的重置成本為：

$80 \times \dfrac{150\%}{120\%} = 100$（萬元）

（三）無形資產成新率的估算

成新率是運用成本法中的一個重要參數。無形資產不存在有形損耗，其損耗主要表現為功能性損耗和經濟性損耗。功能性損耗是由於技術進步或該無形資產的普遍使用等原因，以致擁有該無形資產獲取超額收益的能力減弱。經濟性損耗是指無形資產外部環境變化，導致使用該無形資產的產品價值或需求下降，導致無形資產的經濟價值的降低。

無形資產成新率的估算，可以採用專家鑒定法和剩餘經濟壽命預測法進行。

1. 專家鑒定法

專家鑒定法是指邀請有關技術領域的專家，對被評估無形資產的先進性、適用性作出判斷，從而確定其成新率的方法。

2. 剩餘經濟壽命預測法

它是由評估人員通過對無形資產剩餘經濟壽命的預測和判斷，從而確定其成新率的方法。其計算公式為：

成新率＝［已使用年限÷（已使用年限＋剩餘使用年限）］×100%

公式中，已使用年限比較容易確定，剩餘使用年限應由評估人員根據無形資產的特徵，分析判斷獲得。

在確定無形資產成新率時需注意無形資產的使用效用與時間的關係，這種關係通常不是線性的。如果無形資產的效用是非線性遞減（如技術型無形資產），或者是在一定時間內呈非線性遞增（如商標、商譽），在確定成新率時可以採用攤銷折餘法。該方法是在條件具備的情況下，按成本攤銷比例來確定貶值率的，其計算公式為：

成新率＝（原應攤銷總額－已計提攤銷額）÷原應攤銷總額×100%

[例7-7]某企業帳面資料記錄，某項無形資產的原始成本為200萬元，定期物價指數為160%，已攤銷80萬元，試按攤銷折餘法計算成新率和無形資產評估值。

成新率＝（原應攤銷總額－已計提攤銷額）÷原應攤銷總額×100%
　　　＝（200－80）÷200×100%
　　　＝60%

無形資產評估值＝無形資產重置成本×成新率
　　　　　　　＝無形資產帳面原值×物價指數×成新率
　　　　　　　＝200×160%×60%
　　　　　　　＝192（萬元）

四、成本法在無形資產評估中的適用範圍

成本法的適用範圍主要有：

（1）收益法不能運用。如以攤銷為目的的無形資產評估、工程圖紙轉讓、計算機軟件轉讓、技術轉讓中最低價格的評估等。

（2）有較為完整的帳面成本資料。

第四節　市場法在無形資產評估中的應用

一、無形資產評估中市場法的基本概念

無形資產評估的市場法是指選擇一個或幾個與評估對象相同或類似的無形資產作為比較對象，分析比較它們之間的成交價格、交易條件、資本收益水平、新增利潤或銷售額、技術先進程度、社會信譽等因素，進行對比調整後估算出無形資產價值的一種方法。

理論上，如果被評估無形資產可以找到足夠多的參照物，並且調整被估無形資產與參照物之間差異的相關參數也可以獲得，才可以運用市場法評估無形資產。

二、市場法評估的基本公式
無形資產評估價值＝參照物的價格÷收益性指標×各項調整系數
收益性指標一般包括無形資產應用所產生的收益，如收入、現金流、息稅前盈利等。

三、市場法應用的注意事項
無形資產市場交易活動的局限性和無形資產構成的非標準性限制了參照物的選擇，使得市場法在無形資產評估中的應用受到限制。

應用市場法評估無形資產的基本程序和方法與有形資產評估的市場法基本相同，但是應注意：

（1）以具有合理比較基礎的類似無形資產為參照物。

採用市場法評估無形資產的關鍵因素是需要可比的交易案例。可比性一般需要至少滿足以下幾個要求：

①類型相同，即被評估無形資產與可比交易案例的無形資產應當是同類型的無形資產，如同為專利技術或者專有技術等。

②功能相同或者相似，即被評估無形資產與可比交易案例的無形資產應當具有相同或者相似的實施功能，產出的產品或者服務相同或者相似。

③權束相同或者相近。所謂權束是指無形資產的權利束。無形資產實際上是一種權利束，通常具有多種權利，其最高形式是所有權。因此，被評估無形資產與可比交易案例的無形資產，應當具有相同或者相近的權利束。

④成熟度相當。所謂無形資產的成熟度是指無形資產具備實際實施狀態的程度。成熟度相當，要求被評估無形資產與可比交易案例的無形資產應當具有相當的成熟度，也就是兩者之間的實施條件和對其他資產的要求應當相當。

⑤收益型相同。直接收益型無形資產評估應當採用直接收益型對比交易案例，間接收益型無形資產評估應當採用間接收益型對比交易案例。

（2）收集類似的無形資產交易的市場信息是為橫向比較提供依據，而收集被評估無形資產以往的交易信息則是為縱向比較提供依據。

關於橫向比較，評估人員在參照物與被評估無形資產在形式、功能和載體方面滿足可比性的基礎上，應盡量收集致使交易達成的市場信息，即要涉及供求關係、產業政策、市場結構、企業行為和市場績效的內容。其中對市場結構的分析尤為重要，即需要分析賣方之間、買方之間、買賣雙方、市場內已有的買方和賣方與正在進入或可能進入市場的買方和

賣方之間的關係。評估人員應熟悉根據經濟學市場結構做出的完全競爭、完全壟斷、壟斷競爭和寡頭壟斷的分類。對於縱向比較，評估人員既要看到無形資產具有依法實施多元和多次授權經營的特徵，使得過去交易的案例成為未來交易的參照依據，同時也應看到，時間、地點、交易主體和條件的變化也會影響被評估無形資產的未來交易價格。

(3) 根據宏觀經濟發展、交易條件、交易時間、行業和市場因素、無形資產實施情況的變化，對可比交易案例和被評估無形資產以往交易信息進行必要調整。

註冊資產評估師採用市場法評估無形資產，一般可以採用被評估無形資產的市場價值與該無形資產相關收益指標的一個比率乘數來進行比較，如被評估無形資產產品銷售收入、息稅前利潤或息稅折舊及攤銷前利潤等。在評估時，通常根據以下因素對可比案例進行修正：

①交易條件修正。所謂交易條件是指對比交易案例中有可能存在一些特定的交易附帶條件。這些條件有些是帶有一定的價值補償性質的，也有的包括一些付款優惠條件等。這些因素有時對其成交價是有影響的，因此需要進行必要的調整。

②交易時間因素修正。這主要是指可比交易案例實際成交的日期與被評估無形資產的基準日之間存在差異。在這個差異期間，行業經濟發展情況或者與被評估無形資產相關的替代無形資產發展等因素造成被評估無形資產出現價值上的差異。因此，註冊資產評估師需要分析、判斷是否需要進行必要的調整。

③行業和市場因素修正。這主要是對比交易案例成交日期和被評估無形資產的評估基準日之間被評估無形資產實施或擬實施的行業以及整個宏觀經濟環境的情況。如果宏觀經濟處於高速發展階段，行業也處在高速發展，或者相反處在經濟衰退時期，則可能會對資產的交易市場產生影響，因此需要進行必要的因素修正。

四、市場法在無形資產評估中的適用範圍

市場法的適用性主要依賴於無形資產或者類似無形資產是否存在活躍的市場以及可比案例的可獲得性。如果存在活躍的市場，可以收集到相關可比案例，則市場法適用；否則市場法就沒有適用性。

第五節　專利資產和專有技術評估

專利資產與專有技術是不同的概念，具有各自的特點，但它們同屬於技術型無形資產，是知識產權型無形資產的重要組成部分。兩者在評估目的、評估方法方面具有一定的相同性。因此，本節將兩者合在一起進行介紹。

一、專利資產的基本概念

《知識產權資產評估指南》(2016)中明確了專利資產的概念，即「專利資產是指權利人所擁有的，能持續發揮作用且能帶來經濟利益的專利權益」。

「專利」一詞在專利制度裡通常含有三種意思：①指發明創造，是受專利法保護的發明、實用新型和外觀設計；②指專利權，是權利人在法定期限內對其發明創造所享有的獨占實施權；③指專利證書，是記載著發明創造內容和專利權歸屬的一種法律文件。

中國依法保護的專利同世界各國大體相同，分為三種：

1. 發明專利

中國《專利法》對發明的定義為：「發明，是指對產品、方法或者其改進所提出的新的技術方案。」發明按其表現形式雖然有很多種，但一般將其分為兩類：一類是產品；另一類是方法。目前，國際上很多國家的專利法，只保護發明專利，如美國、英國的專利法。另外，在《巴黎公約》等國際公約中，專利也僅指發明專利，因此，這些專利法規中所提及的專利相當於中國的發明專利。

2. 實用新型專利

一些國家的專利資產法律中沒有實用新型的概念。採用實用新型制度的大多數國家所規定的實用新型保護的客體，主要是有「型」的小發明，中國《專利法》對實用新型的定義為：「實用新型，是指對產品的形狀、構造或者其結合所提出的適於實用的新的技術方案。」

3. 外觀設計專利

中國《專利法》規定：「外觀設計是指對產品的形狀、圖案或者其結合以及色彩與形狀、圖案的結合所作出的富有美感並適於工業應用的新設計。」

二、專利資產的特點

專利資產的特點表現在以下幾方面：

1. 壟斷性

專利資產的壟斷性也稱專利性,即同樣的發明創造只能授予一次專利,而且專利的所有者在保護期限內擁有排他性運用該專利的特權。任何單位和個人未經專利權人許可,都不得實施其專利。如果要實施其專利,必須與專利權人簽訂書面合同,向專利權人支付專利使用費;否則,專利權人有權提出訴訟,依法要求侵權人停止侵權行為並賠償損失。

2. 地域性

專利資產的地域性是指一項技術在其獲得專利權的國家或地區,依當地專利法的規定獲得保護。這主要是由於專利法是一個國內法,專利資產的地域性特徵對國外專利技術在國際市場的價值起決定性作用。

3. 時間性

專利資產只在法定時間內有效,當專利資產保護期滿後,任何人都可以使用該項專利。中國法律規定,發明專利的保護期限為 20 年,實用新型專利和外觀設計專利的保護期限為 10 年。

4. 可轉讓性

專利資產的轉讓包括所有權轉讓和使用權轉讓。在轉讓專利權的所有權時必須簽訂書面合同,並經原專利登記機關變更登記和公告後才能生效。專利權的所有權一經轉讓,原專利權人不再擁有該專利權。專利權使用權的轉讓是指專利權人通過許可合同,以一定的條件允許被許可方實施該項專利,被許可方因而獲得該項專利的使用權,但專利權的主體並不發生變更。

5. 共享性

專利資產的共享性指專利權人可以許可多家企業在同一時間、同時使用同一專利資產。

三、專利資產評估的目的

專利資產評估的目的一般包括轉讓、投資、清算、法律訴訟等。本書僅涉及專利資產的轉讓。專利資產的轉讓分為所有權轉讓和使用權轉讓。所有權轉讓是指將專利資產的所有權通過合同轉讓給受讓方。使用權轉讓是指專利權人與受讓方簽訂許可使用合同,按照一定條件在一定範圍內許可受讓方使用其專利。

按照專利資產許可使用權限的大小,可以分為以下幾種形式:

1. 專利獨占許可

專利獨占許可是指在一定時間和一定地域範圍內,專利權人只許可一個被許可人實施其專利,而且專利權人自己也不得實施該專利。

2. 專利獨家許可

專利獨家許可是指在一定時間和一定地域範圍內，專利權人只許可一個被許可人實施其專利，但專利權人自己有權實施該專利。獨家許可與獨占許可的區別就在於，獨家許可中的專利權人自己享有實施該專利的權利，而獨占許可中的專利權人自己也不能實施該專利。

3. 專利普通許可

專利普通許可是指在一定時間內，專利權人許可他人實施其專利，同時保留許可第三人實施該專利的權利。由此，在同一地域內，被許可人同時可能有若干家，專利權人自己也可以實施。

四、專利資產的評估方法

專利資產的評估方法有收益法、市場法和成本法。由於專利資產的特殊性和不可複製的特點，一般不採用市場法進行評估，下面主要介紹收益法和成本法。由於在無形資產評估方法中已對收益法、成本法進行了詳細的介紹，這裡就不再重複，僅強調要點和給出例題。

(一) 收益法

收益法應用於專利資產評估，根本的問題是如何尋找、判斷、選擇和測算評估中的各項技術指標和參數，即專利資產的收益額、折現率和獲利期限。專利資產的收益額是指直接由專利資產帶來的預期收益，對於收益額的測算，通常可以通過直接測算超額收益和通過利潤分成率測算獲得。由於專利資產收益的來源不同，可以將專利資產劃分為收入增長型專利和費用節約型專利來測算，也可以用分成率方法測算。如前所述，專利資產收益額是由專利資產帶來的超額收益。評估人員在估算專利資產的超額收益時，應當注意區分除專利資產以外的其他因素對超額收益的貢獻。

下面通過舉例說明專利資產評估過程。

[**例 7-8**] 甲公司自行開發了一項專利技術，並獲得發明專利證書，保護期 10 年。甲公司擬將這項專利權轉讓給乙企業，擬採用利潤分成支付方法，現需要對該項專利技術進行評估。經過評估人員核查測算，獲得如下信息資料：

(1) 該項技術已在某科技發展公司使用了 4 年，剩餘保護期限為 6 年。產品已進入市場，並深受消費者歡迎，市場潛力大。因此，該項專利技術的有效功能較好。

(2) 根據對該類專利技術的更新週期以及市場上產品更新週期的分析，確定該專利技術的剩餘使用期限為 4 年。

(3) 專利的帳面成本為 100 萬元，成本利潤率為 400%。

(4) 乙企業資產的重置成本為 4,000 萬元，成本利潤率為 13%，通過對市場供求狀況

及生產狀況分析得知,乙企業的年實際生產能力為20萬件,成本費用為每件400元,根據過去經營業績以及對未來市場需求的分析,評估人員對未來4年每件產品的售價進行預測,結果如表7-1所示:

表7-1　　　　　　　　　　預期每件產品售價

年份	每件產品售價(元)
2016	600
2017	700
2018	900
2019	900

折現率為10%,所得稅率為25%,試確定該專利的評估值。

解:(1)利潤分成率 $= \dfrac{100 \times (1+400\%)}{100 \times (1+400\%) + 4,000 \times (1+13\%)} = 9.96\%$

(2)未來每年的預期利潤額如表7-2所示:

表7-2　　　　　　　　　　未來每年的預期利潤額

年份	預期利潤(元/件)	預期利潤(萬元)
2016	600-400=200	200×20=4,000
2017	700-400=300	300×20=6,000
2018	900-400=500	500×20=10,000
2019	900-400=500	500×20=10,000

(3)計算評估值:

評估值 $= 9.96\% \times (1-25\%) \times \left[\dfrac{4,000}{1+10\%} + \dfrac{6,000}{(1+10\%)^2} + \dfrac{10,000}{(1+10\%)^3} + \dfrac{10,000}{(1+10\%)^4} \right]$

$= 1,713.49(萬元)$

(二)成本法

成本法應用於專利資產的評估,重要的在於分析計算其重置成本的構成、數額以及相應的成新率。確定專利資產的重置成本時,應當考慮重新研發專利資產的全部可能的投入。專利資產分為外購和自創兩種,外購專利資產的重置成本確定比較容易。自創專利資產的成本一般由下列因素組成:

(1)研製成本。研製成本包括直接成本和間接成本。直接成本是研製過程中直接投入發生的費用,主要包括材料費用、工資、設備費、資料費、培訓費、協作費、差旅費等;間接成本是與研製開發相關的費用,一般包括管理費用、應分攤的費用等。

（2）交易成本。這是指發生在交易過程中的費用支出,主要包括:技術服務費、交易過程中的差旅費、手續費、稅金等。

（3）專利費。這是申請和維護專利權所發生的費用,包括專利代理費、專利申請費、實質性審查請求費、維護費、證書費、年費等。

由於評估的目的不同,其成本構成內涵也不一樣,在評估時應視不同情形考慮以上成本的全部或一部分。

下面通過舉例說明成本法用於專利資產評估的過程:

[**例7-9**]某股份有限公司,有一項2006年自行研製開發成功並獲得的實用新型專利技術,2008年因出售需要對其價值進行評估。財務核算表明,該專利技術的開發研製花費4年時間,總費用為20萬元。2007—2008年期間生產及生活資料物價上漲5%。經專家鑒定該專利技術的剩餘經濟使用年限為6年。試評估該專利技術的價值。

解:（1）該專利技術的重置成本為:

$20 \times (1 + 5\%) = 21$（萬元）

（2）該專利技術的成新率為:

$6 \div (2 + 6) = 75\%$

（3）該專利技術的評估值為:

$21 \times 75\% = 16$（萬元）

五、專有技術的概念與特徵

專有技術又稱非專利技術、技術秘密、技術訣竅,是指未經公開或未申請專利,但能為擁有者帶來超額經濟利益或競爭優勢的知識和信息,主要包括設計資料、技術規範、工藝流程、材料配方、經營訣竅和圖紙、數據等技術資料。專有技術與專利權不同,從法律角度講,它不是一種法定的權利,而僅僅是一種自然的權利,是一項收益性無形資產。從這一角度來說,進行專有技術的評估,首先應該鑒定專有技術,分析、判斷其存在的客觀性。

專有技術具有以下特點:

1. 實用性

專有技術的價值取決於其是否能夠在生產實踐過程中操作,不能應用的技術不能稱為專有技術。

2. 獲利性

專有技術必須有價值,表現在它能為企業帶來超額利潤。價值是專有技術能夠轉讓的基礎。

3. 保密性

如前所述,專有技術不是一種法定的權利,其自我保護是通過保密性進行的。

儘管專有技術與專利技術同屬技術類的無形資產,但專有技術與專利技術還是存在顯著的差異。具體表現在:

(1)專有技術具有保密性,而專利技術則是在專利法規定範圍內公開的,一項技術一經公開,獲取它所耗費的時間與投資遠遠小於研製它所耗費的時間和投資,因此必須有法律手段保護發明者的所有權。沒有專利權又不公開的技術,所有者只有通過保密手段進行自我保護。

(2)專有技術的內容範圍很廣,包括設計資料、技術規範、工藝流程、材料配方、經營訣竅和圖紙等。

(3)專利技術有明確的法律保護期限,專有技術沒有法律保護期限。

(4)專利技術受《中華人民共和國專利法》的保護,對專有技術進行保護的法律主要有《中華人民共和國合同法》《中華人民共和國反不正當競爭法》等。

六、專有技術的評估方法

專有技術的評估方法與專利資產評估方法基本相同。下面舉例說明專有技術的評估方法與過程:

[例7-10]某工業企業因轉產需要轉讓其一項自創生產工藝流程。據企業資料查實:該工藝方法研製時發生原材料費25,000元,燃料動力費3,000元,輔助材料費6,000元,專用設備費4,500元,管理費1,500元,固定資產折舊費24,000元,諮詢、資料費2,000元,差旅費1,000元,科研和輔助人員工資、津貼等15,000元,其他開支2,000元。該工藝流程預計尚有有效期5年,工藝方法使用後,按目前的情況每年可新增利潤300,000元。求該項專用技術的評估價值。

其計算步驟如下:

第一步,計算自創專有技術總成本。假如該項技術創造性勞動倍加系數為4,科研平均風險率為8%,無形損耗率為12%,根據現有資料,該項專有技術自創總成本可按公式計算如下:

$$C_{總} = \frac{1}{1-8\%} \times [(25,000 + 3,000 + 6,000 + 4,500 + 1,500 + 24,000 + 2,000 + 1,000 + 2,000) + 4 \times 15,000] \times (1-12\%)$$

$$= 1.087,0 \times (69,000 + 60,000) \times 0.88$$

$$= 123,396(元)$$

第二步,計算自創專有技術年收益額。在計算專有技術年收益額時,應考慮該專有技術設計功能和已經使用所得到的經濟效益,同時還應考慮接受單位的消化、應用能力以及市場情況等因素。本例已明確該專有技術使用後每年新增利潤300,000元。

第三步，確定專有技術的有效使用年限。確定有效使用年限十分重要，應當綜合分析各方面的因素並與專有技術交易雙方協商確定。本例已明確該專有技術有效使用年限為4年。

第四步，計算專有技術的重估價值。假定提成率為18%，貼現率為10%，則該項專有技術的重估價值計算如下：

$P = 123,396 + 18\% \times 300,000 \times (P/A,10\%,5) = 123,396 + 204,703 = 328,099(元)$

第六節　商標資產評估

一、商標的概念及其分類

商標是商品或服務的標記，是商品生產者或經營者為了把自己的商品或服務區別於他人的同類商品或服務而在商品上或服務中使用的一種特殊標記。這種標記一般是由文字、圖形、字母、數字、三維標誌和顏色組合，以及上述要素的組合。

商標的作用通常表現在：

(1)商標表明商品的來源，說明該商品或者勞務來自何企業；

(2)商標能把一個企業提供的商品或者勞務與其他企業的同一類商品或者勞務相區別；

(3)商標標誌著一定的商品質量；

(4)商標反應向市場提供某種商品的特定企業的聲譽，消費者通過商標可以瞭解這個企業的形象，企業也可以通過商標宣傳自己的商品，提高企業自身的知名度。

從經濟學角度，商標的這些作用最終能為企業帶來客觀的超額收益。從法律角度來說，保護商標也就是保護企業擁有商標獲取超額收益的權利。

商標的種類很多，可以依照不同標準予以分類。

1. 按商標是否具有法律的專用權分類

按商標是否具有法律保護的專用權，商標可以分為註冊商標和未註冊商標。中國《商標法》規定：「經商標局核准註冊的商標為註冊商標，包括商品商標、服務商標和集體商標、證明商標；商標註冊人享有商標專用權，受法律保護。」

商標資產評估對象是指受法律保護的註冊商標資產權益，包括商標專用權、商標許可權。

2. 按商標的構成分類

按商標的構成，商標可以劃分為文字商標、圖形商標、符號商標、文字圖形組合商標、色彩商標、三維標誌商標等。

3. 按商標的不同作用分類

按商標的不同作用,商標可以分為商品商標、服務商標、集體商標和證明商標等。中國商標資產評估涉及的商標通常為商品商標和服務商標。

二、商標權及其特點

商標權是商標法的核心,它是商標註冊後,商標所有者依法享有的權益。各國商標法的內容,主要就是圍繞商標權的取得和行使,商標權的期限、續展和終止,商標權的轉讓和使用許可,商標權的保護等問題作出的相關規定。

《知識產權資產評估指南》(2016)對商標資產的定義為「權利人所擁有或者控製的,能夠持續發揮作用並且能帶來經濟利益的註冊商標權益」。

商標權有如下特點:

1. 專有性

專有性又稱獨占性或壟斷性。這是商標經商標局註冊後申請人取得的權利。任何第三者非經商標所有人同意,不得使用。商標權人可以向任何侵權人要求停止侵權行為並賠償損失。

2. 時間性

時間性即商標專用權的有效期限,中國規定為10年,其他國家最長為20年,最短的為5年。到期需要繼續使用的還可以續展,得到商標局批准續展註冊,商標專用權依然存在。這一點不同於專利權,專利權到期一般不允許續展。

3. 地域性

商標註冊人所享有的商標權,只能在授予該項權利的國家領域內受到保護,在其他國家內則不發生法律效力。

4. 可轉讓性

商標權作為一種產權,由商標註冊人按一定條件可以實施產權轉讓或使用許可。

5. 價值依附性

商標使用權本身沒有價值,它必須和特定的商品匹配起來才能帶來經濟利益。

三、商標資產的價值

從商標的成本構成看,商標的價值由以下四部分組成:一是標誌在設計、製作等過程中所花費的費用;二是法律上取得商標專用權的費用,包括申請費、註冊費、變更費、續展費等;三是註冊商標的所有人或使用人為使自己商標產品的內在質量優於其他同類,而在配方、技術、款式、包裝、開拓市場等方面所花的費用;四是註冊商標的所有人和使用人為建立自己的信譽、知名度等的耗費,如廣告費、各類贊助等。商標資產之所以成為轉讓、投

資的對象,關鍵在於其可以帶來超額收益,這種超額收益來源於商標所代表的商品和服務的質量以及信譽。

四、商標資產的評估方法

儘管在商標設計、製作、註冊和保護等方面都需要耗費一定的費用,廣告宣傳有利於擴大商標知名度,為此需支付很高的費用,但這些費用只對商標價值起影響作用,而不是決定作用,起決定作用的是商標所能帶來的收益。商標帶來效益的原因,在於它代表的企業的產品質量、信譽、經營狀況的提高。基於此,商標資產評估較多採用收益法。

由於商標的單一性、同類商標價格獲取的難度,使市場法的應用受到限制。商標資產的投入與產出具有弱對應性——有時設計、創造商標的成本費用較低,其帶來的收益卻很大;相反,有時設計、創造某種商標成本費用較高,比如為宣傳商標投入了巨額的廣告費,但帶來的收益卻不高。因此,採用成本法評估商標權時應慎重。

下面主要介紹說明收益法在商標權評估中的應用。

運用收益法進行商標資產評估時,應當合理確定預期收益。其口徑可以是銷售收入、利潤或者現金流等,商標資產的預期收益應當是商標的使用而額外帶來的收益,可以通過增量收益、節省許可費、收益分成或者超額收益等方式估算。確定預期收益時,應當區分並剔除與商標無關的業務產生的收益,並關注以下因素:

(1)商標商品或者服務所屬行業的市場規模;
(2)商標商品或者服務的市場地位;
(3)相關企業的經營情況,經營的合規性、技術的可能性和經濟的可行性。

運用收益法評估商標資產時,應當根據商標商品或服務所在行業的總體發展趨勢,合理確定收益期限。收益期限需要綜合考慮法律保護期限、相關合同約定期限、商標商品的產品壽命、商標商品或服務的市場份額及發展潛力、商標未來維護費用、所屬行業及企業的發展狀況、商標註冊人的經營年限等因素確定,收益期限不得超出商品或服務的合理經濟壽命。

運用收益法進行商標資產評估,應當綜合考慮評估基準日的利率、資本成本,以及商標商品生產、銷售實施過程中的技術、經營、市場等方面的風險因素,合理確定折現率。商標資產折現率應當有別於企業價值或者有形資產折現率。商標資產折現率口徑應當與預期收益的口徑保持一致。

[例7-11]某企業將一種已經使用10年的註冊商標轉讓。根據歷史資料,該企業近5年使用這一商標的產品比同類產品的價格每件高0.7元,該企業每年生產100萬件。該商標目前在市場上有良好趨勢,產品基本上供不應求。根據預測估計,如果在生產能力足夠的情況下,這種商標產品每年生產150萬件,預計該商標能夠繼續獲取超額利潤的時間

是 10 年。前 5 年保持目前超額利潤水平,後 5 年由於市場競爭加劇,產品價格相對下調 0.2 元,經分析測算,折現率定為 16%,適用所得稅率為 25%。試評估這項商標權的價值。

解:商標權評估計算如表 7－3 所示:

表 7－3　　　　　　　　　商標權評估計算表　　　　　　金額單位:萬元

年份	產銷量(萬件)	單位產品超額利潤	超額利潤	超額淨利潤	現值
1	150	0.7	105	78.75	67.89
2	150	0.7	105	78.75	58.52
3	150	0.7	105	78.75	50.45
4	150	0.7	105	78.75	43.49
5	150	0.7	105	78.75	37.49
6	150	0.5	75	56.25	23.09
7	150	0.5	75	56.25	19.90
8	150	0.5	75	56.25	17.16
9	150	0.5	75	56.25	14.79
10	150	0.5	75	56.25	12.75
合計	1,500		900	675	345.55

由此確定商標權轉讓評估值為 345.55 萬元。

[例 7－12]甲自行車公司將紅鳥牌自行車的註冊商標使用權通過許可使用合同許可乙公司使用,使用時間為 5 年。雙方約定由乙公司每年按使用該商標銷售收入的 3% 收取商標使用費給甲公司,試評估該商標使用權價值。

評估過程如下:

(1)預測使用期限內銷售收入。評估人員根據對現有市場的調查,預測 1～5 年的銷售量為 15 萬臺、17 萬臺、20 萬臺、22 萬臺、25 萬臺,按目前市價每臺售價 200 元。

(2)按同行業平均利潤率確定的折現率為 15%,企業所得稅率為 25%。按合同確定的銷售收入提成率為 3%。

(3)評估計算如表 7－4 所示:

表 7－4　　　　　　　　　評估計算表　　　　　　　　金額單位:萬元

年份	銷售量(萬臺)	銷售收入	提成額	淨提成額	現值
1	15	3,000	90	67.5	58.70
2	17	3,400	102	76.5	57.84

表7-4(續)

年份	銷售量(萬臺)	銷售收入	提成額	淨提成額	現值
3	20	4,000	120	90	59.18
4	22	4,400	132	99	56.60
5	25	5,000	150	112.5	55.93
合計	99	19,800	594	445.5	288.25

該商標使用權的評估值為288.25萬元。

第七節　著作權評估

一、著作權的基本概念

著作權亦稱版權,是指作者對其創作的文學、藝術和科學技術作品所享有的專有權利。《知識產權資產評估指南》(2016)中定義的著作權資產為「權利人所擁有或者控制的,能夠持續發揮作用並且預期能帶來經濟利益的著作權的財產權益和與著作權有關權利的財產權益」。

著作權資產的財產權利形式包括著作權人享有的權利和轉讓或者許可他人使用的權利。許可使用形式包括法定許可和授權許可;授權許可形式包括專有許可、非專有許可和其他形式許可等。

著作權財產權益種類包括:複製權、發行權、出租權、展覽權、表演權、放映權、廣播權、信息網路傳播權、攝制權、改編權、翻譯權、匯編權以及著作權人享有的其他財產權利。

與著作權有關的權益包括:出版者對其出版的圖書、期刊的版式設計的權利,表演者對其表演享有的權利,錄音、錄像製作者對其製作的錄音、錄像製品享有的權利,廣播電臺、電視臺對其製作的廣播、電視所享有的權利以及由國家法律、行政法規規定的其他與著作權有關的權利。

著作權資產評估對象通常有下列多種組成形式:
(1)單個著作權中的單項財產權利;
(2)單個著作權中的多項財產權利的組合;
(3)分屬於不同著作權的單項或者多項財產權利的組合;
(4)著作權中財產權和與著作權有關權利的財產權益的組合;
(5)在權利客體不可分割或者不需要分割的情況下,著作權資產與其他無形資產的

組合。

二、著作權的保護期

著作權中作者的署名權、修改權、保護作品完整權的保護期不受限制,永遠歸作者所有。

公民作品的發表權、使用權和獲得報酬權的保護期為作者終生至死亡後 50 年,若為合作作品則至最後死亡的作者死亡後 50 年。單位作品的發表權、使用權和獲得報酬權的保護期為首次發表後 50 年。

電影、電視、錄像和攝影作品的發表權、使用權和獲得報酬權的保護期為首次發表後的 50 年。

計算機軟件的保護期限,在新修改的《計算機軟件保護條例》中作了修改。根據新的保護條例,軟件著作權自軟件開發完成之日起產生。自然人的軟件著作權,保護期為自然人終生及其死亡後 50 年,截止於自然人死亡後第 50 年的 12 月 31 日;軟件是合作開發的,截止於最後死亡的自然人死亡後第 50 年的 12 月 31 日。法人或者其他組織的軟件著作權,保護期為 50 年,截止於軟件首次發表後第 50 年的 12 月 31 日,但軟件自開發完成之日起 50 年內未發表的,該條例不再保護。

三、著作權的特徵

(一)自動保護原則

中國《著作權法》對作品的保護採用自動保護原則,即作品一旦產生,作者便享有著作權,登記與否都受法律保護。隨著著作權糾紛越來越多,許多作者要求將自己的作品交著作權管理部門登記備案。在著作權的評估實踐中,作品登記證書可以作為該著作權穩定性、可靠性的依據。

(二)形式的局限性

著作權從根本上說是為某思想、某觀點的原創表達提供法律保護,但並非保護這些思想本身,這是它區別於專利的重要特徵。

(三)獨立性

著作權對保護的內容強調創作的獨立性,而不是強調新穎性,思想相同的不同人創作的作品,只要是獨立完成的,即分別享有版權。

(四)權利的多樣性

根據中國《著作權法》的規定,著作權人享有的權利多達十幾項,其中法律明確規定著作權人享有的經濟權利有 12 項,而且這些權利的行使可以是彼此獨立的。

(五)法律特性

根據法律規定,著作權是自動獲得的權利,但是,法律同時規定了著作權的權利內容、保護期以及權利的限制,因此著作權具有顯著的法律特性,主要體現在時間性及地域性,這點與專利權及商標權是相同的。

(六)使用特性

著作權與專利、商標相比,在使用過程中,除具有共享性外,還具有擴散性。著作權的擴散性是指具有著作權的作品在使用過程中可以產生新的具有著作權的作品。如翻譯作品,翻譯人對翻譯後的作品享有著作權。

四、著作權的價值影響因素

影響著作權資產價值的因素通常包括:

(1)著作權評估對象包含的財產權利種類、形式以及權利限制,包括時間、地域方面的限制以及存在的質押、法律訴訟等權利限制;

(2)著作權作品作者和著作權權利人;

(3)著作權作品的創作形式;

(4)與著作權有關的權利和相關的專利權、專有技術和商標權等權利情況;

(5)著作權作品創作完成時間、首次發表時間;

(6)著作權作品的類別;

(7)著作權作品題材、體裁類型等情況;

(8)著作權作品創作的成本因素;

(9)著作權剩餘法定保護期限以及剩餘經濟壽命;

(10)著作權的保護範圍;

(11)著作權人所實施的著作權保護措施和保護措施的有效性以及可能需要的保護成本費用等;

(12)著作權作品發表後的社會影響、發表狀況。

五、著作權的評估方法

一般說來,著作權的製作成本跟著作權的價值沒有直接的對應關係,因而,採用成本法評估著作權的價值是不合適的。不同的著作權之間實際差別較大,市場法的運用有一定限制。整體而言,收益法是較適合著作權的評估方法。

資產評估人員執行著作權資產評估業務,應當瞭解與著作權資產共同發揮作用的其他因素,並重點關注下列情況:

(1)著作權資產與相關有形資產以及其他無形資產共同發揮作用;

(2)原創作品著作權與演繹作品著作權共同發揮作用;
(3)著作權和與著作權有關權利共同發揮作用。

當存在與評估對象共同發揮作用的其他因素時,應當分析這些因素對著作權資產價值的影響。

運用收益法進行著作權資產評估時,應當根據著作權資產對應作品的營運模式合理估計評估對象的預期收益,並關注營運模式法律上的合規性、技術上的可能性、經濟上的可行性。著作權的預期收益通常通過分析計算增量收益、節省許可費和超額收益等途徑實現。

執行著作權資產評估業務,應當關注該作品演繹出新作品並產生衍生收益的可能性。當具有充分證據證明該作品在可預見的未來可能會演繹出新作品並產生衍生收益時,註冊資產評估師應當謹慎、恰當地考慮這種衍生收益對著作權資產價值的影響。

運用收益法進行著作權資產評估時,應當合理確定資產的剩餘經濟壽命。剩餘經濟壽命需要綜合考慮法律保護期限、相關合同約定期限、作品類別、創作完成時間、首次發表時間以及作品的權利狀況等因素確定。

運用收益法進行著作權資產評估時,應當綜合考慮評估基準日的利率、資本成本,以及著作權實施過程中的技術、經營、市場、生命週期等方面的風險因素,合理確定折現率。著作權資產折現率應當區別於企業整體資產或者有形資產折現率。著作權資產折現率口徑應當與預期收益的口徑保持一致。

六、著作權評估舉例

[例7-13] A 影視公司出品並發行了 B 電影,B 電影具體的收益狀況如表 7-5 所示。評估基準日為 2016 年 5 月 31 日,當時 B 電影已經製作完成並與電影院線達成放映協議,即將在影院公映。同時 B 電影公司還與影像公司、電視臺等達成著作權轉讓和許可協議,將通過 DVD、電視的形式播出。根據電影收入的特點,結合由 A 影視公司製作與發行的電影的歷史票房,以及以往著作權轉讓的其他收入,做出如下預測:

表 7-5　　　　　　　　　A 公司銷售預測表　　　　　　　金額單位:萬元

年份 項目	2016	2017	2018
銷售收入	1,210.00	110.00	110.00
淨利潤	598.39	73.76	73.76

根據電影收益時間比較短的特點,將 B 電影的收入期限確定為 3 年。由於電影收益波動較大,所以電影的折現率較低,根據通常的計算方法,折現率由風險報酬和無風險報

酬組成,電影的風險報酬較高,確定折現率為7.21%。根據著作權在電影票房中的貢獻,確定分成率為90%。

根據以上收益法的參數,電影著作權評估價值為:

評估價值 = 90% × (598.39 ÷ 1.0721 + 73.76 ÷ 1.0721^2 + 73.76 ÷ 1.0721^3)

= 614(萬元)

第八節　商譽的評估

一、商譽的概念及其特點

商譽通常是指企業在一定條件下,能獲取高於正常投資報酬率的收益所形成的價值。這是企業由於所處地理位置優勢,或由於經營效率高,管理基礎好,生產歷史悠久,人員素質高等多種原因,與同行業企業相比較,可獲得超額利潤。

從歷史淵源考察,20世紀60年代以前所稱的無形資產是一個綜合體,商譽則是這個綜合體的總稱。20世紀70年代以後,隨著對無形資產確認、計量的需要,無形資產以不同的劃分標準,形成各項獨立的無形資產。現在所稱的商譽,則是指企業所有無形資產扣除各單項可確指無形資產以後的剩餘部分。因此,商譽是不可確指的無形資產。

商譽具有如下特點:

(1)商譽不能離開企業而單獨存在,不能與企業可確指的資產分開出售;

(2)商譽是多項因素作用形成的結果,但形成商譽的個別因素,不能以任何方法單獨計價;

(3)商譽本身不是一項單獨的、能產生收益的無形資產,而只是超過企業可確指的各單項資產價值之和的價值;

(4)商譽是企業長期累積起來的一項價值。

二、商譽的表現形式

商譽可分為內在表現形態的商譽和外在表現形態的商譽。前者是指商譽主體的經營規模、經營對象、經營方式和管理水平等;後者是指通過一些外在的表現形態所表現出來的,可以為社會公眾所感知的內容,亦即商譽的表現形式,主要體現在以下幾個方面:

(1)商標、商號是商譽的必要媒介和最主要的構成要件;

(2)專利;

(3)顧客名單、經銷網路、供應合同是商譽的構成要件之一;

(4)企業的管理水平；

(5)企業文化是員工隊伍和員工素質的綜合反應,可以外化為一種品牌和形象,給企業帶來商譽和效益。

由於商譽的上述特點和表現形式,一般認為商譽依附於企業整體資產,不能單獨轉讓,只能和企業同時轉讓,商譽評估服務於企業產權轉讓有關的經濟活動。但是,隨著企業文化、管理模式、銷售渠道等無形資產日益成為企業價值構成的主體,以管理為目的的商譽評估逐漸增多。

三、商譽評估的方法

按情況不同,商譽評估可選用割差法,也可選用超額收益法。

(一)割差法

割差法是對企業整體評估價值與各項可確指資產評估值之和進行比較並確定商譽評估值的方法。其基本公式是：

商譽的評估值 = 企業整體資產評估值 − 企業各單項資產評估值之和(含可確指無形資產)

採用割差法對企業的商譽進行評估的步驟是：

(1)通過整體評估的方法,評出企業整體資產的價值。企業整體資產評估值可以通過預測企業未來預期收益並進行折現或資本化獲取；對於上市公司,也可以按股票市價總額確定。

(2)通過單項資產評估方法,求出各項可確指資產的價值。

(3)在企業整體資產價值中扣除各單項可確指資產價值之和,剩餘值即是企業商譽的評估值。

[例7-14]某企業準備以整體資產與其他企業合資經營,需要瞭解企業商譽的價值。根據企業過去的經營情況和未來市場形勢,預測其未來4年的淨利潤分別是11萬元、12萬元、14萬元、13萬元,並假定從第5年開始,以後各年淨利潤均為15萬元。根據銀行利率及企業經營風險情況確定的折現率和本金化率均為10%。並且,採用單項資產評估方法,評估確定該企業各單項資產評估之和(包括有形資產和可確指的無形資產)為90萬元。試確定該企業商譽評估值。

解：企業整體評估值 = $\dfrac{11}{1+10\%} + \dfrac{12}{(1+10\%)^2} + \dfrac{14}{(1+10\%)^3} + \dfrac{13}{(1+10\%)^4}$

$+ \dfrac{15}{10\% \times (1+10\%)^4}$

= 141.77(萬元)

商譽的價值 = 141.76 - 90 = 51.77（萬元）

(二)超額收益法

超額收益是判斷企業商譽價值是否存在的依據,將企業超額收益作為評估對象進行商譽評估的方法稱為超額收益法。按照企業的經營狀況和超額收益的穩定性,超額收益法又可分為超額收益本金化價格法和超額收益折現法兩種。

1. 超額收益本金化價格法

超額收益本金化價格法是把被評估企業的超額收益經本金化還原來確定該企業商譽價值的一種方法。其基本公式為:

商譽價值 =（企業預期年收益 - 行業平均收益率 × 該企業可確指資產評估值之和）÷ 適用的本金化率

[例7-15]某企業準備出售,對企業整體價值及各單項資產價值進行評估。在企業持續經營前提下,評估人員估測企業年收益額為770萬元,經過評估,得出企業各類單項資產評估值之和為2,000萬元,評估人員調查得知該行業資產收益率水平平均為25%,根據企業現有情況,確定商譽的投資收益率為28%。試確定該企業商譽評估值。

解:商譽的價值 = $\dfrac{770 - 25\% \times 2,000}{28\%}$ = 964（萬元）

超額收益本金化價格法主要適用於經營狀況一直較好、超額收益比較穩定的企業。如果在預測企業預期收益時,發現企業的超額收益只能維持有限期的若干年,這類企業的商譽評估不宜採用超額收益本金化價格法,而應改按超額收益折現法進行評估。

2. 超額收益折現法

超額收益折現法是把企業可預測的若干年預期超額收益進行折現,將其折現值確定為企業商譽價值的一種方法。其計算公式是:

$$商譽的價值 = \sum_{i=1}^{n} R_i (1 + r)^{-i}$$

式中:R_i——第 i 年企業預期超額收益;

r——折現率;

n——收益年限。

[例7-16]某企業經預測在今後五年內具有超額收益能力,預期超額收益分別為90萬元、120萬元、140萬元、110萬元、100萬元,該企業所在行業的平均收益率為12%,則:

商譽的價值 = $\dfrac{90}{1+12\%} + \dfrac{120}{(1+12\%)^2} + \dfrac{140}{(1+12\%)^3} + \dfrac{110}{(1+12\%)^4} + \dfrac{100}{(1+12\%)^5}$

= 402.32（萬元）

四、商譽評估需注意問題

商譽本身的特性，決定了商譽評估的困難性。在評估中，應注意以下幾個問題：

（1）商譽評估必須在產權變動或經營主體變動的前提下才可進行。企業持續經營情況下，如不發生產權或經營主體的變動，儘管該企業具有商譽，也無需評估商譽以顯示其價值。

（2）商譽價值取決於企業所具有的超額收益水平。這裡所說的超額收益指的是企業未來的預期超額收益。

（3）商譽價值形成既然建立在企業預期超額收益基礎之上，那麼，商譽評估值與企業中為形成商譽投入的費用沒有直接聯繫。因此，商譽評估不宜採用成本法進行。

（4）商譽是由眾多因素共同作用形成的，但形成商譽的個別因素不能單獨計量，各因素的定量差異也難以調整。因此，商譽評估不宜採用市場法。

（5）企業負債與否、負債規模大小與企業商譽沒有直接關係。

（6）商譽與商標是有區別的，它們反應了兩個不同的價值內涵。

第八章

企業價值評估

第一節 企業價值評估概述

企業價值評估是市場經濟深入發展的產物,它主要服務於企業改制、併購重組、公司上市和跨國經營等經濟活動,為企業經營決策提供價值評定依據。

一、企業與企業價值的基本概念
(一)企業的基本概念及其特點
按照《中華人民共和國公司法》(2013)和《中華人民共和國企業法》(2005)的界定,企業的基本含義是指以營利為目的、按照法律程序建立的經濟實體,形式上體現為由各種要素資產組成並具有持續經營能力的自負盈虧的法人實體。

進一步說,企業是由各個要素圍繞著一個系統目標,發揮各自特定功能,共同構成一個有機的生產經營能力和獲利能力的載體及其相關權益的集合或總稱。企業作為一類特殊的資產,有其自身的特點:

1. 盈利性

盈利性是指企業存在和經營的目的就是要獲得利潤。

2. 持續經營性

持續經營性是指企業要在較長時期內不間斷地開展生產經營活動。企業的目的是要盈利,而持續經營是保證正常盈利的一個重要方面。如果企業的經營活動斷斷續續,由於

其固定費用不會因經營間斷而減少,必然相對加大經營費用,影響盈利。所以,持續經營成為企業的一個重要特徵。

3. 整體性

整體性是指企業所擁有的各類資產之間的合理匹配,只有匹配到最佳狀態,資產才可能發揮最大的效應。如果它們之間的功能匹配不合理,由此組合而成的企業整體功能也未必很好。因此,整體性是企業區別於其他資產的一個重要特徵。

(二) 企業價值的基本概念

企業價值可以從不同的角度來看待和定義。從政治經濟學的角度,企業價值是由凝結在企業中的社會必要勞動時間決定的;從會計核算的角度,企業價值是由建造企業的全部支出構成;在財務管理中,企業價值通常是指企業在一定風險條件下能夠提供報酬的能力價值;從市場交換的角度,企業價值是由企業的獲利能力決定。

從理論上講,資產評估中的企業價值主要是企業的內在價值和企業的交換價值。企業的內在價值是指企業所具有的潛在獲利能力的折現值之和。企業的交換價值是指企業內在價值在評估基準日可實現的部分。因此,企業價值是以企業的內在價值為基礎的市場交換價值。在市場經濟環境下,企業價值是由企業購買者(投資者)願意支付的價格決定的。投資者之所以願意擁有企業,是因為企業為他們提供了一種獲取投資收益的途徑。企業價值反應的是它在未來給其資本所有者提供投資回報的能力。

在資產評估中,對企業價值的界定主要從以下三個方面入手:

1. 企業價值是企業的公允市場價值

企業價值評估的主要目的是為企業產權交易提供服務,使交易雙方對擬交易企業的價值有一個較為清晰的認識,所以企業價值評估應建立在公允市場假說之上,其揭示的是企業的公允市場價值。

2. 企業價值基於企業的盈利能力

創立企業或收購企業的目的不在於獲得企業本身具有的物質資產或企業生產的具體產品,而在於獲得企業產生現金流的能力並從中受益。因此,企業價值取決於要素資產組合的整體盈利能力,不具備現實或潛在盈利能力的企業也就不存在資產評估中所定義的企業價值。

3. 資產評估中的企業價值有別於帳面價值、公司市值和清算價值

企業的帳面價值是一個以歷史成本為基礎進行計量的會計概念,可以通過企業的資產負債表獲得。由於沒有考慮通貨膨脹、資產的功能性貶值和經濟性貶值等重要因素的影響,所以企業資產的帳面價值不能代表企業的實際價值。

公司市值是指上市公司股票流通的市場價格(市場價值之和),由於上市公司的股票價格受多種因素的綜合影響,因此,一般情況下,特別是在信息不對稱的不完全市場條件

下,公司的市值並不能完全反應公司的實際價值。

　　清算價值是指企業終止經營,變賣所有的企業資產減去所有負債後的現金餘額。這時企業資產的價值是可變現價值,採用的是非持續經營假設。

　　由於每個人(比如會計師、經濟學家和投資者等)觀察問題的角度和出發點不同,所以他們各自對企業價值的定義也不相同。

二、企業價值評估的基本概念與企業價值的表現形式
(一)企業價值評估的基本概念

　　《資產評估準則——企業價值》(2011)中將企業價值評估界定為「註冊資產評估師依據相關法律、法規和資產評估準則,對評估基準日特定目的下企業整體價值、股東全部權益價值或者部分權益價值進行分析、估算並發表專業意見的行為和過程」。該定義強調了企業價值評估是一種行為和過程,將評估結論以及獲得評估結論的過程結合起來,既強調了企業價值評估中依據充分的必要性,同時對正確理解評估結論提出了新的要求。

(二)企業價值的表現形式

　　根據《資產評估準則——企業價值》(2011)中的界定,企業價值包括企業整體價值、股東全部權益價值和部分權益價值三種形式。下面通過圖表加以說明。表8-1是對某企業的全部資產和負債進行評估後的簡化資產負債表,流動資產價值加上固定資產、無形資產價值和其他資產價值構成了全部資產的價值,即 A+B+F;流動負債和長期負債中的非付息債務價值加上付息債務價值和股東全部權益價值構成了全部負債和權益價值,即 C+D+E。股東全部權益價值 =(A+B+F)-(C+D)= E。企業整體價值 =(A+B+F)-C =(A-C)+B+F = D+E,即股東全部權益價值和付息債務的價值之和。由於在未來收益折現時,必須把負債的利息包含到收益流中,因此,在評估實務中,普遍採用的方法是定義資本結構中的債務包括所有的帶息負債,不帶息的負債一般不認為是債務資本。

表8-1　　　　　　　　某企業評估後的資產負債表簡表

流動資產(A)	流動負債和長期負債中的非付息債務價值(C)
固定資產和無形資產價值(B)	付息債務價值(D)
其他資產價值(F)	股東全部權益價值(E)

　　在企業價值評估實務中,一般是在得到股東全部權益價值後才確定部分權益價值。如何分析和確定部分權益價值?《資產評估準則——企業價值》(2011)第20條指出:「註

冊資產評估師應當知曉股東部分權益價值並不必然等於股東全部權益價值與股權比例的乘積。註冊資產評估師評估股東部分權益價值，應當在適當及切實可行的情況下考慮由於具有控製權或者缺乏控製權可能產生的溢價或者折價。註冊資產評估師應當在評估報告中披露評估結論是否考慮了控製權對評估對象價值的影響。」因此，部分權益價值存在溢價和折價的問題。

三、企業價值評估的特點

企業價值評估具有以下特點：

（1）評估對象是由多個或多種單項資產組成的資產綜合體。整體資產涉及實物的有機組合、技術的有機組合、勞動要素的有機組合、企業戰略的有機組合和整體性問題。

（2）決定企業價值高低的因素是企業的整體獲利能力。這就是說，雖然企業的資產主要是由各單項可確指資產組成，但企業價值往往不等於單項資產評估值之和，而是取決於企業整體的獲利能力。

（3）企業價值評估是一種整體性評估，它與構成企業的各個單項資產的評估值簡單相加是有區別的。這些區別主要表現為：評估對象的差別、影響因素的差異、評估結果的差異等。

四、企業價值評估的範圍界定

鑒於企業價值評估的複雜性和特殊性，在評估時應首先明確評估範圍。企業價值評估的範圍通常分為一般範圍（產權評估範圍）和具體範圍（有效資產評估範圍）。

（一）一般範圍

企業價值評估的一般範圍是指企業產權涉及的評估範圍。比如，在一個企業集團中，有母公司、子公司、孫公司、重孫公司等各個層次。在評估時，要事先確定，是對哪一個層次進行整體評估。如果是對子公司進行整體評估，則除了對子公司本身進行評估外，還要包括對子公司下面的孫公司以及重孫公司等進行評估，以及對上述公司對外投資中的非控股部分中擁有的權益進行評估。

（二）具體範圍

企業價值評估的具體範圍是在一般範圍劃定的前提下，對具體被評估資產的界定。在界定企業價值評估的具體範圍時，需重點做好以下幾點工作：

1. 明晰資產產權

明晰資產產權是指要通過特定的方式或手段，對被評估資產的權屬加以認定。明晰資產產權的目的是對資產的收益歸屬進行界定。對於評估基準日產權不清的資產，應劃為「待定產權資產」，不列入企業價值評估的具體範圍，並在評估報告中予以披露。

2. 劃分有效資產和無效資產

有效資產是指企業中正在營運或雖未正在營運但具有潛在營運能力,並能對企業盈利能力作出貢獻、發揮作用的資產。無效資產是指企業中不能參與生產經營,不能對企業盈利能力作出貢獻的資產,以及雖然是經營性的資產,但在被評估企業已失去獲利能力的資產。劃分兩種資產的目的是正確揭示企業價值,其中有效資產是企業價值評估的基礎。

五、企業價值評估中的信息資料收集

註冊資產評估師執行企業價值評估業務,應當收集並分析被評估企業的信息資料和與被評估企業相關的其他信息資料,通常包括三大類,即:

(1)被評估企業的基本信息資料。

(2)宏觀、區域經濟因素以及被評估企業所在行業信息。

(3)被評估企業所在證券市場信息、產權交易市場的有關信息資料以及可比參考企業的相關資料。

具體需要收集的資料如下:

(1)評估對象相關權益狀況及有關法律文件;

(2)被評估企業的歷史沿革、股東及持股比例、必要的產權和經營管理結構;

(3)被評估企業的資產、財務、經營管理狀況;

(4)被評估企業的經營計劃、發展規劃和財務預測信息資料;

(5)評估對象、被評估企業以往的評估及交易情況;

(6)可比企業的財務信息、股票價格或者股權交易價格等市場信息;

(7)影響被評估企業生產經營的宏觀、區域經濟因素;

(8)被評估企業所在行業的發展狀況與前景;

(9)證券市場、產權交易市場的有關信息;

(10)註冊資產評估師認為需要收集分析的其他相關信息資料。

註冊資產評估師可以通過多渠道去獲取上述信息資料。

對於第一類信息資料(包括被評估企業的經營和財務信息資料,企業發展規劃、財務預測等),註冊資產評估師一般可以從委托方、被評估企業和其他相關當事方獲取。註冊資產評估師對委托方、被評估企業所提供的資料不能簡單地使用,還應該對被評估企業的相關信息和資料進行調查研究分析。一般可以通過註冊資產評估師的現場工作對有關信息資料進行適當的審慎分析,主要涉及被評估企業的組織結構、生產和銷售狀況、市場現狀、市場前景、內部控製、非經營性資產、負債、溢餘資產、關聯交易財務前景、人力資源和資金來源等,在必要時可以安排與企業各相關部門人員進行問題訪談以進一步對被評估企業所提供的信息資料進行核實。

對於第二類信息資料(包括宏觀經濟資料、產業信息、區域經濟發展指標、可比企業的生產、經營、財務信息等),註冊資產評估師可以通過向委托方、被評估企業相關部門人員進行問題訪談瞭解獲得,也可以通過對行業和市場情況的研究獲得。註冊資產評估師應盡可能獲取相關行業協會發布的分析報告、政府有關部門發布的統計報告和行業發展報告以及各專門的證券投資分析機構發布的研究報告等外部的信息資料,在此基礎上還需要對獲取的信息資料的可靠性和適當性進行綜合判斷和分析。

對於第三類信息資料(包括同行業企業之間的競爭情況、證券市場的基本參數、相關法律、法規等),註冊資產評估師主要通過對相關資本市場的有關數據資料進行收集整理,或者在此基礎上進行分析獲得。同樣,註冊資產評估師需要進行必要的判斷和分析,確保信息來源是可靠和適當的。

第二節 企業價值評估的基本方法

企業價值評估的基本方法有三種:收益法、市場法和資產基礎法。

一、收益法
(一)收益法的基本概念
《資產評估準則——企業價值》(2011)第二十三條指出:「企業價值評估中的收益法,是指通過將被評估企業預期收益折現,確定評估對象價值的基本方法。」
(二)收益法中的預期收益的基本概念及形式
預期收益是指企業在日常的生產經營及投資活動中產生的經濟利益的總流入與總流出配比後的純收入,它反應企業一定時期的最終經營成果。在對預期收益進行具體界定時,應注意兩方面問題:一是雖然是由企業創造的,但不歸企業產權主體所有的收入,如稅收,無論是流轉稅還是所得稅,均不能視為企業收益;二是歸企業權益主體所有的企業收支淨額,不論是營業收支、資產收支,還是投資收支,只要形成淨權益流入,均可視為企業收益。

預期收益可以用會計利潤、現金紅利、現金流量(如企業自由現金流、權益自由現金流)等形式表示。

1. 對會計利潤的評價
會計利潤包括稅後利潤、息前稅後利潤等。會計利潤容易受到企業所採取的不同會計政策、折舊方式、存貨計價方法、間接費用分配方法、成本核算方法等的影響,具有較大

的調節空間，易受人為因素的影響。另外，會計上的盈利並不一定意味著能夠產生多餘的現金用來進行資本性支出（再投資）和補充營運資本的增加需求。一個企業能否持續經營下去，不是取決於一定期間是否有盈利，而是取決於是否有現金流量用於各種支付。

2. 對現金紅利的評價

現金紅利是指採用現金的形式分配的企業股利。現金紅利通常用於少數權益（即不具有對企業的控製權）價值的評估，而很少用於直接計算股東全部權益價值，因為從實際操作的角度分析，採用這個指標容易產生偏差。例如，在對企業未來的經營和現金流量的預測未改變的情況下，如果只是改變了對股利政策的預測（如增加現金股利分配），權益價值就會因此提高，這顯然是不合理的。產生這種不合理的結果的原因在於公式中分子（現金紅利）發生變化的同時，反應資金成本/風險的折現率並未相應調整，這是不正確的。因為如果企業增加股息率的話，為維持原先預測的盈利水平，企業為保持正常的經營生產勢必運用財務槓桿，增加付息債務。而負債比例的提高，會增加財務風險，從而權益資本成本應該相應提高，也就是分母應該相應提高。在實際運用中，對於這一調整往往很難把握，很難確保分子分母變動一致而不使價值產生偏差。

3. 對現金流量的評價

現金流量是指一項投資或資產在未來不同時點所發生的現金流入與流出的數量，包括企業所產生的全部現金流量（企業自由現金流量）和屬於股東權益的現金流量（權益自由現金流量）兩種口徑，與之相對應的價值分別為企業整體價值（包括付息債務價值）和股東全部權益價值。本書所指的現金流量均為最終的淨現金流量。由於現金流量更能真實準確地反應企業營運的收益，因此，在國際上通行採用現金流量作為收益口徑來估算企業的價值。

(三)收益法的類型及適用條件

《資產評估準則——企業價值》(2011)中規定，收益法常用的具體方法包括股利折現法和現金流量折現法。

股利折現法是將預期股利進行折現以確定評估對象價值的具體方法，預期股利實際上是代表企業分紅後股東才可以得到的現金流，因此，採用該現金流估算的評估結論代表的是缺乏控製權的價值，通常適用於缺乏控製權的股東部分權益價值的評估。該模型依據不同的股利特點可以分為股利不穩定增長、固定增長和階段性增長三種情況。追求穩定現金分紅的投資者適宜運用股利折現模型對股權進行估價。

現金流量折現法通常包括企業自由現金流折現模型和權益自由現金流折現模型。實際上只有控股股東才具有獲取全部自由現金流的權利，因此，其評估結論應該是代表具有控製權的企業整體價值、股東全部權益價值或部分權益價值。該模型也可分為穩定增長模型和階段性增長模型。

《資產評估準則——企業價值》(2011)中沒有涉及關於會計利潤(如淨利潤指標)在收益法中單獨運用的問題。其原因在於：淨利潤指標可以通過加減一些因素，調整成為現金流量指標。但在評估實踐中，不排除可以單獨使用淨利潤指標來進行企業價值評估(比如，在企業集團規模很大，某些加減的指標難以取得的情況下)。

資產評估人員應當根據被評估企業未來經營模式、資本結構、資產使用狀況以及未來收益的發展態勢等，恰當選擇現金流折現模型。

選擇和使用收益法時應當注意下列適用條件：

(1)被評估企業具有獲利能力。

(2)採用適當的方法，對被評估企業和參考企業的財務報表中對評估過程和評估結論具有影響的相關事項進行必要的分析調整，以合理反應企業的財務狀況和盈利能力。

(3)獲得委托方關於被評估企業資產配置和使用情況的說明，包括對非經營性資產、負債和溢餘資產狀況的說明。

(4)應當從委托方或相關當事方獲取被評估企業未來經營狀況和收益狀況的預測，並進行必要的分析、判斷和調整，確信相關預測的合理性。充分考慮取得預期收益將面臨的風險，合理選擇折現率。

(5)必須保持預期收益與折現率口徑的一致。

(6)應當根據被評估企業經營狀況和發展前景以及被評估企業所在行業現狀及發展前景，合理確定收益預測期間，並恰當考慮預測期後的收益情況及相關終值的計算。

(四)收益法的計算公式

1. 年金法

假設評估基準日後可預測的企業若干年內的收益是以年金的方式獲得，則可採用年金法估算企業的價值。年金法的基本公式為：

$P = A/i$

其中，P——企業評估價值；

A——企業每年的年金收益；

i——折現率及資本化率。

如果企業在評估基準日後可預測的若干年內發展處於平穩狀態，雖然各年的收益額並不完全相同，但其未來收益具有充分的穩定性和預測性，則可對企業各期不同的收益進行年金化處理，然後再採用年金法估測企業的價值。用公式表述為：

$$A = \sum_{i=1}^{n} \frac{R_i}{(1+r)^i} \div \sum_{i=1}^{n} \frac{1}{(1+r)^n}$$

其中：$\sum_{i=1}^{n} \frac{R_i}{(1+r)^i}$——企業前 n 年預期收益折現值之和；

$\sum_{i=1}^{n}\dfrac{1}{(1+r)^{n}}$ ——收益年金化系數；

R_i ——第 i 年度的預期收益額；

r ——折現率或資本化率。

[例 8-1] 被評估企業預計未來 5 年的預期收益額為 110 萬元、130 萬元、120 萬元、126 萬元和 120 萬元，假定資本化率為 10%，試用年金法估測被評估企業價值。

解：(1) 計算未來 5 年的預期收益額的現值之和：

$$\sum_{i=1}^{n}\dfrac{R_i}{(1+r)^i}=\dfrac{110}{1+10\%}+\dfrac{130}{(1+10\%)^2}+\dfrac{120}{(1+10\%)^3}+\dfrac{126}{(1+10\%)^4}+\dfrac{120}{(1+10\%)^5}$$
$$=458.17(萬元)$$

(2) 計算五年預期收益額的等額年金值：

$$A=\sum_{i=1}^{n}\dfrac{R_i}{(1+r)^i}\div(P/A,10\%,5)=\dfrac{458.17}{3.7908}=121(萬元)$$

(3) 計算被評估企業價值：

$$P=\dfrac{A}{i}=\dfrac{121}{10\%}=1,210(萬元)$$

2. 分段法

分段法是將持續經營的企業的預測收益期分為前後兩個階段，根據各階段的收益現值之和估算被評估企業價值的方法。分階段的理由在於：在企業發展的前一個期間，企業處於不穩定狀態，因此企業的收益是不穩定的；而在該期間之後，企業處於均衡狀態，其收益是穩定的或按某種規律進行變化的。對於前段時期企業的預期收益採取逐年預測並折現累加的方法；而對於後階段的企業收益，則針對企業具體情況並按企業的收益變化規律進行折現和還原處理。將企業前後兩階段收益現值加在一起便構成企業的收益現值。

假設以前段最後一年的收益作為後段各年的年金收益，分段法的公式可以寫成：

$$P=\sum_{i=1}^{n}\dfrac{R_i}{(1+r)^i}+\dfrac{R_i}{(1+r)^i}\times\dfrac{1}{r}$$

其中：$\sum_{i=1}^{n}\dfrac{R_i}{(1+r)^i}$ ——企業前 n 年預期收益折現值之和；

$\dfrac{R_i}{(1+r)^i}\times\dfrac{1}{r}$ ——企業 n 年後（穩定期）預期收益年金現值；

R_i ——第 i 年度的預期收益額；

r ——折現率或資本化率。

假設從第 $(n+1)$ 年起的後段，企業預期年收益將按固定比率 g 增長，則分段法的公

式可以寫成：

$$P = \sum_{i=1}^{n} \frac{R_i}{(1+r)^i} + \frac{R_i(1+g)}{(1+r)^i} \times \frac{1}{r-g}$$

其中：$\frac{R_i(1+g)}{(1+r)^i} \times \frac{1}{r-g}$——企業 n 年後（穩定期）預期收益現值之和。

[例 8-2] 被評估企業預計未來 5 年的預期收益額為 110 萬元、130 萬元、120 萬元、126 萬元和 120 萬元，根據企業實際情況推斷，從第六年開始，企業的年收益額將維持在 120 萬元水平上，假定資本化率為 10%，試用分段法估測企業的價值。

解：$P = \sum_{i=1}^{n} \frac{R_i}{(1+r)^i} + \frac{R_i}{(1+r)^i} \times \frac{1}{r}$

$= \left[\frac{110}{1+10\%} + \frac{130}{(1+10\%)^2} + \frac{120}{(1+10\%)^3} + \frac{126}{(1+10\%)^4} + \frac{120}{(1+10\%)^5} \right]$

$+ \frac{120}{(1+10\%)^5} \times \frac{1}{10\%}$

$= 458.17 + 1,200 \times 0.6209 = 1,203$（萬元）

[例 8-3] 承上例資料，假如評估人員根據企業的實際情況推斷，企業從第六年起，收益額將在第五年的水平上以 2% 的增長率保持增長，其他條件不變，試估測待估企業的價值。

解：$P = \sum_{i=1}^{n} \frac{R_i}{(1+r)^i} + \frac{R_i(1+g)}{(1+r)^i} \times \frac{1}{r-g}$

$= \left[\frac{110}{1+10\%} + \frac{130}{(1+10\%)^2} + \frac{120}{(1+10\%)^3} + \frac{126}{(1+10\%)^4} + \frac{120}{(1+10\%)^5} \right]$

$+ \frac{120 \times (1+2\%)}{(1+10\%)^5} \times \frac{1}{10\% - 2\%}$

$= 1,408$（萬元）

(五) 企業收益的預測

1. 企業收益的界定

在企業價值評估中，企業收益是指在正常條件下，企業所獲得的歸企業所有的所得額。

如前所述，企業收益有多種表現形式，選擇何種形式的收益直接影響對企業價值的最終判斷，根據上節的分析，在評估股東全部權益價值時，以現金流量為基礎進行評估較之會計利潤更為合理，因此，下面僅以現金流量來說明企業收益的預測。

在企業價值評估中，現金流量分為企業自由現金流量和權益自由現金流量兩種。

企業自由現金流量指的是歸屬於包括股東和付息債務的債權人在內的所有投資者的現金流量。其計算公式為：

企業自由現金流量 = 稅後淨利潤 + 折舊與攤銷 + 利息費用(扣除稅務影響後) - 資本性支出 - 淨營運資金變動

權益自由現金流量指的是歸屬於股東的現金流量,是扣除還本付息以及用於維持現有生產和建立將來增長所需的新資產的資本支出和營運資金變動後剩餘的現金流量。其計算公式為：

權益自由現金流量 = 稅後淨利潤 + 折舊與攤銷 - 資本性支出 - 淨營運資金變動 + 付息債務的增加

兩種計算方法的示例如表 8 - 2 所示：

表 8 - 2　　　　　　　　　採用兩種計算方法計算的情況

項目	企業自由現金流量	權益自由現金流量
淨利潤	720	720
加:折舊與攤銷	2,000	2,000
加:利息費用×(1-所得稅率)	225	不適用
減:營運資本的增加	(800)	(800)
減:資本性支出	(1,500)	(1,500)
加:付息債務的增加	不適用(企業自由現金流量的計算不含債務)	50
自由現金流量	645	470

註:假設利息費用為 300 元,企業的所得稅率為 25%,則扣除稅務影響的利息費用為 225 元[300×(1-25%)]。

有必要指出的是,自由現金流量的計算與會計報告中現金流量表的計算方法不一樣。

選擇什麼層次和口徑的企業收益作為企業評估的依據,首先要服從於企業評估的目的,其次是企業收益層次和口徑的選擇,最後還應服從於哪些層次或口徑的企業收益更能客觀地反應企業的正常獲利能力。在不影響實現企業評估目標的前提下,選擇最能客觀反應企業正常獲利能力的企業收益額作為收益折現的基礎是比較適宜的。在評估實踐中,收益額的選擇還應與折現率保持統計或核算口徑上的一致。

2. 企業收益的預測

企業的未來收益能力和收益水平取決於企業的發展目標和戰略、企業的經營管理和行銷計劃、企業的產品定價和材料採購、企業的人力資源和薪酬標準等關乎企業生存和發展的決策。

(1) 對企業正常盈利能力的判斷

首先要根據企業的具體情況確定分析重點。對於已有較長經營歷史且收益穩定的企業，應著重對其歷史收益進行分析，並在該企業歷史收益平均趨勢的基礎上判斷企業盈利能力；對於發展歷史不長的企業，要著重對其現狀進行分析，並主要在分析該企業未來發展機會的基礎上判斷企業的盈利能力。此外，還要結合企業的實際生產經營情況對財務數據加以綜合分析。可以作為分析判斷企業盈利能力參考依據的財務指標有：企業資金利潤率、投資資本利潤率、淨資產利潤率、成本利潤率、銷售收入利潤率、企業資金收益率、投資資本收益率、淨資產收益率、成本收益率、銷售收入收益率等。利潤率指標與收益率指標的區別主要在於：前者是企業的利潤總額與企業資金占用額之比，而後者是企業的淨利潤與企業資金占用額之比。

為較為客觀地判斷企業的正常盈利能力，還必須結合影響企業盈利能力的外部因素進行分析。要對影響企業盈利能力的關鍵因素進行分析與判斷。這些關鍵因素包括：企業的核心競爭力、企業所處產業的發展前景、企業在該產業及市場中的地位、企業主要競爭對手的情況、影響企業發展的可以預見的宏觀因素等。只有對企業內部與外部的因素進行綜合分析，才能對企業的正常盈利能力作出正確的判斷。

(2) 企業收益預測的基礎

企業收益預測的基礎是指在進行企業收益預測時是以企業現有的存量資產為基礎進行預測，還是在預測時要充分考慮企業未來可能的增量資產的因素。關於這個問題，目前有兩種觀點：一種觀點認為應以企業在評估時點的存量資產為出發點，理由是這樣做更符合資產評估的客觀性原則；另一種觀點認為，在預測時除了要充分考慮企業在評估時點的存量資產外，還要充分考慮企業未來可能的增量資產(或新產權主體)的因素，理由是企業的預期收益既是企業存在資產運作的函數，又是未來新產權主體經營管理的函數。

對於企業預期收益的預測，應以企業的存量資產為出發點，適當考慮對存量資產的合理改進或合理重組，任何不正常的個人因素或新產權主體的超常行為等因素可能產生的對企業預期收益的影響都不應考慮。

3. 企業收益預測的基本步驟

企業收益預測大致可分為以下三個步驟：

第一步，對評估基準日的審計後企業收益進行調整。調整包括兩部分工作：一是對審計後的財務報表(主要是利潤表和現金流量表)進行非正常因素調整，將一次性、偶發性或以後不再發生的收入或費用剔除，把企業評估基準日的利潤和現金流量調整到正常狀態下的數量，為企業預期收益的趨勢分析打好基礎；二是研究審計後報表的附註和相關披露，對在相關報表中披露的影響企業預期收益的非財務因素進行分析，並在該分析的基礎上對企業的收益進行調整，使之能反應企業的正常盈利能力。表8－3概括了收益額調整

的主要因素：

表 8-3　　　　　　　　　　收益額調整的主要因素

收入和支出項目	調整事項
營業收入	產品售價的正常波動 產品換型期壓價促銷的收入損失 一次性銷售收入（例如幾年一度的一次性處理積壓產品） 其他非正常的重大因素
商品成本	應提未提的費用 應攤未攤的費用 原材料、在產品、自製半成品、產成品的虧空和盤盈 非正常收入項目的成本開支 偶發性、一次性的非正常成本項目 其他非正常的重大影響項目
營業外收支	偶發性、一次性發生的大額收支 幾年一度的大修理停工損失 其他非正常的重大影響項目
資產收支和投資收支	重大技術改造投資 中長期投資到期一次性收入 時機有利於大量出手有價證券獲巨額價差 大量退役設備的變現收入 一次性處理閒置設備收入 投入生產經營成本的更新改造投資 其他影響資產、投資量的非正常的重大因素
稅收和補貼	非正常的一次性稅收減免 非常規的一次性財政補貼
其他影響現金淨流量的重大非正常因素	

　　第二步，對企業預期收益趨勢進行總體分析和判斷。這是在對企業評估基準日審計後實際收益進行調整的基礎上，結合企業提供的預期收益預測和評估機構調查收集到的有關信息的資料進行的。需要注意幾點：首先，對企業評估基準日審計後的財務報表調整，尤其是客觀收益的調整，僅作為評估人員進行企業預期收益預測的參考依據，不能用於其他目的。其次，企業提供的關於預期收益的預測是評估人員預測企業未來預期收益的重要參考資料。但是，評估人員不能僅將企業提供的收益預測作為對企業未來預期收益預測的唯一根據，評估人員應在自身專業知識和所收集的其他資料的基礎上作出客觀、

獨立的判斷。最後,儘管對企業在評估基準日的財務報表進行了必要的調整,並掌握了企業所提供的收益預測情況,評估人員還必須深入到企業進行實地考察和現場調研,與企業的核心管理層進行充分的交流,瞭解企業的生產工藝過程、設備狀況、生產能力和經營管理水平,再借助其他數據資料對企業未來收益趨勢作出合乎邏輯的總體判斷。

第三步,對企業預期收益進行預測。對企業預期收益的預測是指在前兩個步驟完成的前提下,運用具體的技術方法和手段進行測算。在一般情況下,對於已步入穩定期間的企業而言,收益預測的分段較為簡單:一是對企業未來 3～5 年的收益預測,二是對企業未來 3～5 年後的各年收益預測。對企業預期收益的預測需注意以下問題:

(1) 對企業收益預測前提條件的設定

企業未來 3～5 年的收益預測是在評估基準日調整的企業收益或企業歷史收益的平均收益趨勢的基礎上,結合影響企業收益實現的主要因素在未來預期變化的情況,採用適當的方法進行的。目前較為常用的方法有綜合調整法、產品週期法、時間序列法等。不論採用何種預測方法,首先都應進行預測前提條件的設定,因為企業未來可能面臨的各種不確定性因素對預期收益的影響是無法預測的。這些前提條件包括:國家的政治、經濟等政策變化對企業預期收益的影響,除已經出抬尚未實施的以外,只能假定其將不會對企業預期收益構成重大影響;不可抗拒的自然災害或其他無法預期的突發事件,不作為預期企業收益的相關因素考慮;企業經營管理者的某些個人行為也未在預測企業收益時考慮等。當然,根據評估對象、評估目的和評估的條件,還可以對評估的前提作出必要的限定。

(2) 對企業後期收益預測的預測方法

對於企業後期收益的預測,一般採用的方法是:在前期收益測算的基礎上,從中找出企業收益變化的取向和趨勢,並借助某些手段,諸如採用假設的方式分析企業未來和長期收益的變化區間和趨勢。比較常用的做法是假定企業未來若干年以後各年的收益水平維持在一個相對穩定的水平上不變。當然也可以根據企業的具體情況,假定企業收益在未來若干年以後將在某個收益水平上,每年保持一個遞增比率等。但是,不論採用何種假設,都必須建立在合乎邏輯、符合客觀實際的基礎上,以保證企業預期收益預測的相對合理性和準確性。

(3) 注意對預測結果的檢驗

由於對企業預期收益的預測存在較多難以準確把握的因素,並且易受評估人員主觀的影響,而該預測又直接影響企業的最終評估值,因此,評估人員在對企業的預期收益預測基本完成之後,應該對所作預測進行嚴格檢驗,以判斷所作預測的合理性。檢驗可以從以下幾個方面進行:

① 將預測與企業歷史收益的平均趨勢進行比較,如預測的結果與企業歷史收益的平均趨勢明顯不符,或出現較大變化而又無充分理由作為支持時,則該預測的合理性值得

懷疑。

②對影響企業價值評估的敏感性因素加以嚴格的檢驗。在這裡,敏感性因素具有兩方面的特徵:一是該類因素未來存在多種變化,二是其變化能對企業的評估值產生較大影響。如對銷售收入的預測,評估人員可能基於對企業所處市場前景的不同假設而會對企業的銷售收入作出不同的預測,並分析不同預測結果可能對企業價值評估產生的影響。在此情況下,評估人員就應對銷售收入的預測進行嚴格的檢驗,對設定的各種銷售收入預測假設反覆推敲。

③對所預測的企業收入與成本費用變化的一致性進行檢驗。企業收入的變化與其成本費用的變化存在較強的一致性。

④在進行敏感性因素檢驗的基礎上,與用其他方法評估的結果進行比較,檢驗在哪一種評估假設下能取得更為合理的評估結果。

(六)折現率及其估測

折現率是將未來收益還原或轉換為現值的比率。它在資產評估業務中有著不同的稱謂,如資本化率、本金化率、還原利率等,本質上都屬於投資報酬率。在運用收益法評估企業價值時,折現率起著至關重要的作用,它的微小變化會對評估結果產生較大的影響。其計算公式為:

折現率 = 無風險報酬率 + 風險報酬率

1. 無風險報酬率的測算

無風險報酬率通常用評估基準日中、長期國債的到期收益率,但應注意換算為複利計算。

2. 風險報酬率的測算

風險補償額相對於風險投資額的比率就叫做風險報酬率,即折現率。

(1)影響風險報酬率的主要因素

就企業而言,影響風險報酬率的主要因素包括經營風險、財務風險、行業風險、通貨膨脹風險等;從投資者的角度看,要投資者承擔一定的風險,就要有相對應的風險補償,風險越大,要求補償的數額也就越大。在測算風險報酬率的時候,評估人員應注意以下因素:

①國民經濟增長率及被評估企業所在行業在國民經濟中的地位;

②被評估企業所在行業的發展狀況及被評估企業在行業中的地位;

③被評估企業所在行業的投資風險;

④企業在未來的經營中可能承擔的風險等。

(2)風險報酬率的測算

①風險累加法。企業在其持續經營的過程中可能要面臨許多風險,像前面已經提到的行業風險、經營風險、財務風險、通貨膨脹等。將企業可能面臨的風險對回報率的要求

予以量化並累加，便可得到企業評估中的風險報酬率。用公式表示為：

風險報酬率＝行業風險報酬率＋經營風險報酬率＋財務風險報酬率＋其他風險報酬率

量化上述各種風險所要求的報酬率，主要是採取經驗判斷的方法。它要求評估人員充分瞭解國民經濟的運行態勢、行業發展方向、市場狀況、同類企業競爭情況等。只有在瞭解和掌握上述數據資料的基礎上，對於風險報酬率的判斷才能較為客觀、合理。當然，在條件許可的情況下，評估人員應盡量採取統計和數量分析方法對風險回報率進行量化。

②β 系數法。β 系數法認為，行業風險報酬率是社會平均風險報酬率與被評估企業所在行業平均風險和社會平均風險的比率係數的乘積。使用 β 系數法估算風險報酬率的步驟如下：

第一步，將社會平均收益率扣除無風險報酬率，求出社會平均風險報酬率；

第二步，將企業所在行業的平均風險與社會平均風險進行比較，求出企業所在行業的 β 系數；

第三步，用社會平均風險報酬率乘以企業所在行業的 β 系數，可得到被評估企業所在行業的風險報酬率。用公式表示如下：

$$R_r = (R_m - R_f) \times \beta$$

式中：R_r——被評估企業所在行業的風險報酬率；

R_m——社會平均收益率；

R_f——無風險報酬率；

β——被評估企業所在行業的 β 系數。

在評估某一具體的企業價值時，應考慮企業的規模、經營狀況及財務狀況，確定企業在其所在的行業中的地位係數（α），然後與企業所在行業的風險報酬率相乘，得到該企業的風險報酬率。用公式表示為：

$$R_r = (R_m - R_f) \times \beta \times \alpha$$

如果能通過一系列方法測算出風險報酬率，則企業評估的折現率的測算就相對簡單了。企業價值評估的折現率包括加權平均資本成本模型和權益資本成本模型兩種。

①加權平均資本成本模型

加權平均資本成本模型是以企業的所有者權益和負債所構成的投資成本，以及投資成本所需的回報率，經加權平均計算來獲得企業評估所需折現率的一種數學模型。用公式表示為：

$$R = \frac{E}{D+E} \times K_e + \frac{D}{D+E} \times (1-T) \times K_d$$

其中：R——加權資本成本；

$\dfrac{E}{D+E}$——權益資本占全部資本的權重；

$\dfrac{D}{D+E}$——債務資本占全部資本的權重；

K_e——權益資本要求的投資回報率(權益資本成本)，包含風險報酬率和無風險報酬率；

K_d——債務資本要求的回報率(債務資本成本)；

T——被評估企業所適用的所得稅稅率。

資本加權平均成本是就企業總體而言的，一般用於評估企業整體資產價值。在確定權重的比例時，應當根據各項資本的市場價值而不是帳面價值計算。

②權益資本成本模型

權益資本成本模型是以企業的所有者權益構成的投資成本所要求的回報率計算企業評估所需折現率的一種數學模型。在實際操作中常用資本資產定價模型計算權益資本成本。用公式表示為：

$$K_e = R_f + Beta \times MRP + R_c$$

式中：K_e——權益資本成本；

R_f——目前的無風險利率；

R_m——市場回報率；

$Beta$——權益的系統風險係數；

MRP——市場的風險溢價；

R_c——企業特定風險調整係數。

權益資本成本是就股權而言的，一般用於評估股權價值。

3. 收益額與折現率或資本化率口徑一致的問題

確定折現率的基本原則實質上是確定一個合理的期望投資報酬率，它通過估算企業的資本成本來確定。由於企業存在多種收益口徑的選擇，因此評估人員需要注意折現率必須與被折現的現金流量的類型和風險相一致。確定折現率的一個重要原則就是：企業自由現金流與加權平均資本成本模型相匹配，權益自由現金流量與權益資本成本模型相匹配。

(七)收益法的具體應用舉例

[例8-4] A公司2010年和2011年的財務資料如表8-4所示。

表 8-4　　　　　　　　A 公司 2010 年和 2011 年的財務資料　　　　　金額單位：萬元

項目	2010 年	2011 年
流動資產合計	1,250	1,310
長期投資	0	102
固定資產原值	3,048	3,194
累計折舊	343	359
固定資產淨值	2,705	2,835
其他長期資產	180	160
長期資產合計	2,885	3,097
總資產	4,135	4,407
股本(每股 1 元)	3,641	3,877
長期負債	100	120
未分配利潤	394	410
所有者權益合計	4,035	4,287
主營業務收入	2,195	2,300
主營業務成本	916	960
主營業務利潤	1,279	1,340
銷售費用	630	660
其中：折舊	200	210
長期資產攤銷	20	20
利息	5	6
利潤總額	649	680
所得稅(30%)	195	204
淨利潤	454	476
年初未分配利潤	234	342
可供分配利潤	688	818
股利	344	409
未分配利潤	342	409

　　A 公司 2011 年的銷售增長率為 4.8%，預計今後的銷售增長率可穩定在 5% 左右，並且資本支出、折舊與攤銷、營運流動資產、長期負債以及利潤等均將與銷售同步增長，當前的國庫券利率為 4%，平均風險溢價 2%，公司的股票 β 值為 1.1。要求：

　　(1) 計算 A 公司 2011 年的股權現金流量；

　　(2) 評估 A 公司 2012 年的股權價值。

解：(1) 2011 年股權現金流量

股權現金流量 = 稅後淨利潤 + 折舊與攤銷 - 資本性支出 - 淨營運資金變動 + 付息債務的增加

2011 年息前稅後利潤 = 476(萬元)

2011 年折舊和攤銷 = 210 + 20 = 230(萬元)

2011 年營運資本變動額 = 1,310 - 1,250 = 60(萬元)

2011 年資本支出 = 長期資產淨值變動 + 折舊和攤銷 = 2,995 - 2,885 + 230 = 340(萬元)

2011 年付息債務的增加 = 長期負債的變動 = 120 - 100 = 20(萬元)

所以，2011 年股權現金流量 = 稅後淨利潤 + 折舊和攤銷 - 資本支出 - 營運資本變動額 + 付息債務的增加 = 476 + 230 - 340 - 60 + 20 = 326(萬元)

(2) 2012 年權益的市場價值

2012 年息前稅後利潤 = 476 × (1 + 5%) = 499.8(萬元)

2012 年折舊和攤銷 = 230 × (1 + 5%) = 241.5(萬元)

2012 年營運資本變動額 = 2011 年營運資本 - 2010 年營運資本
　　　　　　　　 = 1,310 × (1 + 5%) - 1,310 = 65.5(萬元)

2012 年資本支出 = 340 × (1 + 5%) = 357(萬元)

2012 年付息債務的增加 = 120 × (1 + 5%) - 120 = 6(萬元)

所以，2012 年權益的現金流量 = 稅後淨利潤 + 折舊和攤銷 - 資本支出 - 營運資本變動額 + 付息債務的增加 = 499.8 + 241.5 - 357 - 65.5 + 6 = 325.85(萬元)

折現率 = 4% + 1.1 × 2% = 6.2%

股權價值 = 325.85 / (6.2% - 5%) = 27,154.17(萬元)

(八) 收益法的適用範圍

採用收益法評估企業價值的優點是：首先，它以企業整體盈利能力為基礎，全面綜合企業資產總量、管理水平、人力資源等要素，全面體現了企業的整體素質；其次，收益法是一種建立在價值分析和價值管理基礎上的評估方法，利用投資回報和收益折現等技術手段，把評估企業的預期產出能力和獲利能力作為評估對象來估算被評估企業的價值，反應的是企業資產整體的獲利能力，因而採用收益法評估的企業價值容易為產權交易雙方所接受。

收益法的不足之處是：由於運用收益法評估企業價值必須滿足持續經營、預期收益和與預期收益相關聯的風險能夠預測、可以用貨幣進行計量等前提條件，這在一定程度上限制了收益法的使用。在運用收益法評估企業價值時，如果被評估企業的預期收益、折現率以及被評估企業取得預期收益的持續時間比較難以把握，易受較強主觀判斷和未來不可預見因素影響，那麼在一定程度上就可能影響評估結果的準確性。

運用收益法進行評估需具備以下三個前提條件:
(1)企業能夠在較長時期內持續經營;
(2)能夠對企業未來收益進行合理預測;
(3)能夠對與企業未來收益的風險程度相對應的收益率進行合理估算。

二、市場法
(一)市場法的基本概念
《資產評估準則——企業價值》(2011)將市場法定義為「將評估對象與可比上市公司或者可比交易案例進行比較,確定評估對象價值的評估方法」。
(二)市場法的基本原理
市場法的理論依據是「替代原則」,該方法是基於類似資產應該具有類似交易價格的理論推斷。如果類似資產的交易價格有較大差異,則在市場上就可能產生套利交易的情況。因此,企業價值評估市場法的技術路線是首先在市場上尋找與被評估企業相類似的企業的交易案例,通過對所找到的交易案例中相類似企業交易價格的分析,確定被評估企業的交易價格,即被評估企業的公允市場價值。
(三)市場法運用的基本方法
市場法中常用的兩種具體方法是參考企業比較法和交易案例比較法。
參考企業比較法是指通過對證券市場上與被評估企業可比的上市公司的經營和財務數據進行分析,計算適當的價值比率,在與被評估企業比較分析的基礎上,得出評估對象價值的具體方法。
交易案例比較法是指通過分析可比企業的買賣、收購及合併案例,獲取並分析這些交易案例的數據資料,計算適當的價值比率,在與被評估企業比較分析的基礎上,得出評估對象價值的具體方法。
需要指出的是,交易案例價值比率在很多情況下並不能直接用於計算評估對象的價值,而需要考慮各種不同類型交易案例的折價或溢價。
(四)市場法運用的基本步驟
運用市場法進行企業價值評估的基本步驟如下:
(1)明確被評估企業的基本情況,包括評估對象及其相關權益狀況。
(2)恰當選擇與被評估企業進行比較分析的參考企業。
(3)對所選擇的參考企業或交易案例的業務和財務情況進行分析,與評估對象的情況進行比較、分析並作必要的調整。根據評估項目的具體情況,可以考慮以下調整事項:
①調整被評估企業和參考企業財務報表的編制基礎;
②調整不具有代表性的收入和支出,如非正常和偶然的收入和支出;

③調整非經營性資產、負債和溢餘資產及與其相關的收入和支出；

④註冊資產評估師認為需要調整的其他事項。

(4)選擇並計算合適的價值乘數，並根據以上工作結果對價值乘數進行必要的分析和調整。

(5)將價值比率運用到評估對象所對應的財務數據中，並進行適當的調整，得出初步的評估結果；對缺乏流動性折扣、控製權溢價等事項，註冊資產評估師應進行必要的分析並考慮在評估報告中作出適當的披露。

(6)根據被評估企業特點，對不同價值比率得出的數值予以分析，形成合理評估結論。

(五)價值比率的確定

價格是價值的貨幣表現，企業價值往往通過企業股票價格來體現，因此，企業價值可表現為價格比率與價值比率的乘積。

價值比率是指企業價格與公司特定變量之間的比率。企業的現金流量和利潤直接反應了企業的盈利能力，與企業的價值直接相關，故現金流量和利潤成為公司特定變量的主要指標，包括：息稅、折舊前利潤、無負債的淨現金流量、銷售收入、淨現金流量、淨利潤、淨資產等。

運用市場法對企業價值進行評估，一般通過間接比較分析影響企業價值的相關因素，即通過相關因素間接比較的方法對企業價值進行評估。其理論基礎在於：如果兩家企業處於同一行業，擁有相同的收益、收入和增長前景，它們的價格應該是相似的。其思路可用公式表示如下：

$$\frac{V_1}{X_1} = \frac{V_2}{X_2}$$

即：$V_1 = X_1 \times \dfrac{V_2}{X_2}$

其中：V_1——被評估企業價值；

V_2——可比企業價值；

X_1——被評估企業與企業價值相關的可比指標；

X_2——可比企業與企業價值相關的可比指標。

$\dfrac{V}{X}$ 通常稱為可比價值比率。在評估實務中，某些行業的特定指標也可以作為計算價值比率的一個主要參數。例如，對於製造行業而言，年產量(如噸數)可能作為一個比較重要的指標；對電信營運商而言，用戶數量可能是計算價值比率的一個關鍵指標；對基金管理公司而言，其所管理的基金的總金額通常作為計算價值比率的主要參數。

可比企業選擇的關鍵是可比企業的相似性。判斷企業的可比性有兩個標準：行業標準和財務標準。行業標準是指應盡量在被評估企業所在行業中選擇可比企業；財務標準是指應盡量選擇與被評估企業有相似財務比率、財務結構的企業作為可比企業。

選擇可比企業時需要考慮的主要因素包括：所從事的行業及其成熟度；行業中的地位及其市場佔有率；業務性質及發展歷史；所提供的產品或服務；企業架構及服務的目標市場；企業規模（包括資產、收入及市值等）；資本結構及財務風險、經營風險；經營指標、未來發展能力等。

在企業價值評估過程中，常用的價值比率有多種，其中市盈率應用得較多。

(六) 市場法的應用舉例

[例8-5] 某集團公司擬轉讓其下屬一家運輸公司的全部股權，評估基準日為2010年12月31日。評估人員在同行業的上市公司中選擇了9個可比公司。為了使市盈率能夠在一定程度上反應長期趨勢，評估人員分別計算了可比公司2010年的市盈率（按2010年的實際數據計算）和2011年的市盈率（按2011年的預測數據計算）。同時，分別依據中位數和平均數確定了該組可比公司2010年和2011年的平均市盈率。具體計算過程見表8-5：

表8-5　　　　　　　　　　2010年12月的價格——盈餘分析

可比公司	股票價值/2010年盈餘	股票價值/2011年盈餘估計數
T1	17.8	16.7
T2	12.3	11.8
T3	15.0	14.3
T4	15.8	16.5
T5	28.6	31.0
T6	15.1	14.4
T7	21.5	21.7
T8	53.0	50.5
T9	16.7	16.0
平均數（不包括T5和T8）	16.3	15.9
中位數	16.7	16.5
評估目標公司的股票價值（億元）	根據2010年盈餘2.18億元所得的估計值	根據2011年盈餘估計數2.69億元所得的估計值
由平均數得出的結果	35.53億元	42.77億元
由中位數得出的結果	36.41億元	44.39億元

从上表中所计算的各可比公司的市盈率看，T5 和 T8 的市盈率显著高于其他公司，故评估人员决定在计算平均市盈率时将它们删除。而在计算中位数时，由于它们对中位数的计算无明显影响，故未被删除。

市盈率确定后，将两组市盈率分别乘以被评估企业 2010 年的实际盈利 2.18 亿元和 2011 年的预计盈利 2.69 亿元，即可得出被评估企业的评估值范围为 35.53 亿元～44.39 亿元。

由于企业的个体差异始终存在，仅采用单一可比指标计算出的乘数在某些情况下可能会影响评估值的准确性。因此在评估中，除了采用多样本外，还采用多种参数，即综合法。

[例 8-6] X 公司因产权变动需要评估，评估人员从证券市场上找到了三个（一般为三个以上的样本）与评估企业处于同一行业的相似公司 A、B、C，然后分别计算各公司的市场价值与销售额的比率、与账面价值的比率以及与净现金流量的比率，这里的比率即为可比价值倍数（V/X）。结果如下表 8-6 所示：

表 8-6　　　　　　　　　　相似公司比率汇总

项目	A 公司	B 公司	C 公司	平均
市价/销售额	1.2	1.0	0.8	1.0
市价/账面价值	1.3	1.2	2.0	1.5
市价/净现金值	20	15	25	20

把三个样本公司的各项可比价值倍数分别进行平均，就得到了应用于 X 公司评估的三个倍数。需要注意的是，计算出来的各个公司的比率或倍数在数值上相对接近是十分重要的。如果它们差别很大，就意味着平均数附近的离差相对较大，则选择本公司与目标公司在某项特征上就存在着较大的差异性，此时的可比性就会受到影响，需要重新筛选样本公司。

如表 8-6 所示，得出的数值结果具有较强的可比性。此时假设 X 公司的年销售额为 1 亿元，账面价值为 6,000 万元，净现金流量为 500 万元，然后我们使用从上表中得到的三个倍数计算出 X 公司的指示价值，再将三个指示价值进行算术平均，如表 8-7 所示：

表 8-7　　　　　　　　　　　X 公司的評估價值

項目	X 公司實際數據	可比公司平均比率	X 公司指示價值
銷售額	10,000	1.0	10,000
帳面價值	6,000	1.5	9,000
淨現金流量	500	20	10,000
X 公司的平均價值			9,700

從上表得到的三個可比價值倍數分別是 1.0、1.5、20，然後分別以 X 公司的三個指標 10,000 萬元、6,000 萬元、500 萬元分別乘以三個可比價值倍數，得到 X 公司的三個指示價值 10,000 萬元、9,000 萬元、10,000 萬元，將三個指示價值進行平均得到 X 公司的評估價值為 9,700 萬元。

(七)市場法的適用範圍

市場法的特點是從市場的角度評估企業的價值，所需的參數、指標可以直接從市場獲得。

使用市場法需要具備以下四個條件：

(1)有一個充分發展、活躍的資本市場；

(2)在上述資本市場中存在著足夠數量的與評估對象相同或相似的參考企業，或者在資本市場上存在著足夠的交易案例；

(3)能夠收集並獲得參考企業或交易案例的市場信息、財務信息及其他相關資料；

(4)可以確信依據的信息資料具有代表性和合理性，且在評估基準日是有效的。

三、資產基礎法

(一)資產基礎法的基本概念

《資產評估準則——企業價值》(2011)第 39 條將企業價值評估中的資產基礎法定義為「以被評估企業評估基準日的資產負債表為基礎，合理評估企業表內及表外各項資產、負債價值，確定評估對象價值的評估方法」。「資產基礎」包含兩種含義：一是指以企業的資產負債表上所載明的內容(如各類資產和負債)作為評估的基礎；二是以企業的資產負債表上所載明的價值(即帳面價值)作為評估的基礎。

(二)運用資產基礎法的基本思路

進行資產評估時需要設定假設條件。運用資產基礎法評估企業價值時也是如此。對於持續經營假設前提下的各個單項資產或資產組合的評估，應按貢獻原則評估其價值；對於非持續經營假設前提下的單項資產或資產組合的評估，則按變現原則評估其價值。

(三)應用資產基礎法的基本程序
(1)取得被評估企業評估基準日的資產負債表。
(2)調整項目。將每項資產、負債、權益項目的帳面價值調整為公允價值。
(3)調整資產負債表外項目。評估並加上資產負債表外特定有形或無形的資產和負債。
(4)在調整基礎上,編制新的資產負債表,反應所有項目的公允價值。
(5)確定所有者權益的調整後價值。
(四)應用資產基礎法需注意的問題
(1)在進行資產基礎法評估之前,應對企業的盈利能力以及匹配的單項資產進行認定,以便在委託方委託的評估範圍的基礎上,進一步界定納入企業盈利能力範圍內的資產和閒置資產的界限,明確評估對象的作用空間和評估前提。
(2)對現金的評估。除對現金進行點鈔核數外,還要通過對現金及企業營運的分析,判斷企業的資金流動能力和短期償債能力。
(3)對應收帳款及預付款的評估。從企業財務的角度,應收帳款及預付款都構成企業的資產。而從企業資金週轉的角度,企業的應收帳款必須保持一個合理比例。企業應收帳款占銷售收入的比例以及帳齡的長短大致可以反應一個企業的銷售情況、企業產品的市場需求及企業的經營能力等,並為預期收益的預測提供參考。
(4)對存貨的評估。存貨本身的評估並不複雜,但通過對存貨進行評估,可以瞭解企業的經營狀況,至少可以瞭解企業產品在市場中的競爭地位。暢銷產品、正常銷售產品、滯銷產品和積壓產品的比重,將直接反應企業在市場上的競爭地位,並為企業的預期收益預測提供基礎。
(5)對機器設備與建築物的評估。機器設備和建築物是企業進行生產經營和保持盈利能力的基本物質基礎。設備的新舊程度、技術含量、維修保養狀況、利用率等,不僅決定機器設備本身的價值,同時還對企業未來的盈利能力產生重大影響。按照機器設備及建築物對企業盈利能力的貢獻評估其現時價值,是持續經營假設前提下運用資產基礎法評估企業單項資產的主要特點。
(6)長期投資。對於控股的長期股權投資企業,採用資產基礎法時,評估人員應到現場實地核查其資產和負債,全面進行評估;對於非控股的長期股權投資企業,在未來收益難以確定的情況下,可以採用資產基礎法進行評估,即通過對被投資企業進行整體評估,確定淨資產數額與投資方應占的份額,從而確定長期投資的評估值。
如果該項投資發生時間不長,被投資企業資產帳實基本相符,則可對企業的長期股權投資項目不進行單獨評估。可根據核實後的被投資企業資產負債表上淨資產數額與投資方應占的份額確定長期投資的評估值。

(7)無形資產。資產負債表上的無形資產一般反應取得成本。應該將這些無形資產未攤銷的帳面價值調整為市場價值。如果特定無形資產(如專利權、著作權或商標權)具有價值,這些價值可以通過收益法、市場法或資產基礎法來確定。

(8)負債。一般的負債調整主要涉及與資產相關的負債。比如,如果房產從資產項扣除,任何與之相關的負債也應相應扣除;如果房產以租賃的形式加入,資產中包括房產的經營價值(以市場租金水平計算),相應的債務也應在房產價值中考慮。

(9)非經營性或偶然性資產和負債。非經營資產和負債是那些維持經營活動不需要的資產和負債。偶然性的資產和負債是指那些非持續性取得的資產和負債。對非經營性或偶然性資產和負債應予以調整。

(10)資產負債表表外項目。這一般是指表外負債,包括擔保負債、未決訴訟或其他糾紛(如稅務、員工投訴、環境保護或其他監管問題)等。評估人員應通過與被評估企業管理層及法律顧問的討論,評估和量化這些負債。

(五)資產基礎法應用舉例

[例8-7]某企業擬進行產權轉讓,評估人員根據企業盈利狀況決定採用資產基礎法評估企業價值。具體評估步驟如下:

(1)逐項評估企業的各項資產。評估結果為:機器設備2,500萬元,廠房800萬元,流動資產1,500萬元,土地使用權價值400萬元,商標權100萬元。

(2)逐項評估企業的各項負債。流動負債1,000萬元,長期負債1,000萬元,合計2,000萬元。

企業評估價值(淨資產價值) = 2,500 + 800 + 1,500 + 400 + 100 - 2,000 = 3,300(萬元)

(六)資產基礎法的適用範圍

資產基礎法的適用範圍主要有:

(1)不宜採用收益法或市場法的情況下。比如,處於清算狀態下的企業整體資產評估。由於企業處於清算狀態,無法運用收益法或市場法對企業價值進行評估,因此,只能採用資產基礎法。

(2)對部分資產進行評估。如:對部分機器設備、房屋及構築物等進行評估。由於對這些資產難以單獨計算收益,因此,無法採用收益法;又由於這些資產中的有些資產,沒有市場價格可詢(如構築物等),因此,無法採用市場法。在這些情況下,就只能採用資產基礎法。

(3)委托方需要有詳細的評估明細資料。由於資產基礎法的基本特點是對委托評估的資產評估值進行逐項求和,對委托評估的負債評估值也逐項求和,這樣,就有可能提供比較詳盡的資產和負債的明細資料,有時這些詳細資料對企業非常重要。因此,當企業需

要通過資產評估而取得資產和負債的詳細明細資料時,就需要採用資產基礎法。

第三節　企業價值評估應用舉例

一、收益法應用案例

[例8-8]某公司2008年的銷售收入為16.875億元,經營費用為15.175億元,利息、稅收、折舊、攤銷前收益為1.7億元,折舊為0.55億元,資本性支出為0.60億元,營運資本為0.9億元。公司發行在外債務的帳面價值是9.12億元,市場價值為10億元,稅前利率為10%,公司共有1億股股票,每股市價15元,股票的β值為1.2,國庫券利率是6%。預計在2009—2013年,公司的銷售收入、利潤、資本性支出、營運資本和折舊都將以10%的速度增長。從2014年開始,公司將進入穩定增長階段,增長率下降為7%。公司進入穩定增長階段後,資本性支出與折舊相抵,而負債比例將降至30%,債務稅前利率降為8%,股票的β值為1.1(公司的所得稅率為25%,市場的平均收益率為13.5%)。試估計公司2008年年末的公司價值。

(1)將公司各階段的資料整理如下:

2008年資料:

利息、稅收、折舊、攤銷前收益=1.7億元;資本性支出=0.60億元;折舊=0.55億元;營運資本=0.9億元;稅前利率=10%;銷售收入=16.875億元。

高速增長階段(2009—2013年)的資料:

利息、稅收、折舊、攤銷前收益的增長率=10%;n=5年;股票的β值=1.2;稅前債務成本=10%。

穩定增長階段(2014年以後)的資料:

資本性支出與折舊相抵;股票的β值=1.1;稅前債務成本=8%;負債比率=30%;增長率=7%。

(2)公司價值的計算如下:

高速增長階段(2009—2013年):

負債比率=10/(10+1×15)=40%

權益資本成本=6%+1.2×(13.5%-6%)=15%

加權平均資本成本=10%×(1-25%)×40%+15%×(1-40%)=12%

根據公式「公司自由現金流量=稅後淨利潤+折舊與攤銷-利息費用(扣除稅務影

響後)－資本性支出－淨營運資金變動＝利息、稅收前收益×(1－所得稅率)＋折舊與攤銷－資本性支出－淨營運資金變動」，預期的各年公司自由現金流量見表8－8：

表8－8　　　　　　　　　　公司自由現金流量計算表　　　　　　　金額單位：億元

計算項＼年份＼序號	序號	2009年	2010年	2011年	2012年	2013年
利息、稅收、折舊、攤銷前收益	①	1.870	2.057	2.263	2.489	2.738
折舊、攤銷	②	0.605	0.666	0.732	0.805	0.886
利息、稅收前收益③＝①－②	③	1.265	1.391	1.531	1.684	1.852
利息、稅收前收益×(1－所得稅率)	④	0.949	1.043	1.148	1.263	1.389
資本性支出	⑤	0.660	0.726	0.799	0.878	0.966
淨營運資金變動	⑥	0.090	0.099	0.109	0.120	0.132
公司自由現金流量⑦＝④＋②－⑤－⑥	⑦	0.804	0.884	0.972	1.070	1.177
現值(12%)		0.718	0.705	0.692	0.680	0.667

註：(P/F,12%,1)＝0.893,(P/F,12%,2)＝0.797,(P/F,12%,3)＝0.712,(P/F,12%,4)＝0.636,(P/F,12%,5)＝0.567

穩定增長階段(2014年以後)：

負債比率＝30%

權益資本成本＝6%＋1.1×(13.5%－6%)＝14.25%

加權平均資本成本＝8%×(1－25%)×30%＋14.25%×(1－30%)＝11.78%

企業自由現金流量＝1.389×(1＋7%)－0.132×(1＋7%)＝1.345(億元)

穩定階段的期末市價＝1.345÷(11.78%－7%)＝28.14(億元)

穩定階段期末市價的現值＝28.14÷(1＋12%)^5＝28.14×0.567＝15.96(億元)

公司當前的價值是高速增長階段和穩定增長階段的現值之和。

公司價值＝高速增長階段的現值和＋穩定階段的現值和＝0.718＋0.705＋0.692＋0.680＋0.667＋15.96＝19.42(億元)

二、市場法應用案例

[例8－9]2010年1月9日S延邊路公告公司擬以2006年6月30日經審計的全部資產(含負債)作為對價，回購吉林敖東持有的該公司84,977,833股非流通股股份，同時

以新增股份換股的方式，與廣發證券全體股東所持有的廣發證券股份進行換股。

(1) 可比公司選取

評估機構選取中信證券、海通證券、光大證券三家上市公司作為廣發證券的可比公司。評估基準日可比上市公司的市淨率(P/B)見表8-9：

表8-9　　　　　　　　　　可比公司財務指標(一)

可比公司名稱	基準日收盤價(元)	每股淨資產	基準日 P/B
中信證券	25.01	8.75	2.86
海通證券	13.19	5.09	2.59
光大證券	21.94	6.28	3.49

(2) 盈利水平調整

一是淨資產收益率(Rate of Return on Common Stockholders' Equity, ROE)的確定。根據可比公司2009年前三個季度財務報告數據年處理化得到ROE(見表8-10)。

表8-10　　　　　　　　　　可比公司財務指標(二)

可比公司名稱	歸屬母公司股東的權益	歸屬母公司股東的淨利潤	ROE
中信證券	57,986,554,698.69	6,290,655,470.63	13.96%
海通證券	41,898,531,110.23	3,562,457,084.48	11.02%
光大證券	21,472,186,576.63	1,856,346,726.04	17.66%

二是股權成本率(Cost of Equity, COE)的確定。此次評估中，評估對象COE採用資本資產定價模型計算。

無風險溢價：無風險收益率源自Wind系統，為評估基準日10年期國債到期收益率。

市場風險溢價：採用成熟市場的風險溢價進行調整確定。

β 系數：取證券類可比上市公司Beta的平均值。

個別風險調整系數：考慮廣發證券的資產規模、業務規模、產業基金等各方面與海通證券和中信證券相比略差，以此來確定廣發證券的個別風險調整系數。

根據目標公司的ROE/COE和可比公司的ROE/COE，計算(目標公司ROE/COE)/(可比公司ROE/COE)的比值，得出盈利能力調整系數表，見表8-11：

表8-11　　　　　　　　　　盈利能力調整系數

項目	中信證券	海通證券	光大證券
(目標公司 ROE/COE)/(可比公司 ROE/COE)	1.86	2.27	1.53

(3)營運狀況調整

將「經紀業務/營業收入」指標作為一項價值調整因素,經紀業務收入占比越高,則公司營運的風險越大,見表8-13:

表8-12　　　　　　　　　　營運狀況調整系數

項目	廣發證券	中信證券	海通證券	光大證券
經紀業務/營業收入(%)	75.75	54.49	70.55	70.20
經紀業務/營業收入指標比值(%)	100.00	139.02	107.37	107.91
調整系數(%)		-1.39	-1.07	-1.08

(4)其他調整及目標公司市淨率

評估機構還要根據被評估企業與可比對象間淨利潤增加收入增長率、淨利潤增長率比值、淨利潤增長等差異,對成長能力、風險控製能力等進行調整。

綜合各項調整,計算可比公司綜合修正後的P/B,並取平均值作為目標公司的P/B,見表8-13:

表8-13　　　　　以淨資本為核心的風險控製指標調整系數

項目	中信證券	海通證券	光大證券
可比公司 P/B	2.86	2.59	3.49
盈利能力調整系數	1.86	2.27	1.53
成長性調整系數(%)	98.76	97.74	100.61
風險控製能力調整系數(%)	95.14	85.63	93.74
營運狀況調整系數(%)	98.61	98.93	98.92
可比公司綜合調整後 P/B	4.93	4.87	4.98
可比公司綜合調整後平均 P/B			4.93

(5)缺乏流動性折扣率

廣發證券是非上市公司,評估師根據相關研究,最終確定流動性折價比率為58%。考慮缺乏流動性折扣後的目標公司評估基準日股權P/B確定為2.85。

第九章

資產評估報告

第一節 資產評估報告的基本要素

一、資產評估報告的概念

資產評估報告是指註冊資產評估師根據資產評估準則的要求,在履行必要評估程序後,對評估對象在評估基準日特定目的下的價值發表的、由其所在評估機構出具的書面專業意見。

資產評估機構接受委托後,依據國家有關法律、法規和行業規定,按照評估程序,根據評估對象的特點,採用恰當的評估方法,獨立、客觀、公正地進行評估,在充分的調查分析、周密的評定估算的基礎上得出評估結果,形成資產評估報告。

二、資產評估報告的類型

資產評估報告根據委托方委托的評估事項的不同,可以分為以下不同類型的評估報告。

(一)按照資產評估的對象劃分,可以分為單項資產評估報告和整體資產(企業價值)評估報告

單項資產評估報告是針對房地產、機器設備、無形資產等單項資產出具的評估報告;整體資產評估報告是對企業的全部資產和負債(企業價值)進行評估出具的評估報告。

（二）按照資產評估工作的內容，可以分為正常資產評估報告、評估復核報告和評估諮詢報告

正常資產評估報告是指評估師按照評估有關規定出具的評估報告；評估復核報告是指評估機構內部人員對其他評估師出具的評估報告進行復核所出具的復核報告；評估諮詢報告是評估師為了滿足某種需要對被評估資產的價值提供諮詢意見而出具的一種報告。

（三）按照資產評估生效日及評估項目的目的和作用不同劃分，可以分為追溯性評估報告、現時性評估報告和預期性評估報告

追溯性評估報告適用於需要確定過去價值的評估，即評估基準日早於報告日，通常是早於報告日一年（法規規定資產評估有效期為一年），在資產納稅、司法訴訟等情況下，需要進行該類型評估；現時性評估報告適用於評估基準日與報告日期接近的評估，大多數評估項目都是要求評估資產的現時價值；預期性評估報告適用於資產未來價值的評估，例如，對正在開發的房地產項目的資產權益進行評估，就需要確定資產的未來價值。

（四）按照評估報告提供內容和數據資料的繁簡程度劃分，可以分為完整評估報告、簡明評估報告和限制評估報告

完整評估報告、簡明評估報告和限制評估報告都是有效的評估報告。完整評估報告和簡明評估報告的區別在於根據評估目的、評估對象以及委託人的要求等，報告內容的詳略程度不同。限制評估報告是對報告使用者有限制的評估報告，即當評估報告的使用者不包括委託客戶以外的其他方時，可以使用限制評估報告。限制評估報告應當包括的內容與完整評估報告基本相似，差異是限制評估報告的部分資料和數據只體現在工作底稿中，而不體現在評估報告中。當評估師使用限制評估報告時，必須提供一個突出的註釋，來提示其他閱讀者，如果沒有評估師工作檔案中其他信息資料的支持，該評估報告將無法被正確理解。

三、資產評估報告的基本內容

根據《資產評估準則——評估報告》（2011 修訂版）、《企業國有資產評估報告指南》（2011 修訂版）和《金融企業國有資產評估報告指南》（2011 修訂版）的規定，資產評估報告的基本內容包括標題及文號、聲明、摘要、正文、附件。

（一）標題及文號

標題應含有「××項目資產評估報告」的字樣。報告文號應符合公文的要求。

（二）聲明

評估報告的聲明應當包括以下內容：註冊資產評估師恪守獨立、客觀和公正的原則，遵循有關法律、法規和資產評估準則的規定，並承擔相應的責任；提醒評估報告使用者關

注評估報告特別事項說明和使用限制;其他需要聲明的內容。

(三)摘要

資產評估報告正文之前通常需要附有表達該報告書關鍵內容和結論的摘要,以便簡明扼要地向報告書使用者提供評估報告的主要信息,包括委託方、評估目的、評估對象和評估範圍、評估基準日、評估方法、評估結論等。摘要必須與評估報告揭示的結論一致,不得有誤導性內容,並應通過文字提醒使用者,為了正確理解評估報告內容應閱讀報告書全文。

(四)正文

根據《資產評估準則——評估報告》(2011修訂版)、《企業國有資產評估報告指南》(2011修訂版)和《金融企業國有資產評估報告指南》(2011修訂版)的規定,評估報告正文應當包括以下14項內容:

1. 委託方、產權持有者和委託方以外的其他評估報告使用者

這是要求對委託方與產權持有者的基本情況進行介紹。要寫明委託方和產權持有者之間的隸屬關係或經濟關係,無隸屬關係或經濟關係的,應寫明發生評估的原因。當產權持有者為多家企業時,還需逐一介紹;同時還要註明其他評估報告使用者,以及國家法律、法規規定的評估報告使用者。

2. 評估目的

評估目的應寫明本次資產評估是為了滿足委託方的何種需要及其所對應的經濟行為,評估目的應當是唯一的。

3. 評估對象和評估範圍

應寫明評估對象和納入評估範圍的資產及其類型(流動資產、長期投資、固定資產和無形資產等),描述評估對象的法律權屬狀況、經濟狀況和物理狀況。在評估時,以評估對象確定評估範圍。如:企業價值評估,評估對象可以分別為企業整體價值、股東全部權益價值和股東部分權益價值。而評估範圍則是評估對象涉及的資產及負債內容,包括房地產、機器設備、股權投資、無形資產、債權和債務等。

4. 價值類型及其定義

評估報告應當明確所評估資產的價值類型及其定義,並說明選擇價值類型的理由。價值類型包括:市場價值和市場價值以外的價值(包括投資價值、在用價值、清算價值和殘餘價值等)。

5. 評估基準日

應寫明評估基準日的具體日期和確定評估基準日的理由或成立條件,也應揭示確定基準日對評估結論的影響程度。如採用非基準日的價格,還應對採用非基準日的價格標準作出說明。評估基準日根據經濟行為的性質由委託方確定,可以是現在時點,也可以是

過去或者將來的時點。

 6. 評估依據

  評估依據包括行為依據、法規依據、產權依據和取價依據等。對評估中採用的特殊依據要作相應的披露。

 7. 評估方法

  應說明評估中所選擇和採用的評估方法以及選擇和採用這些評估方法的依據或原因。對某項資產採用一種以上評估方法的，還應說明原因並說明該項資產價值的最後確定方法。對採用特殊評估方法的，應適當介紹其原理與適用範圍。

 8. 評估程序實施過程和情況

  應反應評估機構自接受評估項目委托起至提交評估報告的全過程，包括：接受委托階段的情況瞭解；確定評估目的、對象與範圍、基準日和擬訂評估方案的過程；資產清查階段的評估人員指導資產佔有方清查資產、收集及準備資料、檢查與驗證的過程；評定估算階段的現場核實、評估方法選擇、市場調查與瞭解的過程；評估報告階段的評估資料匯總、評估結論分析、撰寫評估說明與評估報告、內部復核、提交評估報告的過程；等等。

 9. 評估假設

  評估報告應當披露評估假設，並說明評估結論是在評估假設的前提下得出的，以及評估假設對評估結論的影響。

 10. 評估結論

  這部分是報告書正文的重要部分。應使用表述性文字完整地敘述評估機構對評估結果發表的結論，對資產、負債、淨資產的帳面價值、淨資產的評估價值及其增減幅度進行表述。採用兩種以上方法進行評估的，應當說明兩種以上評估方法結果的差異及其原因和最終確定評估結論的理由。對於不納入評估匯總表的評估事項及其結果還要單獨列示。

 11. 特別事項說明

  在這部分中應說明評估人員在評估過程中已發現可能影響評估結論，但非評估人員執業水平和能力所能評定估算的有關事項，也應提示評估報告使用者應注意特別事項對評估結論的影響，還應揭示評估人員認為需要說明的其他事項。特別事項說明通常包括下列主要內容：產權瑕疵；未決事項、法律糾紛等不確定因素；重大期後事項；在不違背資產評估準則基本要求的情況下，採用的不同於資產評估準則規定的程序和方法；等等。

 12. 評估報告使用限制說明

  這主要包括下列內容：①評估報告只能用於評估報告載明的評估目的和用途；②評估報告只能由評估報告載明的評估報告使用者使用；③未徵得出具評估報告的評估機構同意，評估報告的內容不得被摘抄、引用或披露於公開媒體，法律、法規規定以及相關當事方另有約定的除外；④評估報告的使用有效期；⑤因評估程序受限造成的評估報告的使用

限制。

13. 評估報告日

評估報告日是指評估機構對評估報告的簽發日。

14. 簽字蓋章

註冊資產評估師簽字蓋章,評估機構或者經授權的分支機構加蓋公章,法定代表人或者其授權代表簽字,合夥人簽字。有限責任公司制評估機構的法定代表人可以授權首席評估師或者其他持有註冊資產評估師證書的副總經理以上管理人員在評估報告上簽字。有限責任公司制評估機構可以授權分支機構以分支機構名義出具除證券期貨相關評估業務外的評估報告,加蓋分支機構公章。評估機構的法定代表人可以授權分支機構負責人在以分支機構名義出具的評估報告上簽字。

(五)附件的基本內容

資產評估報告的附件主要應包括以下基本內容:有關經濟行為文件;被評估單位的會計報表;委托方與被評估單位的《企業法人營業執照》複印件;委托方與被評估單位關於資產的真實性、合法性的承諾函;產權證明文件複印件;資產評估人員和評估機構的承諾函;評估機構資格證書複印件;評估機構《企業法人營業執照》複印件;簽字註冊評估師資格證書複印件;重要合同和其他文件。

(六)資產評估說明的基本內容和格式

資產評估說明是根據有關基本內容和格式的要求撰寫的,用來描述評估師對其評估項目的評估程序、方法、依據、參數選取和計算過程。資產評估說明是資產評估報告的組成部分,在一定程度上決定評估結論的公允性,保護評估行為相關各方的合法利益。它是財產主管機關審查評估報告的重要文件。

按有關規定,評估說明的內容應同評估報告的內容一致。評估機構、註冊資產評估師及委托方、資產佔有方應保證其撰寫或提供的構成評估說明各組成部分的內容真實完整,未作虛假陳述,也未遺漏重大事項。

資產評估說明應按以下順序進行撰寫:

1. 評估說明的封面及目錄

(1)評估說明封面應載明評估項目名稱,評估報告的編號、評估機構名稱、評估報告提出日期。

(2)評估說明目錄應在封面的下一頁排印,標題與頁碼應與目錄相符。

2. 關於評估說明使用範圍的聲明

聲明應寫明評估說明僅供財產評估主管機關、企業主管部門在審查資產評估報告和檢查評估機構工作之用,非為法律、行政法規規定,材料的全部或部分內容不得提供給其他任何單位和個人,不得見諸公開媒體。

3. 企業關於進行資產評估有關事項的說明

這部分由委託方和被評估單位共同撰寫並由負責人簽字,加蓋公章,簽署日期。它是評估機構開展評估活動的必要的依據。這部分的基本內容和格式應包括以下內容:委託方和被評估單位概況;關於評估目的的說明;關於評估範圍的說明;關於評估基準日的說明;可能影響評估工作的重大事項的說明;資產及負債清查情況的說明;列示委託方、被評估單位提供的有關評估的資料清單。

4. 評估對象與評估範圍說明

這部分主要說明評估對象和評估範圍具體情況,主要包括以下內容:委託評估的資產類型、帳面金額;委託評估的資產權屬狀況;實物資產的類型、數量、分佈情況和存放地點;實物資產的技術特點、使用情況、大修理及改擴建情況等;企業申報的帳面記錄或者未記錄的無形資產情況;企業申報的表外資產(如有申報)的類型、數量;引用其他機構出具的報告的結論所涉及的資產類型、數量和帳面金額等。

5. 資產核實情況總體說明

這部分主要說明資產評估過程中進行資產核實的總體情況,包括資產核實人員組織、實施時間和過程、影響資產核實的事項及處理方法、核實結論等。

6. 資產評估技術說明

這是對資產進行評定估算過程的說明,反應評估中選定的評估方法和採用的技術思路及實施的評估工作內容。採用成本法評估單項資產(或者資產組合)、企業價值,應當根據評估項目的具體情況以及資產負債類型,編寫評估技術說明。各資產負債評估說明應按評估項目涉及的資產負債類別或會計科目分類,逐一撰寫資產負債的清查情況和評估情況。各資產負債評估說明的內容應包括基本情況、清查、評估和評估值與帳面值相比的變動分析四個基本方面。採用收益法進行企業價值評估,應當根據行業特點、企業經營方式和所確定的預期收益口徑以及評估的其他具體情況等,確定評估技術說明的編寫內容,主要包括:評估對象,收益法的應用前提及選擇的理由和依據,收益預測的假設,企業經營、資產與財務分析,收益模型的選取,收益期限的確定,預測期收益的確定,折現率/資本化率的計算,預測期後企業價值的確定,評估值測算過程與結果等。採用市場法進行企業價值評估,應當根據所採用的具體方法(參考企業比較法或者併購案例比較法),確定評估技術說明的編寫內容。

7. 評估結論及其分析

這部分主要概括說明評估結論,包括以下內容:評估結論;如果採用兩種及以上評估方法評估企業價值,應當分別說明每種方法下的評估價值以及確定最終評估結論的依據和理由;評估結論與帳面價值差異的原因分析;股東部分權益價值的溢價(或者折價)。

(七)資產評估明細表的基本內容和格式

資產評估明細表是反應被評估資產在評估前後的資產負債明細情況的表格,它是資產評估報告的組成部分,主要包括以下內容:資產及負債的名稱、發生日期、帳面價值、調整後的帳面價值、評估價值等;反應資產及負債特徵的項目;反應評估增減值情況的欄目和備註;反應被評估資產的會計科目名稱、資產佔有單位、評估基準日、表號、金額單位等資產評估明細表表頭;寫明填表人員、評估人員。評估明細表設立逐級匯總,第一級為明細表總計,第二級是按資產及負債大類單獨匯總,第三級按資產和負債總計匯總,第四級按資產及負債大類項目且以人民幣萬元為金額單位匯總。資產評估明細表一般應按會計科目順序排列裝訂。

四、資產評估報告的基本制度

資產評估報告的基本制度是指與資產評估報告相關的有關法律、法規規定以及行業規範。

中國資產評估報告基本制度的特點體現在以下幾個方面:

(一)資產評估報告的撰寫

在中國,評估人員及評估機構必須按照國家有關法規及行業規範出具評估報告。資產評估報告必須根據國務院91號令《國有資產評估管理辦法》(1991)、資產評估準則體系,以及國家其他有關法律、法規等進行撰寫。中國資產評估協會頒布的《資產評估準則——評估報告》(2007)、《企業國有資產評估報告指南》(2008)和《金融企業國有資產評估報告指南》(2010),對撰寫資產評估報告進行了詳盡的規範。

(二)資產評估報告的內容

中國有關法規與行業規範對資產評估報告內容進行規範的基本點是,既規範評估報告的基本要素,又規範評估報告的基本格式。評估報告的基本要素是指在評估報告中應包括基本內容;基本格式是指撰寫評估報告的書面格式。在國外(如美國),則主要是從評估報告的類型與評估報告的要素來進行規範的,沒有對評估報告的基本格式進行規範。

(三)資產評估報告的使用

根據中國有關法規及行業規範的規定,資產評估的委託方和評估報告的使用者應依據國家相關法律、法規及行業規範的有關規定,正確地使用資產評估報告。

第二節　資產評估報告的編制

一、資產評估報告的編寫要求

(一)客觀、公正

客觀、公正是指在資產評估報告的編寫過程中,評估人員必須保持客觀、公正的立場,本著實事求是的科學態度,認真核對報告書所採用的資料,準確地概括整個評估工作中的各個環節和最後評估的結果,不允許有任何弄虛作假的情形存在。凡是列入報告書的信息,必須反覆核實,有充分或適當的證據,並根據證據進行分析、評價或判斷,得出結論。

(二)系統、綜合

系統、綜合是指在對與評估業務相關的數據資料進行鑒定和取舍時,評估人員應對與資產評估業務有關的資料進行深入細緻的鑑別、分類和分析,合理進行篩選取舍。在評估過程中,評估人員會接觸到大量的數據資料,這些數據資料大多處於雜亂無章的初始狀態,其中不乏虛假和無價值的資料。為了保證資產評估報告的編寫質量,評估人員應對與資產評估業務有關的資料進行深入細緻的鑑別、分類和分析,進行篩選取舍,作為編寫資料使用。在取舍資料時,應根據資產評估的目的和任務,經過分析比較,選取最有代表性的資料加以說明和提出建議。

(三)內容完整

內容完整是指資產評估報告的內容(包括標題及文號、聲明、摘要、正文、附件等)要完整,報告書(僅指正文)的結構要完整,要把與資產評估工作有關的重要內容都納入編寫工作應考慮的範圍內。在評估報告中,正文內容與附件資料要相互配套,共同說明或支持資產評估的結論。只有正文而沒有附件資料的資產評估報告會缺乏說服力,降低評估報告的利用價值。因此,正文和附件都是構成完整的資產評估報告所不可缺少的部分。

(四)以法律法規為準繩

在評估報告的編寫過程中,評估人員應以國家的相關法律、法規和評估準則等為依據,對所評估的資產權屬、種類、數量、質量和利用狀況等進行鑒定。當發現被評估單位提供的資料存在著虛假、不實等情況時,評估人員應提請被評估單位加以改正。

(五)語言簡潔準確

撰寫資產評估報告,應力求語言表達簡明準確,以較少的語言準確地表達完整的內容。同時,評估人員對報告書所用的詞句要反覆推敲提煉,保證所表達的觀點明確無誤。

(六)及時出具評估報告

資產評估報告具有很強的時效性,這是因為被評估資產的價值會隨著時間的推移而有所變化。如果不能及時出具評估報告,這將會使以前取得的評估資料喪失應有價值,因此,評估人員在評估現場工作結束後應及時出具評估報告。

二、資產評估報告的編寫步驟

(一)分類整理評估資料

在資產評估業務中,要求評估人員對評估對象進行詳細周密的調查。在調查過程中,會形成大量反應資產情況的評估工作記錄,其中包括被評估資產的背景資料、專業性的技術材料以及其他一些可供編寫評估報告參考的數據資料等。這些資料都是編寫評估報告的可靠依據。因此,為了準確描述整個評估工作過程,首先要求資產評估小組按具體從事評估工作的分工情況,把所有評估數據資料進行清理,盡量使之系統化、條理化,分門別類地加以整理。然後,評估人員應核實評估作業分析表的內容,簡要介紹評估工作的依據,認真編制資料分類明細表,最後按工作要求寫出分類評估的文字材料,供撰寫評估報告使用。

(二)分析選擇評估資料

在分類整理評估資料後,評估機構應召集參與整個評估業務的有關人員,對評估工作的總體情況和初步結論進行分析討論,判斷初步結論的合理性,分析得出初步結論及其所依據的數據資料的內在邏輯關係。當以兩種及以上的評估方法評估出來的結果有較大差異時,就要根據評估對象的性質及評估目的,對不同的評估結果進行分析,最終得出一個合理的結論。

(三)匯總評估資料及編寫資產評估報告

在分析討論後,項目評估小組應指定某個人專門負責資產評估報告的編寫工作。從事編寫工作的人員應根據整理出來的分類評估資料及在討論過程中得出的修正意見,把與項目有關的資料進行匯總,並按照一定順序編制,以便在編寫報告書時作為參考,同時也便於評估資料存檔和查詢使用。資料匯總以後,編寫人員應根據討論的意見,確定編寫報告的中心內容,並根據這個中心內容安排報告書的內部結構,組織寫作資料,按規定的內容和格式寫出報告書。報告寫出後應履行審查、復核、定稿等程序,然後,出具正式報告。報告的正文附上必要的附件,就構成完整的資產評估報告。如果委托方另有特殊要求,有關評估人員還要就某些內容進行詳細說明,以便減少委托方理解評估報告內容的難度。

(四)審核簽發評估報告

評估報告首先由組織該項資產評估的項目經理(或項目負責人)審核。如果評估報

告的內容正確無誤，項目負責人就應代表該項資產評估項目小組，將評估報告交給評估機構的稽核人員，由評估機構專人稽核後，再由評估機構法定代表人審核、簽字、蓋章，以此表明評估機構對評估報告的內容及結論承擔法律責任。經過評估師簽字、蓋章和評估機構蓋章的評估報告，可以作為反應評估結果的正式法律文件，向委托方提交。如果所評估的資產項目屬於國有資產，被評估單位還應將評估報告提交所屬國有資產管理部門進行備案或審查核准。

提交評估報告後，如果委托方沒有表示異議，就表明整個評估工作已經結束，評估機構可根據事先簽訂的委托合同或業務約定書，向委托方收取約定的資產評估費用。

第三節 資產評估報告的利用

評估報告編寫完成並提交給委托方後，有關各方就可以按有關法規規定加以使用。一般而言，評估報告的使用者有可能是：委托方，如企業、個人；投資人或潛在的投資人；債權人或其他利益相關者，如銀行、其他金融機構和有關部門；等等。此外，評估報告的使用者還包括資產評估的行政管理部門（如各級財政部門）和行業管理部門（如各級評估協會）等。

一、委托方對評估報告的利用

委托方（以企業為例）作為評估報告的直接利用者，對評估報告的利用主要體現在以下幾個方面：

（1）作為確定產權交易價格的基礎性資料。出於企業整體或部分改建為有限責任公司或股份有限公司、以非貨幣資產對外投資、公司合併、分立、清算、原股東股權比例變動、整體或部分產權（股權）轉讓、資產轉讓、資產置換、資產拍賣等目的而進行的企業資產評估，所得到的評估報告資料可作為產權交易談判底價的參考依據，也可以作為有關各方確定各自投資份額的證明材料。對於包含國有資產的資產評估報告，還需向國有資產管理部門提交評估報告以便其備案或核准。

（2）作為非產權變動的作價依據。這主要是企業出於保險、納稅、抵押和擔保等經濟活動的需要而進行的資產評估。

（3）作為企業進行會計記帳的依據。為了滿足會計核算的需要而進行的評估，所得到的評估報告及其各種明細評估表格中的數據資料，可作為會計記帳的依據，也可以作為企業計提各種減值準備的參考依據。但企業如要按照評估結果調整有關會計帳目，必須

經有關機關(如財政、稅務等)批准後實施。

(4)在法庭辯論和裁決時作為財產價格的舉證材料。有關當事人在發生經濟糾紛後所進行的資產評估，其取得的評估報告可以成為法庭進行裁決的參考材料，從而為消除和解決經濟糾紛提供公正的參考依據。

(5)作為委托方支付資產評估費用的依據。若委托方接到評估報告後沒有提出異議，認為評估報告等資料符合委托合同或協議的條款，委托方應以此為依據向受托的評估機構支付約定的評估費用。

二、資產評估行政管理部門和行業管理部門對評估報告的利用

資產評估的行政管理部門(如各級財政部門)和行業管理部門(如各級評估協會)對評估報告的利用主要表現在以下幾個方面：

(1)通過評估報告，瞭解評估機構從事評估工作的業務能力、組織管理水平、工作情況和工作質量，為加強管理工作提供直接的依據。

(2)通過評估報告，為加強行業管理工作提供直接的依據。

(3)作為解決行業內質量問題的依據(如發生執業質量糾紛等)。

三、評估機構對評估報告的利用

評估機構對評估報告的利用主要體現在以下幾個方面：

(1)評估報告可作為累積信息的一條重要途徑。資產評估報告中包含了大量的經過分析加工的反應實際情況的信息，這些信息中的一部分在以後的評估工作中仍有利用價值，因而可以增加評估機構自身所累積的信息量。

(2)評估報告可用於總結評估經驗、考核評估人員的工作業績和改進評估工作。評估報告的質量可以反應評估師的工作能力、組織評估項目的經驗和水平、各方面的協調能力以及處理和解決問題的能力。

(3)評估報告可作為反應評估機構資格和能力的實際證明，以擴大其影響力和知名度。

四、使用資產評估報告時需要注意的問題

(1)評估報告的有效期。由於評估價值的時間基礎是評估基準日，按中國的法規規定，現時性評估報告的有效期為自評估基準日起一年內有效。報告的使用者只能在有效期內使用報告，超過有效期原資產評估結果無效。而追溯性評估報告不受此限制。

(2)評估報告的用途。報告的使用者只能按報告所揭示的評估目的使用報告，一份報告只允許按該報告所確定的評估目的的用途使用。

(3)資產權屬。評估報告應著重揭示被評估資產權屬不清的情況。如存在這些情況,在評估報告中應提醒評估報告使用者加以關注。

(4)涉及國有資產的評估報告應報送國有資產管理部門備案或核准。

(5)作為企業會計記錄和調整企業帳項使用的評估報告,必須由有權機關批准或認可後企業方能根據評估報告進行會計記錄和調整帳項。

第四節　資產評估報告實例

下面以某有限責任公司引進戰略投資者進行增資擴股項目的資產評估報告為例。

註冊資產評估師聲明

一、我們在執行本資產評估業務中,遵循相關法律法規和資產評估準則,恪守獨立、客觀和公正的原則;根據我們在執業過程中收集的資料,評估報告陳述的內容是客觀的,並對評估結論合理性承擔相應的法律責任。

二、評估對象涉及的資產、負債清單由委託方、被評估單位申報並經其簽章確認;保證所提供資料的真實性、合法性、完整性,恰當使用評估報告是委託方和相關當事方的責任。

三、我們與評估報告中的評估對象沒有現存或者預期的利益關係;與相關當事方沒有現存或者預期的利益關係,對相關當事方不存在偏見。

四、我們已對評估報告中的評估對象及其所涉及資產進行現場調查;我們已對評估對象及其所涉及資產的法律權屬狀況給予必要的關注,對評估對象及其所涉及資產的法律權屬資料進行了查驗,並對已經發現的問題進行了如實披露,且已提請委託方及相關當事方完善產權以滿足出具評估報告的要求。

五、我們出具的評估報告中的分析、判斷和結論受評估報告中假設和限定條件的限制,評估報告使用者應當充分考慮評估報告中載明的假設、限定條件、特別事項說明及其對評估結論的影響。

資產評估報告摘要
重要提示

本摘要內容摘自評估報告正文,欲瞭解本評估項目的詳細情況和合理理解評估結論,應認真閱讀評估報告正文。

大華資產評估有限責任公司接受 JMX 投資有限責任公司的委託,根據有關法律、法規和資產評估準則,遵循獨立、客觀、公正的原則,採用公認的評估方法,按照必要的評估

程序,對 M 有限責任公司的股東全部權益在評估基準日的市場價值進行了評估。現將評估報告摘要如下:

評估目的:為 M 有限責任公司擬引進戰略投資者進行增資擴股之經濟行為確定 M 有限公司的股東全部權益在評估基準日的市場價值,為上述增資擴股事宜提供價值參考依據。

評估對象:M 有限責任公司的股東全部權益價值。

評估範圍:M 有限責任公司的全部資產及負債,包括流動資產、長期股權投資、固定資產、在建工程、無形資產、可供出售金融資產、其他資產等,總資產帳面價值為 46,522.08 萬元;負債包括流動負債和非流動負債,負債帳面價值為 38,341.00 萬元。

評估基準日:2011 年 12 月 31 日。

價值類型:市場價值。

評估方法:資產基礎法、收益法。

評估結論:本評估報告選用資產基礎法評估結果作為評估結論。具體結論如下:

資產評估結果匯總表

評估基準日:2011 年 12 月 31 日　　　　　　　　　　　　　　　金額單位:萬元

項目		帳面價值 A	評估價值 B	增減值 C = B − A	增值率(%) D = C/A * 100%
流動資產	1	23,231.40	23,982.21	750.81	3.23
非流動資產合計	2	23,290.68	26,103.06	2,812.38	12.08
長期股權投資	3	8,236.23	8,901.45	665.22	8.08
可供出售金融資產	4	1,740.02	849.30	−890.72	−51.19
固定資產	5	11,986.27	12,704.61	718.34	5.99
其中:建築物	6	6,335.10	6,769.30	434.20	6.85
機器設備	7	5,651.17	5,935.31	284.14	5.03
土地	8				
在建工程	9	317.26	356.26	39.00	12.29
無形資產	10	923.10	3,236.20	2,313.10	250.58
其中:土地使用權	11	826.10	3,075.11	2,249.01	272.24
礦業權	12				
其他無形資產	13	97.00	161.09	64.09	66.07
其他資產	14	87.80	55.24	−32.56	−37.08

續表

項目		帳面價值 A	評估價值 B	增減值 C = B - A	增值率(%) D = C/A * 100%
資產總計	15	46,522.08	50,085.27	3,563.19	7.66
流動負債	16	23,021.00	23,021.00		
非流動負債	17	15,320.00	15,320.00		
負債總計	18	38,341.00	38,341.00		
淨資產	19	8,181.08	11,744.27	3,563.19	43.55

本評估報告僅為評估報告中描述的經濟行為提供價值參考依據，評估結論的使用有效期限自評估基準日2011年12月31日起一年內有效。

評估報告使用者應當充分考慮評估報告中載明的假設、限定條件、特別事項說明及其對評估結論的影響。

M有限責任公司擬引進戰略投資者進行增資擴股項目
評估報告正文

JMX投資有限責任公司：

　　大華資產評估有限責任公司接受貴公司的委託，根據有關法律、法規和資產評估準則、資產評估原則，採用資產基礎法、收益法評估方法，按照必要的評估程序，對M有限責任公司擬引進戰略投資者進行增資擴股之事宜涉及的M有限責任公司股東全部權益在2011年12月31日的市場價值進行了評估。現將資產評估情況報告如下：

一、委託方、被評估單位及業務約定書約定的其他評估報告使用者

本次評估的委託方為：JMX投資有限責任公司；被評估單位為：M有限責任公司。

（簡介略）

本評估報告僅供委託方、被評估單位和國家法律、法規規定的評估報告使用者使用，不得被其他任何第三方使用或依賴。

二、評估目的

　　M有限責任公司（以下簡稱M公司）擬引進戰略投資者進行增資擴股，為此需要對M公司進行評估，以確定在評估基準日M公司的股東全部權益價值，為此次增資擴股經濟行為提供價值參考依據。

　　此次增資擴股經濟行為經JMX投資有限責任公司2012年×月×日董事會決議批准。

三、評估對象和評估範圍

（一）評估對象和評估範圍

根據本次評估目的,評估對象是 M 公司的股東全部權益價值。

評估範圍是 M 公司的全部資產及負債。評估範圍內的資產包括流動資產、長期股權投資、固定資產、在建工程、無形資產、可供出售金融資產、其他資產等,總資產帳面值為 46,522.08 萬元;負債包括流動負債和非流動負債,總負債帳面值為 38,341.00 萬元;淨資產為 8,181.08 萬元。

委托評估對象和評估範圍與本次經濟行為涉及的評估對象和評估範圍一致,並且經××會計師事務所有限責任公司進行了審計。

（二）主要資產基本情況

1. 房屋建築物、機器設備、在建工程、存貨、長期股權投資及可供出售金融資產等

納入評估範圍內的房屋建築物共××項、建築面積××平方米,其中 1 項房屋建築物未辦理房產證,建築面積 48 平方米,其餘均已辦理房產證明,產權明確。房屋建築物結構類型主要有鋼筋混凝土結構、鋼結構、排架結構及磚混結構等。構築物××項,主要為鋼混及磚混結構。主要設備為反應釜、塔、壓縮機等制藥類設備。房屋建(構)築物、設備類資產多由企業自行購建於 2004 年以後,分佈在××市工業園區企業生產廠區內。企業對上述資產日常維護、保養及時,在正常使用中。

在建工程主要包括生產車間改造、包裝車間改造等。

存貨主要包括為生產準備的原材料、低值易耗品、包裝物、在產品及庫存商品,分佈在 M 公司倉庫及生產現場。

公司的長期股權投資系對下屬 N 公司和 G 公司的投資。

N 公司主要業務為各種藥品貿易。目前經營正常。

G 公司主要業務為生產成品藥劑。目前經營正常。

可供出售金融資產為 JQ 股份有限公司的限制流通股。

2. 土地使用權及其他無形資產

納入評估範圍內的土地共 2 宗,面積合計 9.65 萬平方米,為出讓性質土地,上述土地均已辦理土地使用權證,系公司目前主要生產經營用地。

納入評估範圍內的 1 項專有技術類無形資產在帳面上有記錄,該資產系公司外購的 S 技術,在生產經營中未來經濟貢獻較為明顯。

3. 公司申報的表外資產

無此類情況。

（三）引用其他機構出具的報告情況

無此類情況。

四、價值類型及其定義

根據評估目的,確定本次評估對象的價值類型為市場價值。市場價值是指自願買方和自願賣方,在各自理性行事且未受任何強迫的情況下,評估對象在評估基準日進行正常公平交易的價值估計數額。

五、評估基準日

本項目評估基準日是 2011 年 12 月 31 日。評估基準日是由委託方確定的。

六、評估依據

(一)經濟行為依據

JMX 投資有限公司 2012 年×月×日董事會決議

(二)法律法規依據

1.《中華人民共和國公司法》(2005)、《中華人民共和國城市房地產管理法》(2007)、《中華人民共和國土地管理法》(2004)、《中華人民共和國企業所得稅法》(2007);

2. 國務院 91 號令《國有資產評估管理辦法》(1991);

3.《中華人民共和國企業國有資產法》(2008);

4.《企業國有資產監督管理暫行條例》(2003);

5. 國務院國資委第 12 號令《企業國有資產評估管理辦法》(2005);

6. 國資委、財政部第 3 號令《企業國有產權轉讓管理暫行辦法》(2003);

7. 國資委《關於加強企業國有資產評估管理工作有關問題的通知》(2006);

8. 財政部、國家稅務總局《中華人民共和國增值稅暫行條例實施細則》(2008);

9.《中華人民共和國城鎮土地使用稅暫行條例》(2006)、《協議出讓國有土地使用權規定》(2003)、《企業會計準則——基本準則》(2006)、《城鎮土地估價規程》(2001)、《城鎮土地分等定級規程》(2001)、《房地產估價規範》(1999);

10. 其他有關法律、法規、通知文件等。

(三)評估準則依據

中國資產評估協會頒布的《資產評估準則——基本準則》(2004)等有關準則、指南和指導意見。

(四)權屬依據

國有土地使用證;房屋所有權證;機動車行駛證;有關產權轉讓合同;其他有關產權證明等。

(五)取價依據

1.《工程勘察設計收費管理規定》(2002);

2. 國家計委關於印發《建設項目前期工作諮詢收費暫行規定》的通知(1999);

3. 國家經貿委、國家計委、公安部、國家環保總局《關於調整汽車報廢標準若干規定

的通知》(2000);

4. 中華人民共和國海關進出口稅則(2010);
5. 評估基準日銀行存貸款基準利率及外匯匯率;
6.《房屋完損等級及評定標準》(1984)、《××省建設工程計價辦法》及有關工程消耗量標準;
7.《××省建設工程清單計價暫行辦法》;
8.《城鎮土地估價規程》(2001)與《××市市區基準地價成果更新技術報告》;
9.《機電產品報價手冊》(2010);
10. 公司提供的以下相關資料:工程預決算資料;在建工程付款進度統計資料及相關付款憑證;以前年度的財務報表、審計報告;未來年度經營計劃與措施;項目可行性研究報告、項目投資概算、設計概算等資料;主要產品目前及未來年度市場預測資料等;
11. 評估人員現場勘察記錄及收集的其他相關估價信息資料;
12. 與此次資產評估有關的其他資料。

(六)其他參考依據

1. 公司提供的資產清單和評估申報表;
2. 會計師事務所出具的審計報告;
3. 評估機構信息庫中的有關信息。

七、評估方法

本次評估的對象是企業價值。企業價值評估方法主要有收益法、市場法和資產基礎法。

企業價值評估中的收益法,是指通過將被評估單位預期收益資本化或折現以確定評估對象價值的評估思路。

企業價值評估中的市場法,是指將評估對象與參考企業、在市場上已有交易案例的企業、股東權益、證券等權益性資產進行比較以確定評估對象價值的評估思路。

企業價值評估中的資產基礎法也稱成本法,是指在合理評估企業各項資產價值和負債的基礎上確定評估對象價值的評估思路。

根據本次評估目的和評估對象的特點,以及評估方法的適用條件,選擇收益法和資產基礎法進行評估。

(一)收益法

本次評估中定義的收益是指淨現金流量。本次評估擬採用未來收益折現法中的企業自由現金流模型。

採用收益法評估股東全部權益價值的基本公式如下:

股東全部權益價值 = 企業整體價值 − 付息債務價值

式中：

1. 企業整體價值＝經營性資產價值(不含長期股權投資價值)＋溢餘資產價值＋長期股權投資價值＋非經營性資產價值－非經營性負債價值

2. 付息債務價值

付息債務是指評估基準日被評估單位帳面上需要付息的債務，包括短期借款、帶息的應付票據、一年內到期的非流動負債和長期借款等。

下面對企業整體價值公式中的有關要素解釋如下：

1. 經營性資產價值

自由現金流量＝息稅前利潤×(1－所得稅率)＋折舊及攤銷＋利息費用(稅後)－資本性支出－淨營運資金變動額

經營性資產價值的計算公式為：

$$P = \sum_{i=1}^{n}\left[F_i(1+r)^{-i}\right] + F_n/r(1+r)^{-n}$$

其中：P——評估基準日的企業經營性資產價值

F_i——企業未來第 i 年預期自由現金流量

F_n——永續期預期自由現金流量

r——折現率

i——收益期計算年

n——預測期

其中，折現率(r)採用加權平均資本成本估價模型(Weighted Average Cost of Capital，WACC)確定。WACC 模型可用下列數學公式表示：

$$WACC = k_e \times [E \div (D+E)] + k_d \times (1-t) \times [D \div (D+E)]$$

其中：k_e——權益資本成本

E——權益資本的市場價值

D——債務資本的市場價值

k_d——債務資本成本

t——所得稅率

計算權益資本成本時，我們採用資本資產定價模型(Capital Asset Pricing Model，CAPM)。CAPM 模型是普遍應用的估算投資者收益以及股權資本成本的辦法。CAPM 模型可用下列數學公式表示：

$$k_e = rf_1 + \beta \times MRP + r_c$$

其中：rf_1——無風險利率

β——權益的系統風險係數

MRP——市場風險溢價

r_c——企業特定風險調整系數

2. 溢餘資產價值

溢餘資產是指與企業收益無直接關係的,超過企業經營所需的多餘資產,如閒置的機器設備等,主要採用成本法確定評估值。

3. 長期股權投資

長期股權投資是對控股和非控股子公司的投資。採用成本法確定其評估值。

4. 非經營性資產價值

非經營性資產是指與企業正常生產經營活動無直接關係的資產,如學校、醫院、幼兒園等。主要採用成本法確定其評估值。

5. 非經營性負債價值

非經營性負債是指與企業正常生產經營活動無直接關係的負債,如專項應付款等。主要採用成本法確定其評估值。

(二)資產基礎法(或成本法)

採用資產基礎法評估股東全部權益價值的基本公式如下:

股東全部權益價值=企業各單項資產評估價值之和-企業各項負債評估價值之和

企業各單項資產評估情況分述如下:

1. 流動資產

評估範圍內的流動資產主要包括:貨幣資金、應收票據、應收帳款、預付款項、其他應收款、存貨。

(1)貨幣資金。貨幣資金包括現金和銀行存款,通過現金盤點、核實銀行對帳單、銀行函證等,以核實後的價值確定評估值。其中外幣資金按評估基準日的國家外匯牌價折算為人民幣值。

(2)應收票據。核實票據業務發生的真實性並抽查了相關財務憑證,抽查結果與帳面記錄相符,將核實無誤的審計後帳面值確認為評估值。

(3)應收帳款。對各種應收帳款採取個別認定法與帳齡分析法相結合的方法確定評估值。評估人員抽查了業務合同和會計憑證,並連同審計師對大額款項進行了函證,對大額應收款項欠款時間和原因等進行了調查、瞭解,對於有確鑿證據證明全額不能收回的款項評估為零;對其他款項參考企業計提壞帳準備的方法按帳齡計算壞帳風險損失,以經審計的帳面原值減去壞帳風險損失後的餘額計算確定評估值。

(4)預付帳款。根據所能收回的相應貨物形成資產或權利的價值確定評估值。對於能夠收回相應貨物的或權利的,以核實後的帳面值作為評估值;對於那些有確鑿證據表明收不回相應貨物,也不能形成相應資產或權益的預付帳款,其評估值為零。

(5)外購原材料及包裝物。根據清查核實後的數量乘以現行市場購買價,再加上合理的運雜費、損耗、驗收整理入庫費及其他合理費用,得出各項資產的評估值。對其中失效、變質、殘損、報廢、無用的,根據技術鑒定結果和有關憑證,通過分析計算,扣除相應貶值額(保留變現淨值)後,確定評估值。

(6)在庫低值易耗品。採用成本法進行評估。按清查盤點結果分類,將同種低值易耗品的現行購置或製造價格加上合理的其他費用得出重置價值,再根據實際狀況確定綜合成新率,相乘後得出低值易耗品的評估值。

(7)產成品。一般以其完全成本為基礎,根據該產品市場銷售情況決定是否加上適當的利潤。對於十分暢銷的產品,根據其出廠銷售價格減去銷售費用和全部稅金確定評估值;對於正常銷售的產品,根據其出廠銷售價格減去銷售費用、全部稅金和適當數額的稅後淨利潤確定評估值;對於勉強能銷售出去的產品,根據其出廠銷售價格減去銷售費用、全部稅金和稅後淨利潤確定評估值;對於滯銷、積壓、降價銷售產品,根據其可變現淨值確定評估值。

(8)在產品。根據企業在產品成本核算的程序和方法,以其發生的實際成本扣減不合理費用確定評估值。

2. 長期股權投資

長期股權投資是對全資子公司和控股子公司的投資。

對於全資、控股的長期投資,採用企業價值估值的方法對被投資單位進行估值,並按估值後的股東全部權益(或淨資產)乘以股權比例確定基準日價值。

3. 機器設備

對於機器設備主要採用成本法進行評估。

對公司提供的機器設備明細清單進行了核對,做到帳表相符,同時通過對有關的合同、法律權屬證明及會計憑證審查核實對其權屬予以確認。在此基礎上,組織專業工程技術人員對主要設備進行了必要的現場勘察和核實。

(1)重置成本的確定

機器設備重置成本 = 設備購置費 + 運雜費 + 安裝工程費 + 前期其他費用 + 資金成本

①設備購置費

國產機器設備主要依據《2010中國機電產品報價手冊》、向生產廠家詢價或從有關報價資料上查找現行市場價格,對於沒有查詢到設備出廠價的參考最近購置的同類設備合同價格確定。

對於進口設備,設備購置費的計算如下:

設備購置費 = CIF + 關稅 + 外貿代理費 + 銀行手續費

②運雜費

具體計算公式為：運雜費＝設備購置費×運雜費率

③安裝工程費

若合同價不包含安裝、調試費用，根據決算資料及《資產評估常用參數手冊》中的安裝調試費率確定安裝調試費用，根據決算資料剔出其中非正常因素造成的不合理費用，並參考相關文件規定，合理確定其費用，則：

設備安裝調試費＝設備購置價×安裝調試費率

合同中若包含上述費用，則不再重複計算。

④前期及其他費用

前期及其他費用包括項目建設管理費、設計費、工程監理費、保險費等。

⑤資金成本

根據本項目合理的建設工期，按照評估基準日相應期限的貸款利率，以設備購置費、安裝工程費、其他費用三項之和為基數確定。

運輸設備重置成本＝車輛購置價＋車輛購置稅＋牌照手續費

（車輛購置稅＝車輛不含稅售價×10%）

⑥增值稅進項稅額

經國務院批准，自2009年1月1日起，在全國實施增值稅轉型改革，對於增值稅一般納稅人購進或者自製固定資產發生的進項稅額，可根據《中華人民共和國增值稅暫行條例》和《中華人民共和國增值稅暫行條例實施細則》的有關規定，憑增值稅專用發票、海關進口增值稅專用繳款書和運輸費用結算單據從銷項稅額中抵扣。結合上述規定，對於符合增值稅抵扣條件的機器設備，在本次評估確定重置成本時，不計取應抵扣的增值稅進項稅額。

(2) 成新率的確定

通過對設備（儀器）使用情況（工程環境、保養、外觀、開機率、完好率）的現場考察，查閱必要的設備（儀器）運行、事故、檢修、性能考核等記錄進行修正後予以確定。

①對於專用設備和通用機器設備

主要依據設備經濟壽命、已使用年限，通過對設備使用狀況、技術狀況的現場勘察瞭解，確定其尚可使用年限，按以下公式確定其綜合成新率：

綜合成新率＝理論成新率＋勘察調整

式中：

理論成新率系根據設備經濟壽命和設備已使用年限計算得出。計算公式如下：

理論成新率＝（經濟壽命年限－已使用年限）÷經濟壽命年限×100%

勘察調整系對設備使用狀況的現場勘察,並綜合考慮實際技術狀況、技術進步、設備負荷與利用率、維修保養狀況等因素確定現場勘察調整分值。

②對於電子設備、空調設備等小型設備

主要依據其經濟壽命來確定其綜合成新率;對於大型的電子設備還參考其工作環境、設備的運行狀況等來確定其綜合成新率。

③對於車輛

依據國家頒布的車輛強制報廢標準,以車輛行駛里程、使用年限兩種資料計算出來的成新率孰低的原則確定成新率,然後結合現場勘察情況進行調整。其公式為:

使用年限成新率＝(規定使用年限－已使用年限)÷規定使用年限×100%

行駛里程成新率＝(規定行駛里程－已行駛里程)÷規定行駛里程×100%

(以上兩項稱為理論成新率。評估時根據孰低原則確定其中一個)

綜合成新率 ＝ 理論成新率×調整系數

(3)評估值的確定

設備評估值＝設備重置成本×綜合成新率

4. 房屋、建(構)築物

對房屋、建(構)築物主要採用成本法進行評估。

(1)房屋、建(構)築物重置成本的確定

重置成本＝建安綜合造價＋前期及其他費用＋資金成本

①對於大型、價值高、重要的建(構)築物,根據各地執行的定額標準和有關取費文件,分別計算土建工程費用和各安裝工程費用,並計算出建築安裝工程總造價。

②對於價值量小、結構簡單的建(構)築物採用單方造價法確定其建安綜合造價。

根據行業標準和地方相關行政事業性收費規定,確定前期及其他費用。根據基準日貸款利率和該類別建築物的正常建設工期,確定資金成本,最後計算出重置成本。

(2)綜合成新率的確定

對於企業的建(構)築物,採用理論成新率與現場勘察成新率相結合的方法確定其綜合成新率。其計算公式為:

綜合成新率＝理論成新率＋勘察調整

其中:理論成新率＝(耐用年限－已使用年限)÷耐用年限×100%

現場勘察:通過建(構)築物各部位所占的比重,確定不同結構形式建築各部位的現場勘察實際情況。

(3)評估價值的確定

評估價值＝重置成本×綜合成新率

5. 在建工程

在建工程採用成本法評估。為避免資產重複計價和遺漏資產價值，結合在建工程特點，針對各項在建工程類型和具體情況，採用以下評估方法：

（1）主要設備或建築主體已轉固，但部分費用項目未轉的在建工程，若其價值在固定資產評估值中已包含，則該類在建工程評估值為零。

（2）未完工項目。開工時間距基準日半年內的在建項目，根據其在建工程申報金額，經帳實核對後，剔除其中不合理支出的餘值作為評估值。開工時間距基準日半年以上且屬於正常建設的在建項目，若在此期間投資涉及的設備、材料和人工等價格變動幅度不大，則按照帳面價值扣除不合理費用後加適當的資金成本確定其評估值；若設備和材料、人工等投資價格發生了較大變化，則按照正常情況下在評估基準日重新形成該在建工程已經完成的工程量所需發生的全部費用確定重置價值；當明顯存在較為嚴重的實體性陳舊貶值、功能性陳舊貶值和經濟性陳舊貶值時，還需扣除各項貶值額，否則貶值額為零。

6. 土地使用權

公司擁有土地使用權兩宗，土地證號國用（20×）第×號，土地面積×平方米，屬於工業用地，位於市工業園106國道以北、經五路以西；土地證號常國用（20×）字第×號，土地面積×平方米，屬於工業用地。

土地使用權採用市場比較法與基準地價系數修正法進行評估。

（1）市場比較法：是將估價對象與在估價時點近期有過交易的類似土地進行比較，對這些類似土地的已知價格作適當的修正，以此估算估價對象的客觀合理價格或價值的方法。計算公式如下：

估價對象市場價格 = 比較案例價格 × 交易情況修正 × 交易日期修正 × 土地使用年期修正 × 容積率修正 × 土地級別修正 × 區域因素修正 × 個別因素修正

（2）基準地價系數修正法：在已知地塊所在區域位置的基準地價情況下，就委估地塊的實際情況，對地塊的區域因素、使用年期、容積率、估價期日、宗地位置偏離度、宗地形狀與面積以及開發程度等因素進行修正，以此確定評估值的一種方法。

根據《城鎮土地估價規程》，用基準地價系數修正系數法評估宗地地價的計算公式如下：

評估宗地地價 $P = (P_o - K_f) \times K_n \times K_v \times K_t \times K_p \times K_s \times (1 + \sum K_i)$

式中：P_o——級別基準地價

K_f——開發程度修正值

K_n——使用年期修正系數

K_v——容積率修正系數

K_t——估價期日修正系數

K_p——宗地位置偏離度修正系數

K_s——宗地形狀與面積修正系數

$\sum K_i$——宗地區域因素修正系數中各因素修正系數之和

7. 其他無形資產

本次評估範圍內的其他無形資產主要為外購專有技術。根據對無形資產特點的分析,本次評估採用收入分成率法。公式如下:

$$P = \sum_{i=1}^{n} \delta \times R_i (1+r)^{-i}$$

其中:P——無形資產評估值

δ——收入分成率

R——專有技術年收入

r——折現率

n——技術壽命年限

8. 可供出售金融資產

本次評估的可供出售金融資產是股票投資,具體為公開掛牌交易的股票1項,在評估基準日處於限售期,本次評估在對委估可供出售金融資產進行清查核實的基礎上,以基準日流通股收盤價乘以持股數量,同時考慮缺少流通性對股票價值的影響確定委估可供出售金融資產的評估值。具體計算公式如下:

限制流通股的價值 = 單位流通股在基準日的價值 × $(1-\xi)$ × 持有的股份數

其中:ξ 為限售流通股的非流通性折扣率。

我們可以認為具有一定期限流通限制的股票實際上是放棄了一個與限制時間長度相當,行權價格的現值與現行股票價格相當的一個賣期權,假設評估基準日該期權的價值為 P,則:

$\xi = P/$單位流通股在基準日的價值

利用 Black-Scholes 期權定價模型,同時考慮到上市公司在基準日至解除限制流通日(2012-4-9)之間支付股利的可能性幾乎為零,股息支付率不對期權價值的計算產生影響,所以期權的價值(P)可依如下公式計算:

$P = PV(X) + N(-d_2) - S \times N(-d_1)$

其中:X——期權執行價;

$PV(\ )$——現值函數,$PV(X)$ 即為執行價的現值;

S——現行股權價格;

$N(\ )$——標準正態密度函數；

d_1、d_2——Black-Scholes 模型的兩個參數。

9. 其他非流動資產

其他非流動資產主要為企業的項目研發支出。相關項目均處於研發階段，根據實際存在的資產或權利確定評估值。

10. 負債

關於負債中短期借款、應付帳款、預收帳款、其他應付款、應付職工薪酬、應交稅費、應付利息以及一年內到期的非流動負債等的評估，我們根據公司提供的各項目明細表，對帳面值進行了核實，以核實後的帳面值確定評估值。

八、評估程序實施過程和情況

（略）

九、評估假設

本次評估除了以公司持續經營為假設前提外，還包括：

1. 一般假設

（1）國家現行的有關法律法規及政策、國家宏觀經濟形勢無重大變化，本次交易各方所處地區的政治、經濟和社會環境無重大變化，無其他人力不可抗拒因素及不可預見因素造成的重大不利影響。

（2）被評估資產按目前的用途和擬實現的使用方式、規模、頻度等繼續使用。

（3）本次收集到的委託方及被評估單位所提供的資料是合法的、真實的。

（4）公司的經營者是負責的，且公司管理層有能力擔當其職務。

（5）除非另有說明，公司完全遵守所有有關的法律法規，不會出現影響公司發展和收益實現的重大違規事項。

（6）公司未來將採取的會計政策和編寫此份報告時所採用的會計政策在重要方面基本一致。

2. 特殊假設

（1）公司在現有的管理方式和管理水平的基礎上，經營範圍和經營方式與目前保持一致。

（2）有關利率、匯率、賦稅基準及稅率、政策性徵收費用等不發生重大變化。

（3）企業於 2008 年 12 月獲得高新技術企業證書，有效期為三年。根據《企業所得稅法》第二十八條「國家需要重點扶持的高新技術產業，減按 15% 的稅率徵收企業所得稅」，假設企業在證書有效期滿後仍能申請獲得高新技術企業資質，未來預測年度所得稅率為 15%。

十、評估結論

（一）收益法評估結果

M公司截至評估基準日，股東全部權益帳面價值為8,181.08萬元，按收益法評估後的股東全部權益為11,600.16萬元，評估增值3,419.08萬元，增值率為41.79%。

（二）資產基礎法（成本法）評估結果

M公司截至評估基準日總資產帳面價值為46,522.08萬元，評估價值為50,085.27萬元，增值額3,563.19萬元，增值率7.66%；總負債帳面價值為38,341.00萬元，評估價值為38,341.00萬元，評估無增減值變化；淨資產帳面價值為8,181.08萬元，淨資產評估價值為11,744.27萬元，增值額為3,563.19萬元，增值率為43.55%。

資產評估結果匯總表

評估基準日：2011年12月31日　　　　　　　　　　　　　　　金額單位：萬元

項目		帳面價值 A	評估價值 B	增減值 C＝B－A	增值率(%) D＝C/A*100%
流動資產	1	23,231.40	23,982.21	750.81	3.23
非流動資產合計	2	23,290.68	26,103.06	2,812.38	12.08
長期股權投資	3	8,236.23	8,901.45	665.22	8.08
可供出售金融資產	4	1,740.02	849.30	-890.72	-51.19
固定資產	5	11,986.27	12,704.61	718.34	5.99
其中：建築物	6	6,335.10	6,769.30	434.20	6.85
機器設備	7	5,651.17	5,935.31	284.14	5.03
土地	8				
在建工程	9	317.26	356.26	39.00	12.29
無形資產	10	923.10	3,236.20	2,313.10	250.58
其中：土地使用權	11	826.10	3,075.11	2,249.01	272.24
礦業權	12				
其他無形資產	13	97.00	161.09	64.09	66.07
其他資產	14	87.80	55.24	-32.56	-37.08
資產總計	15	46,522.08	50,085.27	3,563.19	7.66
流動負債	16	23,021.00	23,021.00		
非流動負債	17	15,320.00	15,320.00		
負債總計	18	38,341.00	38,341.00		
淨資產	19	8,181.08	11,744.27	3,563.19	43.55

(三)評估結論

收益法評估結果低於成本法評估結果144.11萬元,差異率為1.23%。

本次評估結論採用成本法評估結果,而不採用收益法的評估結果。其理由如下:

據瞭解,公司主要生產抗生素產品。與公司未來業績相關的主要有六類抗生素產品,其中有四類產品尚未正式規模投產。目前,全球普遍認識到濫用抗生素會造成耐藥性,誤用抗生素會帶來一系列問題,並且這些問題在中國日益突出。鑒於此,中國衛生部門在2011年已明確提出將就抗生素等相關抗菌藥物的臨床應用等事宜出抬相關政策,採取強制管理措施。這些政策的出抬,將對抗生素的使用和生產產生較大的影響。以上抗生素管理辦法的相關政策會對被評估企業的未來盈利預測產生較大的不確定性,因此不宜選取收益法結果為最終評估結論。

綜上所述,本次評估結論採用成本法評估結果,即:M公司截至2011年12月31日的股東全部權益價值的評估結果為11,744.27萬元。

十一、特別事項說明

報告使用者在使用本評估報告時,應關注以下特別事項對評估結論可能產生的影響,在依據本報告自行決策時給予充分考慮。

(一)產權瑕疵事項

截至評估基準日,納入本次評估範圍的部分資產向金融機構設定了抵押,本次評估未考慮他項權利對評估價值的影響。

(二)其他需要說明的事項

1. 評估師和評估機構的法律責任是對本報告所述評估目的下的資產價值量作出專業判斷,並不涉及評估師和評估機構對該項評估目的所對應的經濟行為作出任何判斷。評估工作在很大程度上依賴於委託方及被評估單位提供的有關資料。因此,評估工作是以委託方及被評估單位提供的有關經濟行為文件,有關資產所有權文件、證件及會計憑證,有關法律文件的真實合法為前提。

2. 評估過程中,評估人員觀察了被評估房屋建築物的外貌,在盡可能的情況下察看了建築物內部裝修情況和使用情況,限於檢測手段、能力範疇或客觀原因,註冊資產評估師未對各種不動產的隱蔽工程(包括水下工程、地下管線等)及內部結構(非肉眼所能觀察的部分)進行任何技術檢測。註冊資產評估師採取了查閱建設資料、資產管理資料、工程安全質量檢測資料等適當措施,並假定該等資料是真實、有效的,通過現場檢查、觀察等方式對不動產存在狀態加以判斷。

在對設備進行勘察時,因檢測手段限制及部分設備正在運行等原因,主要依賴於評估人員的外觀觀察和被評估單位提供的近期檢測資料及向有關操作使用人員詢問情況等判斷設備狀況。

3. 本次評估範圍及採用的由被評估單位提供的數據、報表及有關資料,委托方及被評估單位對其真實性、完整性負責。

4. 評估報告中涉及的有關權屬證明文件及相關資料由被評估單位提供,委托方及被評估單位對其真實性、合法性承擔法律責任。

5. 在評估基準日以後的有效期內,如果資產數量及作價標準發生變化,應按以下原則處理:

(1)當資產數量發生變化時,應根據原評估方法對資產數額進行相應調整;

(2)當資產價格標準發生變化且對資產評估結果產生明顯影響時,委托方應及時聘請有資格的資產評估機構重新確定評估價值;

(3)對評估基準日後資產數量、價格標準的變化,委托方在資產實際作價時應給予充分考慮,進行相應調整。

6. 本次評估沒有考慮控股權和少數股權等因素產生的溢價或折價,以及股權流動性等因素對評估價值的影響。

7. 被評估單位的休息室、車庫,房產總建築面積為277.90平方米,未辦理房地產證,本次評估未考慮產權瑕疵對評估價值的影響。

十二、評估報告使用限制說明

(一)本評估報告只能用於評估報告載明的評估目的和用途;

(二)本評估報告只能由評估報告載明的評估報告使用者使用;

(三)本評估報告系資產評估師依據國家法律法規出具的專業性結論,在評估機構蓋章,註冊資產評估師簽字後,方可正式使用;

(四)本評估報告需提交企業有關主管部門審查,備案後方可正式使用;

(五)本評估報告的全部或者部分內容被摘抄、引用或者披露於公開媒體,需由評估機構審閱相關內容,法律、法規規定以及相關當事方另有約定的除外;

(六)本評估報告所揭示的評估結論僅對本項目對應的經濟行為有效,評估結論使用有效期為自評估基準日起一年。

十三、評估報告提出日期

本評估報告於2012年3月25日提交委托方。

十四、資產評估機構及評估人員

資產評估機構:ABC資產評估有限公司(蓋章)

評估機構法定代表人(或者合夥人)(簽字):

中國註冊資產評估師(簽字及蓋章):

中國註冊資產評估師(簽字及蓋章):

第十章

資產評估項目組織與管理

第一節　資產評估項目組織與管理的主要內容與一般要求

一、資產評估項目組織與管理的基本概念

資產評估項目組織與管理是指資產評估機構從洽談資產評估業務到評估資料歸檔管理等一系列資產評估工作的組織與管理活動的總稱。在資產評估中,資產評估項目組織與管理和資產評估機構、資產評估人員、資產評估活動三個方面緊密相連。

資產評估機構是指依法設立,取得資產評估資格,從事資產評估業務的機構。財政部是資產評估行業主管部門,制定資產評估機構管理制度,負責全國資產評估機構的審批和監督管理。中國資產評估協會負責全國資產評估行業的自律性管理,協助財政部審批和監督管理全國資產評估機構。

資產評估人員是指在依法成立的資產評估機構專門從事資產評估業務的專業人員。一個資產評估項目可能包括的資產評估人員有:簽署資產評估報告的註冊資產評估師(即項目負責人)、業務助理人員以及根據項目需要在機構外特聘的該項目涉及行業的相關專家。為優質、高效地完成資產評估項目,項目組成員的專業知識需與資產的具體特點相匹配。項目負責人根據項目組成人員的個人專業特點、工作能力等對其進行具體、恰當的

分工。

資產評估活動是指在市場經濟條件下,由資產評估機構和資產評估人員,依據國家法律、法規以及資產評估準則,根據特定的目的,遵循評估原則,依照相關程序,選擇適當的價值類型,運用科學方法,對資產價值進行分析、評定和估算的行為和過程。資產評估活動實質上就是資產評估機構、評估人員與其他資產評估要素在特定評估目的下的有機組合行為。要獲得高效優質的評估成果,在很大程度上要依賴於對資產評估項目的組織與管理。

二、資產評估項目組織與管理的基本要求
(一)建立一套完善的項目組織與管理制度

完善的項目組織與管理制度是評估機構正常開展資產評估活動的前提,評估機構應按照行業管理要求,結合評估業務特點和本機構部門職能設置情況等,制定符合行業要求及自身特點的、切實可行的項目組織與管理制度。

評估項目組織與管理制度由一系列文件組成,至少應包括以下基本內容:
1. 資產評估活動的程序

評估程序和步驟一般包括:明確評估業務基本事項(項目洽談、風險評價);簽訂評估業務約定書;做好前期工作及編制評估計劃;現場調查(資產勘查鑒定、收集評估資料、市場調查……);確定評估技術路線及評定估算;編制評估報告;多級審核、提交評估報告;工作底稿整理歸檔等。為了更好地進行過程控制,確保評估報告的質量,內部溝通應貫穿於每一個評估程序與步驟之中。

2. 實施資產評估活動的組織模式

評估項目組織模式一般採取項目負責人制。項目負責人接受評估機構內分管部門的領導。項目負責人根據資產評估業務的具體情況,選擇合適的評估人員組成項目組,並根據被評估資產的特點,在項目組內設置若干專業評估小組,如流動資產評估小組、建築物及土地評估小組、設備評估小組、無形資產及企業整體價值評估小組等,各專業評估小組在項目負責人領導下分工協作,確保評估項目的順利實施。對於較大型評估項目,應考慮橫向、縱向兩條線的組織模式,即橫向應考慮與服務團隊中的其他機構的協調,縱向應考慮整體的步驟及前後環節的銜接,有效的組織模式對於評估項目的順利完成至關重要。

3. 評估程序的過程監督

這是指對資產評估過程中的每個環節進行審核,確保評估質量,阻止不合格事項流入下一個評估程序,並最終防止不合格評估報告交付客戶。

(二)擬訂適當的組織方案

組織方案是指在對資產評估項目開展實質性工作前實施的事前策劃,即事前確定評

估人員的數量、專業構成與分組、設備配備、主要工作步驟、信息溝通方式與時機等。組織方案要制訂得適當。所謂適當主要包括兩個方面：一是組織方案的詳略程度與評估項目的繁簡情況相適應；二是組織方案的內容應與評估項目的個別特點相適應。

(三) 對評估人員進行恰當的分工

資產評估機構和項目負責人要根據資產評估業務的具體情況，選擇具有執業勝任能力的評估人員，組成評估項目組。資產評估項目一般採取項目負責人制，也就是資產評估項目組由項目負責人組織實施，如果評估機構的負責人在項目組中擔任一般評估人員，他在該項目執業時也必須服從項目負責人的領導。

三、資產評估項目組織與管理的基本內容

資產評估項目組織與管理的基本內容，按工作進程可以大致歸納為識別、計劃、控製與反饋、糾錯與改進四個方面。以上四個方面對單個的評估項目而言構成了一個大循環，在評估實施的若干階段中，又構成了不同的小循環。

(一) 識別

識別是指對事物的認識和鑑別。在資產評估項目的組織與管理中，識別主要表現在：對客戶相關信息的合法合規性方面的識別，對項目自身特點的識別，對擬參與本評估項目人員的能力與素質的識別以及對各種內外部信息的真實性、合法性、完整性、對應性等方面的識別等。識別是下一步工作的起點(當然也可能因放棄承接該項目而成為本次工作的終止點)，是編制資產評估項目綜合計劃與程序計劃的基礎，同時識別又伴隨於整個評估過程之中，並可能形成對原既定計劃進行調整與補充的理由，從而形成一種程序上的循環。

(二) 計劃

計劃是指對未來活動的安排。在資產評估項目的組織與管理中，計劃通常表現為項目接洽初期編制的評估綜合計劃和項目實施過程中根據工作具體對象編制的評估程序計劃兩類。資產評估項目的完成過程一方面是對資產評估各要素的組合與運作的過程，另一方面又是為客戶提供專業服務的過程，要保證其科學性、合理性並充分體現其專業服務性，就必須事前對有關人員組織、設備配備、內外部信息溝通與披露、時間預算等方面做好安排。

(三) 控製與反饋

控製是指對評估過程和評估質量的控製；反饋是指與評估相關的信息的交流。控製與反饋是為了保證制訂出的計劃得到有效的落實，對評估過程中遇到的有關問題進行及時的處理，從而在每個環節上確保評估質量。

(四)糾錯與改進

糾錯與改進是指對項目管理系統設計方面的不適當內容加以修改、調整和完善。項目管理系統設計(包括計劃、程序、人員數量等)是項目負責人在事前根據有關信息而制定的,帶有一定主觀性。在實施過程中,難免與實際情況有不相符的地方,必然要求對原有的項目管理系統設計進行修改和完善。

第二節 準備階段的組織與管理

資產評估項目的準備階段是指從評估機構與客戶的初期接觸到評估人員進入現場之前的階段,包括:與客戶的初期接觸、項目風險評價、簽訂評估業務約定書、制訂評估計劃、指定評估項目負責人、選擇評估人員、組建評估項目組、收集客戶的基本資料等一系列過程。準備階段的組織與管理包括以下內容:

一、項目客戶有關要素的識別

項目客戶有關要素主要是指本項目客戶自身與評估相關的基本信息以及客戶對本項目提出的要求。

在實務中,對本項目客戶有關要素的識別工作主要在與客戶初期接觸至與委託方簽訂委託協議階段進行,其後也可能根據工作的進程進行進一步的深入瞭解。識別工作的主要目標是明確客戶要求,瞭解與客戶的資產情況、組織結構、管理模式等相關的信息,為完成本次評估項目的組織工作奠定基礎。

項目客戶有關要素的識別工作一般是通過交談、發調查問卷、查閱有關資料、外部調查等手段實施。

在實施該步驟工作時,評估人員應以要識別的直接目標為核心,綜合思考各方面因素來開展工作。下面以對客戶的要求和對客戶資產相關信息的識別為例介紹識別方法。

(一)對客戶要求的識別

資產評估的最終目標是在符合法律法規及行業規範的前提下提供盡可能滿足客戶要求的評估報告,因此,作為評估專業人員,必須能夠識別出法律法規對資產評估有哪些規範、客戶的具體要求是什麼、客戶的要求是否與法律法規及行業規範的要求相衝突、客戶的合理要求是否能夠轉化為對評估項目組織的具體要求等。

1. 法律法規及行業規範

資產評估在中國開展以來,國務院、原國家國有資產管理局、財政部、中國資產評估協

會等先後頒發了大量的資產評估規範性文件,這些文件是對評估機構、註冊資產評估師在從事資產評估活動時的具體要求和規定。

資產評估機構、評估項目組、評估人員必須能及時識別、收集、分析、掌握有關法律法規和行業規範,以確保出具的資產評估報告符合法律法規及行業規範的要求。

與資產評估有關的主要法規和行業規範已在第一章作了介紹,此處不再贅述。

2. 客戶具體要求的識別

客戶的要求有明示要求和隱含要求。明示要求一般在資產評估業務約定書中明確寫明,包括對資產評估目的、評估範圍、評估基準日、資產評估費用、交付評估報告日期、權利義務等方面的要求,通常情況下客戶的明示要求比較明確。

客戶的隱含要求比較複雜。在評估實務中,客戶的隱含要求主要體現在兩個方面:一是與評估結果相關的要求,即客戶對評估值與披露信息的期望;二是對評估機構服務質量方面的要求。評估機構和註冊資產評估師必須能夠識別出這些隱含的要求。對前一方面的要求,重點是判斷這些要求是否與國家有關法律法規和行業規範有所衝突,以便與客戶進行建設性的溝通,將客戶的要求修正到國家法律法規和行業規範的框架內,從而有效地控制評估風險。對後一方面的要求,評估機構和註冊資產評估師應根據自己的業務能力、職能範圍等方面的具體情況,盡可能地為客戶提供高質量的專業服務。

(二)對客戶資產相關信息的識別

客戶的資產情況對明確評估範圍與對象,保證資產評估的不重不漏以及有針對性地調配相關專業人員和外聘專家等都有著十分重要的意義。對客戶資產相關信息的識別工作主要包括:

1. 明確資產評估範圍

資產評估範圍可能是一個法人實體,也可能是一個模擬主體,還可能是部分資產或單項資產。資產評估範圍往往與資產評估的目的相聯繫。比如,評估目的為公司上市、國有企業改制等時,資產評估範圍通常是某一法人實體或模擬主體;評估目的為擔保、抵押、資產置換等時,資產評估範圍通常是部分或單項資產。資產評估範圍通常通過委托書、方案、決議等方式以文字形式表現出來,但評估專業人員僅僅瞭解其大體範圍是不夠的。因為資產評估大多是為產權變動服務的,若評估的範圍沒有一個明確的界限,則可能導致在評估目的指向的經濟行為實現時,利益相關人因資產邊界的模糊而不能順利交接資產。必須強調的是,這裡所指的邊界,既可以是可觸摸的物理邊界,又可以是理論邊界,如價值構成或內涵定義等。

2. 辨別納入資產評估範圍內的資產的基本性狀

要科學地完成對特定資產的價值評定,掌握資產的基本性狀是必要前提之一。對資產性狀的把握,可以從不同的角度去考察。

例如，對某一房屋的「基本性狀——權屬狀況」的調查瞭解模式如圖 10－1 所示：

該房屋是否為企業佔有？
↓
是否為獨有？
↓
是否取得房屋所有權證？
↓
是否取得相應的土地使用權？
↓
有無擔保事項或權屬糾紛？
↓
其他（如權證面積與實際面積是否一致？）
圖 10－1　調查瞭解模式

3. 瞭解資產構成的特點，發現重點資產或特殊資產

為做到對評估專業人員的選配心中有數，應在組織評估項目實施組前對被評估對象的整體構成及重要資產和特殊資產的主要特點有一個初步的瞭解，基本的瞭解內容及程序如圖 10－2 所示：

圖 10－2　瞭解內容及程序

在瞭解資產構成時，要從實物構成及價值構成兩個不同的側面對其予以關注。在關注資產本身的同時，還要結合資產與價值貢獻的關係，考察其是否有漏計了的資產。

4. 瞭解實物分佈及資產管理的基本情況

為有效地組織項目組進場後的工作，必須事前瞭解被評估資產的分佈區位、管理歸屬，以便設計評估工作人員實施現場工作的路線，取得企業相關人員的有效配合。

5. 瞭解與被評估資產價值相關聯的其他信息

當前外部經濟環境、所處行業競爭態勢、持續盈利能力等因素對被評估資產的價值影響已經越來越被評估專業人士所重視。此外，在對企業價值進行評估時還應關注對溢餘

資產的判定。

二、項目組的設立

項目組是指為完成某一評估項目而專設的臨時組織。在設立項目組時，無論是項目負責人的選擇，還是項目構成模式的設計，都應以該評估項目的特點和需要為中心。一般來講，項目組設立是否科學、合理，對該項目的組織過程和評估質量影響較大。

(一)項目負責人的確定

項目負責人是指評估機構中能夠參與或獨立進行評估項目洽談，有效制訂評估計劃，履行組織、控製、協調和決策等職能的註冊資產評估師。對於一些特大型的評估項目，可以由多個項目負責人組成評估領導小組。

由於有的評估項目需要由工程、技術、財會、法律、行銷、經營管理等多學科的專業評估人員組成的團隊(項目組)來完成，因此，項目負責人的素質對評估工作的順利進行、評估工作的質量等有著至關重要的影響。從評估行業多年的運行發展來看，項目負責人應該具備以下基本素質：

1. 道德素質

(1)遵紀守法。執業中能夠嚴格執行國家有關資產評估方面的法律、法規、規章和行業規範，能夠堅決抵制違反法律法規的行為。

(2)恪守職責，客觀公正。不屈從來自任何方面的不正當的干預，不以主觀好惡或成見行事，保證評估工作的客觀性和評估結論的公正性。

(3)廉潔自律。不利用自己執業之便為個人謀取私利。

(4)保守秘密。項目負責人在資產評估活動中收集到的資料和情況，除得到資產評估當事方的允許或法律法規要求公布者外，應當嚴格保守秘密，不得將任何資料和情況提供或洩露給第三者。

2. 業務素質

(1)專業理論知識。系統掌握資產評估的法規、理論和方法，通曉資產評估原理、估價標準、評估原則、基本方法及其運用。

(2)具有廣泛的知識面。項目負責人要具備審計、財務、稅收、統計與預測、工程技術、法律法規、市場、金融、投資、計算機與數據庫、管理決策等方面的廣泛知識與工作經驗，從事證券業務的項目負責人還應該掌握資產重組、證券法律法規等方面的知識。

(3)嫻熟的評估技巧和綜合判斷能力。項目負責人應該能夠根據評估對象的特點及評估時的市場狀況，選擇最適宜的評估方法，並能夠準確判斷各種參數、指標和計算公式，推導運算是否正確合理，得出公允的評估結果。

(4)收集、分析和運用資料的綜合能力。

（5）創新發展能力。隨著資產評估市場條件和環境的變化，在資產評估活動中，會不斷出現新課題，需要評估人員加以研究和解決，項目負責人的創新和發展能力十分重要。

（6）較強的服務意識與溝通技巧。

3. 領導能力

（1）籌劃決策能力。項目負責人能夠有效地組織和進行資產評估項目的前期準備工作，制訂合理的資產評估計劃，對評估工作實施科學決策。

（2）組織指揮能力。項目負責人應根據評估項目的特點，組建精干、高效的評估團隊（項目組），有效發揮項目組各專業評估小組的作用。

（3）協調能力。資產評估活動的特點決定了項目負責人必須具備良好的協調能力，包括項目組內部協調、與資產評估各當事方的協調等。有的項目還涉及與其他仲介機構的協調。

（4）控製能力。資產評估中，需要對資產評估活動的各個環節按照預先制訂的評估計劃進行或根據變化了的情況及時修訂評估計劃，從而進行有效的控製，這是確保評估工作順利完成的關鍵要素。控製包括對評估時間進度的控製、對評估費用的控製、對評估質量的控製以及對評估過程中出現的突發事件的控製等。

（5）語言與邏輯能力。「資產評估報告書」通常由項目負責人來完成。合格的項目負責人應具備良好的語言和文字表達及邏輯分析能力。另外，隨著涉外資產評估活動以及境內外評估界的交流的增多，項目負責人還應較好地掌握一門外語。同時，還應瞭解各地的風土人情，達到溝通和交流的目的。

（二）項目組構成的一般模式

確定項目組構成時應考慮的主要因素包括：資產規模、業務領域、資產對象的分類、各類資產的特點、資產的分佈情況等。

下面列舉兩個典型的項目組構成模式：

1. 一般中小型項目

一般中小型項目組構成模式如圖10-3所示。

本模式是實務中常用的一種較為典型的評估項目組織形式，適用於中小型資產規模和資產分佈不大、可設計單一現場勘查路線的評估項目。運用本模式需要注意以下幾點：

（1）本模式下的領導中心仍是項目負責人，評估機構分管領導僅為該項目的臨時分管領導，主要對項目組與評估機構其他部門（如稽核部）及委托單位、其他外部機構、有關政府部門等之間的活動進行協調。分管領導可對該項目實施監管，但不得直接干預項目負責人的具體組織和評估作價。

（2）項目負責人下設的各專業評估組可根據實際情況設置專業評估組負責人，項目負責人通過各專業評估組負責人對各專業組實施領導。

图 10-3　一般中小型项目组构成模式

(3)本模式可根据项目特点灵活变形,如由项目负责人兼综合评估组的负责人(即由该组统驭评估项目)、在各专业评估组下再分若干工作小组、将专家技术援助小组设在某一专业评估组等。当不需要时,也可减少某些支点,如专项资产评估组、专家技术援助小组、某一专业评估组等。

2. 大型或超大型项目

大型或超大型项目组构成模式如图10-4所示:

图 10-4　大型或超大型项目组构成模式

本模式对应於资产规模大、地域分佈广的大型或超大型项目,该类项目通常情况是由一家评估机构牵头,组织多家评估机构形成联合评估团共同承担,因此,其组织协调工作

更為複雜、要求更高。其各部分組成人員及功能如下：

（1）××工作聯席會。它是本項目對應經濟行為（如：上市、重大資產整合）的最高領導小組，該聯席會的主要功能之一是對資產評估工作進行組織、協調、指導。評估項目設置總協調人，通常由該聯席會的成員擔任。該聯席會對評估項目提出總的工作目標和要求，並負責特別重大事項的協調與指導工作。

（2）資產評估聯席會。該聯席會由××工作聯席會指定的負責人及本評估項目總協調人牽頭，參加人員通常有組成聯合評估團的多家評估機構主要負責人、資產佔有單位主要領導及相關管理人員，根據需要還可邀請與本項目相關的其他仲介機構如會計師事務所、律師事務所等機構負責人參加。該聯席會負責確定聯合評估團的組織形式，審定總體評估方案，對評估機構、資產佔有單位、其他仲介機構以及外部單位、相關部門等實施必要的協調工作。

（3）評估總控組。該組負責組織和協調具體評估工作，通常由項目總協調人及項目負責人（大多數情況下是二合一）直接控製，參加人可以是各專業負責人、片區聯絡組負責人等，負責具體編制評估計劃、方法標準的統一、監控評估工作進度、組織專家技援組的適時介入、定期就評估工作進度及評估中重要問題發布評估通報等。

（4）專家技術援助組。該組負責協助評估總控組確定各類別資產評估統一的方法標準，根據總控組的指令研究解決普遍存在的疑難問題的思路或方法，為各片區的工作適時提供技術援助，監控評估質量。該組通常由評估公司的內部稽核部門牽頭，由有關專家和顧問等人員參加。

（5）秘書組。秘書組系評估項目專設機構，除完成一般文秘工作外，主要負責對資料傳遞及信息流的建立與維護。

各片區聯絡組及其工作組按照評估計劃和評估總控組的指令完成相應工作。

三、評估綜合計劃的編制

評估綜合計劃是指註冊資產評估師為履行資產評估業務約定書而擬訂的評估工作思路和實施方案。評估工作是一項系統工程，特別是對由若干類資產組合成的主體評估，需要由多個專業的人員組成的項目組方可完成，個別項目還需要聘請行業專家提供技術援助。此外，評估工作的開展過程中不可避免地還要依靠委託單位、資產佔有單位、其他仲介機構的合作，在評估實施過程中，因分組行動，也客觀上需要有統一的目標方向，才能做到人散心不散。所以，事前制訂資產評估工作的綜合計劃，具有特別重要的意義。

評估綜合計劃由項目負責人編制。項目負責人對評估項目的工作範圍和實施方式所做的整體規劃，是完成評估項目的基本工作思路，也是項目組各專業組長編制程序計劃的指導性文件。評估綜合計劃的編制為評估項目的組織者與參與者、評估項目的執行人員

與配合人員產生和諧的互動狀況提供了基礎條件。評估綜合計劃包括的主要內容如下：

(1) 評估項目相關經濟行為的背景；

(2) 重要的評估對象、評估程序、價值類型及評估方法；

(3) 主要工作步驟、項目組成員及分工、責任人、時間預算；

(4) 評估過程中需要特別關注的事項及相應對策；

(5) 可能出現風險的領域及規避措施；

(6) 考慮是否需要專家的幫助。

評估綜合計劃應由評估機構分管領導審核後付諸實施。

在執行業務過程中，應根據情況的變化，及時對原評估計劃進行調整、修改和補充，以保證評估計劃的適時性和有效性。對評估計劃的重大修改需經評估機構分管領導審核批准。

下面是某機構對一般項目設計的評估綜合計劃表：

表 11-1　　　　　　　　　　資產評估綜合計劃[①]

項目名稱：　　　　　　　　　　　　　　編制人：　　　索引號：Z5

　　　　　　　　　　　　　　　　　　　編制日期：　　年　月　日～　日

項目背景				
項目委托人		法定代表人		聯繫人
		電話		傳真
		地址及郵編		
資產佔有單位的基本情況及涉及的交易背景情況描述				
評估目的				
評估基準日				
委托人對評估項目的期望及要求				
評估性質				
審查級次				

[①] 綜合計劃由項目負責人編制，由項目復核人審核。綜合評估項目在編制綜合計劃時應包括但不限於本底稿確定的基本內容；單項資產或部分資產項目可根據具體項目的特點對本底稿的基本內容進行選擇編制，但必須獲得審核人的同意。

表 11－1（續）

擬採用的基本評估方法	
評估報告的使用範圍	
其他與本次評估相關的重要信息	
可能利用的老顧客資料	
評估對象及範圍	
本項目的基本組織形式	
本項目設備配置	

主要工作步驟、責任人、時間預算

顧客要求提交報告的時間：
本項目組的總體時間安排：

（一）組織計劃階段	工作步驟		調整情況	
	責任人		調整情況	
	預計工作時間		調整情況	
（二）方案計劃審定階段	工作步驟		調整情況	
	責任人		調整情況	
	預計工作時間		調整情況	

表 11–1(續)

(三) 現場勘察階段	工作步驟		調整情況	
	責任人		調整情況	
	預計工作時間		調整情況	
(四) 資料整理分析及評估作價階段	工作步驟		調整情況	
	責任人		調整情況	
	預計工作時間		調整情況	
(五) 評估結果論證及出具報告階段	工作步驟		調整情況	
	責任人		調整情況	
	預計工作時間		調整情況	
本項目特別關注事項及解決對策(以資產基礎法為例)					
有關領域	特別關注事項		對策	
綜合部分				
設備				

表 11－1(續)

房地產		
流動資產及負債		
長期投資		
無形資產		
其他資產		

對報告、評估技術說明、明細表格式的特殊要求：

評估綜合計劃審核：

　　　　　　　　　　　　　　　　　　　　　　　　　審核人簽名：
　　　　　　　　　　　　　　　　　　　　　　　　　審核日期：

四、評估過程中的信息溝通及前期對溝通方案的設計
（一）關於評估中的溝通
　　溝通工作貫穿於整個評估過程，沒有良好的溝通就難以保證評估工作的順利進行及評估報告的質量。以企業改制上市評估項目為例，在評估過程中，項目負責人的溝通工作至少包括五個方面：項目組內部的溝通、與本項目上一級責任人的溝通、與委託方及其相關當事方的溝通、與其他仲介機構的溝通、與評估項目主管部門和證券監管機構的溝通等。
　　1. 項目組內部的溝通
　　溝通的目的是為了使評估項目組有效地進行分工和協調，有利於各專業評估小組之

間的資料及信息傳遞,以保證評估過程控製的有效性。實務中,一般由項目負責人定期組織項目組成員匯報和交流,瞭解評估進展情況、現場工作出現的問題、評估標準的把握等,以便及時調整評估計劃、提出解決問題的措施。

2. 與本項目上一級責任人的溝通

項目負責人應及時將項目的執行情況向本項目上一級責任人匯報,便於其掌握評估項目相關情況,對評估工作進行指導。匯報的主要內容包括:項目的進展情況、出現的重大問題及擬解決方案、改制重組方案的重大調整等。

3. 與委托方及其相關當事方的溝通

評估機構是受託的仲介機構,委托方聘請評估機構,評估機構就應盡力按照評估業務約定書做好評估服務,但不能由委托方干預評估行為,不能違反國家的法律法規要求。當評估過程中出現資料提供不合格、資料提供不及時、出現影響經濟行為實現的重大事項或法律障礙以及其他影響評估工作進度的事項時,項目負責人應及時與委托方管理當局及相關當事方進行溝通,使雙方在這些問題上取得一致意見或尋求解決的辦法。

在提交正式評估報告前,項目負責人應當與委托方及相關當事方就評估報告有關內容進行必要溝通,特別是當評估結論與委托方期望值存在差距、委托方對評估報告披露的特別事項說明存在不同意見時,有效的溝通就顯得至關重要。

4. 與其他仲介機構的溝通

其他仲介機構是指審計、律師、券商或財務顧問等機構。評估機構與其他仲介機構是同一項目中不同業務之間的合作關係,是為了同一特定目的為委托方服務。在現場工作中,各仲介機構經常要進行類似的工作程序,向委托方索取同樣的資料。仲介機構應本著分工明確、平等互助、密切協作、獨立完成的基本原則加強合作。常見的合作情形有:

(1)券商或財務顧問對改制重組進行總協調和進度安排;

(2)審計機構與評估機構共同進行存貨和其他受連續性經營影響較大的資產抽查盤點,共同簽發銀行和往來帳項的函證;

(3)評估機構與土地估價機構就房、地評估界限劃分達成一致意見;

(4)評估機構與律師事務所就產權方面有關問題進行探討;

(5)以審計機構的審計結果作為評估申報的基礎;

(6)對於境外上市項目,還要與境外仲介機構密切配合。

5. 與評估項目主管部門和證券監管機構的溝通

對於國有資產評估項目,評估報告還需要由國有資產評估項目主管部門進行備案或核准。在備案或核准過程中,項目負責人需要就其提出的有關問題進行解釋、補充說明和修改,直至取得國有資產評估項目備案表或核准文件。

中國證監會在審核企業報送的股票發行申請材料時,也會審查資產評估報告,項目負

責人依然要對證監會發審委出具的對股票發行申請材料的反饋意見中與資產評估有關的問題進行解釋和說明。

(二)前期對溝通方案的設計

對於資產規模不大的項目,只要對溝通具有足夠的重視,通過隨機溝通,就可以達到溝通的目的和效果。但對於較大和較複雜的項目,對溝通方案的設計就是一項不可或缺的前期工作了。對溝通方案的設計主要應注意以下幾點:

1. 通過溝通明確責任

資產評估的實施是一個互動的過程,資產評估機構只有與委託方、資產佔有單位、其他仲介機構、有關部門等單位,圍繞完成資產評估工作的開展互動起來,才能有效地完成資產評估工作。通過溝通,可以使上述相關單位一方面瞭解資產評估的職能範圍與工作邊緣,不至於對資產評估機構提出過度的要求,另一方面也表明資產評估機構必須在一定的條件和前提下才能使評估工作持續進行和圓滿完成。例如:當對工作進度未達到預定計劃而滯後進行外部溝通時,應明確該現象的產生原因是來自於評估機構自身,還是其他外部條件所致。

2. 溝通中應體現專業服務

無論是資產評估的技術還是對資產評估活動的組織,資產評估專業人員尤其是項目負責人相對於委託單位來說應是行家裡手,為委託方提供相關的有益建議是資產評估機構的服務內容,也是項目得以順利開展的客觀要求。因此,在溝通中,評估人員不應該僅僅是向委託單位提出要求,而更多應是圍繞資產評估活動的開展,提出自己的合理化建議。

3. 溝通方式應在達到效果的前提下力求簡便

溝通的形式有多種多樣,在能夠達到效果的前提下,資產評估人員應努力選擇耗力費時少的方式進行,盡量減少對他人正常工作的干擾。

五、對被評估單位前期工作的指導

為確保資產評估活動的順利展開,評估人員在進入評估現場前,應指導委託方或資產佔有單位等按照資產評估規範的要求,做好前期工作,主要包括:

(一)確定評估範圍及評估基準日

評估範圍是指為實現特定經濟行為(評估目的)而涉及的全部被評估資產和負債。經濟行為涉及的全部資產和負債均應劃入資產評估範圍,包括有形資產、無形資產、帳內資產、帳外資產、負債等。

評估基準日是評估結論成立的特定時日。評估基準日的選取一般由資產評估委託方會同受託評估機構等仲介服務機構,根據評估目的及資產評估項目的具體情況合理確定。

合理確定評估基準日需要考慮的基本因素有：

(1)充分考慮評估結論的有效使用期限。根據現行規定,評估報告上的有效期為一年,自評估基準日起計算。

(2)所選取的評估基準日應盡量避免評估對象基準日後的重大事項調整。

(3)評估基準日應盡可能與評估目的實現日接近。

(4)評估基準日是否受到特定經濟行為文件的約束。

(二)資產清查

資產佔有方應對列入評估範圍的資產的種類、數量、帳面金額、產權狀況、實物資產分佈地點及特點等進行全面清查,評估基準日為資產清查核實的目標時點。企業整體價值評估時,還要求對負債進行評估。對清查中發現的盤盈、盤虧、毀損、報廢、呆壞帳、無需償還的負債等情況要進行原因分析,並根據有關規定進行帳務調整,並列示資產負債調整前後比較表。同時,對資產權屬不清、權屬存在爭議的資產應查找原因,並考慮是否納入評估範圍。

(三)評估申報

資產佔有單位應在資產清查並調整的基礎上,按照評估機構提供的「資產清查評估明細表」樣式和規範要求進行評估申報。評估申報表應以評估機構要求的電子表格的格式提供給評估機構。在此期間,項目負責人應對委託方或資產佔有單位相關人員進行填表指導,必要時可組織培訓,並隨時檢查評估申報情況,一旦發現評估申報填寫不規範,應立即糾正,以使評估申報表最終符合規範要求。

(四)評估資料準備

資產佔有單位在進行評估申報的同時,可按照評估機構提交的資產評估所需的資料清單進行評估前期的資料準備。在企業或事業單位改制評估的實務中,評估前期資料一般包括以下內容：

(1)委託方及資產佔有單位概況,包括：企業註冊情況、歷史沿革、組織機構設置、經營業務範圍、主要經營業績、主要產品品種、生產能力、近年實際生產量、銷售量、主要市場、市場佔有率、執行的主要會計政策、生產經營的限制或優惠以及資產分佈結構圖等。

(2)營業執照、稅務登記證、生產經營許可證等複印件。

(3)驗資報告、章程、審計報告、近三年及評估基準日會計報表及清查調整後的會計報表。

(4)涉及特定經濟行為的初步方案及經濟行為批件。

(5)資產權屬證明文件原件及複印件,包括：國有資產產權登記證、房屋所有權證、國有土地使用證、政府產權監理機關出具的資產所有權證明等。

(6)重大協議或合同,如：股份公司發起人協議、有限公司投資合同、重大採購合同、重大銷售合同、長短期借款合同等。

（7）生產經營統計資料。

（8）房屋、地面地下管道線路平面圖,建築、設備安裝工程有關圖紙,工程預決算資料等。

（9）公開的相關行業或類似企業的信息或指標。

（五）組織配合資產評估工作的領導班子

資產評估工作面廣量大,尤其是涉及企事業單位改制、重組等的評估,幾乎涉及單位的各個職能部門。正式評估前,被評估單位應成立資產評估工作的領導小組,負責與審計、評估等仲介機構的協調配合,便於在正式審計、評估時提高工作效率。被評估單位主管領導擔任領導小組負責人,負責組織協調。

領導小組成員應包括財務、設備管理、建築物及土地管理、辦公室管理、倉庫與材料管理、車輛管理、商標及生產工藝技術管理、檔案管理等專業對口人員。其中設備管理人員、建築物及土地管理人員應對相關資產非常熟悉。

（六）對相關人員進行動員和培訓

被評估單位和評估機構項目負責人要對被評估單位參與資產評估工作的相關人員進行動員和培訓,主要內容包括：

（1）學習和瞭解情況,如學習國家有關法律法規、瞭解實施資產評估目的（如企業改制或資產重組）的必要性；

（2）明確職責,相關人員要配合評估機構的評估人員完成資產現場勘查、資料收集等方面的工作；

（3）明確資產清查的相關要求；

（4）針對評估項目的特點,學習和瞭解資產評估的一般知識（原理、方法）；

（5）明確評估機構的工作程序,特別是現場階段的具體工作步驟,以及各專業對口人員在整個評估過程中的作用；

（6）評估機構項目負責人講解「資產評估申報表」的填制基礎、填制方法、相關要求及注意事項；

（7）評估機構項目負責人講解提供資產評估所需相關資料的要求；

（8）評估機構項目負責人與小組成員就相關問題進行面對面解答和交流。

此外,被評估單位還需要為評估機構準備好進駐評估現場後必要的工作條件。

六、項目負責人需完成的其他前期工作

（一）向被評估單位提交「資產評估申報表」樣表和資產評估所需資料清單等

（二）就評估計劃與委托方溝通

與委托方和資產佔有方的有關人員就評估綜合計劃的要點進行溝通洽商,使雙方就

評估中的有關問題(如時間進度)取得一致意見,使評估程序與委託方有關人員的工作相協調,以提高工作效率。

(三)向項目組成員介紹項目背景、評估計劃的制訂情況

在正式進入評估現場實施評估計劃前,項目負責人應將項目背景、評估計劃的制訂情況傳達至項目組全體成員,務必使項目組所有成員,包括外聘專家、工程師能夠較全面地瞭解項目的背景、各自應承擔的工作以及各項工作的銜接與配合,以確保有關人員對計劃的正確理解和執行。

同時,要求項目組專業組長在評估綜合計劃的框架內編制評估程序計劃,項目負責人對該計劃進行審核。

(四)適當選擇進場時間

評估人員進場時間的選擇也很重要。影響評估進場時間的主要因素有:

(1)與評估目的有關的方案(如改制、重組方案)是否基本確定;
(2)評估範圍是否清晰;
(3)審計的進展情況(若必須審計之情形);
(4)評估申報材料是否符合要求;
(5)被評估單位評估領導小組是否成立;
(6)其他因素。

恰當的進場時間可以有效地保證評估工作的效率,避免進場時間過早、被評估單位資料準備不充分造成評估人員可能窩工從而增加評估成本的現象;也避免進場時間過晚可能造成的評估時間緊張而不能保證評估質量從而加大評估風險的現象。因此,選擇合適的進場時間顯得至關重要。

第三節　現場工作階段的組織與管理

一、現場工作階段的組織與管理的主要工作內容

由於在前一階段中已根據評估項目的基本情況和特點編制了評估綜合計劃,因此,現場工作階段的組織工作重點在於有效地落實該計劃,使該計劃在控製中順利執行。同時,應根據現場工作期間發現的新情況和新問題,對該計劃實施必要的調整。在現場工作階段的組織與管理工作中,項目負責人應特別留意對「4W1H」(WHO、WHAT、HOW、WHEN、WHERE)的把握:

WHO——誰(或哪一組)在干什麼工作,與評估人員現場銜接的企業配合人員是誰

(或哪一個部門),出現需要外部協調的事項找誰最有效果;

　　WHAT——企業申報的某一評估對象應該由誰來干(尤其對於跨專業類別的對象),更有效地提高工作效率和評估質量的方法是什麼,評估現場人員最希望項目負責人協調的工作是什麼;

　　HOW——評估人員及企業相關配合人員是否已就評估活動的開展充分地進入角色,他們之間的配合程度如何,評估人員的評估質量狀況如何;

　　WHEN——什麼時候完成某一階段工作,什麼時候完成全部現場工作,專家技術援助小組什麼時候介入;

　　WHERE——每一需要者在什麼地方可取得所需資料,要找的人在哪裡。

　　項目負責人在整個現場期間均應對上述「4W1H」做到心中有數,並注意對以下幾個階段加以直接關注與協調:

　　(一)進場初期階段

　　進場初期,項目負責人應抓好到位和定位工作。到位和定位工作就是促使本評估活動的參與者(尤指評估現場工作人員及本項目的被評估單位的相關配合人員)盡快進入工作狀態,讓他們知道該干什麼工作、什麼事情該找誰,並將這種狀況固定下來以形成定位。做好了到位和定位工作,也就在現場形成了評估活動的工作平臺,有了各自開展工作的基礎。

　　(二)各評估小組分別開展工作階段

　　在這個階段項目負責人應留意維持諸多方面的均衡性,包括:

　　1. 評估工作力量的均衡性

　　雖然在事前組織項目組時考慮了各專業組間或片區組間的評估力量對應於評估實際工作量的均衡性,但由於資產評估的現場性特點,有可能出現由於評估工作對進一步深入開展的客觀需求、被評估單位相關配合人員的素質情況、基礎資料的齊備情況等的變化以致原來的均衡性有所變化。針對這種情況,項目負責人應及時通過調動人員、輔以專家技術援助等方式使其恢復或保持均衡。

　　2. 各組工作進度的均衡性

　　無論是按照專業特點分組還是按照地域片區分組,客觀上都不能將各組的工作完全割裂開來,因此,項目負責人應對各組的工作進度隨時做到心中有數,並努力通過各種手段將其現場工作的進度調整到基本同步的狀況。保持協調的工作進度對避免評估中的錯、漏及提高工作效率都有重要的意義。

　　3. 自身協調組織工作與其他工作的均衡性

　　由於評估項目負責人的全部工作不僅在於對項目的協調與指揮,而且評估項目負責人要組織控制好整個項目的開展還必須就工作開展過程中的重點問題和難點問題有一定

的思維深度,因此,項目負責人應根據項目開展過程中的一般特點,有計劃地分配自己的精力和工作量。通常情況下,項目在開展初期和撤離現場的後期,對項目負責人而言,可自由調動的時間相對較少。所以,項目負責人應在評估人員展開現場工作後,立即著手從具體方面深入瞭解項目的重點與難點問題,爭取在撤離現場前與委託方進行情況溝通時,能夠把握整體項目的基本狀況,同時還能夠對主要焦點問題有明確的思路。

(三)項目組撤離現場前階段

首先,項目負責人應在該階段摸清整個項目組已完成了哪些工作、還有哪些工作未完成、未完成的工作是否仍然需要委託單位的配合及在多大的程度上的配合,如果需要,可留個別人完成後續現場工作,其他人員先行撤離;其次,應在離場前使委託方瞭解評估組的工作進度等方面的情況,並通過有效的溝通,盡可能地使其理解評估結果可能與委託方的期望值有距離,評估報告中可能出現特別說明事項的條文等;最後,通過現場資料和情況的歸集,發現可能出現的資產漏評或重評、情況瞭解不全、資料收集不到位等方面的問題,並及時在撤場前予以補充和完善。

二、現場組織工作值得借鑑的幾種特色方法

實務中的現場階段組織工作並沒有統一固定的模式,下面介紹幾種較有特色的方法:

(1)每日碰頭會制度。現場工作期間的特點通常是白天分組到現場開展工作,晚餐前回駐地統一就餐,項目負責人可利用就餐前後的片段時間召集碰頭會,實施信息交流。為節省時間,突出效果,項目負責人應對碰頭會的內容事前有所策劃,明確每一到會人員在該碰頭會上必須簡單明了地通報哪幾個問題。

(2)在互聯網上臨時建一網頁或者QQ群(但應注意保密),通過它實現資源共享、信息交流等方面的功能。

(3)在正式分組開展工作前對某一典型主體進行試評估,通過試評估以達到統一方法標準及調整原定計劃的目的。

第四節 評估程序計劃的編制

評估程序計劃是對某類資產評估前所作的計劃,編制該計劃的目的是幫助評估人員根據某類資產的特點形成具體的評估思路,也是評估機構與項目負責人檢查評估步驟執行的完整性,以便控製各評估人員職責的落實情況,實現對評估項目質量的監控與管理的依據。評估程序計劃根據評估綜合計劃確定的基本思路編制,由項目負責人審核通過後

執行。

評估程序計劃的主要內容包括：

(1)評估工作目標；

(2)工作內容與步驟、方法；

(3)執行人；

(4)執行時間；

(5)評估工作底稿索引；

(6)其他。

下面是某評估人員編制的存貨評估程序計劃：

表11-2　　　　　　　　　　存貨評估程序計劃

項目名稱：　　　　　　　編制人：　　　　　　　索引號：
評估基準日：　　　　　　　　　　　　　　　　　編制日期：

序號	評估程序	執行否	執行人員	執行時間
1	取得各類存貨申報評估明細表，核對保管帳、明細帳與總帳、報表餘額是否相符，並作記錄			
2	充分瞭解存貨最終數量的決定方法（如永續盤存或實地盤存）、帳面價值構成及計價方法（如實際成本法或計劃成本法），以及內部控製制度			
3	查明存貨明細表中存在的紅字金額的原因，並提請企業進行調整			
4	取得企業基準日或最近期的存貨盤點表，並進行核對			
5	會同企業有關人員分類分庫房抽查盤點存貨，編制存貨抽查盤點表；同時瞭解企業保管條件、保管制度、存貨堆放情況、存貨存放時間、銷售情況等，對存貨品質進行鑒定，以及對靠近盤點日存貨交易記錄加以審核，並判斷其合理性			
6	對委托加工物資、分期收款發出商品、委托代銷商品、異地存貨進行函證或實地抽查盤點，編制函證匯總表或抽查盤點表			
7	通過查詢或觀察，記錄那些過時、毀損、丟失、週轉緩慢、超儲積壓的存貨項目，取得相關質量鑒定文件			

表11-2(續)

序號	評估程序	執行否	執行人員	執行時間
8	通過查詢或觀察,記錄那些帳外存貨(如已經全部費用化的工器具、工裝模具、隨機配件等和部分費用化的低值易耗品)			
9	通過查閱企業基準日近期購貨發票、有關價格資料或電話詢價、市場詢價等方式,取得現行市場價格			
10	取得企業基準日近期產成品出廠價格,通過查閱近期銷貨發票,綜合確定銷售價格;取得企業基準日近期的損益表,分析確定銷售費用、銷售稅金、所得稅、淨利潤等			
11	對超儲積壓和毀損存貨,根據可變現淨值確定評估值			
12	對正常的原材料、包裝物、在庫低耗品、材料採購、委託加工物資,以現行市場購置價加上合理的運雜費等費用確定評估值			
13	對暢銷的產成品,以銷售價格扣除銷售費用、全部稅金確定評估值;對正常銷售的產成品,以銷售價格扣除銷售費用、全部稅金、部分淨利潤確定評估值			
14	對能約當為產成品的在產品,按產成品的評估方法和約當產量確定評估值;對無法約當為產成品的在產品,以合理的成本確定評估值			
15	發出商品以銷售合同規定的銷售價格扣除銷售費用、全部稅金和適當淨利潤確定評估值			
16	在用低耗品採用重置成本法評估,重置價格為現行市場購置價加合理的運雜費,成新率根據現場勘查情況確定			
17	委託(受託)代銷商品以結算價格扣除銷售費用、全部稅金和適當淨利潤確定評估值			
18	撰寫存貨資產清查核實情況說明和評估技術說明			
19	交項目負責人、部門審核並修改			

審核意見:

第五節　資產評估報告形成階段的組織與管理

資產評估報告形成階段的組織與管理工作的重點是建立多級復核制度，進行質量控製，通過復核機制的作用，切實保證出具的資產評估報告客觀合理，符合行業規範的要求。

一、建立多級復核制度的必要性

建立多級復核制度是評估機構確保評估質量的制度保證。多級復核是指從評估項目組的各專業小組、項目負責人、項目復核人、評估機構等的質量稽核，直至評估機構主審人的最後審核。

建立多級復核制度的必要性表現在：首先，資產評估這門學科的特點決定了評估結果與評估專業人員的個人因素存在較大的聯繫，這些個人因素主要包括道德水準、素質基礎、知識更新能力、執業時的狀態等方面。為避免這些個人因素導致評估結果失真，就需要其他人對其工作結果進行復核。其次，評估結果是主觀見之於客觀的反應，不同的人從不同的角度評價同一對象，有可能對該對象的認識更為深入、更為本質。再次，多級復核的過程實際也是重新梳理全部評估程序的過程，通過復核可將已實施過的各個工作片段串成一個有機的整體，這樣便於發現在原來工作過程中較易忽視的「只見樹木，不見森林」類的錯誤。除此之外，通過復核機制的設立，可將項目組的業務工作與機構的業務管理聯繫在一起，對考評人員以及提高人員整體素質大有益處。

二、復核模式的建立原則

（一）建立復核模式的一般原則

1. 以簽字評估師為中心的原則

該原則是基於簽字評估師直接組織項目的實施並對其簽署出具的評估報告承擔直接的法律責任，但該原則並不等同於簽字評估師可以不顧及他人的意見而使評估機構承擔機構風險。

2. 交叉復核的原則

該原則的含義有兩個方面：其一是自己實施的工作交由他人復核；其二是項目組完成的工作交由項目組外人員復核。

3. 各復核層次責任分明原則

該原則要求每一復核層次都有本層次特別關注的事項，以避免出現問題不能分清責任的狀況。

4. 及時修正原則

該原則是指對於復核發現的問題應在本層次內立刻改正，而不是對各層次復核出的問題統一進行一次性修改。該原則是為了避免在修改過程中再次出現錯誤。

(二)對兩種主要多級復核模式的介紹

1. 項目復核人—稽核部門—評估機構主審人多級復核模式

第一級復核人為在項目報告上簽字的評估師之一，該復核人跟蹤整個項目實施過程，但不直接參與評估作價工作，其復核工作可始於項目實施過程中，復核起點為包括評估工作底稿在內的全部資料，屬全面復核層次。

第二級復核人為機構專設的質量部門，其復核內容包括重要資產的具體作價、評估項目採用的主要評估方法、評估報告的規範性等，根據復核的需要，該層次復核人員應調閱其工作底稿。

第三級復核人為承擔機構責任並在評估報告上簽字的評估機構主審人，其復核時應主要關注有關法律事項、評估值的異常情況等，根據需要也可對重點問題實施逆查以至追溯至工作底稿。

2. 各部門復核人員—稽核部門—評估機構主審人多級復核模式

第一級復核是分專業將其相關工作交由機構未參加該項目的本專業部門人員實施基礎復核，復核的起點仍然是相應專業形成的全部工作底稿。

第二、三級復核同第一種模式。

無論採用哪一種多級復核形式，各級復核均應關注上一級復核人發現的問題是否已得到及時正確的解決。

三、糾錯及追加程序的實施

(一)資產評估中的常見錯誤類型

資產評估中的錯誤可以歸結為形式性錯誤與實質性錯誤兩大類別。

1. 形式性錯誤，主要包括：
(1)報告書不符合行業規範格式要求；
(2)文字描述不準確、有病句或錯別字等；
(3)說明舉例不典型、不充分；
(4)排版設置方面存在問題。

2. 實質性錯誤,主要包括:
(1)評估方法、技術手段錯誤;
(2)評估程序執行不完整;
(3)引用依據有誤;
(4)計算公式錯誤;
(5)數據匯總錯誤;
(6)對評估對象性狀描述有重大遺漏;
(7)出現誤導性語言;
(8)對相關信息披露不完整;
(9)取證資料不充分。

無論是形式性錯誤還是實質性錯誤,都應引起評估機構和評估人員的高度重視,特別是實質性錯誤,更有可能導致評估機構和評估人員承擔較大的法律責任,因此,發現錯誤應立即予以糾正。除此之外,有關人員應分析錯誤產生的原因,通過分析,可發現本項目在其他地方可能產生的類似原因引起的錯誤,還可以找出在計劃編制、程序設計甚至機構管理上對防錯功能的先天不足之處,為提高以後項目及機構的質量管理水平提供依據。

(二)關於追加程序

通過分析錯誤產生的原因,項目組可以實施追加程序。追加程序應依錯誤的性質選擇重複性追加或新追加。

重複性追加指原已實施了某一程序但該程序的實施過程不正確或不完整,因此需要重新完整、正確地實施該程序。

新追加指原未實施某一應實施的程序或原實施的程序不足以支撐評估結論,故需重新設計新的工作思路或手段並按此思路實施新的評估程序。

第六節 資產評估工作底稿及項目小結

一、資產評估工作底稿

資產評估工作底稿的編制、審核、檢查、控製是資產評估項目的組織與管理工作的重要組成部分,項目負責人的大量具體工作也是圍繞上述幾個方面進行的。

(一)資產評估工作底稿規範的歷史及現狀

1. 初期階段的特點

資產評估工作底稿隨資產評估行為的出現而出現,但其初期的基本特點表現為非系

統(個別的)、非規範化(行業及機構均無對這方面的規範要求、形式各異)、功能單一(主要體現在主要關注評估對象的權屬與存在方面)、水平較低。

2. 工作底稿的演變與其他因素之間的關係

工作底稿的規範過程與資產評估行業的發展與規範過程相對應,表現為在這一過程中的同時漸變發展(尤其體現為評估方法的不斷科學化、評估項目組織的大型複雜化以及規避評估風險等對評估工作底稿提出的要求)以及評估相關規範文件的要求(如:《資產評估準則——工作底稿》等)。

3. 目前國內評估機構的工作底稿的現狀

這大致表現為:

(1)基本上有一個設計較為完善的構架體系;

(2)評估行業及評估機構對工作底稿的編制都有較明確的要求;

(3)各評估機構實際評估中的工作底稿在量和質方面的水平較原來有較大的提高;

(4)如何解決底稿設計的科學性和現實操作性的矛盾是當前各機構待解決的主要難題。

(二)資產評估工作底稿的作用

1. 資產評估工作底稿是項目開展的「路線圖」

由於工作底稿既有項目的事前策劃(綜合計劃、程序計劃)、事中實施情況(調查記錄),又有結論形成的分析與依據,所以在項目開展前(或某一階段的工作實施前)形成的工作底稿可反應出項目(或下階段)工作的總體走向;項目實施過程中的記錄則載明了評估人員的工作進度與工作深度;項目步入尾聲時則可通過工作底稿知道評估結論是如何得來的、依據是什麼。通過「路線圖」我們可以瞭解評估項目實施的完整過程。

2. 資產評估工作底稿是對項目實施管理的重要手段

項目負責人在項目開展初期對評估綜合計劃的編制過程,也就是對項目開展進行總體規劃的過程;對有關程序計劃的審核、工作底稿的檢查等工作則是直接對該項目實施的過程控製。

3. 資產評估工作底稿是評估結論的支撐性材料

工作底稿記錄了評估對象的性態、評估人員履行的程序、選用的方法、依據以及作價分析與計算過程等,因此是得出評估結論最直接的支撐材料。

4. 資產評估工作底稿是分清相關責任的依據

評估人員只有按照規範要求完成了評估程序、採用了合理的方法與有效的依據才能得出科學合理的評估結論,所有這些都在工作底稿上有所記錄,當出現爭議甚至訴訟事項時,根據有關記錄可判定其是否按照行業規範進行了評估操作,若有責任也能夠分清是誰的責任。

5. 資產評估工作底稿是反應資產評估人員專業水平的重要載體

由於工作底稿能夠全面地反應評估項目的組織過程與作價過程,所以其有關思路、手段、分析等內容都可以通過工作底稿而一目了然,這對評價和考核評估專業人員的組織能力和專業能力提供了依據,也可作為其他評估人員提高執業能力的學習案例。

6. 資產評估工作底稿是評估機構核心資產的沉澱

通常評估機構的人員流動較大,但是豐富的實踐經驗與案例數據卻可以通過工作底稿的形式沉澱下來,它不斷地為評估機構的專業發展提供一個更高的平臺,因此也成了評估機構最為寶貴的無形資產組成部分。

(三)編制資產評估工作底稿的基本要求

1. 真實性

真實性是資產評估的靈魂,應貫徹在資產評估開展的每一細節中,作為評估結論的直接依據,工作底稿必須真實。

2. 完整性

這是由工作底稿的功能所確定的重要特性。工作底稿完整性的直接標準是非本項目的直接參與者通過閱讀工作底稿可以全面瞭解本項目的概況、主要評估方法、已實施的評估程序、重大問題及其解決方案等方面的情況。

3. 對應性

對應性是指所有的評估結論必須與工作底稿反應出的內容一致。對應性還包括工作底稿的分析意見與最終結論應是明晰的、不可對其作多意或他意釋義的。

4. 重要性

基於效率的考慮,工作底稿並不需要反應全部的工作細節,而是主要反應工作實施過程中對本項目有重大影響和對結論有直接關聯的內容,對一般內容則僅作簡單概括的記錄。

5. 易辨性

工作底稿的內容較多,必須有其結構的邏輯和必要的標示才能方便地為工作底稿的閱讀者所用。

(四)資產評估工作底稿的分類

資產評估工作底稿分為評估項目管理類工作底稿和評估項目操作類工作底稿兩類。

管理類工作底稿主要由項目負責人編制或收集,其主要功能是為項目負責人在計劃、控制和管理評估項目方面提供支持,因此,其主要內容包括義務約定、項目組織、客戶信息、評估報告等文稿的過程性文件、內部審核、外部審核等方面的內容。

操作類工作底稿主要由各專業組負責人編制或收集,其主要功能是指導具體工作或記錄相關過程,內容包括:與內外溝通的記錄與附件、程序計劃、工作記錄、專項取證資

料等。

二、項目小結

（一）項目小結及其作用

項目小結是指資產評估項目完成後，項目負責人組織本項目主要參與人員對本項目主要過程進行的必要回顧，通過回顧總結評估經驗及不足，為以後的評估工作提供借鑑或警示。

（二）項目小結的基本內容

項目小結的基本內容通常包括以下四個方面：

1. 評估計劃的執行與調整情況

這是指本項目的綜合計劃與程序計劃是否得到了有效的執行，在項目實施過程中是否根據項目的基本情況對原計劃進行了必要的調整，對本項目的計劃編制、調整與執行情況的總體效果如何評價等等。

2. 評估過程中重大疑難問題的處理

雖然評估過程中的重大疑難問題在項目實施過程中已有過必要的討論並形成解決方案，但在項目結束時對其回顧，可以通過不同的角度進一步透視其本質，還可以舉一反三地探索類似問題的解決方法。

3. 本評估項目在技術方法及組織上的有益創新

資產評估既是科學又是藝術，其藝術性主要體現在具體的技術手段與組織方式上。就評估人員而言，每一個評估項目都是一個新案例，只有通過不斷地總結與歸納，才能不斷地提高評估技藝與評估機構的整體水平。

4. 本評估項目的瑕疵與教訓

這是對本項目的全過程反思，通過項目小結，發現類似項目在今後實施過程中可改進之處，如：通過改進組織形式以促進工作效率的提高，通過轉變信息交換渠道以提高信息獲取的豐富性與有效性等。

（三）項目小結的基本方式

為了不影響評估機構後續工作的持續開展，項目小結的具體組織可不拘於形式，但無論採用何種形式，本項目的小結完成後都應形成書面項目小結報告。項目小結由項目負責人組織，通常採用的方式有：

1. 座談會式

項目負責人邀請本項目主要參與人員及有針對性地邀請個別專家召開座談會，圍繞項目小結的基本內容實施回顧並展開討論，會後形成書面小結報告。採用座談會方式進行小結的好處是信息交流最為充分且可盡快形成基本結論，因而是最為普遍的項目小結

方式。

2. 先分組後匯總式

項目負責人按照項目實施時的分組布置小結工作,各組負責人可靈活採用具體的小結方式,但應將各組小結情況以書面形式交項目負責人匯總後形成整個項目的小結。由於較大型的項目各實施組的工作完成時間可能不一致,採用先分組後匯總式的項目小結方式即可保證已完成工作的評估人員盡快投入到後續工作中。

附錄一

資產評估匯總表

表1

資產評估結果匯總表

資產佔有單位名稱：
評估基準日： 年 月 日

項　目		帳面價值(元) A	調整后的帳面值(元) B	評估價值(元) C	增減值(元) $D = C - B$	增值率(%) $E = \dfrac{C-B}{B} \times 100\%$
流動資產	1					
長期投資	2					
固定資產	3					
其中:在建工程	4					
建築物	5					
設備	6					
無形資產	7					
其中:土地使用權	8					
其他資產	9					
資產總計	10					
流動負債	11					
長期負債	12					
負債總計	13					
淨資產	14					

評估機構：　　　　　　　　　　　　　　項目負責人：

法定代表人：　　　　　　　　　　　　　註冊資產評估師簽字：

表 2

資產評估結果分類匯總表

評估基準日： 年 月 日

資產佔有單位名稱：

序號	科目名稱	帳面價值（元）	帳面調整值（元）	調整后的帳面值（元）	評估價值（元）	增值額（元）	增值率（%）
1	一、流動資產合計						
2	貨幣資金						
3	短期投資						
4	應收票據						
5	應收帳款						
6	減：壞賬準備						
7	應收帳款淨額						
8	應收股利						
9	應收利息						
10	預付帳款						
11	應收補貼款						
12	其他應收款						
13	存貨						
14	待攤費用						
15	待處理流動資產淨損失						
16	一年內到期的長期債券投資						
17	其他流動資產						

續上表

序號	科目名稱	帳面價值（元）	帳面調整值（元）	調整后的帳面值（元）	評估價值（元）	增值額（元）	增值率（%）
18	二、長期投資						
19	三、固定資產						
20	固定資產原價						
21	其中：設備類						
22	建築物類						
23	減：累計折舊						
24	固定資產淨額						
25	其中：設備類						
26	建築物類						
27	工程物資						
28	在建工程						
29	固定資產清理						
30	待處理固定資產淨損失						
31	四、無形資產合計						
32	其中：土地使用權						
33	其他無形資產						
34	五、遞延資產合計						

續上表

序號	科目名稱	帳面價值（元）	帳面調整值（元）	調整后的帳面值（元）	評估價值（元）	增值額（元）	增值率（%）
35	開辦費						
36	長期待攤費用						
37	六、其他長期資產						
38	七、遞延稅款借項						
39	八、資產總計						
40	九、流動負債合計						
41	短期借款						
42	應付票據						
43	應付帳款						
44	預收帳款						
45	代銷商品款						
46	其他應付款						
47	應付職工薪酬						
48	應交稅費						
49	應付利潤						
50	其他未交款						
51	預提費用						

續上表

序號	科目名稱	帳面價值（元）	帳面調整值（元）	調整后的帳面值（元）	評估價值（元）	增值額（元）	增值率（%）
52	一年內到期的長期負債						
53	其他流動負債						
54							
55	十、長期負債合計						
56	長期借款						
57	應付債券						
58	長期應付款						
59	住房週轉金						
60	其他長期負債						
61	遞延稅款貸項						
62							
63	十一、負債合計						
64							
65	十三、淨資產						

評估機構：

註冊資產評估師簽字：

附錄二

複利系數公式和複利系數表

一、複利系數公式

各種複利系數公式如下：

複利系數名稱	公　式
（1）複利終值系數	$(1+i)^n$
（2）複利現值系數	$(1+i)^{-n}$ 或 $\dfrac{1}{(1+i)^n}$
（3）年金終值系數	$\dfrac{(1+i)^n-1}{i}$
（4）基金年存系數	$\dfrac{i}{(1+i)^n-1}$
（5）年金現值系數	$\dfrac{(1+i)^n-1}{i(1+i)^n}$
（6）投資回收系數	$\dfrac{i(1+i)^n}{(1+i)^n-1}$

從上述公式中，可以清楚地看出各種系數之間的關係。在複利終值系數和複利現值系數之間、年金終值系數和基金年存系數之間、年金現值系數和投資回收系數之間，都存在著一種倒數關係。

二、複利系數表

為了便於時間價值的換算，根據上述公式計算的六種複利系數表附後。

表1　　　　　　　　　　　　1%複利系數表

年限	複利終值系數 已知現值求將來值	複利現值系數 已知將來值求現值	年金終值系數 已知年金求將來值	基金年存系數 已知將來值求年金	年金現值系數 已知年金求現值	投資回收系數 已知現值求年金
1	1.010,0	0.990,1	1.000,0	1.000,0	0.990,1	1.010,0
2	1.020,1	0.980,3	2.010,0	0.497,5	1.970,4	0.507,5
3	1.030,3	0.970,6	3.030,1	0.330,0	2.941,0	0.340,0
4	1.040,6	0.961,0	4.060,4	0.246,3	3.902,0	0.256,3
5	1.051,0	0.951,5	5.101,0	0.196,0	4.853,4	0.206,0
6	1.061,5	0.942,0	6.152,0	0.162,5	5.795,5	0.172,5
7	1.072,1	0.932,7	7.213,5	0.138,6	6.728,2	0.148,6
8	1.082,9	0.923,5	8.285,7	0.120,7	7.651,7	0.130,7
9	1.093,7	0.914,3	9.368,5	0.106,7	8.566,0	0.116,7
10	1.104,6	0.905,3	10.462,2	0.095,6	9.471,3	0.105,6
11	1.115,7	0.896,3	11.566,8	0.086,5	10.367,6	0.096,5
12	1.126,8	0.887,4	12.682,5	0.078,8	11.255,1	0.088,8
13	1.138,1	0.878,7	13.809,3	0.072,4	12.133,7	0.082,4
14	1.149,5	0.870,0	14.947,4	0.066,9	13.003,7	0.076,9
15	1.161,0	0.861,3	16.096,9	0.062,1	13.865,0	0.072,1
16	1.172,6	0.852,8	17.257,9	0.057,9	14.717,9	0.067,9
17	1.184,3	0.844,4	18.430,4	0.054,3	15.562,2	0.064,3
18	1.196,1	0.836,0	19.614,7	0.051,0	16.398,3	0.061,0
19	1.208,1	0.827,7	20.810,9	0.048,1	17.226,0	0.058,1
20	1.220,2	0.819,5	22.019,0	0.045,4	18.045,6	0.055,4
21	1.232,4	0.811,4	23.239,2	0.043,0	18.857,0	0.053,0
22	1.244,7	0.803,4	24.471,6	0.040,9	19.660,4	0.050,9
23	1.257,2	0.795,4	25.716,3	0.038,9	20.455,8	0.048,9
24	1.269,7	0.787,6	26.973,5	0.037,1	21.243,4	0.047,1

續上表

年限	複利終值系數 已知現值求將來值	複利現值系數 已知將來值求現值	年金終值系數 已知年金求將來值	基金年存系數 已知將來值求年金	年金現值系數 已知年金求現值	投資回收系數 已知現值求年金
25	1.282,4	0.779,8	28.243,2	0.035,4	22.023,1	0.045,4
26	1.295,3	0.772,0	29.525,6	0.033,9	22.795,2	0.043,9
27	1.308,2	0.764,4	30.820,9	0.032,4	23.559,6	0.042,4
28	1.321,3	0.756,8	32.129,1	0.031,1	24.316,4	0.041,1
29	1.334,5	0.749,3	33.450,4	0.029,9	25.065,8	0.039,9
30	1.347,8	0.741,9	34.784,9	0.028,7	25.807,7	0.038,7
31	1.361,3	0.734,6	36.132,7	0.027,7	26.542,3	0.037,7
32	1.374,9	0.727,3	37.494,1	0.026,7	27.269,6	0.036,7
33	1.388,7	0.720,1	38.869,0	0.025,7	27.989,7	0.035,7
34	1.402,6	0.713,0	40.257,7	0.024,8	28.702,7	0.034,8
35	1.416,6	0.705,9	41.660,3	0.024,0	29.408,6	0.034,0
40	1.488,9	0.671,7	48.886,4	0.020,5	32.834,7	0.030,5
45	1.564,8	0.639,1	56.481,1	0.017,7	36.094,5	0.027,7
50	1.644,6	0.608,0	64.463,2	0.015,5	39.196,1	0.025,5
55	1.728,5	0.578,5	72.852,4	0.013,7	42.147,2	0.023,7
60	1.816,7	0.550,4	81.669,6	0.012,2	44.955,0	0.022,2
65	1.909,4	0.523,7	90.936,6	0.011,0	47.626,6	0.021,0
70	2.006,8	0.498,3	100.676,3	0.009,9	50.168,5	0.019,9
75	2.109,1	0.474,1	110.912,8	0.009,9	52.587,0	0.019,0
80	2.216,7	0.451,1	121.671,5	0.008,2	54.888,2	0.018,2
85	2.329,8	0.429,2	132.978,9	0.007,5	57.077,7	0.017,5
90	2.448,6	0.408,4	144.863,2	0.006,9	59.160,9	0.016,9
95	2.573,5	0.388,6	157.353,7	0.006,4	61.143,0	0.016,4
100	2.704,8	0.369,7	170.481,3	0.005,9	63.028,9	0.015,9

表 2　　　　　　　　　　　2%複利系數表

年限	複利終值系數 已知現值求將來值	複利現值系數 已知將來值求現值	年金終值系數 已知年金求將來值	基金年存系數 已知將來值求年金	年金現值系數 已知年金求現值	投資回收系數 已知現值求年金
1	1.020,0	0.980,4	1.000,0	1.000,0	0.980,4	1.020,0
2	1.040,4	0.961,2	2.020,0	0.495,1	1.941,6	0.515,1
3	1.061,2	0.942,3	3.060,4	0.326,8	2.883,9	0.346,8
4	1.082,4	0.923,8	4.121,6	0.242,6	3.807,7	0.262,6
5	1.104,1	0.905,7	5.204,0	0.192,2	4.713,5	0.212,2
6	1.126,2	0.888,0	6.308,1	0.158,5	5.601,4	0.178,5
7	1.148,7	0.870,6	7.434,3	0.134,5	6.472,0	0.154,5
8	1.171,7	0.853,5	8.582,9	0.116,5	7.325,5	0.136,5
9	1.195,1	0.836,8	9.754,6	0.102,5	8.162,2	0.122,5
10	1.219,0	0.820,3	10.949,7	0.091,3	8.982,6	0.111,3
11	1.243,4	0.804,3	12.168,7	0.082,2	9.786,8	0.102,2
12	1.268,2	0.788,5	13.412,0	0.074,6	10.575,3	0.094,6
13	1.293,6	0.773,0	14.680,3	0.068,1	11.348,4	0.088,1
14	1.319,5	0.757,9	15.973,9	0.062,6	12.106,2	0.082,6
15	1.345,9	0.743,0	17.293,4	0.057,8	12.849,2	0.077,8
16	1.372,8	0.728,4	18.639,2	0.053,7	13.577,7	0.073,7
17	1.400,2	0.714,2	20.012,0	0.050,0	14.291,8	0.070,0
18	1.428,2	0.700,2	21.412,2	0.046,7	14.992,0	0.066,7
19	1.456,8	0.686,4	22.840,5	0.043,8	15.678,4	0.063,8
20	1.485,9	0.673,0	24.297,3	0.041,2	16.351,4	0.061,2
21	1.515,7	0.659,8	25.783,2	0.038,8	17.011,2	0.058,8
22	1.546,0	0.646,8	27.298,9	0.036,6	17.658,0	0.056,6
23	1.576,9	0.634,2	28.844,9	0.034,7	18.292,2	0.054,7
24	1.608,4	0.621,7	30.421,8	0.032,9	18.913,9	0.052,9

續上表

年限	複利終值系數 已知現值求將來值	複利現值系數 已知將來值求現值	年金終值系數 已知年金求將來值	基金年存系數 已知將來值求年金	年金現值系數 已知年金求現值	投資回收系數 已知現值求年金
25	1.640,6	0.609,5	32.030,2	0.031,2	19.523,4	0.051,2
26	1.673,4	0.597,6	33.670,8	0.029,7	20.121,0	0.049,7
27	1.706,9	0.585,9	35.344,3	0.028,3	20.706,9	0.048,3
28	1.741,0	0.574,4	37.051,1	0.027,0	21.281,2	0.047,0
29	1.775,8	0.563,1	38.792,1	0.025,8	21.844,3	0.045,8
30	1.811,4	0.552,1	40.567,9	0.024,7	22.396,4	0.044,7
31	1.847,6	0.541,3	42.379,3	0.023,6	22.937,7	0.043,6
32	1.884,5	0.530,6	44.226,9	0.022,6	23.468,3	0.042,6
33	1.922,2	0.520,2	46.111,4	0.021,7	23.988,5	0.041,7
34	1.960,7	0.510,0	48.033,6	0.020,8	24.498,5	0.040,8
35	1.999,9	0.500,0	49.994,3	0.020,0	24.998,6	0.040,0
40	2.208,0	0.452,9	60.401,7	0.016,6	27.355,4	0.036,6
45	2.437,8	0.410,2	71.892,4	0.013,9	29.490,1	0.033,9
50	2.691,6	0.371,5	84.579,0	0.011,8	31.423,6	0.031,8
55	2.971,7	0.336,5	98.586,1	0.010,1	33.174,7	0.030,1
60	3.281,0	0.304,8	114.051,0	0.008,8	34.760,8	0.028,8
65	3.622,5	0.276,1	131.125,5	0.007,6	36.197,4	0.027,6
70	3.999,5	0.250,0	149.977,1	0.006,7	37.498,6	0.026,7
75	4.415,8	0.226,5	170.790,9	0.005,9	38.677,1	0.026,7
80	4.875,4	0.205,1	193.770,9	0.005,2	39.744,5	0.025,9
85	5.382,9	0.185,8	219.142,7	0.004,6	40.711,2	0.024,6
90	5.943,1	0.168,3	247.155,2	0.004,0	41.586,9	0.024,6
95	6.561,7	0.152,4	278.083,2	0.003,6	42.380,0	0.023,6
100	7.244,6	0.138,0	312.230,3	0.003,2	43.098,3	0.023,2

表 3　　　　　　　　　　　　3% 複利系數表

年限	複利終值系數 已知現值求將來值	複利現值系數 已知將來值求現值	年金終值系數 已知年金求將來值	基金年存系數 已知將來值求年金	年金現值系數 已知年金求現值	投資回收系數 已知現值求年金
1	1.030,0	0.970,9	1.000,0	1.000,0	0.970,9	1.030,0
2	1.060,9	0.942,6	2.030,0	0.492,6	1.913,5	0.522,6
3	1.092,7	0.915,1	3.090,9	0.323,5	2.828,6	0.353,5
4	1.125,5	0.888,5	4.183,6	0.239,0	3.717,1	0.269,0
5	1.159,3	0.862,6	5.309,1	0.188,4	4.579,7	0.218,4
6	1.194,1	0.837,5	6.468,4	0.154,6	5.417,2	0.184,6
7	1.229,9	0.813,1	7.662,5	0.130,5	6.230,3	0.160,5
8	1.266,8	0.789,4	8.892,3	0.112,5	7.019,7	0.142,5
9	1.304,8	0.766,4	10.159,1	0.098,4	7.786,1	0.128,4
10	1.343,9	0.744,1	11.463,9	0.087,2	8.530,2	0.117,2
11	1.384,2	0.722,4	12.807,8	0.078,1	9.252,6	0.108,1
12	1.425,8	0.701,4	14.192,0	0.070,5	9.954,0	0.100,5
13	1.468,5	0.681,0	15.617,8	0.064,0	10.635,0	0.094,0
14	1.512,6	0.661,1	17.086,3	0.058,5	11.296,1	0.088,5
15	1.558,0	0.641,9	18.598,9	0.053,8	11.937,9	0.083,8
16	1.604,7	0.623,2	20.156,9	0.049,6	12.561,1	0.079,6
17	1.652,8	0.605,0	21.761,6	0.046,0	13.166,1	0.076,0
18	1.702,4	0.587,4	23.414,4	0.042,7	13.753,5	0.072,7
19	1.753,5	0.570,3	25.116,9	0.039,8	14.323,8	0.069,8
20	1.806,1	0.553,7	26.870,4	0.037,2	14.877,5	0.067,2
21	1.860,3	0.537,5	28.676,5	0.034,9	15.415,0	0.064,9
22	1.916,1	0.521,9	30.536,8	0.032,7	15.936,9	0.062,7
23	1.973,6	0.506,7	32.452,9	0.030,8	16.443,6	0.060,8
24	2.032,8	0.491,9	34.426,5	0.029,0	16.935,5	0.059,0

續上表

年限	複利終值系數 已知現值求將來值	複利現值系數 已知將來值求現值	年金終值系數 已知年金求將來值	基金年存系數 已知將來值求年金	年金現值系數 已知年金求現值	投資回收系數 已知現值求年金
25	2.093,8	0.477,6	36.459,3	0.027,4	17.413,1	0.057,4
26	2.156,6	0.463,7	38.553,0	0.025,9	17.876,8	0.055,9
27	2.221,3	0.450,2	40.709,6	0.024,6	18.327,0	0.054,6
28	2.287,9	0.437,1	42.930,9	0.023,3	18.764,1	0.053,3
29	2.356,6	0.424,3	45.218,8	0.022,1	19.188,5	0.052,1
30	2.427,3	0.412,0	47.575,4	0.021,0	19.600,4	0.051,0
31	2.500,1	0.400,0	50.002,7	0.020,0	20.000,4	0.050,0
32	2.575,1	0.388,3	52.502,7	0.019,0	20.388,8	0.049,0
33	2.652,3	0.377,0	55.077,8	0.018,2	20.765,8	0.048,2
34	2.731,9	0.366,0	57.730,2	0.017,2	21.131,8	0.047,3
35	2.813,9	0.355,4	60.462,1	0.016,5	21.487,2	0.046,5
40	3.262,0	0.306,6	75.401,2	0.013,3	23.114,8	0.043,3
45	3.781,6	0.264,4	92.719,8	0.010,8	24.518,7	0.040,8
50	4.383,9	0.228,1	112.796,8	0.008,9	25.729,8	0.038,9
55	5.082,1	0.196,8	136.071,6	0.007,3	26.774,4	0.037,3
60	5.891,6	0.169,7	163.053,4	0.006,1	27.675,6	0.036,1
65	6.830,0	0.146,4	194.332,7	0.005,1	28.452,9	0.035,1
70	7.917,8	0.126,3	230.594,0	0.004,3	29.123,4	0.034,3
75	9.178,9	0.108,9	272.630,7	0.003,7	29.701,8	0.033,7
80	10.640,9	0.094,0	321.326,9	0.003,1	30.200,8	0.033,1
85	12.335,7	0.081,1	377.856,7	0.002,6	30.631,2	0.032,6
90	14.300,5	0.069,9	443.348,7	0.002,3	31.002,4	0.032,3
95	16.578,2	0.060,3	519.271,7	0.001,9	31.322,7	0.031,9
100	19.218,6	0.052,0	607.287,4	0.001,6	31.598,9	0.031,6

表4　　　　　　　　　　　　　　4%複利系數表

年限	複利終值系數 已知現值求將來值	複利現值系數 已知將來值求現值	年金終值系數 已知年金求將來值	基金年存系數 已知將來值求年金	年金現值系數 已知年金求現值	投資回收系數 已知現值求年金
1	1.040,0	0.961,5	1.000,0	1.000,0	0.961,5	1.040,0
2	1.081,6	0.924,6	2.040,0	0.490,2	1.886,1	0.530,2
3	1.124,9	0.889,0	3.121,6	0.320,3	2.775,1	0.360,3
4	1.169,9	0.854,8	4.246,5	0.235,5	3.629,9	0.275,5
5	1.216,7	0.821,9	5.416,3	0.184,6	4.451,8	0.224,6
6	1.265,3	0.790,3	6.633,0	0.150,8	5.242,1	0.190,8
7	1.315,9	0.759,9	7.898,3	0.126,6	6.002,1	0.166,6
8	1.368,6	0.730,7	9.214,2	0.108,5	6.732,7	0.148,5
9	1.423,3	0.702,6	10.582,8	0.094,5	7.435,3	0.134,5
10	1.480,2	0.675,6	12.006,1	0.083,3	8.110,9	0.123,3
11	1.539,5	0.649,6	13.486,3	0.074,1	8.760,5	0.114,1
12	1.601,0	0.624,6	15.025,8	0.066,6	9.385,1	0.106,6
13	1.665,1	0.600,6	16.626,8	0.060,1	9.985,6	0.100,1
14	1.731,7	0.577,5	18.291,9	0.054,7	10.563,1	0.094,7
15	1.800,9	0.555,3	20.023,6	0.049,9	11.118,4	0.089,9
16	1.873,0	0.533,9	21.824,5	0.045,8	11.652,3	0.085,8
17	1.947,9	0.513,4	23.697,5	0.042,2	12.165,7	0.082,2
18	2.025,8	0.493,6	25.645,4	0.039,0	12.659,3	0.079,0
19	2.106,8	0.474,6	27.671,2	0.036,1	13.133,9	0.076,1
20	2.191,1	0.456,4	29.778,1	0.033,6	13.590,3	0.073,6
21	2.278,8	0.438,8	31.969,2	0.031,3	14.029,2	0.071,3
22	2.369,9	0.422,0	34.247,9	0.029,2	14.451,1	0.069,2
23	2.464,7	0.405,7	36.617,9	0.027,3	14.856,8	0.067,3
24	2.563,3	0.390,1	39.082,6	0.025,6	15.247,0	0.065,6

續上表

年限	複利終值系數 已知現值求將來值	複利現值系數 已知將來值求現值	年金終值系數 已知年金求將來值	基金年存系數 已知將來值求年金	年金現值系數 已知年金求現值	投資回收系數 已知現值求年金
25	2.665,8	0.375,1	41.645,9	0.024,0	15.622,1	0.064,0
26	2.772,5	0.360,7	44.311,7	0.022,6	15.982,8	0.062,6
27	2.883,4	0.346,8	47.084,2	0.021,2	16.329,6	0.061,2
28	2.998,7	0.333,5	49.967,5	0.020,0	16.663,1	0.060,0
29	3.118,6	0.320,7	52.966,2	0.018,9	16.983,7	0.058,9
30	3.243,4	0.308,3	56.084,9	0.017,8	17.292,0	0.057,8
31	3.373,1	0.296,5	59.328,3	0.016,9	17.588,5	0.056,9
32	3.508,1	0.285,1	62.701,4	0.015,9	17.873,5	0.055,9
33	3.648,4	0.274,1	66.209,5	0.015,1	18.147,6	0.055,1
34	3.794,3	0.263,6	69.857,8	0.014,3	18.411,2	0.054,3
35	3.946,1	0.253,4	73.652,1	0.013,6	18.664,6	0.053,6
40	4.801,0	0.208,3	95.025,4	0.010,5	19.792,8	0.050,5
45	5.841,2	0.171,2	121.029,2	0.008,3	20.720,0	0.048,3
50	7.106,7	0.140,7	152.666,9	0.006,6	21.482,2	0.046,6
55	8.646,4	0.115,7	191.158,9	0.005,2	22.108,6	0.045,2
60	10.521,9	0.095,1	237.990,3	0.004,2	22.623,5	0.044,2
65	12.798,7	0.078,1	294.967,9	0.003,4	23.046,7	0.043,4
70	15.571,6	0.064,2	364.289,8	0.002,7	23.394,5	0.042,7
75	18.945,2	0.052,8	448.630,5	0.002,2	23.680,4	0.042,2
80	23.049,8	0.043,4	551.243,8	0.001,8	23.915,4	0.041,8
85	28.043,5	0.035,7	676.088,6	0.001,5	24.108,5	0.041,5
90	34.119,3	0.029,3	827.981,4	0.001,2	24.267,3	0.041,2
95	41.511,3	0.024,1	1,012.782,0	0.001,0	24.397,8	0.041,0
100	50.504,8	0.019,8	1,237.621,0	0.000,8	24.505,0	0.040,8

表 5　　　　　　　　　　　　5% 複利系數表

年限	複利終值系數 已知現值求將來值	複利現值系數 已知將來值求現值	年金終值系數 已知年金求將來值	基金年存系數 已知將來值求年金	年金現值系數 已知年金求現值	投資回收系數 已知現值求年金
1	1.050,0	0.952,4	1.000,0	1.000,0	0.952,4	1.050,0
2	1.102,5	0.907,0	2.050,0	0.487,8	1.859,4	0.537,8
3	1.157,6	0.863,8	3.152,5	0.317,2	2.723,2	0.367,2
4	1.215,5	0.822,7	4.310,1	0.232,0	3.545,9	0.282,0
5	1.276,3	0.783,5	5.525,6	0.181,0	4.329,5	0.231,0
6	1.340,1	0.746,2	6.801,9	0.147,0	5.075,7	0.197,0
7	1.407,1	0.710,7	8.142,0	0.122,8	5.786,4	0.172,8
8	1.477,5	0.676,8	9.549,1	0.104,7	6.463,2	0.154,7
9	1.551,3	0.644,6	11.026,5	0.090,7	7.107,8	0.140,7
10	1.628,9	0.613,9	12.577,9	0.079,5	7.721,7	0.129,5
11	1.710,3	0.584,7	14.206,8	0.070,4	8.306,4	0.120,4
12	1.795,9	0.556,8	15.917,1	0.062,8	8.863,2	0.112,8
13	1.885,6	0.530,3	17.712,9	0.056,5	9.693,6	0.106,5
14	1.979,9	0.505,1	19.598,6	0.051,0	9.898,6	0.101,0
15	2.078,9	0.481,0	21.578,5	0.046,3	10.379,6	0.096,3
16	2.182,9	0.458,1	23.657,4	0.042,3	10.837,8	0.092,3
17	2.292,0	0.436,3	25.840,3	0.038,7	11.274,1	0.088,7
18	2.406,6	0.415,5	28.132,3	0.035,5	11.689,6	0.085,5
19	2.526,9	0.395,7	30.538,9	0.032,7	12.085,3	0.082,7
20	2.653,3	0.376,9	33.065,9	0.030,2	12.462,2	0.080,2
21	2.786,0	0.358,9	35.719,2	0.028,0	12.821,1	0.078,0
22	2.925,3	0.341,9	38.505,1	0.036,0	13.163,0	0.076,0
23	3.071,5	0.325,6	41.430,4	0.024,1	13.488,6	0.074,1
24	3.225,1	0.310,1	44.501,9	0.022,5	13.798,6	0.072,5

續上表

年限	複利終值系數 已知現值求將來值	複利現值系數 已知將來值求現值	年金終值系數 已知年金求將來值	基金年存系數 已知將來值求年金	年金現值系數 已知年金求現值	投資回收系數 已知現值求年金
25	3.386,3	0.295,3	47.727,0	0.021,0	14.093,9	0.071,0
26	3.555,7	0.281,2	51.113,3	0.019,6	14.375,2	0.069,6
27	3.733,4	0.267,8	54.669,0	0.018,3	14.643,0	0.068,3
28	3.920,1	0.255,1	58.402,4	0.017,1	14.898,1	0.067,1
29	4.116,1	0.242,9	62.322,5	0.016,0	15.141,1	0.066,0
30	4.321,9	0.231,4	66.438,6	0.015,1	15.372,4	0.065,1
31	4.538,0	0.220,4	70.760,6	0.014,1	15.592,8	0.064,1
32	4.764,9	0.209,9	75.298,6	0.013,3	15.802,7	0.063,3
33	5.003,2	0.199,9	80.063,5	0.012,5	16.002,5	0.062,5
34	5.253,3	0.190,4	85.066,7	0.011,8	16.192,9	0.061,8
35	5.516,0	0.181,3	90.320,0	0.011,1	16.374,2	0.061,1
40	7.040,0	0.142,0	120.799,3	0.008,3	17.159,1	0.058,3
45	8.985,0	0.111,3	159.699,5	0.006,3	17.774,1	0.056,3
50	11.467,4	0.087,2	209.347,0	0.004,8	18.255,9	0.054,8
55	14.635,6	0.068,3	272.711,3	0.003,7	18.633,5	0.053,7
60	18.679,1	0.053,5	353.581,8	0.002,8	18.929,3	0.052,8
65	23.839,8	0.041,9	456.795,4	0.002,2	19.161,1	0.052,2
70	30.426,2	0.032,9	588.524,9	0.001,7	19.342,7	0.051,7
75	38.832,4	0.025,8	756.648,7	0.001,3	19.485,0	0.051,3
80	49.561,1	0.020,2	971.222,0	0.001,0	19.596,5	0.051,0
85	63.253,9	0.015,8	1,245.078,0	0.000,8	19.683,8	0.050,8
90	80.729,7	0.012,4	1,594.595,0	0.000,6	19.752,3	0.050,6
95	103.033,8	0.009,7	2,040.677,0	0.000,5	19.805,9	0.050,5
100	131.500,1	0.007,6	2,610.003,0	0.000,4	19.847,9	0.050,4

表 6 　　　　　　　　　　　6% 複利系數表

年限	複利終值系數 已知現值求將來值	複利現值系數 已知將來值求現值	年金終值系數 已知年金求將來值	基金年存系數 已知將來值求年金	年金現值系數 已知年金求現值	投資回收系數 已知現值求年金
1	1.060,0	0.943,4	1.000,0	1.000,0	0.943,4	1.060,0
2	1.123,6	0.890,0	2.060,0	0.485,4	1.833,4	0.545,4
3	1.191,0	0.839,6	3.183,6	0.314,1	2.673,0	0.374,1
4	1.262,5	0.792,1	4.374,6	0.228,6	3.465,1	0.288,6
5	1.338,2	0.747,3	5.637,1	0.177,4	4.212,4	0.237,4
6	1.418,5	0.705,0	6.975,3	0.143,4	4.917,3	0.203,4
7	1.503,6	0.665,1	8.393,8	0.119,1	5.582,4	0.179,1
8	1.593,8	0.627,4	938,975	0.101,0	6.209,8	0.161,0
9	1.689,5	0.591,2	11.491,3	0.087,0	6.801,7	0.147,0
10	0.790,8	0.558,4	13.180,8	0.075,9	7.360,1	0.135,9
11	1.898,3	0.526,8	14.971,6	0.066,8	7.886,9	0.126,8
12	2.012,2	0.497,0	16.869,9	0.059,3	8.383,8	0.119,3
13	2.132,9	0.468,8	18.882,1	0.053,0	8.852,7	0.113,0
14	2.260,9	0.442,3	21.015,0	0.047,6	9.295,0	0.107,6
15	2.396,6	0.417,3	23.275,9	0.043,0	9.712,2	0.103,0
16	2.540,3	0.393,6	25.672,5	0.039,0	10.105,9	0.099,0
17	2.692,8	0.371,4	26.212,8	0.035,4	10.477,3	0.095,4
18	2.854,3	0.350,3	30.905,6	0.032,4	10.827,6	0.092,4
19	3.025,6	0.330,5	33.758,9	0.029,6	11.158,1	0.089,6
20	3.207,1	0.311,8	36.785,5	0.027,2	11.469,9	0.087,2
21	3.399,6	0.294,2	39.992,7	0.025,0	11.764,1	0.085,0
22	3.603,5	0.277,5	43.392,2	0.023,0	12.041,6	0.083,0
23	3.819,7	0.261,8	46.995,7	0.021,3	12.303,4	0.081,3
24	4.048,9	0.247,0	50.815,5	0.019,7	12.550,4	0.079,7

續上表

年限	複利終值系數 已知現值求將來值	複利現值系數 已知將來值求現值	年金終值系數 已知年金求將來值	基金年存系數 已知將來值求年金	年金現值系數 已知年金求現值	投資回收系數 已知現值求年金
25	4,291.9	0.233,0	54.864,4	0.018,2	12.783,4	0.078,2
26	4,549.4	0.219,8	59.156,3	0.016,9	13.003,2	0.076,9
27	4,822.3	0.207,4	63.705,7	0.015,7	13.210,5	0.075,7
28	5,111.7	0.195,6	68.528,0	0.014,6	13.406,2	0.074,6
29	5,418.1	0.184,6	73.639,7	0.013,6	13.590,7	0.073,6
30	5,743.5	0.174,1	79.058,0	0.012,6	13.764,8	0.072,6
31	6,088.1	0.164,3	84.801,5	0.011,8	13.929,1	0.071,8
32	6,453.4	0.155,0	90.889,6	0.011,0	14.084,0	0.071,0
33	6,840.6	0.146,2	97.343,0	0.010,3	14.230,2	0.070,3
34	7,251.0	0.137,9	104.183,5	0.009,6	14.368,1	0.069,6
35	7,686.1	0.130,1	111.434,5	0.009,0	14.498,2	0.069,0
40	10,285.7	0.097,2	154.761,6	0.006,5	15.046,3	0.066,5
45	13,764.5	0.072,7	212.743,0	0.004,7	15.455,8	0.064,7
50	18,420.1	0.054,3	290.335,1	0.003,4	15.761,9	0.063,4
55	24,650.2	0.040,6	394.170,8	0.002,5	15.990,5	0.062,5
60	32,987.6	0.030,3	533.126,3	0.001,9	16.161,4	0.061,9
65	44,144.8	0.022,7	719.080,3	0.001,4	16.289,1	0.061,4
70	59,075.7	0.016,9	967.928,4	0.001,0	16.384,5	0.061,0
75	79,056.6	0.012,6	1,300.943,0	0.000,8	16.455,8	0.060,8
80	105,795.5	0.009,5	1,746.592,0	0.000,6	16.509,1	0.060,6
85	141,578.3	0.007,1	2,342.971,0	0.000,4	16.548,9	0.060,4
90	189,463.6	0.005,3	3,141.060,0	0.000,3	16.578,7	0.060,3
95	253,544.9	0.003,9	4,209.082,0	0.000,2	16.600,9	0.060,2
100	339,300.2	0.002,9	5,638.368,0	0.000,2	16.617,5	0.060,2

表7　　　　　　　　　　　　　　7%複利系數表

年限	複利終值系數 已知現值求將來值	複利現值系數 已知將來值求現值	年金終值系數 已知年金求將來值	基金年存系數 已知將來值求年金	年金現值系數 已知年金求現值	投資回收系數 已知現值求年金
1	1.070,0	0.934,6	1.000,0	1.000,0	0.934,6	1.070,0
2	1.144,9	0.873,4	2.070,0	0.483,1	1.808,0	0.553,1
3	1.225,0	0.816,3	3.214,9	0.311,1	2.624,3	0.381,1
4	1.310,8	0.762,9	4.439,9	0.225,2	3.387,2	0.295,2
5	1.402,6	0.713,0	5.750,7	0.173,9	4.100,2	0.243,9
6	1.500,7	0.666,3	7.153,3	0.139,8	4.766,5	0.209,8
7	1.605,8	0.622,7	8.654,0	0.115,6	5.389,3	0.185,6
8	1.718,2	0.582,0	10.259,8	0.097,5	5.971,3	0.167,5
9	1.838,5	0.543,9	11.978,0	0.083,5	6.515,2	0.153,5
10	1.967,2	0.508,3	13.816,5	0.072,4	7.023,6	0.142,4
11	2.104,9	0.475,1	15.783,6	0.063,4	7.498,7	0.133,4
12	2.252,2	0.444,0	17.888,5	0.055,9	7.942,7	0.125,9
13	2.409,8	0.415,0	20.140,7	0.049,7	8.357,7	0.119,7
14	2.578,5	0.387,8	22.550,5	0.044,3	8.745,5	0.114,3
15	2.759,0	0.362,4	25.129,1	0.039,8	9.107,9	0.109,8
16	2.952,2	0.338,7	27.888,1	0.035,9	9.446,7	0.105,9
17	3.158,8	0.316,6	30.840,3	0.032,4	9.763,2	0.102,4
18	3.379,9	0.295,9	33.999,1	0.029,4	10.059,1	0.099,4
19	3.616,5	0.276,5	37.379,0	0.026,8	10.335,6	0.096,8
20	3.869,7	0.258,4	40.995,5	0.024,4	10.594,0	0.094,4
21	4.140,6	0.241,5	44.865,2	0.022,3	10.835,5	0.092,3
22	4.430,4	0.225,7	49.005,8	0.020,4	11.061,2	0.090,4
23	4.740,5	0.210,9	53.436,2	0.018,7	11.272,1	0.088,7
24	5.072,4	0.197,1	58.176,8	0.017,2	11.469,3	0.087,2

續上表

年限	複利終值系數 已知現值求將來值	複利現值系數 已知將來值求現值	年金終值系數 已知年金求將來值	基金年存系數 已知將來值求年金	年金現值系數 已知年金求現值	投資回收系數 已知現值求年金
25	5.427,4	0.184,2	63.249,1	0.015,8	11.653,6	0.085,8
26	5.807,4	0.172,2	68.676,6	0.014,6	11.825,8	0.084,6
27	6.213,9	0.160,9	74.484,0	0.013,4	11.986,7	0.083,4
28	6.648,8	0.150,4	80.697,8	0.012,4	12.137,1	0.082,4
29	7.114,3	0.140,6	87.346,7	0.011,4	12.277,7	0.081,4
30	7.612,3	0.131,4	94.460,9	0.010,6	12.409,0	0.080,6
31	8.145,1	0.122,8	102.073,2	0.009,8	12.531,8	0.079,8
32	8.715,3	0.114,7	110.218,4	0.009,1	12.646,6	0.079,1
33	9.325,4	0.107,2	118.933,6	0.008,4	12.753,8	0.078,4
34	9.978,1	0.100,2	128.259,0	0.007,8	12.854,6	0.077,8
35	10.676,6	0.093,7	138.237,1	0.007,2	12.947,7	0.077,2
40	14.974,5	0.066,8	199.635,5	0.005,0	13.331,7	0.075,0
45	21.002,5	0.047,6	285.750,0	0.003,5	13.605,5	0.073,5
50	29.457,1	0.033,9	406.530,0	0.002,5	13.800,7	0.072,5
55	41.315,1	0.024,2	575.930,2	0.001,7	13.939,9	0.071,7
60	57.946,6	0.017,3	813.522,8	0.001,2	14.039,2	0.071,2
65	81.273,1	0.012,3	1,146.759	0.000,9	14.109,9	0.070,9
70	113.989,8	0.008,8	1,614.140	0.000,6	14.160,4	0.070,6
75	159.876,6	0.006,3	2,269.666	0.000,4	14.196,4	0.070,4
80	224.235,3	0.004,5	3,189.075	0.000,3	14.222,0	0.070,3
85	314.501,6	0.003,2	4,478.594	0.000,2	14.240,3	0.070,2
90	441.104,9	0.002,3	6,287.213	0.000,2	14.253,3	0.070,2
95	618.672,6	0.001,6	8,823.894	0.000,1	14.262,6	0.070,1
100	867.720,4	0.001,2	12,381.720	0.000,1	14.269,3	0.070,1

表 8　　　　　　　　　　　　　　8%複利系數表

年限	複利終值系數 已知現值求將來值	複利現值系數 已知將來值求現值	年金終值系數 已知年金求將來值	基金年存系數 已知將來值求年金	年金現值系數 已知年金求現值	投資回收系數 已知現值求年金
1	1.080,0	0.925,9	1.000,0	1.000,0	0.925,9	1.080,0
2	1.166,4	0.857,3	2.080,0	0.480,8	1.783,3	0.560,8
3	1.259,7	0.793,8	3.246,4	0.308,0	2.577,1	0.388,0
4	1.360,5	0.735,0	4.506,1	0.221,9	3.312,1	0.301,9
5	1.469,3	0.680,6	5.866,6	0.170,5	3.992,7	0.250,5
6	1.586,9	0.630,2	7.335,9	0.136,3	4.622,9	0.216,3
7	1.713,8	0.583,5	8.922,8	0.112,1	5.206,4	0.192,1
8	1.850,9	0.540,3	10.636,6	0.094,0	5.746,6	0.174,0
9	1.999,0	0.500,2	12.487,6	0.080,1	6.246,9	0.160,1
10	2.158,9	0.463,2	14.486,6	0.069,0	6.710,1	0.149,0
11	2.331,6	0.428,9	16.645,5	0.060,1	7.139,0	0.140,1
12	2.518,2	0.397,1	18.977,1	0.052,7	7.536,1	0.132,7
13	2.719,6	0.367,7	21.495,3	0.046,5	7.903,8	0.126,5
14	2.937,2	0.340,5	24.214,9	0.041,3	8.244,2	0.121,3
15	3.172,2	0.315,2	27.152,1	0.036,8	8.559,5	0.116,8
16	3.425,9	0.291,9	30.324,3	0.033,0	8.851,4	0.113,0
17	3.700,0	0.270,3	33.750,3	0.029,6	9.121,6	0.109,6
18	3.996,0	0.250,2	37.450,3	0.026,7	9.371,9	0.106,7
19	4.315,7	0.231,7	41.446,3	0.024,1	9.603,6	0.104,1
20	4.661,0	0.214,5	45.762,0	0.021,9	9.818,1	0.101,9
21	5.033,8	0.198,7	50.423,0	0.019,8	10.016,8	0.099,8
22	5.436,5	0.183,9	55.456,8	0.018,0	10.200,7	0.099,0
23	5.871,5	0.170,3	60.893,3	0.016,4	10.371,1	0.096,4
24	6.341,2	0.157,7	66.764,8	0.015,0	10.528,8	0.095,0

續上表

年限	複利終值系數 已知現值求將來值	複利現值系數 已知將來值求現值	年金終值系數 已知年金求將來值	基金年存系數 已知將來值求年金	年金現值系數 已知年金求現值	投資回收系數 已知現值求年金
25	6.848,5	0.146,0	73.106,0	0.013,7	10.674,8	0.093,7
26	7.396,4	0.135,2	79.954,5	0.012,5	10.810,0	0.092,5
27	7.988,1	0.125,2	87.350,9	0.011,4	10.935,2	0.091,4
28	8.627,1	0.115,9	95.338,9	0.010,5	11.051,1	0.090,5
29	9.317,3	0.107,3	103.966,0	0.009,6	11.158,4	0.089,6
30	10.062,7	0.099,4	113.283,3	0.008,8	11.257,8	0.088,8
31	10.867,7	0.092,0	123.346,0	0.008,1	11.349,8	0.088,1
32	11.737,1	0.085,2	134.213,7	0.007,5	11.435,0	0.087,5
33	12.676,1	0.078,9	145.950,8	0.006,9	11.513,9	0.086,9
34	13.690,1	0.073,0	158.626,9	0.006,3	11.586,9	0.086,3
35	14.785,4	0.067,6	172.317,0	0.005,8	11.654,6	0.085,8
40	21.724,5	0.046,0	259.056,9	0.003,9	11.924,6	0.083,9
45	31.920,5	0.031,3	386.506,2	0.002,6	12.108,4	0.082,6
50	46.901,7	0.021,3	573.771,1	0.001,7	12.233,5	0.081,7
55	68.914,0	0.014,5	848.924,7	0.001,2	12.318,6	0.081,2
60	101.257,3	0.009,9	1,253.216,0	0.000,8	12.376,6	0.080,8
65	148.780,2	0.006,7	1,847.252	0.000,5	12.416,0	0.080,5
70	218.606,9	0.004,6	2,720.086	0.000,4	12.442,8	0.080,4
75	321.205,3	0.003,1	4,002.566	0.000,2	12.461,1	0.080,2
80	471.956,0	0.002,1	5,886.950	0.000,2	12.473,5	0.080,2
85	693.458,3	0.001,4	8,655.729	0.000,1	12.482,0	0.080,1
90	1,018.918,0	0.001,0	12,723.980	0.000,1	12.487,7	0.080,1
95	1,497.125,0	0.000,7	18,701.560	0.000,1	12.491,7	0.080,1
100	2,199.768,0	0.000,5	27,484.610	0.000,0	12.494,3	0.080,0

表 9　　　　　　　　　　　　9% 複利系數表

年限	複利終值系數 已知現值求將來值	複利現值系數 已知將來值求現值	年金終值系數 已知年金求將來值	基金年存系數 已知將來值求年金	年金現值系數 已知年金求現值	投資回收系數 已知現值求年金
1	1.090,0	0.917,4	1.000,0	1.000,0	0.917,4	1.090,0
2	1.188,1	0.841,7	2.090,0	0.478,5	1.759,1	0.568,5
3	1.295,0	0.772,2	3.278,1	0.305,1	2.531,3	0.395,1
4	1.411,6	0.708,4	4.573,1	0.218,7	3.239,7	0.308,7
5	1.538,6	0.649,9	5.984,7	0.167,1	3.889,7	0.257,1
6	1.677,1	0.596,3	7.523,3	0.132,9	4.485,9	0.222,9
7	1.828,0	0.547,0	9.200,4	0.108,7	5.033,0	0.198,7
8	1.992,6	0.501,9	11.028,5	0.090,7	5.534,8	0.180,7
9	2.171,9	0.460,4	13.021,0	0.076,8	5.995,2	0.166,8
10	2.367,4	0.422,4	15.192,9	0.065,8	6.417,7	0.155,8
11	2.580,4	0.387,5	17.560,3	0.056,9	6.805,2	0.146,9
12	2.812,7	0.355,5	20.140,7	0.049,7	7.160,7	0.139,7
13	3.065,8	0.326,2	22.953,4	0.043,6	7.486,9	0.133,6
14	3.341,7	0.299,2	26.019,2	0.038,4	7.786,2	0.128,4
15	3.642,5	0.274,5	29.360,9	0.034,1	8.060,7	0.124,1
16	3.970,3	0.251,9	33.003,4	0.030,3	8.312,6	0.120,3
17	4.327,6	0.231,1	36.973,7	0.027,0	8.543,6	0.117,0
18	4.717,1	0.212,0	41.301,4	0.024,2	8.755,6	0.114,2
19	5.141,7	0.194,5	46.018,5	0.021,7	8.950,1	0.111,7
20	5.604,4	0.178,4	51.160,2	0.019,5	9.128,5	0.109,5
21	6.108,8	0.163,7	56.764,6	0.017,6	9.292,2	0.107,6
22	6.658,6	0.150,2	62.873,4	0.015,9	9.442,4	0.105,9
23	7.257,9	0.137,8	69.532,0	0.014,4	9.580,2	0.104,4
24	7.911,1	0.126,4	76.789,9	0.013,0	9.706,6	0.103,0

續上表

年限	複利終值系數 已知現值求將來值	複利現值系數 已知將來值求現值	年金終值系數 已知年金求將來值	基金年存系數 已知將來值求年金	年金現值系數 已知年金求現值	投資回收系數 已知現值求年金
25	8.623,1	0.116,0	84.701,0	0.011,8	9.822,6	0.101,8
26	9.399,2	0.106,4	93.324,1	0.010,7	9.929,0	0.100,7
27	10.245,1	0.097,6	102.723,3	0.009,7	10.026,6	0.099,7
28	11.167,2	0.089,5	112.968,4	0.008,9	10.116,1	0.098,9
29	12.172,2	0.082,2	124.135,5	0.008,1	10.198,3	0.098,1
30	13.267,7	0.075,4	136.307,7	0.007,3	10.273,7	0.097,3
31	14.461,8	0.069,1	149.575,4	0.006,7	10.342,8	0.096,7
32	15.763,4	0.063,4	164.037,2	0.006,1	10.406,2	0.096,1
33	17.182,1	0.058,2	179.800,6	0.005,6	10.464,4	0.095,6
34	18.728,4	0.053,4	196.982,7	0.005,1	10.517,8	0.095,1
35	20.414,0	0.049,0	215.711,1	0.004,6	10.566,8	0.094,6
40	31.409,5	0.031,8	337.883,1	0.003,0	10.757,4	0.093,0
45	48.327,4	0.020,7	525.859,8	0.001,9	10.881,2	0.091,9
50	74.357,7	0.013,4	815.085,3	0.001,2	10.961,7	0.091,2
55	114.408,5	0.008,7	1,260.095,0	0.000,8	11.014,0	0.090,8
60	176.031,8	0.005,7	1,944.797,0	0.000,5	11.048,0	0.090,5
65	270.846,8	0.003,7	2,998.297	0.000,3	11.070,1	0.090,3
70	416.731,4	0.002,4	4,619.238	0.000,2	11.084,4	0.090,2
75	641.193,1	0.001,6	7,113.256	0.000,1	11.093,8	0.090,1
80	986.555,2	0.001,0	10,950.610	0.000,1	11.099,1	0.090,1
85	1,517.938,0	0.000,7	16,854.860	0.000,1	11.103,8	0.090,1
90	2,335.536,0	0.000,4	25,939.290	0.000,0	11.106,4	0.090,0
95	3,593.513,0	0.000,3	39,916.810	0.000,0	11.108,0	0.090,0
100	5,529.066,0	0.000,2	61,422.950	0.000,0	11.109,1	0.090,0

表 10　　　　　　　　　　　　10% 複利系數表

年限	複利終值系數 已知現值求將來值	複利現值系數 已知將來值求現值	年金終值系數 已知年金求將來值	基金年存系數 已知將來值求年金	年金現值系數 已知年金求現值	投資回收系數 已知現值求年金
1	1.100,0	0.909,1	1.000,0	1.000,0	0.909,1	1.100,0
2	1.210,0	0.826,4	2.100,0	0.476,2	1.735,5	0.576,2
3	1.331,0	0.751,3	3.310,0	0.302,1	2.486,9	0.402,1
4	1.464,1	0.683,0	4.641,0	0.215,5	3.169,9	0.315,5
5	1.610,5	0.620,9	6.105,1	0.163,8	3.790,8	0.263,8
6	1.771,6	0.564,5	7.715,6	0.129,6	4.355,3	0.229,6
7	1.948,7	0.513,2	9.487,2	0.105,4	4.868,4	0.205,4
8	2.143,6	0.466,5	11.435,9	0.087,4	5.334,9	0.187,4
9	2.357,9	0.424,1	13.579,5	0.073,6	5.759,0	0.173,6
10	2.593,7	0.385,5	15.937,4	0.062,7	6.144,6	0.162,7
11	2.853,1	0.350,5	18.531,2	0.054,0	6.495,1	0.154,0
12	3.138,4	0.318,6	21.384,3	0.046,8	6.813,7	0.146,8
13	3.452,3	0.289,7	24.522,7	0.040,8	7.103,4	0.140,8
14	3.797,5	0.263,3	27.975,0	0.035,7	7.366,7	0.135,7
15	4.177,2	0.239,4	31.772,5	0.031,5	7.606,1	0.131,5
16	4.595,0	0.217,6	35.949,7	0.027,8	7.823,7	0.127,8
17	5.054,5	0.197,8	40.544,7	0.024,7	8.021,6	0.124,7
18	5.559,9	0.179,9	45.599,2	0.021,9	8.201,4	0.121,9
19	6.115,9	0.163,5	51.159,1	0.019,5	8.364,9	0.119,5
20	6.727,5	0.148,6	57.275,0	0.017,5	8.513,6	0.117,5
21	7.400,3	0.135,1	64.002,5	0.015,6	8.648,7	0.115,6
22	8.140,3	0.122,8	71.402,8	0.014,0	8.771,5	0.114,0
23	8.954,3	0.111,7	79.543,1	0.012,6	8.883,2	0.112,6
24	9.849,7	0.101,5	88.497,4	0.011,3	8.894,7	0.111,3

續上表

年限	複利終值系數 已知現值求將來值	複利現值系數 已知將來值求現值	年金終值系數 已知年金求將來值	基金年存系數 已知將來值求年金	年金現值系數 已知年金求現值	投資回收系數 已知現值求年金
25	10.834,7	0.092,3	98.347,1	0.010,2	9.077,0	0.110,2
26	11.918,2	0.083,9	109.181,8	0.009,2	9.160,9	0.109,2
27	13.110,0	0.076,3	121.100,0	0.008,3	9.237,2	0.108,3
28	14.421,0	0.069,3	134.210,0	0.007,5	9.306,6	0.107,5
29	16.863,1	0.063,0	148.631,0	0.006,7	9.369,6	0.106,7
30	17.449,4	0.057,3	164.494,1	0.006,1	9.426,9	0.106,1
31	19.194,4	0.052,1	181.943,5	0.005,5	9.479,0	0.105,5
32	21.113,8	0.047,4	201.137,9	0.005,0	9.526,4	0.105,0
33	23.225,2	0.043,1	222.251,7	0.004,5	9.569,4	0.104,5
34	25.547,7	0.039,1	245.476,8	0.004,1	9.608,6	0.104,1
35	28.102,5	0.035,6	271.024,5	0.003,7	9.644,2	0.103,7
40	45.259,3	0.022,1	442.592,8	0.002,3	9.779,1	0.102,3
45	72.890,5	0.013,7	718.905,3	0.001,4	9.862,8	0.101,4
50	117.390,9	0.008,5	1,163.909	0.000,9	9.914,8	0.100,9
55	189.059,3	0.005,3	1,880.593	0.000,5	9.947,1	0.100,5
60	304.481,9	0.003,3	3,034.819	0.000,3	9.967,2	0.100,3
65	490.371,2	0.002,0	4,893.712	0.000,2	9.979,6	0.100,2
70	789.747,8	0.001,3	7,887.478	0.000,1	9.987,3	0.100,1
75	1,271.897,0	0.000,8	12,708.970	0.000,1	9.992,1	0.100,1
80	2,048.403,0	0.000,5	20,474.030	0.000,0	9.995,1	0.100,0
85	3,298.973,0	0.000,3	32,979.730	0.000,0	9.997,0	0.100,0
90	5,313.030,0	0.000,2	53,120.300	0.000,0	9.998,1	0.100,0
95	8,556.688,0	0.000,1	85,556.880	0.000,0	9.998,8	0.100,0
100	13,780.630,0	0.000,1	137,796.300	0.000,0	9.999,3	0.100,0

表11　　　　　　　　　　　　　　　11% 複利系數表

年限	複利終值系數 已知現值求將來值	複利現值系數 已知將來值求現值	年金終值系數 已知年金求將來值	基金年存系數 已知將來值求年金	年金現值系數 已知年金求現值	投資回收系數 已知現值求年金
1	1.110,0	0.900,9	1.000,0	1.000,0	0.900,9	1.110,0
2	1.232,1	0.811,6	2.110,0	0.473,9	1.712,5	0.583,9
3	1.367,6	0.731,2	3.342,1	0.299,2	2.443,7	0.409,2
4	1.518,1	0.658,7	4.709,7	0.212,3	3.102,4	0.322,3
5	1.685,1	0.593,5	6.227,8	0.160,6	3.695,9	0.270,6
6	1.870,4	0.534,6	7.912,9	0.126,4	4.230,5	0.236,4
7	2.076,2	0.481,7	9.783,3	0.102,2	4.712,2	0.212,2
8	2.304,5	0.433,9	11.859,4	0.084,3	5.146,1	0.194,3
9	2.558,0	0.390,9	14.164,0	0.070,6	5.537,0	0.180,6
10	2.839,4	0.352,2	16.722,0	0.059,8	5.889,2	0.169,8
11	3.151,8	0.317,3	19.561,4	0.051,1	6.206,5	0.161,1
12	3.498,5	0.285,8	22.713,2	0.044,0	6.492,4	0.154,0
13	3.883,3	0.257,5	26.211,6	0.038,2	6.749,9	0.148,2
14	4.310,4	0.232,0	30.094,9	0.033,2	6.981,9	0.143,2
15	4.784,6	0.209,0	34.405,4	0.029,1	7.190,9	0.139,1
16	5.310,9	0.188,3	39.190,0	0.025,5	7.379,2	0.135,5
17	5.895,1	0.169,6	44.500,8	0.022,5	7.548,8	0.132,5
18	6.543,6	0.152,8	50.395,9	0.019,8	7.701,6	0.129,8
19	7.263,3	0.137,7	56.939,5	0.017,6	7.839,3	0.127,6
20	8.062,3	0.124,0	64.202,8	0.015,6	7.963,3	0.125,6
21	8.949,2	0.111,7	72.265,2	0.013,8	8.075,1	0.123,8
22	9.933,6	0.100,7	81.214,3	0.012,3	8.175,7	0.122,3
23	11.026,3	0.090,7	91.147,9	0.011,0	8.266,4	0.121,0
24	12.239,2	0.081,7	102.174,2	0.009,8	8.348,1	0.119,8

續上表

年限	複利終值系數 已知現值求將來值	複利現值系數 已知將來值求現值	年金終值系數 已知年金求將來值	基金年存系數 已知將來值求年金	年金現值系數 已知年金求現值	投資回收系數 已知現值求年金
25	13.585,5	0.073,6	114.413,3	0.008,7	8.421,7	0.118,7
26	15.079,9	0.066,3	127.998,8	0.007,8	8.488,1	0.117,8
27	16.738,6	0.059,7	143.078,6	0.007,0	8.547,8	0.117,0
28	18.579,9	0.053,8	159.817,3	0.006,3	8.601,6	0.116,3
29	20.623,7	0.048,5	178.397,2	0.005,6	8.650,1	0.115,6
30	22.892,3	0.043,7	199.020,9	0.005,0	8.693,8	0.115,0
31	25.410,5	0.039,4	221.913,2	0.004,5	8.733,1	0.114,5
32	28.205,6	0.035,5	247.323,7	0.004,0	8.768,6	0.114,0
33	31.308,2	0.031,9	275.529,2	0.003,6	8.800,5	0.113,6
34	34.752,1	0.028,8	306.837,5	0.003,3	8.829,3	0.113,3
35	38.574,9	0.025,9	341.589,6	0.002,9	8.855,2	0.112,9
40	65.000,9	0.015,4	581.826,1	0.001,7	8.951,1	0.111,7
45	109.530,3	0.009,1	986.638,7	0.001,0	9.007,9	0.111,0
50	184.564,9	0.005,4	1,668.771,0	0.000,6	9.041,7	0.110,6
55	311.002,5	0.003,2	2,818.205,0	0.000,4	9.061,7	0.110,4
60	524.057,3	0.001,9	4,755.067,0	0.000,2	9.073,6	0.110,2
65	883.067,1	0.001,1	8,018.792	0.000,1	9.080,6	0.110,1
70	1,488.049,0	0.000,7	13,518.360	0.000,1	9.084,8	0.110,1
75	2,507.399,0	0.000,4	22,785.450	0.000,0	9.087,3	0.110,0
80	4,225.114,0	0.000,2	38,401.030	0.000,0	9.088,8	0.110,0
85	7,119.562,0	0.000,1	64,714.200	0.000,0	9.089,6	0.110,0
90	11,996.880,0	0.000,1	109,053.400	0.000,0	9.090,2	0.110,0
95	20,215.440,0	0.000,0	183,767.600	0.000,0	9.090,5	0.110,0
100	34,064.180,0	0.000,0	309,665.300	0.000,0	9.090,6	0.110,0

表 12　　　　　　　　　　　　　　12% 複利系數表

年限	複利終值系數 已知現值求將來值	複利現值系數 已知將來值求現值	年金終值系數 已知年金求將來值	基金年存系數 已知將來值求年金	年金現值系數 已知年金求現值	投資回收系數 已知現值求年金
1	1.120,0	0.892,9	1.000,0	1.000,0	0.892,9	1.120,0
2	1.254,4	0.797,2	2.120,0	0.471,7	1.690,1	0.591,7
3	1.404,9	0.711,8	3.374,4	0.296,3	2.401,8	0.416,3
4	1.573,5	0.635,5	4.779,3	0.209,2	3.037,3	0.329,2
5	1.762,3	0.567,4	6.352,8	0.157,4	3.604,8	0.277,4
6	1.973,8	0.506,6	8.115,2	0.123,2	4.111,4	0.243,2
7	2.210,7	0.452,3	10.089,0	0.099,1	4.563,8	0.219,1
8	2.476,0	0.403,9	12.299,7	0.081,3	4.967,6	0.201,3
9	2.773,1	0.360,6	14.775,7	0.067,7	5.328,3	0.187,7
10	3.105,8	0.322,0	17.548,7	0.057,0	5.650,2	0.177,0
11	3.478,5	0.287,5	20.654,6	0.048,4	5.937,7	0.168,4
12	3.896,0	0.256,7	24.133,1	0.041,4	6.194,4	0.161,4
13	4.363,5	0.229,2	28.029,1	0.035,7	6.423,5	0.155,7
14	4.887,1	0.204,6	32.392,6	0.030,9	6.628,2	0.150,9
15	5.473,6	0.182,7	37.279,7	0.026,8	6.810,9	0.146,8
16	6.130,4	0.163,1	42.753,3	0.023,4	6.974,0	0.143,4
17	6.866,0	0.145,6	48.883,7	0.020,5	7.119,6	0.140,5
18	7.690,0	0.130,0	55.749,7	0.017,9	7.249,7	0.137,9
19	8.612,8	0.116,1	63.439,7	0.015,8	7.365,8	0.135,8
20	9.646,3	0.103,7	72.052,4	0.013,9	7.469,4	0.133,9
21	10.803,8	0.092,6	81.698,7	0.012,2	7.562,0	0.132,2
22	12.100,3	0.082,6	92.502,6	0.010,8	7.644,6	0.130,8
23	13.552,3	0.073,8	104.602,9	0.009,6	7.718,4	0.129,6
24	15.178,6	0.065,9	118.155,2	0.008,5	7.784,3	0.128,5

續上表

年限	複利終值系數 已知現值求將來值	複利現值系數 已知將來值求現值	年金終值系數 已知年金求將來值	基金年存系數 已知將來值求年金	年金現值系數 已知年金求現值	投資回收系數 已知現值求年金
25	17.000,1	0.058,8	133.333,9	0.007,5	7.843,1	0.127,5
26	19.040,1	0.052,5	150.333,9	0.006,7	7.895,7	0.126,7
27	21.324,9	0.046,9	169.374,0	0.005,9	7.942,6	0.125,9
28	23.883,9	0.041,9	190.698,9	0.005,2	7.984,4	0.125,2
29	26.749,9	0.037,4	214.582,8	0.004,7	8.021,8	0.124,7
30	29.959,9	0.033,4	241.332,7	0.004,1	8.055,2	0.124,1
31	33.555,1	0.029,8	271.292,6	0.003,7	8.085,0	0.123,7
32	37.581,7	0.026,6	304.847,7	0.003,3	8.111,6	0.123,3
33	42.091,5	0.023,8	342.429,5	0.002,9	8.135,4	0.122,9
34	47.142,5	0.021,1	384.521,0	0.002,6	8.156,6	0.122,6
35	52.799,6	0.018,9	431.663,5	0.002,3	8.175,5	0.122,3
40	93.051,0	0.010,7	767.091,4	0.001,3	8.243,8	0.121,3
45	163.987,6	0.006,1	1,358.230,0	0.000,7	8.282,5	0.120,7
50	289.002,2	0.003,5	2,400.018,0	0.000,4	8.304,5	0.120,4
55	509.320,6	0.002,0	4,236.005,0	0.000,2	8.317,0	0.120,2
60	897.596,9	0.001,1	7,471.641,0	0.000,1	8.324,0	0.120,1
65	1,581.872,0	0.000,6	13,173.940	0.000,1	8.328,1	0.120,1
70	2,787.800,0	0.000,4	23,223.330	0.000,0	8.330,3	0.120,0
75	4,913.055,0	0.000,2	40,933.790	0.000,0	8.331,6	0.120,0
80	8,658.482,0	0.000,1	72,145.690	0.000,0	8.332,4	0.120,0
85	15,259.210,0	0.000,1	127,151.700	0.000,0	8.332,8	0.120,0
90	26,891.930,0	0.000,0	224,091.100	0.000,0	8.333,0	0.120,0
95	47,392.780,0	0.000,0	394,934.500	0.000,0	8.333,2	0.120,0
100	83,522.270,0	0.000,0	696,010.600	0.000,0	8.333,2	0.120,0

表 13   13% 複利系數表

年限	複利終值系數 已知現值求將來值	複利現值系數 已知將來值求現值	年金終值系數 已知年金求將來值	基金年存系數 已知將來值求年金	年金現值系數 已知年金求現值	投資回收系數 已知現值求年金
1	1.130,0	0.885,0	1.000,0	1.000,0	0.885,0	1.130,0
2	1.276,9	0.783,1	2.130,0	0.469,5	1.668,1	0.599,5
3	1.442,9	0.693,1	3.406,9	0.293,5	2.361,2	0.423,5
4	1.630,5	0.613,3	4.849,8	0.206,2	2.974,5	0.336,2
5	1.842,4	0.542,8	6.480,3	0.154,3	3.517,2	0.284,3
6	2.082,0	0.480,3	8.322,7	0.120,2	3.997,5	0.250,2
7	2.352,6	0.425,1	10.404,7	0.096,1	4.422,6	0.226,1
8	2.658,4	0.376,2	12.757,3	0.078,4	4.798,8	0.208,4
9	3.004,0	0.332,9	15.415,7	0.064,9	5.131,7	0.194,9
10	3.394,6	0.294,6	18.419,7	0.054,3	5.426,2	0.184,3
11	3.835,9	0.260,7	21.814,3	0.045,8	5.686,9	0.175,8
12	4.334,5	0.230,7	25.650,2	0.039,0	5.917,6	0.169,0
13	4.898,0	0.204,2	29.984,7	0.033,4	6.121,8	0.163,4
14	5.534,8	0.180,7	34.882,7	0.028,7	6.302,5	0.158,7
15	6.254,3	0.159,9	40.417,4	0.024,7	6.462,4	0.154,7
16	7.067,3	0.141,5	46.671,7	0.021,4	6.603,9	0.151,4
17	7.986,1	0.125,2	53.739,0	0.018,6	6.729,1	0.148,6
18	9.024,3	0.110,8	61.725,1	0.016,2	6.839,9	0.146,2
19	10.197,4	0.098,1	70.749,4	0.014,1	6.938,0	0.144,1
20	11.523,1	0.086,8	80.946,8	0.012,4	7.024,8	0.142,4
21	13.021,1	0.076,8	92.469,9	0.010,8	7.101,5	0.140,8
22	14.713,8	0.068,0	105.490,9	0.009,5	7.169,5	0.139,5
23	16.626,6	0.060,1	120.204,8	0.008,3	7.229,7	0.138,3
24	18.788,1	0.053,2	136.831,4	0.007,3	7.282,9	0.137,3

續上表

年限	複利終值系數 已知現值求將來值	複利現值系數 已知將來值求現值	年金終值系數 已知年金求將來值	基金年存系數 已知將來值求年金	年金現值系數 已知年金求現值	投資回收系數 已知現值求年金
25	21.230,5	0.047,1	155.619,4	0.006,4	7.330,0	0.136,4
26	23.990,5	0.041,7	176.850,0	0.005,7	7.371,7	0.135,7
27	27.109,3	0.036,9	200.840,4	0.005,0	7.408,6	0.135,0
28	30.633,5	0.032,6	227.949,7	0.004,4	7.441,2	0.134,4
29	34.615,8	0.028,9	258.583,1	0.003,9	7.470,1	0.133,9
30	39.115,9	0.025,6	293.199,0	0.003,4	7.495,7	0.133,4
31	44.200,9	0.022,6	332.314,8	0.003,0	7.518,3	0.133,0
32	49.947,0	0.020,0	376.515,7	0.002,7	7.538,3	0.132,7
33	56.440,2	0.017,7	426.462,7	0.002,3	7.556,0	0.132,3
34	63.777,4	0.015,7	482.902,9	0.002,1	7.571,7	0.132,1
35	72.068,4	0.013,9	546.680,3	0.001,8	7.585,6	0.131,8
40	132.781,4	0.007,5	1,013.703,0	0.001,0	7.634,4	0.131,0
45	244.641,0	0.004,1	1,874.162,0	0.000,5	7.660,9	0.130,5
50	450.735,2	0.002,2	3,459.502,0	0.000,3	7.675,2	0.130,3
55	830.450,3	0.001,2	6,380.387,0	0.000,2	7.683,0	0.130,2
60	1,530.050,0	0.000,7	11,761.930,0	0.000,1	7.687,3	0.130,1
65	2,819.018	0.000,4	21,677.070	0.000,0	7.689,6	0.130,0
70	5,193.858	0.000,2	39,945.060	0.000,0	7.690,8	0.130,0
75	9,569.345	0.000,1	73,602.660	0.000,0	7.691,5	0.130,0
80	17,630.900	0.000,1	135,614.600	0.000,0	7.691,5	0.130,0
85	32,483.770	0.000,0	249,867.500	0.000,0	7.692,1	0.130,0
90	59,849.240	0.000,0	460,371.100	0.000,0	7.692,2	0.130,0
95	110,268.300	0.000,0	848,210.200	0.000,0	7.692,2	0.130,0
100	203,162.200	0.000,0	1,562,779.000	0.000,0	7.692,3	0.130,0

表 14　　　　　　　　　　　　14% 複利系數表

年限	複利終值系數 已知現值求將來值	複利現值系數 已知將來值求現值	年金終值系數 已知年金求將來值	基金年存系數 已知將來值求年金	年金現值系數 已知年金求現值	投資回收系數 已知現值求年金
1	1.140,0	0.877,2	1.000,0	1.000,0	0.877,2	1.140,0
2	1.299,6	0.769,5	2.140,0	0.467,3	1.646,7	0.607,3
3	1.481,5	0.675,0	3.439,6	0.290,7	2.321,6	0.430,7
4	1.689,0	0.592,1	4.921,1	0.203,2	2.913,7	0.343,2
5	1.925,4	0.519,4	6.610,1	0.151,3	3.433,1	0.291,3
6	2.195,0	0.455,6	8.535,5	0.117,2	3.888,7	0.257,2
7	2.502,3	0.399,6	10.730,5	0.093,2	4.288,3	0.233,2
8	2.852,6	0.350,6	13.232,8	0.075,6	4.638,9	0.215,6
9	3.251,9	0.307,5	16.085,3	0.062,2	4.946,4	0.202,2
10	3.707,2	0.269,7	19.337,3	0.051,7	5.216,1	0.191,7
11	4.226,2	0.236,6	23.044,5	0.043,4	5.452,7	0.183,4
12	4.817,9	0.207,6	27.270,8	0.036,7	5.660,3	0.176,7
13	5.492,4	0.182,1	32.088,7	0.031,2	5.842,4	0.171,2
14	6.261,3	0.159,7	37.581,1	0.026,6	6.002,1	0.166,6
15	7.137,9	0.140,1	43.842,4	0.022,8	6.142,2	0.162,8
16	8.137,3	0.122,9	50.980,4	0.019,6	6.265,1	0.159,6
17	9.276,5	0.107,8	59.117,6	0.016,9	6.372,9	0.156,9
18	10.575,2	0.094,6	68.394,1	0.014,6	6.467,4	0.154,6
19	12.055,7	0.082,9	78.969,2	0.012,7	6.550,4	0.152,7
20	13.743,5	0.072,8	91.024,9	0.011,0	6.623,1	0.151,0
21	15.667,6	0.063,8	104.768,4	0.009,5	6.687,0	0.149,5
22	17.861,0	0.056,0	120.436,0	0.008,3	6.742,9	0.148,3
23	20.361,6	0.049,1	138.297,1	0.007,2	6.792,1	0.147,2
24	23.212,2	0.043,1	158.658,7	0.006,3	6.835,1	0.146,3

續上表

年限	複利終值系數 已知現值求將來值	複利現值系數 已知將來值求現值	年金終值系數 已知年金求將來值	基金年存系數 已知將來值求年金	年金現值系數 已知年金求現值	投資回收系數 已知現值求年金
25	26.461,9	0.037,8	181.870,8	0.005,5	6.872,9	0.145,5
26	30.166,6	0.033,1	208.332,8	0.004,8	6.906,1	0.144,8
27	34.389,9	0.029,1	238.499,4	0.004,2	6.935,2	0.144,2
28	39.204,5	0.025,5	272.889,3	0.003,7	6.960,7	0.143,7
29	44.693,1	0.022,4	312.093,8	0.003,2	6.983,0	0.143,2
30	50.950,2	0.019,6	356.786,9	0.002,8	7.002,7	0.142,8
31	58.083,2	0.017,2	407.737,1	0.002,5	7.019,9	0.142,5
32	66.214,8	0.015,1	465.820,3	0.002,1	7.035,0	0.142,1
33	75.484,9	0.013,2	532.035,1	0.001,9	7.048,2	0.141,9
34	86.052,8	0.011,6	607.520,0	0.001,6	7.059,9	0.141,6
35	98.100,2	0.010,2	693.572,8	0.001,4	7.070,0	0.141,4
40	188.883,6	0.005,3	1,342.025,0	0.000,7	7.105,0	0.140,7
45	363.679,2	0.002,7	2,590.565,0	0.000,4	7.123,2	0.140,4
50	700.233,1	0.001,4	4,994.523,0	0.000,2	7.132,7	0.140,2
55	1,348.239,0	0.000,7	9,623.137,0	0.000,1	7.137,6	0.140,1
60	2,595.920,0	0.000,4	18,535.140,0	0.000,1	7.140,1	0.140,1
65	4,998.221	0.000,2	35,694.430	0.000,0	7.141,4	0.140,0
70	9,623.649	0.000,1	68,733.210	0.000,0	7.142,1	0.140,0
75	18,529.510	0.000,1	132,346.500	0.000,0	7.142,5	0.140,0
80	35,676.990	0.000,0	254,828.500	0.000,0	7.142,7	0.140,0
85	68,693.000	0.000,0	490,657.200	0.000,0	7.142,8	0.140,0
90	132,262.500	0.000,0	944,725.100	0.000,0	7.142,8	0.140,0
95	254,660.200	0.000,0	1,818,994.000	0.000,0	7.142,8	0.140,0
100	490,326.500	0.000,0	3,502,325.000	0.000,0	7.142,8	0.140,0

表 15　　　　　　　　　　　　　　15% 複利系數表

年限	複利終值系數 已知現值求將來值	複利現值系數 已知將來值求現值	年金終值系數 已知年金求將來值	基金年存系數 已知將來值求年金	年金現值系數 已知年金求現值	投資回收系數 已知現值求年金
1	1.150,0	0.869,6	1.000,0	1.000,0	0.869,6	1.150,0
2	1.322,5	0.756,1	2.150,0	0.465,1	1.625,7	0.615,1
3	1.520,9	0.657,5	3.472,5	0.288,0	2.283,2	0.438,0
4	1.749,0	0.571,8	4.993,4	0.200,3	2.855,0	0.350,3
5	2.011,4	0.497,2	6.742,4	0.148,3	3.352,2	0.298,3
6	2.313,1	0.432,3	8.753,7	0.114,2	3.784,5	0.264,2
7	2.660,0	0.375,9	11.066,8	0.090,4	4.160,4	0.240,4
8	3.059,0	0.326,9	13.726,8	0.072,9	4.487,3	0.222,9
9	3.517,9	0.284,3	16.785,8	0.059,6	4.771,6	0.209,6
10	4.045,6	0.247,2	20.303,7	0.049,3	5.018,8	0.199,3
11	4.652,4	0.214,9	24.349,3	0.041,1	5.233,7	0.191,1
12	5.350,3	0.186,9	29.001,7	0.034,5	5.420,6	0.184,5
13	6.152,8	0.162,5	34.351,9	0.029,1	5.583,1	0.179,1
14	7.075,7	0.141,3	40.504,7	0.024,7	5.724,5	0.174,7
15	8.137,1	0.122,9	47.580,4	0.021,0	5.847,4	0.171,0
16	9.357,6	0.106,9	55.717,5	0.017,9	5.954,2	0.167,9
17	10.761,3	0.092,9	65.075,1	0.015,4	6.047,2	0.165,4
18	12.375,5	0.080,8	75.836,4	0.013,2	6.128,0	0.163,2
19	14.231,8	0.070,3	88.211,8	0.011,3	6.198,2	0.161,3
20	16.366,5	0.061,1	102.443,6	0.009,8	6.259,3	0.159,8
21	18.821,5	0.053,1	118.810,1	0.008,4	6.312,5	0.158,4
22	21.644,7	0.046,2	137.631,6	0.007,3	6.358,7	0.157,3
23	24.891,5	0.040,2	159.276,4	0.006,3	6.398,8	0.156,3
24	28.625,2	0.034,9	184.167,9	0.005,4	6.433,8	0.155,4

續上表

年限	複利終值系數 已知現值求將來值	複利現值系數 已知將來值求現值	年金終值系數 已知年金求將來值	基金年存系數 已知將來值求年金	年金現值系數 已知年金求現值	投資回收系數 已知現值求年金
25	32.919,0	0.030,4	212.793,0	0.004,7	6.464,1	0.154,7
26	37.856,8	0.026,4	245.712,0	0.004,1	6.490,6	0.154,1
27	43.535,3	0.023,0	283.568,8	0.003,5	6.513,5	0.153,5
28	50.065,6	0.020,0	327.104,1	0.003,1	6.533,5	0.153,1
29	57.575,5	0.017,4	377.169,7	0.002,7	6.550,9	0.152,7
30	66.211,8	0.015,1	434.745,2	0.002,3	6.566,0	0.152,3
31	76.143,6	0.013,1	500.957,0	0.002,0	6.579,1	0.152,0
32	87.565,1	0.011,4	577.100,5	0.001,7	6.590,5	0.151,7
33	100.699,8	0.009,9	664.665,5	0.001,5	6.600,5	0.151,5
34	115.804,8	0.008,6	765.365,3	0.001,3	6.609,1	0.151,3
35	133.175,5	0.007,5	881.170,1	0.001,1	6.616,6	0.151,1
40	267.863,6	0.003,7	1,779.090,0	0.000,6	6.641,8	0.150,6
45	538.769,3	0.001,9	3,685.128,0	0.000,3	6.654,3	0.150,3
50	1,083.658,0	0.000,9	7,217.717,0	0.000,1	6.660,5	0.150,1
55	2,179.622,0	0.000,5	14,524.150,0	0.000,1	6.663,6	0.150,1
60	4,383.999,0	0.000,2	29,219.990,0	0.000,0	6.665,1	0.150,0
65	8,817.787	0.000,1	58,778.580	0.000,0	6.665,9	0.150,0
70	17,735.720	0.000,1	118,231.500	0.000,0	6.666,3	0.150,0
75	35,672.870	0.000,0	237,812.500	0.000,0	6.666,5	0.150,0
80	71,750.880	0.000,0	478,332.600	0.000,0	6.666,6	0.150,0
85	144,316.700	0.000,0	962,104.300	0.000,0	6.666,6	0.150,0
90	290,272.400	0.000,0	1,935,142.000	0.000,0	6.666,6	0.150,0
95	583,814.500	0.000,0	3,892,270.000	0.000,0	6.666,7	0.150,0
100	1,174,314.000	0.000,0	7,828,750.000	0.000,0	6.666,7	0.150,0

表 16　　　　　　　　　　　　　　　20% 複利系數表

年限	複利終值系數 已知現值求將來值	複利現值系數 已知將來值求現值	年金終值系數 已知年金求將來值	基金年存系數 已知將來值求年金	年金現值系數 已知年金求現值	投資回收系數 已知現值求年金
1	1.200,0	0.833,3	1.000,0	1.000,0	0.833,3	1.200,0
2	1.440,0	0.694,4	2.200,0	0.454,5	1.527,8	0.654,5
3	1.728,0	0.578,7	3.640,0	0.274,7	2.106,5	0.474,7
4	2.073,6	0.482,3	5.368,0	0.186,3	2.588,7	0.386,3
5	2.488,3	0.401,9	7.441,6	0.134,4	2.990,6	0.334,4
6	2.986,0	0.334,9	9.929,9	0.100,7	3.325,5	0.300,7
7	3.588,2	0.279,1	12.915,9	0.077,4	3.604,6	0.277,4
8	4.299,8	0.232,6	16.499,1	0.060,6	3.837,2	0.260,6
9	5.159,8	0.193,8	20.798,9	0.048,1	4.031,0	0.248,1
10	6.191,7	0.161,5	25.958,7	0.038,5	4.192,5	0.238,5
11	7.430,1	0.134,6	32.150,4	0.031,1	4.327,1	0.231,1
12	8.916,1	0.112,2	39.580,5	0.025,3	4.439,2	0.225,3
13	10.699,3	0.093,5	48.496,6	0.020,6	4.532,7	0.220,6
14	12.839,2	0.077,9	59.195,9	0.016,9	4.610,6	0.216,9
15	15.407,0	0.064,9	72.035,1	0.013,9	4.675,5	0.213,9
16	18.488,4	0.054,1	87.442,1	0.011,4	4.729,6	0.211,4
17	22.186,1	0.045,1	105.930,6	0.009,4	4.774,6	0.209,4
18	26.623,3	0.037,6	128.116,7	0.007,8	4.812,2	0.207,8
19	31.948,0	0.031,3	154.740,0	0.006,5	4.843,5	0.206,5

續上表

年限	複利終值系數 已知現值求將來值	複利現值系數 已知將來值求現值	年金終值系數 已知年金求將來值	基金年存系數 已知將來值求年金	年金現值系數 已知年金求現值	投資回收系數 已知現值求年金
20	38.337,6	0.026,1	186.688,0	0.005,4	4.869,6	0.205,4
21	46.005,1	0.021,7	225.025,6	0.004,4	4.891,3	0.204,4
22	55.206,1	0.018,1	271.030,7	0.003,7	4.909,4	0.203,7
23	66.247,4	0.015,1	326.236,9	0.003,1	4.924,5	0.203,1
24	79.496,9	0.012,6	392.484,3	0.002,5	4.937,1	0.202,5
25	95.396,2	0.010,5	471.981,1	0.002,1	4.947,6	0.202,1
26	114.475,5	0.008,7	567.377,3	0.001,8	4.956,3	0.201,8
27	137.370,6	0.007,3	681.852,9	0.001,5	4.963,6	0.201,5
28	164.844,7	0.006,1	819.223,3	0.001,2	4.969,7	0.201,2
29	197.813,6	0.005,1	984.068,1	0.001,0	4.974,7	0.201,0
30	237.376,4	0.004,2	1,181.882,0	0.000,8	4.978,9	0.200,8
31	284.851,6	0.003,5	1,419.258,0	0.000,7	4.982,4	0.200,7
32	341.821,9	0.002,9	1,704.110,0	0.000,6	4.985,4	0.200,6
33	410.186,3	0.002,4	2,045.931,0	0.000,5	4.987,8	0.200,5
34	492.223,6	0.002,0	2,456.118,0	0.000,4	4.989,8	0.200,4
35	590.668,3	0.001,7	2,948.341,0	0.000,3	4.991,5	0.200,3
40	1,469.772,0	0.000,7	7,343.858,0	0.000,1	4.996,6	0.200,1
45	3,657.263,0	0.000,3	18,281.310,0	0.000,1	4.998,6	0.200,1
50	9,100.439,0	0.000,1	45,497.190,0	0.000,0	4.999,5	0.200,0

表 17　　　　　　　　　　　　25% 複利系數表

年限	複利終值系數 已知現值求將來值	複利現值系數 已知將來值求現值	年金終值系數 已知年金求將來值	基金年存系數 已知將來值求年金	年金現值系數 已知年金求現值	投資回收系數 已知現值求年金
1	1.250,0	0.800,0	1.000,0	1.000,0	0.800,0	1.250,0
2	1.562,5	0.640,0	2.250,0	0.444,4	1.440,0	0.694,4
3	1.953,1	0.512,0	3.812,5	0.262,3	1.952,0	0.512,3
4	2.441,4	0.409,6	5.765,6	0.173,4	2.361,6	0.423,4
5	3.051,8	0.327,7	8.207,0	0.121,8	2.689,3	0.371,8
6	3.814,7	0.262,1	11.258,8	0.088,8	2.951,4	0.338,8
7	4.768,4	0.209,7	15.073,5	0.066,3	3.161,1	0.316,3
8	5.960,5	0.167,8	19.841,9	0.050,4	3.328,9	0.300,4
9	7.450,6	0.134,2	25.802,3	0.038,8	3.463,1	0.288,8
10	9.313,2	0.107,4	33.252,9	0.030,1	3.570,5	0.280,1
11	11.641,5	0.085,9	42.566,1	0.023,5	3.656,4	0.273,5
12	14.551,9	0.068,7	54.207,7	0.018,4	3.725,1	0.268,4
13	18.189,9	0.055,0	68.759,6	0.014,5	3.780,1	0.264,5
14	22.737,4	0.044,0	86.949,5	0.011,5	3.824,1	0.261,5
15	28.421,7	0.035,2	109.686,8	0.009,1	3.859,3	0.259,1
16	35.527,1	0.028,1	138.108,6	0.007,2	3.887,4	0.257,2
17	44.408,9	0.022,5	173.635,7	0.005,8	3.909,9	0.255,8
18	55.511,2	0.018,0	218.044,6	0.004,6	3.927,9	0.254,6
19	69.388,9	0.014,4	273.555,8	0.003,7	3.942,4	0.253,7

續上表

年限	複利終值系數 已知現值求將來值	複利現值系數 已知將來值求現值	年金終值系數 已知年金求將來值	基金年存系數 已知將來值求年金	年金現值系數 已知年金求現值	投資回收系數 已知現值求年金
20	86.736,2	0.011,5	342.944,7	0.002,9	3.953,9	0.252,9
21	108.420,2	0.009,2	429.680,9	0.002,3	3.963,1	0.252,3
22	135.525,3	0.007,4	538.101,1	0.001,9	3.970,5	0.251,9
23	169.406,6	0.005,9	673.626,3	0.001,5	3.976,4	0.251,5
24	211.758,3	0.004,7	843.032,9	0.001,2	3.981,1	0.251,2
25	264.697,8	0.003,8	1,054.791,0	0.000,9	3.984,9	0.250,9
26	330.872,3	0.003,0	1,319.489	0.000,8	3.987,9	0.250,8
27	413.590,3	0.002,4	1,650.361	0.000,6	3.990,3	0.250,6
28	516.987,9	0.001,9	2,063.952	0.000,5	3.992,3	0.250,5
29	646.234,9	0.001,5	2,580.940	0.000,4	3.993,8	0.250,4
30	807.793,6	0.001,2	3,227.174	0.000,3	3.995,0	0.250,3
31	1,009.742	0.001,0	4,034.968	0.000,2	3.996,0	0.250,2
32	1,262.178	0.000,8	5,044.710	0.000,2	3.996,8	0.250,2
33	1,577.722	0.000,6	6,306.888	0.000,2	3.997,5	0.250,2
34	1,972.152	0.000,5	7,884.610	0.000,1	3.998,0	0.250,1
35	2,465.191	0.000,4	9,856.762	0.000,1	3.998,4	0.250,1
40	7,523.164	0.000,1	30,088.660	0.000,0	3.999,5	0.250,0
45	22,958.880	0.000,0	91,831.500	0.000,0	3.999,8	0.250,0
50	70,064.930	0.000,0	280,255.700	0.000,0	3.999,9	0.250,0

表 18　　　　　　　　　　　　　30% 複利系數表

年限	複利終值系數 已知現值求將來值	複利現值系數 已知將來值求現值	年金終值系數 已知年金求將來值	基金年存系數 已知將來值求年金	年金現值系數 已知年金求現值	投資回收系數 已知現值求年金
1	1.300,0	0.769,2	1.000,0	0.769,2	1.300,0	
2	1.690,0	0.591,7	2.300,0	0.434,8	1.360,9	0.734,8
3	2.197,0	0.455,2	3.990,0	0.250,6	1.816,1	0.550,6
4	2.856,1	0.350,1	6.187,0	0.161,6	2.166,2	0.461,6
5	3.712,9	0.269,3	930.431	0.110,6	2.435,6	0.410,6
6	4.826,8	0.207,2	12.756,0	0.078,4	2.642,7	0.378,4
7	6.274,8	0.159,4	17.582,8	0.056,9	2.802,1	0.356,9
8	8.157,3	0.122,6	23.857,7	0.041,9	2.924,7	0.341,9
9	10.604,5	0.094,3	32.015,0	0.031,2	3.019,0	0.331,2
10	13.785,8	0.072,5	42.619,5	0.023,5	3.091,5	0.323,5
11	17.921,6	0.055,8	56.405,3	0.017,7	3.147,3	0.317,7
12	23.298,1	0.042,9	74.326,9	0.013,5	3.190,3	0.313,5
13	30.287,5	0.033,0	97.625,0	0.010,2	3.223,3	0.310,2
14	39.373,7	0.025,4	127.912,4	0.007,8	3.248,7	0.307,8
15	51.185,9	0.019,5	167.286,2	0.006,0	3.268,2	0.306,0
16	66.541,6	0.015,0	218.472,0	0.004,6	3.283,2	0.304,6
17	86.504,1	0.011,6	285.013,6	0.003,5	3.294,8	0.303,5
18	112.455,3	0.008,9	371.517,7	0.002,7	3.303,7	0.302,7
19	146.191,9	0.006,8	483.972,9	0.002,1	3.310,5	0.302,1
20	190.049,4	0.005,3	630.164,8	0.001,6	3.315,8	0.301,6
21	247.064,3	0.004,0	820.214	0.001,2	3.319,8	0.301,2

續上表

年限	複利終值系數 已知現值求將來值	複利現值系數 已知將來值求現值	年金終值系數 已知年金求將來值	基金年存系數 已知將來值求年金	年金現值系數 已知年金求現值	投資回收系數 已知現值求年金
22	321.183,5	0.003,1	1,067.278	0.000,9	3.323,0	0.300,9
23	417.538,5	0.002,4	1,388.462	0.000,7	3.325,3	0.300,7
24	542.800,1	0.001,8	1,806.000	0.000,6	3.327,2	0.300,6
25	705.640,0	0.001,4	2,348.800	0.000,4	3.328,6	0.300,4
26	917.332	0.001,1	3,054.440	0.000,3	3.329,7	0.300,3
27	1,192.532	0.000,8	3,971.772	0.000,3	3.330,5	0.300,3
28	1,550.291	0.000,6	5,164.303	0.000,2	3.331,2	0.300,2
29	2,015.378	0.000,5	6,714.594	0.000,1	3.331,7	0.300,1
30	2,619.991	0.000,4	8,729.971	0.000,1	3.332,1	0.300,1

表 19　　　　　　　　　　　35% 複利系數表

年限	複利終值系數 已知現值求將來值	複利現值系數 已知將來值求現值	年金終值系數 已知年金求將來值	基金年存系數 已知將來值求年金	年金現值系數 已知年金求現值	投資回收系數 已知現值求年金
1	1.350,0	0.740,7	1.000,0	1.000,0	0.740,7	1.350,0
2	1.822,5	0.548,7	2.350,0	0.425,5	1.289,4	0.775,5
3	2.460,4	0.406,4	4.172,5	0.239,7	1.695,9	0.589,7
4	3.321,5	0.301,1	6.632,9	0.150,6	1.996,9	0.500,8
5	4.484,0	0.223,0	9.954,4	0.100,5	2.220,0	0.450,5
6	6.053,4	0.165,2	14.438,4	0.069,3	2.385,2	0.419,3
7	8.172,2	0.122,4	20.491,9	0.048,8	2.507,5	0.398,8
8	11.032,4	0.090,6	28.664,0	0.034,9	2.598,2	0.384,9

續上表

年限	複利終值系數 已知現值求將來值	複利現值系數 已知將來值求現值	年金終值系數 已知年金求將來值	基金年存系數 已知將來值求年金	年金現值系數 已知年金求現值	投資回收系數 已知現值求年金
9	14.893,7	0.067,1	39.696,4	0.025,2	2.665,3	0.375,2
10	20.106,6	0.049,7	54.590,2	0.018,3	2.715,0	0.368,3
11	27.143,9	0.036,8	74.696,7	0.013,4	2.751,9	0.363,4
12	36.644,2	0.027,3	101.840,6	0.009,8	2.779,2	0.359,8
13	49.469,7	0.020,2	138.484,8	0.007,2	2.799,4	0.357,2
14	66.784,1	0.015,0	187.954,4	0.005,3	2.814,4	0.355,3
15	90.158,5	0.011,1	254.738,5	0.003,9	2.825,5	0.353,9
16	121.713,9	0.008,2	344.897,0	0.002,9	2.833,7	0.352,9
17	164.313,8	0.006,1	466.610,9	0.002,1	2.839,8	0.352,1
18	221.823,7	0.004,5	630.924,7	0.001,6	2.844,3	0.351,6
19	299.462,0	0.003,3	852.748,4	0.001,2	2.847,6	0.351,2
20	404.273,6	0.002,5	1,152.210,0	0.000,9	2.850,1	0.350,9
21	545.769,4	0.001,8	1,556.484	0.000,6	2.851,9	0.350,6
22	736.788,6	0.001,4	2,102.253	0.000,5	2.853,3	0.350,5
23	994.664,8	0.001,0	2,839.042	0.000,4	2.854,3	0.350,4
24	1,342.797	0.000,7	3,833.707	0.000,3	2.855,0	0.350,3
25	1,812.776	0.000,6	5,176.504	0.000,2	2.855,6	0.350,2
26	2,447.248	0.000,4	6,989.281	0.000,1	2.856,3	0.350,1
27	3,303.785	0.000,3	9,436.529	0.000,1	2.856,3	0.350,1
28	4,460.110	0.000,2	12,740.320	0.000,1	2.856,5	0.350,1
29	6,021.148	0.000,2	17,200.420	0.000,1	2.856,7	0.350,1
30	8,128.550	0.000,1	23,221.570	0.000,0	2.856,8	0.350,0

表 20　　　　　　　　　　　　　40% 複利係數表

年限	複利終值系數 已知現值求將來值	複利現值系數 已知將來值求現值	年金終值系數 已知年金求將來值	基金年存系數 已知將來值求年金	年金現值系數 已知年金求現值	投資回收系數 已知現值求年金
1	1.400,0	0.714,3	1.000,0	1.000,0	0.714,3	1.400,0
2	1.960,0	0.510,2	2.400,0	0.416,7	1.224,5	0.816,7
3	2.744,0	0.364,4	4.360,0	0.229,4	1.588,9	0.629,4
4	3.841,6	0.260,3	7.104,0	0.140,8	1.849,2	0.540,8
5	5.378,2	0.185,9	10.945,6	0.091,4	2.035,2	0.491,4
6	7.529,5	0.132,8	16.323,8	0.061,3	2.168,0	0.461,3
7	10.541,4	0.094,9	23.853,4	0.041,9	2.262,8	0.441,9
8	14.757,9	0.067,8	34.394,7	0.029,1	2.330,6	0.429,1
9	20.661,0	0.048,4	49.152,6	0.020,3	2.379,0	0.420,3
10	28.925,5	0.034,6	69.813,6	0.014,3	2.413,6	0.414,3
11	40.495,6	0.024,7	98.739,1	0.010,1	2.438,3	0.410,1
12	56.693,9	0.017,6	139.234,7	0.007,2	2.455,9	0.407,2
13	79.371,5	0.012,6	195.928,7	0.005,1	2.468,5	0.405,1
14	111.120,0	0.009,0	275.300,1	0.003,6	2.477,5	0.403,6
15	155.568,1	0.006,4	386.420,1	0.002,6	2.483,9	0.402,6
16	217.795,3	0.004,6	541.988,2	0.001,8	2.488,5	0.401,8
17	304.913,4	0.003,3	759.783,4	0.001,3	2.491,8	0.401,3
18	426.878,7	0.002,3	1,064.697,0	0.000,9	2.494,1	0.400,9
19	597.630,2	0.001,7	1,491.576,0	0.000,7	2.495,8	0.400,7
20	836.682,2	0.001,2	2,089.205,0	0.000,5	2.497,0	0.400,5
21	1,171.355	0.000,9	2,925.888	0.000,3	2.497,9	0.400,3

續上表

年限	複利終值系數 已知現值求將來值	複利現值系數 已知將來值求現值	年金終值系數 已知年金求將來值	基金年存系數 已知將來值求年金	年金現值系數 已知年金求現值	投資回收系數 已知現值求年金
22	1,639.897	0.000,6	4,097.243	0.000,2	2.498,5	0.400,2
23	2,295.856	0.000,4	5,737.140	0.000,2	2.498,9	0.400,2
24	3,214.198	0.000,3	8,032.995	0.000,1	2.499,2	0.400,1
25	4,499.877	0.000,2	11,247.190	0.000,1	2.499,4	0.400,1
26	6,299.828	0.000,2	15,747.070	0.000,1	2.499,6	0.400,1
27	8,819.759	0.000,1	22,046.900	0.000,0	2.499,7	0.400,0
28	12,347.660	0.000,1	30,866.660	0.000,0	2.499,8	0.400,0
29	17,286.730	0.000,1	43,214.320	0.000,0	2.499,9	0.400,0
30	24,201.420	0.000,0	60,501.050	0.000,0	2.499,9	0.400,0

表 21　　　　　　　　　　　　45% 複利系數表

年限	複利終值系數 已知現值求將來值	複利現值系數 已知將來值求現值	年金終值系數 已知年金求將來值	基金年存系數 已知將來值求年金	年金現值系數 已知年金求現值	投資回收系數 已知現值求年金
1	1.450,0	0.689,7	1.000,0	1.000,0	0.689,7	1.450,0
2	1.102,5	0.475,6	2.450,0	0.408,2	1.165,3	0.858,2
3	3.048,6	0.328,0	4.552,5	0.219,7	1.493,3	0.669,7
4	4.420,5	0.226,2	7.601,1	0.131,6	1.719,5	0.581,6
5	6.409,7	0.156,0	12.021,6	0.083,2	1.875,5	0.533,2
6	9.294,1	0.107,6	18.431,4	0.054,3	1.983,1	0.504,3
7	13.476,5	0.074,2	27.725,5	0.036,1	2.057,3	0.486,1
8	19.540,9	0.051,2	41.202,0	0.024,3	2.108,5	0.474,3

續上表

年限	複利終值系數 已知現值求將來值	複利現值系數 已知將來值求現值	年金終值系數 已知年金求將來值	基金年存系數 已知將來值求年金	年金現值系數 已知年金求現值	投資回收系數 已知現值求年金
9	28.334,3	0.035,3	60.742,8	0.016,5	2.143,8	0.466,5
10	41.084,7	0.024,3	89.077,1	0.011,2	2.168,1	0.461,2
11	59.572,8	0.016,8	130.161,9	0.007,7	2.184,9	0.457,7
12	86.380,6	0.011,6	189.734,7	0.005,3	2.196,5	0.455,3
13	125.251,9	0.008,0	276.115,3	0.003,6	2.204,5	0.453,6
14	181.615,3	0.005,5	401.367,2	0.002,5	2.210,0	0.452,5
15	263.342,1	0.003,8	582.982,5	0.001,7	2.213,8	0.451,7
16	381.846,1	0.002,6	846.324,6	0.001,2	2.216,4	0.451,2
17	553.676,8	0.001,8	1,228.171,0	0.000,8	2.218,2	0.450,8
18	802.831,5	0.001,2	1,781.848,0	0.000,6	2.219,5	0.450,6
19	1,164.106,0	0.000,9	2,584.680,0	0.000,4	2.220,3	0.450,4
20	1,687.953,0	0.000,6	3,748.785,0	0.000,3	2.220,9	0.450,3
21	2,447.532	0.000,4	5,436.739	0.000,2	2.221,3	0.450,2
22	3,548.922	0.000,3	7,884.272	0.000,1	2.221,6	0.450,1
23	5,145.937	0.000,2	11,433.190	0.000,1	2.221,8	0.450,1
24	7,461.609	0.000,1	16,579.130	0.000,1	2.221,9	0.450,1
25	10,819.330	0.000,1	24,040.740	0.000,0	2.222,0	0.450,0
26	15,688.040	0.000,1	34,860.080	0.000,0	2.222,1	0.450,0
27	22,747.650	0.000,0	50,548.120	0.000,0	2.222,1	0.450,0
28	32,984.100	0.000,0	73,295.770	0.000,0	2.222,2	0.450,0
29	47,826.940	0.000,0	106,279.900	0.000,0	2.222,2	0.450,0
30	69,349.070	0.000,0	154,106.800	0.000,0	2.222,2	0.450,0

表22　　　　　　　　　　　　50% 複利系數表

年限	複利終值系數 已知現值求將來值	複利現值系數 已知將來值求現值	年金終值系數 已知年金求將來值	基金年存系數 已知將來值求年金	年金現值系數 已知年金求現值	投資回收系數 已知現值求年金
1	1.500,0	0.666,7	1.000,0	1.000,0	0.666,7	1.500,0
2	2.250,0	0.444,4	2.500,0	0.400,0	1.111,1	0.900,0
3	3.375,0	0.296,3	4.750,0	0.210,5	1.407,4	0.710,5
4	5.062,5	0.197,5	8.125,0	0.123,1	1.604,9	0.623,1
5	7.593,8	0.131,7	13.187,5	0.075,8	1.736,6	0.575,8
6	11.390,6	0.087,8	20.781,3	0.048,1	1.824,4	0.548,1
7	17.085,9	0.058,5	32.171,9	0.031,1	1.882,9	0.531,1
8	25.628,9	0.039,0	49.257,8	0.020,3	1.922,0	0.520,3
9	38.443,4	0.026,0	74.886,7	0.013,4	1.948,0	0.513,4
10	57.665,0	0.017,3	113.330,1	0.008,8	1.965,3	0.508,8
11	86.497,6	0.011,6	170.995,1	0.005,8	1.976,9	0.505,8
12	129.746,3	0.007,7	257.492,7	0.003,9	1.984,6	0.503,9
13	194.619,5	0.005,1	387.239,0	0.002,6	1.989,7	0.502,6
14	291.929,3	0.003,4	581.858,5	0.001,7	1.993,1	0.501,7
15	437.893,9	0.002,3	873.787,8	0.001,1	1.995,4	0.501,1
16	656.840,8	0.001,5	1,311.682	0.000,8	1.997,0	0.500,8
17	985.261,2	0.001,0	1,968.523	0.000,5	1.998,0	0.500,5
18	147.892,0	0.000,7	2,953.784	0.000,3	1.998,6	0.500,3
19	2,216.838,0	0.000,5	4,431.676	0.000,2	1.999,1	0.500,2

續上表

年限	複利終值系數 已知現值求將來值	複利現值系數 已知將來值求現值	年金終值系數 已知年金求將來值	基金年存系數 已知將來值求年金	年金現值系數 已知年金求現值	投資回收系數 已知現值求年金
20	3,325.257,0	0.000,3	6,648.513	0.000,2	1.999,4	0.500,2
21	4,987.885	0.000,2	9,973.769	0.000,1	1.999,6	0.500,1
22	7,481.828	0.000,1	14,961.660	0.000,1	1.999,7	0.500,1
23	11,222.740	0.000,1	22,443.480	0.000,0	1.999,8	0.500,0
24	16,834.110	0.000,1	33,666.220	0.000,0	1.999,9	0.500,0
25	25,251.170	0.000,0	50,500.340	0.000,0	1.999,9	0.500,0
26	37,876.750	0.000,0	75,751.500	0.000,0	1.999,9	0.500,0
27	56,815.130	0.000,0	113,628.300	0.000,0	2.000,0	0.500,0
28	85,222.690	0.000,0	170,443.100	0.000,0	2.000,0	0.500,0
29	127,834.000	0.000,0	255,666.100	0.000,0	2.000,0	0.500,0
30	191,751.100	0.000,0	383,500.100	0.000,0	2.000,0	0.500,0

國家圖書館出版品預行編目(CIP)資料

資產評估學 / 潘學模 主編. -- 第三版.
-- 臺北市：崧博出版：財經錢線文化發行, 2018.10
　面；　公分

ISBN 978-957-735-538-6(平裝)

1.資產管理

495.44　　　107016317

書　名：資產評估學
作　者：潘學模 主編
發行人：黃振庭
出版者：崧博出版事業有限公司
發行者：財經錢線文化事業有限公司
E-mail：sonbookservice@gmail.com
粉絲頁　　　　　網　址：
地　址：台北市中正區延平南路六十一號五樓一室
8F.-815, No.61, Sec. 1, Chongqing S. Rd., Zhongzheng Dist., Taipei City 100, Taiwan (R.O.C.)
電　話：(02)2370-3310　傳　真：(02) 2370-3210
總經銷：紅螞蟻圖書有限公司
地　址：台北市內湖區舊宗路二段 121 巷 19 號
電　話:02-2795-3656　傳真:02-2795-4100　網址：
印　刷：京峯彩色印刷有限公司（京峰數位）

　　本書版權為西南財經大學出版社所有授權崧博出版事業有限公司獨家發行電子書及繁體書繁體版。若有其他相關權利及授權需求請與本公司聯繫。

定價：650 元

發行日期：2018 年 10 月第三版

◎ 本書以POD印製發行